모바일-AP IDEC 플랫폼 센터 시리즈 3

차세대 이동통신 변복조 LTE

임명섭 | 오정열 | 조용수
안재민 | 정진섭 공저

Modem for Next Generation Mobile Communication - LTE

홍릉과학출판사

머리말

우주에 존재하는 힘은 현재까지 4가지 종류로 구분되는데, 전기자기력을 다루는 전자공학도들은 다양한 형태의 정보 변화량을 전류의 크기와 위상의 변화에 대응시켜 정보통신 및 제어 기술에 활용하고 있다.

전기신호의 크기와 위상을 다양한 용도에 맞도록 변화시키기 위해 저항, 콘덴서, 코일 및 반도체 부품으로 설계된 응용전자회로는 마이크로프로세서, 통신용모뎀, 센서 및 제어회로에 사용되고 있으며, VLSI 기술개발에 힘입어 고집적도 및 저전력 소모를 할 수 있도록 지속적으로 개발이 이루어지고 있다.

컴퓨터망 접속과 스마트폰의 활용이 일상이 되는 모바일 인터넷 시대에서는 SNS와 같이 인간과 인간 사이의 정보통신 뿐만 아니라, 웹서버로부터 대량의 정보 다운로드, M2M과 같이 원거리 센서와 액튜에이터 간의 사물간통신을 위한 모바일 통신 서비스가 요구되고 있다. 통신의 궁극적인 목표는 한정된 주파수 자원과 전력의 조건에서 다양한 전송 매체를 통해 고속의 멀티미디어 데이터를 신뢰성있게 전송하는 것이다.

이동통신기술은 한정된 무선 주파수자원에서 다양한 광대역 멀티미디어 서비스 수요를 수용 하고 멀티패스 페이딩 전송채널에서 QoS가 보장되는 고속 정보통신이 가능하도록 CDMA, WCDMA, OFDM기반 4G LTE 기술로 발전해왔다.

이 책은 다양한 종류의 센서와 프로세서를 활용하여 처리된 정보를 LTE 방식으로 전송하는 응용기술 설계에 종사하는 분들이 LTE의 기본적인 physical layer 및 MAC 관련 신호방식의 표준, OFDM 기반 LTE 전송회로의 핵심 기술인 FFT 회로, 동기 회로 기술, 이동통신 채널 특성, 다중 안테나를 사용하여 통신 성능을 향상시킬 수 있는 MIMO 기술을 이해하는 길잡이 가 되는 내용을 기술하고 있다. 그리고 LTE 전송 모듈을 활용하는 기술자들이 LTE 전송 모듈의 정상 동작 여부 및 성능을 측정할 수 있는 장비와 시험 절차를 이해하는데 도움이 되도록 하였다.

끝으로 바쁘신 가운데에도 시간을 내어서 이 책을 공동 저술하는데 고귀한 원고를 주신 여러 공동 저자분들과 이 책이 나오기까지 지대한 도움을 주신 모바일-AP IPC 센터에 진심으로 감사드립니다.

차 례

04 MIMO(Multi-Input Multi-Output) / 221

05 LTE 동기화 방식 / 275

06 LTE Testing Solution / 295

01 LTE 시스템 개요

1.1 LTE 시스템 개발 배경

PSTN(Public Switched Telephone Network)에서의 전화 단말기와 달리 이동성이 있는 휴대용 단말기는 PLMN(Public Land Mobile Network)에서 기지국과의 무선통신을 통해 교환기와 연동되어 휴대용 단말기간 또는 유선 전화기와 통신이 가능하다.

상업적으로 많이 활성화되었던 1세대 아날로그 셀룰러 이동무선통신은 AMPS(Analog Mobile Phone System)가 대표적이다. 이 방식에서는 음성 신호가 FM방식으로 무선전송이 이루어지고 무선서비스 구역을 여러 개의 셀로 나누어 주파수를 할당하고 기지국간의 핸드오버를 통해 셀 사이의 이동통신을 가능하게 하였으며 또한, 거리에 역으로 비례하는 전파신호의 감쇄특징을 토대로 동일신호 간섭이 되지 않는 조건 하에서 주파수 재사용 기술을 사용하여 부족한 주파수 자원의 사용 효율을 높일 수 있도록 이동통신의 기반을 구축하였다.

제 2세대에서는 디지털 신호처리를 이용한 음성 부호화기와 에러정정 부호화기의 디지털 신호를 디지털 변조 방식으로 전송하는 디지털 이동통신으로 유럽에서 상용화된 GSM 방식이 대표적이다.

제 3세대에서는 한정된 주파수 대역에서 가입자 수용 용량을 높힐 수 있는 방식으로 CDMA 방식이 제안되었고 VLSI 기술을 토대로 휴대폰의 소형화 개발이 가능해지면서 이동통신의 대중화를 선도하였다.

그러나 인터넷이 활성화되고 고속의 데이터를 내려받고자 하는 모바일 인터넷의 수요가 증가함에 따라 CDMA 방식이 광대역의 데이터를 전송하기에는 주파수 선택적 페이딩에 취약한 단점이 있기에 OFDM 기술을 기반으로 하는 LTE 기술이 차세대 이동통신의 표준으로 제정되었다.

표 1.1은 이동통신의 세대별 기술개발 천이 과정을 보여준다.

▶▶ 표 1.1 이동통신의 세대별 기술개발 천이

		이동통신표준
0세대	MTS · MTA · MTB · MTC · IMTS · MTD · AMTS · OLT · Autoradiopuhelin	
1세대	NMT · AMPS · Hicap · Mobitex · DataTAC · TACS · ETACS	
2세대	GSM/3GPP 계열	GSM · CSD
	3GPP2 계열	cdmaOne (IS-95)
	그 외	D-AMPS (IS-54 및 IS-136) · CDPD · iDEN · PDC · PHS
2세대 진화형 (2.5G, 2.75G)	GSM/3GPP 계열	HSCSD · GPRS · EDGE/EGPRS
	3GPP2 계열	CDMA2000 1xRTT (IS-2000) · PCS
	그 외	WiDEN
3세대	3GPP 계열	UMTS (UTRAN) · WCDMA-FDD · WCDMA-TDD · UTRA-TDD LCR (TD-SCDMA)
	3GPP2 계열	CDMA2000 1xEV-DO (IS-856)
3G 진화형 (3.5G, 3.9G)	3GPP 계열	HSDPA · HSUPA · HSPA+ · LTE (E-UTRA)
	3GPP2 계열	EV-DO 리비전 A · EV-DO 리비전 B · EV-DO 리비전 C(UMB)
	그 외	모바일 와이맥스 · 와이브로(IEEE 802.16e-2005) · Flash-OFDM · IEEE802.20
4세대 (IMT-Advanced)	3GPP 계열	LTE 어드밴스트
	와이맥스 계열	와이브로 에볼루션(IEEE 802.16m)
5세대	3GPP 계열	미확인
	3GPP2 계열	미확인

LTE 시스템은 2004년 11월 Third Generation Partnership Project(3GPP)에서 Universal Mobile Telephone System(UMTS)의 장기 진화된 시스템을 목표로 하여 제안된 기술이다.

UMTS Radio Access Network(RAN)도 기존 이동통신 시스템과 같이 유선 망과 무선 접속과 관련된 2가지 주된 요소로 구성된다.

- 개개의 사용자의 이동통신 장비 User Equipment(UE) 또는 이동전화를 포함하는 무선접속을 규정하는 UMTS Terrestrial Radio Access(UTRA)
- radio network controller와 basestation 기지국 Node B(NB)을 포함하는 UMTS Terrestrial Radio Access Network(UTRAN)

LTE는 UMTS에서 진화한 것이기에 LTE의 주요 구성요소의 등가적 용어는 Evolved UTRA(E-UTRA) 그리고 Evolved UTRAN(E-UTRAN)로 불리운다.

그런데 RAN은 독립된 시스템으로 한정된 서비스가 가능하기도 하지만 3GPP에서 새로운 방식으로서 모든 정보가 IP기반 패킷으로만 처리되는 Core Network(CN) 또는 Evolved Packet Core(EPC)로 명명되는 network의 기능을 정의한 System Architecture Evolution(SAE) 사업을 병행하여 수행하고 있기에 다양한 서비스를 제공하기 위해서는 다른 진화하는 network와 연동이 되어야 한다. 이와 같이 EPC와 진화된 RAN(E-UTRA plus E-UTRAN)이 결합된 시스템이 Evolved Packet System(EPS)이다.

그림 1.1은 Evolved RAN과 EPC 무선접속 기술과의 연동을 보여준다.

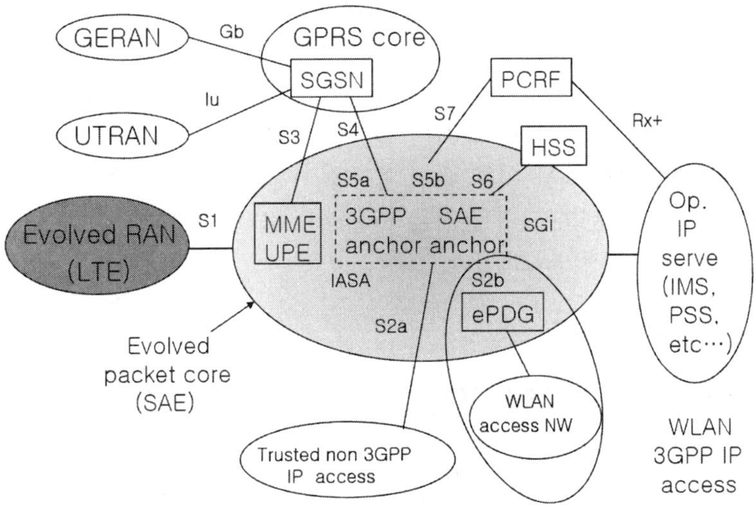

ePDG : evolved Packet Data Gateway
GERAN : GSM Enhanced Radio Access Network
GPRS : General Packet Radio Service
HSS :Home Subscriber Server
IASA : Inter Access System Anchor
IMS :IP Multimedia Subsystem
MME :Mobility Management Entity
PCRF : Policy and Charging Rules Function PSS : Packet Switched Service
SAE : System Architecture Evolution
SGSN : Serving GPRS Support Node
UTRAN : Universal Terrestrial Radio Access Network
UPE : User Plane Entity

▶▶ 그림 1.1 진화된 시스템의 logical high-level 아키텍처

1.2 UMTS에서 LTE로 진화

LTE의 규격은 표준개발기구(standard development organization)와 제휴관계를 맺고 있는 3GPP에서 작성되었다.

3GPP의 규격 작업은 공개적인 절차에 의해서 이루어지므로 www.3gpp.org 웹사이트에서 회합 보고서(meeting report), 작업 문서(working document) 3GPP에서 공식적으로 발표된 규격의 열람이 가능하다.

3GPP의 활동에 참여하는 그룹은 다음과 같다.

- Japanese Association of Radio industries and Business(ARIB)
- USA alliances for telecommunication industry solution(ATIS)
- China communication standard association(CCSA)
- European telecommunication standard institute(ETSI)
- Korean telecommunication Association(TTA)
- Japanese telecommunication technology committee(TTC)

표 1.2는 LTE 시스템을 개발하기 위해 정의된 3GPP UMTS의 규격이 개정된 시점과 배포 번호 그리고 배포 문서의 주요 특징을 보여준다.

위 배포 문서의 간략한 내용은 www.3gpp.org/release에서 찾아 볼 수 있다.

기능 규격이 확정된 배포 문서는 규격이 안정되어서 상용 시스템으로 구현되기 전에 일정시간 동안 상용화를 위한 배포 일정을 거친다.

현재 LTE 시스템의 관련 문서는 Release 9을 거쳐 Release 10에서 LTE advanced 시스템의 규격이 정의되고 있다.

▸▸ 표 1.2 UMTS 사양의 발전

Release	Functional freeze	Main UMTS feature of release
Rel-99	March 2000	Basic 3.84 Mcps W-CDMA(FDD & TDD)
Rel-4	March 2001	1.28 Mcps TDD(TD-SCDMA)
Rel-5	June 2002	HSDPA
Rel-6	March 2005	HSUPA(E-DCH)
Rel-7	Dec 2007	HSPA+(64QAM downlink, MIMO, 16QAM uplink) LTE and SAE feasibility study
Rel-8	Dec 2008	LTE work item – OFDMA/SC-FDMA air interface SAE work item – new IP core network Further HSPA improvements
Rel-9	Dec 2009	Multimedia Broadcast Multicast Services (MBMS) for LTE, LTE MIMO: dual-layer beamforming, LTE positioning PWS (Public Warning System) RF requirements for multi-carrier and multi-RAT base stations, Home eNodeB specification (femto-cell), Self-Organizing Networks (SON).
Rel-10	March 2011	carrier aggregation advanced uplink (UL) and downlink (DL) spatial multiplexing DL coordinated multipoint (CoMP) transmission heterogeneous networks withspecial emphasis on Type 1 and Type 2 relays

1.3 LTE/SAE 요구사항

LTE 시스템의 상위 레벨 요구사항에는 bit 당 가격 감소, 좀 더 나은 서비스 제공, 신규 주파수와 기존 주파수의 신축적인 사용, 개방화된 접속규격을 갖는 간략화된 망 구조, 그리고 이동 단말기의 저전력 소모 항목이 기술된다.

이상과 같은 요구사항은 LTE 타당성 연구 문서 25.912와 LTE 요구사항 문서 25.913에서 상세히 기술되어 있으며 다음과 같은 기능과 성능의 구현이 가능하다.

- 증가된 상향, 하향 링크의 최고 데이터 속도(표 1.3 참조)
- 하향 링크는 64 QAM 변조를 갖는 Single Input Single Output(SISO)과 Multiple Input Multiple Output(MIMO) 안테나 구성에 대해 언급되며, 상향 링크는 여러가지 다른 변조와 결합되지만 SISO 방식만이 언급된다.
- 다양한 채널 대역폭 : 상향, 하향 링크 모두에서 1.4MHz, 3.0MHz, 5MHz, 10MHz, 15Mhz, 20MHz
- 스펙트럼 사용 효율의 증가 Release 6 HSPA 보다 하향 링크에서는 3~4배, 상향 링크에서는 2~3배
- 소형 IP 패킷에서 5ms의 지연
- 0 ~ 15Km/h 저속의 이동체 속도 성능 최적화
  15Km/h ~ 120Km/h 최상의 성능
  120Km/h ~ 350Km/h에서는 기능 지원
  350Km/h ~ 500Km/h에서는 고려 중
- IP기반 패킷으로만 처리되는 망으로 진화되면서 종전 표준과의 호환성

표 1.3에서 규정된 속도는 이상적인 무선환경 조건에서 전송 가능한 속도이다. 그러나, 여러 가지 실제 상황에 따라 전송 성능이 차이가 날 수 있고, 이에 따른 최고 전송 속도의 값은 다음 표 1.4와 같이 사용자 단말기에 관련된 구성 속성에 따른 범주로 나누어(UE category x) 분류된다.

▶▶ 표 1.3 LTE(FDD) 하향 링크와 상향 링크 최대 전송률

FDD Downlink Peak Data Rates(64QAM)			
Antenna configuration	SISO	2×2MIMO	4×4MIMO
Peak data rate Mbps	100	172.8	326.4
FDD Uplink Peak Data Rates(single antenna)			
Modulation depth	QPSK	16QAM	64QAM
Peak data rate Mbps	50	57.6	86.4

▸▸ 표 1.4 UE 카테고리에 대한 최대 전송률

UE category	Peak downlink data rate (Mbps)	Downlink antenna configuration (eNB transmit×UE receive)	Peak uplink data rate (Mbps)	Support for 64QAM in uplink
Category 1	10.296	1×2	5.16	No
Category 2	51.024	2×2	25.456	No
Category 3	102.048	2×2	51.024	No
Category 4	150.752	2×2	51.024	No
Category 5	302.752	4×2	75.376	Yes

LTE의 규격 및 성능을 언급할 때 최고 전송 속도가 중요하게 언급되지만, 실제 시스템의 성능을 평가할 때 고려되는 사항은 평균 전송 속도와 무선서비스 구역 가장 자리에서의 전송 속도(cell edge data rates)이다.

LTE/SAE 성능 목표치를 설정하기 위한 참고 항목은 3GPP TR 25.913 Release 6 UMTS에서 기술된다.

하향 링크에서는 등화기 또는 간섭신호 제거기가 없는 수신 다이버시티 기술이 언급되며 HSDPA Type 1이 참고 규격이 된다.

상향 링크에서는 node B에서는 다이버시티 수신 기능이 있는 기능을 갖는 단일 송신기에 대한 구성에 대한 규격이 기술된다.

표 1.5와 표 1.6은 각각 LTE 타당성 연구 과정기간동안 3GPP 참여 그룹에서 얻은 모의 실험을 한 UMTS의 상향, 하향 링크 성능과 설계 목표 대비값의 비교를 보여준다.

▸▸ 표 1.5 UMTS Release 6과 LTE 하향 링크 성능 요건 비교

Case1 500m inter site distance	Spectrum efficiency		Mean user throughput		Cell-edge user throughput	
	[bps/Hz/cell]	×UTRA	[bps/Hz/user]	×UTRA	[bps/Hz/user]	×UTRA
UTRA baseline 1×2	0.53	×1.0	0.05	×1.0	0.02	×1.0
E-UTRA 2×2 SU-MIMO	1.69	×3.2	0.17	×3.2	0.05	×2.7
E-UTRA 4×2 SU-MIMO	1.87	×3.5	0.19	×3.5	0.06	×3.0
E-UTRA 4×4 SU-MIMO	2.67	×5.0	0.27	×5.0	0.08	×4.4

▶▶ 표 1.6 UMTS Release 6과 LTE 상향 링크 성능 요건 비교

Case1 500m inter site distance	Spectrum efficiency		Mean user throughput		Cell-edge user throughput	
	[bps/Hz/cell]	×UTRA	[bps/Hz/user]	×UTRA	[bps/Hz/user]	×UTRA
UTRA baseline	0.332	×1.0	0.033	×1.0	0.009	×1.0
E-UTRA 1×2	0.735	×2.2	0.073	×2.2	0.024	×2.5
E-UTRA 1×2 SU-MIMO	0.675	×2.0	0.067	×2.0	0.023	×2.4
E-UTRA 1×4	1.103	×3.3	0.110	×3.3	0.052	×5.5
E-UTRA 2×2 SU-MIMO	0.776	×2.3	0.078	×2.3	0.010	×1.1

위 표를 보면 LTE 설계 목표치가 UMTS release 6보다 2배 ~ 4배 개선되었음을 알 수 있다.

표 1.6의 결과가 가입자 중심으로 고려하여 얻은 결과로 나름대로 의미가 있지만, 시스템 차원의 모의 실험으로써 최소 성능을 규정하기 위해 사용되는 전형적인 방법은 아니다. 10명의 사용자를 임의로 무선서비스 구역에 배치하고 반복 통화시도 실험을 통해 얻은 일정 시간 내 유효정보전송율을 계산한 데이터를 가지고 성능 분포 및 사용자별 일정 시간 네 평균 유효정보전송율이 얻어지며, 유효정보 전송율의 누적 분포에서 5%에 해당하는 값이 무선서비스 구역 가장자리에서의 유효정보 전송율을 나타낸다.

1.4 LTE 무선 전송 채널 개요

LTE의 사용자 단말기의 RF 규격은 3GPP 기술 규격 문서 36.101에서 그리고 LTE에서는 evlolved Node B(eNB)로 불리우는 기지국의 RF 규격은 3GPP 기술 규격 문서 36.104에서 각각 정의되며, UMTS에서와 같이 FDD와 TDD 방식을 지원한다.

앞에서 언급한 2가지 3GPP 기술 규격 문서에서는 하향 링크의 OFDMA(Orthogonal Frequency Division Multiple Access), 상향 링크의 SC-FDMA(Single Carrier Frequency Division Multiple Access)에 관련된 RF 규격 그리고 다중 대역과 채널 대역폭이 기술된다.

1.4.1 주파수 대역

표 1.7은 ETSI(European Telecommunication Standards Institute)와 3GPP에서 정의한 IMT-2000 주파수 대역을 보여준다.

대부분의 주파수는 규격 문서 36.101의 표 5.5-1에서 정의된 주파수 대역으로 ITU 산하 3개의 지역에서 통용된다.

그러나 15번과 16번 주파수 대역은 2지역 아메리카와 3지역 아시아를 제외한 1 지역(유럽, 중동, 아프리카)에서만 통용되며 문서 TS 102 735에서 정의된다.

▶▶ 표 1.7 IMT-2000에 정의된 주파수 대역(MHz)

Band number	Uplink		Downlink		Uplink downlink spacing	Duplex mode
	Low	High	Low	High		
1	1920	1980	2110	2170	130	FDD
2	1850	1910	1930	1990	20	FDD
3	1710	1785	1805	1880	20	FDD
4	1710	1755	2110	2155	355	FDD
5	824	849	869	894	20	FDD
6	830	840	875	885	35	FDD
7	2500	2570	2620	2690	50	FDD
8	880	915	925	960	10	FDD
9	1749.9	1784.9	1844.9	1879.9	60	FDD
10	1710	1770	2110	2170	340	FDD
11	1427.9	1452.9	1475.9	1500.9	23	FDD
12	698	716	728	746	12	FDD
13	777	787	746	756	21	FDD
14[1]	788	798	758	768	20	FDD
15[1]	1900	1920	2600	2620	680	FDD
16[2]	2010	2025	2585	2600	560	FDD
17[2]	704	716	734	746	18	FDD
33	1900	1920	1900	1920	0	TDD
34	2010	2025	2010	2025	0	TDD
35	1860	1910	1850	1910	0	TDD
36	1930	1990	1930	1990	0	TDD
37	1910	1930	1910	1930	0	TDD
38	2570	2620	2570	2620	0	TDD
39	1880	1920	1880	1920	0	TDD
40	2300	2400	2300	2400	0	TDD

Note 1: Uplink frequency is higher than downlink frequency.
Note 2: Defined by ETSI for ITU Region 1 only.

할당된 주파수 대역이 상당 부분 같은 대역을 사용하므로 무선신호를 전송하기 위한 전력 증폭기와 수신기의 설계 문제는 없어 보이지만, 상향 링크 주파수 대역과 하향 링크 주파수 대역을 구분하는 duplex 간격이 일정하지 않기 때문에 각 대역별로 이에 따른 특정 규격을 갖는 필터를 설계해야 하는 문제가 발생한다.

또한 여러 대역을 포함하는 서비스를 해야 하는 경우 광대역용 안테나를 설계해야 하는 문제도 발생한다. 따라서 향후 배포 문서에서는 가변 duplex spacing의 규격 정의가 포함될 가능성이 있다.

이렇게 되면 시스템 설치가 용이하지만 규격, 장비 설계 그리고 망의 동작이 복잡해질 것이다.

1.4.2 채널의 대역폭

초기에 공표된 UMTS의 채널 대역폭은 CDMA 방식은 5MHz, TD SCDMA 방식은 1.6MHz로 고정된 대역폭을 할당하였으나, LTE 방식은 이와는 달리 부반송파간의 간격이나 심볼의 길이는 그대로 유지하면서 1.4MHz, 3MHz, 5MHz, 10Mhz, 15MHz, 20MHz 대역으로 다양하게 채널 대역폭을 선형적으로 확장할 수 있는 시스템이다.

광대역 채널을 사용하는 10MHz, 15MHz, 20MHz의 경우는 2.6GHz, 3.6GHz 대역의 할당이 예정되어 있다. 이런 광대역 채널에서는 채널의 전송 조건에 따라 유용한 채널을 선택적으로 사용하는 방법을 운영하여 시스템의 전체적인 성능을 향상시킬 수 있다.

위와 같은 방법은 광대역 채널폭을 여러 사용자가 공유하는 개념으로써 필요할 때 최고의 속도로 정보 전송이 가능하게 하며, 현재 가용한 채널의 전송 상태에 대한 정보를 받아 사용 가능한 여러 채널중 최적의 전송 조건과 낮은 간섭 조건에 있는 채널에 전송할 정보 데이터를 할당하므로 전체 시스템의 품질 및 전송 용량을 향상시킬 수 있다.

LTE 시스템이 정의된 주파수 대역 내에서 다양한 채널 폭으로 유연하게 동작될 수 있지만 실제 시스템의 설치가 용이하지 않은 경우도 있다. 이런 경우는 RF 성능 요구사항이 규정되지 않는다. 표 1.8은 성능 요구사항이 적용되는 경우와 그렇지 않은 경우를 보여준다.

15MHz와 20MHz 채널 대역폭으로 동작하는 경우에는 수신기 감도의 요구 성능이 덜 엄격하게 요구되는 경우로 표 1.8에서 'Yes[1]'으로 표기된다.

▸▸ 표 1.8 RF 요건에 정의된 채널 대역폭과 주파주 대역의 결합

E-UTRA Band	Channel Bandwidth					
	1.4MHz	3MHz	5MHz	10MHz	15MHz	20MHz
1			Yes	Yes	Yes	Yes
2	Yes	Yes	Yes	Yes	Yes[1]	Yes[1]
3	Yes	Yes	Yes	Yes	Yes[1]	Yes[1]
4	Yes	Yes	Yes	Yes	Yes	Yes
5	Yes	Yes	Yes	Yes[1]		
6			Yes	Yes[1]		
7			Yes	Yes	Yes	Yes[1]
8	Yes	Yes	Yes	Yes[1]		
9			Yes	Yes	Yes[1]	Yes[1]
10			Yes	Yes	Yes	Yes
11			Yes	Yes[1]	Yes[1]	Yes[1]
12						
13	Yes	Yes	Yes[1]	Yes[1]		
14	Yes	Yes	Yes[1]	Yes[1]		
17	Yes	Yes	Yes[1]	Yes[1]		
33			Yes	Yes	Yes	Yes
34			Yes	Yes	Yes	
35	Yes	Yes	Yes	Yes	Yes	Yes
36	Yes	Yes	Yes	Yes	Yes	Yes
37			Yes	Yes	Yes	Yes
38			Yes	Yes		
39			Yes	Yes	Yes	Yes
40				Yes	Yes	Yes

Note 1: Bandwidth for witch a relaxation of the specified UE receiver sensitivity requirement (36.101 Clause 7.3) is allowed.

1.4.3 사용자 단말기의 송신 전력

GSM과 UMTS Release-9 같은 초기 표준 규격에서는 송신 전력 규격을 정의할 때 단순히 사용자 단말기 전력 등급을 최대 출력 전력으로 규정하였지만, 최근 이동통신 시스템에서는 M-ary QAM 같은 고차 변조 형식이 도입됨에 따라 사용자 단말기에서의 송신 전력을 규정하는 과정이 복잡하게 되었다. UMTS release 5에서는 16 QAM 변조 신호에 고정된 'back off' 과정이 도입되었고, Release 6의 경우는 고정 'back off' 표준 QPSK 변조 신호의 파형 대비 전압 파형의 세제곱이 고려되는 평가식에 'back off'를 연동하는 좀더 개선된 'cubic' 평가 과정이 도입되었다.

LTE 사용자 단말기의 전력은 4가지로 구별된다. 3등급에서 최대 전력 요구사항은 모든 주파수 대역에서 23dBm ±2dB로 규정된다. 그러나, LTE 무선접속 규격에 유연성이 있도록 채널 대역폭과 대역폭내 전력 할당 크기 같은 항목이 추가로 고려되고 있다.

표 1.9는 각 채널 대역폭에서 송신되는 Resource Blocks(RB)의 수와 사용되는 변조방식 방법에 따른 전력 등급 3에서 최대 전력 감소를 보여 준다. 여기서 RB는 LTE 시스템에서 전송되는 신호의 최소 단위로서 180KHz의 대역폭을 갖고 점유 시간폭은 0.5ms이다.

▸▸ 표 1.9 power class 3에 대한 최대 power 감소

Modulation	Channel Bandwidth/transmission bandwidth configuration [RB]						MPR(dB)
	1.4MHz	3MHz	5MHz	10MHz	15MHz	20MHz	
1	>5	>4	>8	>12	>16	>18	≤1
2	≤5	≤4	≤8	≤12	≤16	≤18	≤1
3	>5	>4	>8	>12	>16	>18	≤2

표 1.10에서 보듯이 망측에서 사용자측에 신호를 보낼 때 추가로 최대 전력감소(A-MPR)치가 적용된다.

▸▸ 표 1.10 A-MPR/스펙트럼 방출 요건

Network signalling value	Requirements (subclause)	E-UTRA band	Channel bandwidth (MHz)	Resources blocks	A-MPR[1] (dB)
NS_01	–	–	–		
NS_02	6.6.2.4.1 6.6.3.3.1	1.6.9.11	10	>42	≤1
			15	>44	≤1
			20	>48	≤1
NS_03	6.6.2.2.1.	2,4,10,35,36	3	>5	≤1
	6.6.2.2.1	2,4,10,35,36	5	>6	≤1
	6.6.2.2.1	2,4,10,35,36	10	>6	≤1
	6.6.2.2.1	2,4,10,35,36	15	>8	≤1
	6.6.2.2.1	2,4,10,35,36	20	>10	≤1
NS_04	6.6.2.2.2	TBD	TBD	TBD	
NS_05	6.6.3.3.1	1	10,15,20	≥50 for QPSK	≤1
NS_06	6.6.2.2.3	12,13,14,17	1.4,3,5,10	n/a	n/a
NS_07	6.6.2.2.3 6.6.3.3.2	13	10	TBD	TBD
–					
NS_32	–	–	–	–	–

Note 1: 0≤A-MPR≤3

인접 채널에 간섭을 주지 않기 위해 RF 관련 규격 문서 36.101과 부속 조항인 6.6.2.2.1에서는 스펙트럼 방사 마스크의 요구사항을 규정하고 있다.

표 1.11은 스펙트럼 방사 요구사항을 보여준다.

추가적인 요구사항으로는 누설 방사전력과 인접 채널에 간섭을 주는 전력의 누설율 "Adjacent Channel Leakage Ratio(ACLR)"가 있다.

▶▶ 표 1.11 NS_03에 대한 추가 스펙트럼 방출 요건

	Spectrum emission limit (dBm)/Channel Bandwidth						
Δf_{OOS} (MHz)	1.4MHz	3MHz	5MHz	10MHz	15MHz	20MHz	Measurement bandwidth
±0-1	[TBD]	[TBD]	-15	-18	-20	-21	30kHz
±1-2.5	[TBD]	[TBD]	-13	-13	-13	-13	1MHz
±2.5-5	[TBD]	[TBD]	-13	-13	-13	-13	1MHz
±5-6	[TBD]	[TBD]	-13	-13	-13	-13	1MHz
±6-10	[TBD]	[TBD]	-25	-25	-25	-25	1MHz
±10-15	[TBD]	[TBD]		-25	-25	-25	1MHz
±15-20	[TBD]	[TBD]			-25	-25	1MHz
±10-25	[TBD]	[TBD]				-25	1MHz

이상과 같이 단말기의 사용 최대 전력은 다양한 시스템 조건과 요구사항에 따라 규정된 제한 범위에서 일정한 전력 또는 가변 전력으로 송출되도록 설계과정이 복잡하다. 따라서 다양한 조건 하에서 정확한 출력이 발생하는지 검증하는 과정이 수반된다.

최대 전력에 대한 규격 조건이 복잡하게 보이지만 관련 용어는 다음 표준안에 명확하게 정의되어 있다.

* P_{EMAX} : 문서 36.331에서 정의되며, 상위 레벨 개념에서 정의되는 최대 허용 전력
* P_{UMAX} : 문서 36.101에서 정의되며, MPR과 A=MPR의 규정에 따라 조정되는 사용자 단말기의 전력 등급에 대한 최대 전력
* P_{CMAX} : 문서 36.101에서 정의되며, 사용자 단말기에서 구현할 수 있는 송신 전력으로서

$$\mathrm{MIN}\{P_{EMAX},\ P_{UMAX}\}$$

실제 출력 전력과 P_{CMAX} 값은 오차가 존재하는데 최고 전력에서는 ±2dB 그리고 최저 전력에서는 -40dBm의 하한치까지를 허용한다.

1.4.4 UE 전력 제어

일반적으로 RF 규격은 UMTS에서와 같이 개방 루프 전력 제어 정확도는 ±10.5dB, 최소 전력은 −40dBm, off(통화 단절) 전력은 −50dBm가 요구된다.

전력의 요구사항 중 중요한 항목은 단말기의 동작 상황의 변화에 따른 경계 시간에서의 전력의 변화치가 제한 규정범위에 있는지를 확인하는 것이다. UMTS에서는 단위 시간당 전력의 변화치가 이 제한 조건을 만족하는지 확인하는 것에 국한되어 있었지만 최근에는 부호 영역에서 전력의 변화치를 점검하는 과정이 추가되고 있다.

OFDMA에서 cyclic prefix가 정규 규격으로 전송될 때 0.5ms마다 7개의 symbol이 전송되며, 이 때 상향 링크의 전력 변화 양상은 symbol의 함수로 측정된다.

1.4.4.1 전력 시간 mask

slot 기반 전송을 위한 on/off(신호 전송 개시/종료) 요구사항은 UMTS와 비슷하며, 그림 1.2는 일반적인 on/off 시간 마스크에 대한 전력 변화 양상을 보여준다.

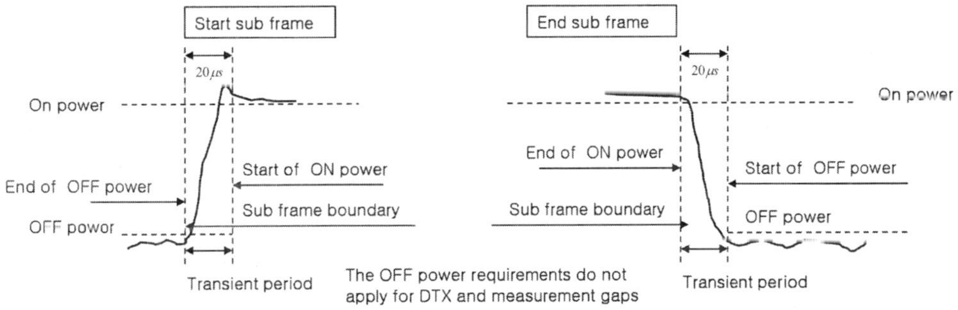

►► 그림 1.2 일반적인 ON/OFF Time Mask

신호 전송이 개시되거나 종료되는 시점에서는 언제나 일반적인 요구사항이 적용되며, 측정 시간은 천이 시간을 제외한 최소한 1개의 subframe이 소요된다.

천이 시간이 subframe 구간에서 대칭적이지 않다.

신호 전송을 개시할 때 송출 개시 전력이 증가하는 구간은 subframe 경계에서 바로 시작하며, 신호 전송이 종료되는 시점에서 송출 종료 전력이 감소하는 구간은 subframe이 바로 끝나는 시점에서 시작이다.

FDD 시스템에서 천이 시간을 이상적으로 규정하지 않지만 전력이 상승되는 상승 구간이 인접 subframe에 간섭을 최소화하도록 선택하며, 전력이 감소하는 하강 구간이 subframe이 끝나는 시점까지 지연되는 것이 허용된다.

PRACH(Physical Random Access Channel)과 SRS(Sounding Reference Signal)에도 동일한 mask가 있는데 전력이 송출되는 구간은 1개의 PRACH symbol과 또는 1개의 SRS symbol 시간에 국한된다. 전력 상승 구간은 symbol이 시작되기 전에 미리 시작되어 전력 하강 구간과 대칭성을 갖도록 조정된다.

SRS에서 전력 송출 시작 시점을 선행하는 과정이 특별히 중요한 이유는 eNB에서 상향 링크 상태를 예측할 수 있도록 단말기에서 SRS 신호만 약 70us 동안 전송되기 때문이다. 정규 전송 구간 동안에 SRS symbol이 일정한 전력으로 전송되야만 eNB에서 채널 측정을 정확하게 할 수 있기 때문에 power 변화 전에 SRS symbol을 일정하게 유지하도록 천이 시간을 미리 확보하는 것이다.

통상적인 전력 송출 개시 및 종료에 따른 천이 구간과 달리 전력의 송출 상태가 바뀌는 천이 구간이 있다.

신호 종류별 규정된 전력 레벨에 따른 송신 전력의 크기 변화, SRS 상태로 모드 전환 또는 SRS 상태에서 다른 모드로 전환 그리고 할당된 주파수로의 변환도 전송로에서의 변화를 보상하기 위한 기저 대역 보상 때문에 전력의 변화 천이를 발생하게 한다.

주파수 관련 전력 변화의 공통된 예는 사용자 단말기가 PUCCH 상태에서 신호를 보낼 때 생긴다. PUCCH는 일반적으로 채널의 하위 종단에서 1 time slot 만큼 신호를 전송하고 곧 바로 상위의 다른 time slot이 이어진다.

규격 문서 36.101과 부속 조항 6.5.2.4에서 정의된 스펙트럼 평탄도의 요구사항은 대역 가장자리에서 사용자 단말기는 +3 ~ -5dB 정도의 전력 변화를 허용한다고 규정하고 있다.

사용자 단말기가 PUCCH 또는 협대역으로 할당된 PUSCH를 전송할 때는 평탄도 문제를 보상하는 것이 필요하다.

PUSCH/PUCCH 전력 정확도의 요구사항을 유지하는 것은 연속적인 부프레임(sub frame)이 전송된 후 두 번째, 그리고 이어지는 부프레임에도 적용된다. 또한 이 요구사항은 2개의 frame 사이의 간격이 20msec 이하가 되는 불연속적인 전송에도 적용된다. 그리고 PRACH의 요구사항은 두 번째 이후로 계속 이어지는 PRACH preamble에도 적용된다.

▸▸ 표 1.12 전송에 대한 상대적인 power 허용 오차

Power step size (up or down) ΔP [dB]	PUSCH/PUCCH [dB]	SRS [dB]	PRACH [dB]
$0 \le \Delta P \le 4$	[±MAX{2.0, ΔP/2+2}]		[±MAX{0.5, ΔP/2}]
$4 < \Delta P \le 10$	[±4.0]		[±3.0][1]
$10 < \Delta P \le 15$	[±5.0]		n/a
$15 < \Delta P \le 20$	[±6.0]		n/a
$20 < \Delta P$	[±6.0]		n/a

Note 1: For PRACH the maximum power step is 6dB.

표 1.12에서 보듯이 정규 전력으로 변화되는 천이 과정이 없을 때에도 상대적인 전력은 2dB까지 변화할 수 있어서 시간 영역에서는 연속적인 전송이 가능하다.

설정된 전력 변화의 허용 범위는 15dB에서 20dB 사이에서 최대 ±6dB의 변화가 가능하다.

사용자 단말기의 설계할 때 다단계 전력증폭기를 사용하여 개발 비용을 줄이고자 하는 경향이 증가하고 있다. 이런 설계방법으로는 각 단계에서 증폭 범위도 줄어들고 증폭 이득을 변화시킬 때마다 전력과 위상이 변화되는 천이 과정이 발생할 수 있다.

따라서 이 문제를 해결하기 위한 규격 작성 작업이 연구되고 있으며, 불필요한 전력변화의 천이 과정을 피하기 위해 적당한 제약 사항을 가지고 증폭 이득의 변화를 허용하는 표 1.12의 요구사항과 다른 몇 가지 예외 조항이 설정될 것이다.

1.4.5 상향 링크 전송 신호 품질

규격 문서 36.101의 부속 조항 6.5는 동일 채널 내에 같이 전송되는 신호의 품질 요구사항을 정의한다. 이 요구사항은 다음과 같은 5가지 영역으로 구분된다.

- 주파수 에러
- EVM(Error Vector Magnitude)
- IQ(Inphase/Quadrature) 성분
- 동일 채널 대역 내 방사
- 스펙트럼 평탄도

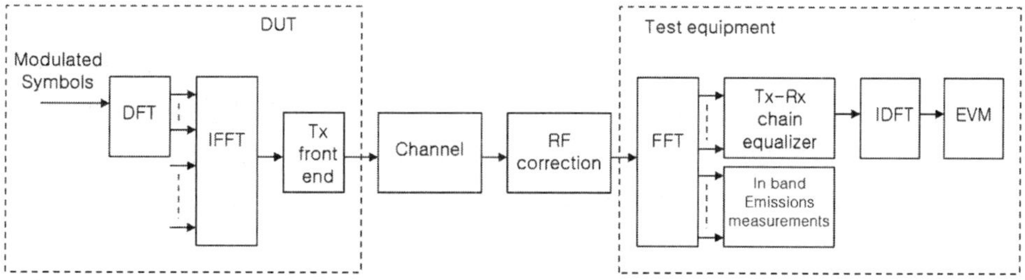

▶▶ 그림 1.3 EVM 측정 지점

1.4.5.1 Error Vector Magnitude Definition

EVM의 정의는 UMTS에서 정의한 내용과 동일하지만 SC-FDMA 관련된 2가지 새로운 사항이 있다. 첫 번째는 TX-RX 등화기이고 두 번째는 EVM이 정의되는 시간 구간이다.

1.4.5.2 EVM equalizer definition

UMTS에서는 EVM이 RRC(Root Raised Cosine) filter를 통해 정의되지만 LTE에서는 신호를 왜곡시키는 채널의 상태를 보상하는 정확한 복조 방법이나 참조가 되는 수신기를 언급하지 않기 때문에 성능 개선의 여지가 있다. 즉 각 제조업체별로 잡음과 변화하는 채널을 고려하여 나름대로의 성능 개선을 할 수 있는 복잡한 설계 방법을 개발할 것이기 때문에 이 결과는 지적재산권으로 간주된다.

상향 링크 신호 품질을 측정할 수 있는 표준 등화기 규격이 없기 때문에 EVM을 정의하기가 쉽지 않다. 따라서 실제 통신망에서 eNB로 가능하지 않지만 실시간으로 동작하지 않는 계측 등급 시험 장비로 반복하여 신호 교정 작업을 수행한다.

이에 따라 실제 동작에서 발생하는 대표적인 성능 저하를 교정할 수 있는 참조할 만한 최소한의 규격을 갖는 등화기가 제공되어 적용되는 수신기들 간의 설계 성능이 비교될 수 있다.

상향 링크에서 등화기 성능을 규정하기 위한 시도 중의 한 가지는 기저대역 신호의 첨두치를 왜곡시키도록 신호에 잡음을 인가하는 것이다. 실제 통신 환경의 상향 링크에서는 간섭 신호가 더해져서 성능이 더 왜곡된다. 잡음은 긴 시간에 걸쳐 일정한 통계적 특성을 갖도록 발생시킬 수 있지만 상향 링크에서의 짧은 전송 시간 동안에 이런 잡음을 발생시키는 것은 용이하지 않다.

subframe들 간의 이동이 가능하기에 사용자 단말기는 채널의 한 끝에서 RB(0.5ms 동안 180KHz 대역폭 점유)를 전송하지만 다음에 전송되는 RB는 20MHz만큼 이격될 수 있다.

이 경우 발생되는 잡음들간에는 상관도가 적어 평균 처리하는 것이 무리이다.

따라서 EVM은 가장 작은 전송 구간을 갖는 1RB를 토대로 정의된다.

정해진 크기와 위상을 가지고 각 15KHz 간격으로 이격된 개개의 부반송파에서 실려 전송되는 RS(Reference Signal) symbol 신호는 수신부에서 채널을 추정하는데 사용될 수 있는데, 정규 CP의 경우 전송되는 7개의 symbol 중 4번째이다.

1개의 RB에서 12개의 데이터가 주파수 영역에서 70us동안 유지되는데 등화기용 참조 신호로 사용하기에는 부족하다.

따라서 좀더 의미있는 평균 과정이 될 수 있도록 EVM은 time slot에서 6개의 데이터 symbol을 사용하여 안정적인 시평균 참조 신호를 발생한다.

잡음이 임계치 아래에 있으면 데이터를 추가하여 평균 처리 시간을 길게 해도 측정 정확도가 향상될 수 있다.

1.4.5.3 EVM 측정 시간 구간 길이

UMTS EVM과 LTE EVM의 다른 차이점은 측정 시간 구간이다. LTE 시스템의 OFDM 전송 방식은 CDMA 방식과 달리 OFDM symbol이 길어서 다중 경로 채널 특성으로 인해

symbol들간 간섭현상이 발생하지만 symbol의 일부를 복사한 CP를 symbol 시작점에 추가하여 전송하므로써 다중 경로 왜곡 현상을 보완할 수 있다.

다중 경로에 의한 영향이 없다면 CP 시간 동안 신호의 복원이 충분하지만, 다중 경로에 의한 영향이 있다면 에러없이 신호를 복원할 수 있는 시간(decoding window)이 줄어든다. 전송 시스템을 구성할 때 동일 채널 내 같이 전송되는 신호의 품질 요구사항을 만족시키고 동시에 채널 대역 외로 발생되는 스펙트럼 재발생 크기의 허용조건을 만족시키기 위해 적정한 설계값을 설정해야 한다.

주어진 채널 대역 밖으로 간섭 신호의 전력이 발생하지 않도록 채널 대역과 duplex 필터의 설계를 잘 하면 시간 영역에서 ISI가 발생하게 되어 채널 대역 내에 전송되는 신호의 품질은 떨어진다. 따라서 위와 같은 상황에서 발생되는 에러를 측정하기 위해 EVM은 이상적인 bit 동기 시점의 양 끝에서 측정된다.

표 1.13은 채널 대역폭에 따라서 설계되어야 하는 EVM 측정 시간 구간의 길이를 보여 준다.

▸▸ 표 1.13 일반적인 CP에 대한 EVM window 길이

Channel bandwidth MHz	Cyclic prefix N_{CP} for symbol 0	Cyclic prefix N_{CP} for symbols 1 to 6	Norminal FFT size	Cyclic prefix for symbols 1 to 6 in FFT samples	EVM window length W	Ratio of W to CP for symbols 1 to 6[1]
1.4	160	144	128	9	[5]	[55.6]
3			256	18	[12]	[66.7]
5			512	36	[32]	[88.9]
10			1024	72	[66]	[91.7]
15			1536	108	[102]	[94.4]
20			2048	144	[136]	[94.4]

Note 1: These percentages are informative and apply to symbols 1 through 6. Symbol 0 has a longer CP and therefore a lower percentage.

1.4.5.4 IQ 신호 측정

OFDM 방식의 기저대역에서 발생되는 IFFT 출력 신호는 실수 신호 성분(동위상, I 신호)과 90도의 위상차를 갖는 허수 신호 성분(90도 위상 차이, Q 신호)이 있다. 2개의 신호를 동시에 전송하기 위해서는 동일한 주파수를 가지고 서로 90도 위상차가 나도록 국부 발진기에서 발생된 정현파에 각각 곱하여 전송을 한다.

국부 발진기에서 발생되는 2개의 정현파들간에 주파수 및 크기 차이가 미세하게 존재하거나 90도 위상 차이 조건이 지켜지지 않으면 IQ 신호들간에 간섭현상이 발생한다. 표 1.14는 이런 현상을 피하기 위해 요구되는 IQ 변조기에서의 Relative Carrier Leakage Power(RLCP)의 제한 조건을 보여준다.

▶▶ 표 1.14 상대적인 캐리어 누설전력에 대한 최소 요건

Output power	Relative limit (dBc)
>0dBm	−25
−30dBm ≤ output power ≤ 0dBm	−20
−40dBm ≤ output power ≤ −30dBm	−10

1.4.5.5 동일 대역내 신호 전력 방사

전체 LTE symbol의 주파수 대역을 한 사용자가 모두 점유하는 경우와 달리 여러 사용자가 OFDM symbol의 주파수 대역 일부를 각각 할당받아 사용하는 경우에는 각 사용자의 신호의 품질을 개별로 측정해야하므로 EVM은 할당된 신호의 부분에 대해서 측정된 신호의 품질을 의미한다. 따라서 이 경우 다른 사용자에게 할당된 주파수 대역으로 방출되는 사용자 신호의 간섭 신호양에 대한 제한 범위를 규정해야 한다.

표 1.15는 전체 주파수 대역중 할당된 주파수 대역에서 허용되는 누설 전력을 보여 준다.

▶▶ 표 1.15 동일 대역 내 신호 전력 방사에 대한 최소 요건

<table>
<tr><th>Parameter description</th><th>Unit</th><th colspan="2">Limit</th><th>Applicable frequencies</th></tr>
<tr><td>General</td><td>dB</td><td colspan="2">$\max\{-30,\ -25,\ -10\log_{10}(N_{RB}/L_{CRBs}),$
$20\cdot\log_{10}EVM - 3 - 5\cdot(\Delta_{RB}-1)/L_{CRBs},$
$-57\text{dBm}/180\text{kHz}-P_{RB}$</td><td>Any non-allocated RB measured relative to average allocated RB power</td></tr>
<tr><td>IQ image</td><td>dB</td><td colspan="2">−25</td><td>Any non-allocated image RB measured relative to average allocated RB power</td></tr>
<tr><td rowspan="3">DC</td><td rowspan="3">dBc</td><td>−25</td><td>Outpur power > 0dBm</td><td rowspan="3">Any non-allocated RB containing or adjacent to the carrier feedthrough measured relative to total allocated RB power</td></tr>
<tr><td>−20</td><td>−30dBm ≤ Outpur power ≤ 0dBm</td></tr>
<tr><td>−10</td><td>−40dBm ≤ Outpur power ≤ −30dBm</td></tr>
</table>

1.4.5.6 DC 성분의 방사

DC 성분 방사와 RLCP가 발생되는 원리는 동일하지만 RLCP는 사용자의 신호에 적용되는 요구사항이며, DC 성분은 다른 사용자 신호에 영향을 미치는 정도를 규정할 때 고려되는 성분이다. RLCP의 경우는 등화기를 거친 후 측정되지만, DC 성분의 경우는 다른 사용자 신호에 미치는 영향의 정도를 파악하기 위해 등화기 처리 전에 측정된다.

DC 성분이 측정되는 RB의 범위는 사용되는 채널 대역폭에서 서비스를 제공하는 RB의 개수로 정의된다. 3MHz, 5MHz, 15MHz의 경우는 RB 개수가 홀수로 중앙의 RB에서 RLCP가 측정되며, 1.4MHz, 10MHz, 20MHz의 경우는 RB의 개수가 짝수이므로 중앙 주파수의 양 옆에 있는 RB로 누설되는 전력 방사양을 측정한다.

1.4.5.7 스펙트럼 평탄도

EVM은 등화기를 통과한 후에 측정되지만 채널 대역 내 분포하는 전력 성분 중 변화가 큰 경우는 등화기의 보상 범위를 벗어나 오류값이 커지므로 이런 상황을 피하기 위해 표 1.16에서와 같이 스펙트럼 평탄도의 최소 요구사항을 규정한다.

▸▸ 표 1.16 스펙트럼 평탄도에 대한 최소 요건

Spectrum	Relative limit (dB)
If $F_{UL\_measurement} - F_{UL\_low} \geq 3MHz$ and If $F_{UL\_high} - F_{UL\_measurement} \geq 3MHz$	+2/−2
If $F_{UL\_measurement} - F_{UL\_low} < 3MHz$ or If $F_{UL\_high} - F_{UL\_measurement} < 3MHz$	+3/−5

Note : FUL_low and FUL_high refer to each E-UTRA frequency band specified in 36.101[1] Table 5.5-1.
Note : FUL_measurement refers to frequency tone being evaluated.

1.4.6 사용자 단말기의 수신기 특성

1.4.6.1 사용자 단말기의 기준 수신 감도

LTE 단말기의 수신 감도는 수신기 특성을 규정하는 항목 중에서 가장 중요하면서도 기본적인 항목으로 UMTS와 달리 Maximum Sensitivity Degradation(MSD) 항목이 추가되었다.

이 항목은 사용자 단말기가 채널 대역에서 최대로 할당된 RB에서 최대의 전력으로 신호를 송신할 때 적용되는 기준 수신 감도의 허용범위를 정의한다.

다음 표 1.17과 표 1.18은 각각 상향 링크와 하향 링크에서 규정된 신호 전송 구성에 따른 기준 측정 채널의 제원을 보여준다.

▸▸ 표 1.17 부분적인 RB 할당량을 포함한 20MHz QPSK에 대한 참조 채널

Parameter	Unit	Value	Value	Value	Value	Value
Channel bandwidth	MHz	20	20	20	20	20
Allocated resource blocks		1	18	25	50	75
DFT-OFDM symbols per subframe		12	12	12	12	12
Modulation		QPSK	QPSK	QPSK	QPSK	QPSK
Target coding rate		1/3	1/3	1/3	1/3	1/3
Payload size	Bits	72	1864	2216	5160	6712
Transport block CRC	Bits	24	24	24	24	24
Number of code blocks-C		1	1	1	1	2
Code block CRC size	Bits	0	0	0	0	24
Total number of bits per subframe	Bits	288	5184	7200	14400	21600
Total symbols per subframe		144	2592	3600	7200	10800

▸▸ 표 1.18 고정된 참조 채널 64QAM R=3/4

Parameter	Unit	Value					
Reference Channel			[R.5 FDD]	[R.6 FDD]	[R.7 FDD]	[R.8 FDD]	[R.9 FDD]
Channel bandwidth	MHz	1.4	3	5	10	15	20
Allocated resource blocks			15	25	50	75	100
Allocated subframes per radio frame			10	10	10	10	10
Modulation		64QAM	64QAM	64QAM	64QAM	64QAM	64QAM
Targer coding rate		3/4	3/4	3/4	3/4	3/4	3/4
Information bit payload							
For subframes 1,2,3,4,6,7,8,9	Bits		8504	14112	30576	46888	61664
For subframe 5	Bits		7992	13536	30576	45352	61664
For subframe 0	Bits		6456	12576	28336	45352	61664
Number of code blocks per subframe			2	3	5	8	11
Binary channel bits per subframe							
For subframes 1,2,3,4,6,7,8,9	Bits		11340	18900	41400	62100	82800
For subframe 5	Bits		10476	18036	40536	61236	81936
For subframe 0	Bits		8820	16380	38880	59580	80280
Maximum throughput averaged over 1 frame	Mbps		8.25	13.9	30.4	46.6	61.7

Note 1 : Two symbols allocated to PDCCH for 20MHz, 15MHz and 10MHz channel BW; three symbols allocated to PDCCH for 5MHz and 3MHz; four symbols allocated to PDCCH for 1.4MHz.
Note 2 : Reference signal, synchronization signals and PBCH allocated per TS 36.211.

1.4.7 사용자 단말기의 성능 요구사항

사용자 단말기의 수신 성능은 문서 36.101 A.3에서 명시한 하향 링크 RMC 구성과 부록문서 B에 명시된 채널 전파 조건에 따라 다양한 물리 채널에서의 최소 수신 성능 등급이 설정되어 있다. 성능 측정은 QPSK, 16QAM, 64QAM 변조로 전송되는 모든 물리 채널을 포함하며, 특히 수신 다이버시티, 송신 다이버시티, 단일 사용자용 공간 다중화 그리고 다중 사용자용 공간 다중화를 위한 다양한 안테나 구성 조건에서 성능 측정이 이루어진다.

1.4.8 하향 송신신호 품질

하향 링크에서 동일 채널 내에 전송되는 신호의 품질 요구사항은 상향 링크 신호의 품질 요구사항에 비해 덜 복잡하다. 하향 링크 신호의 대역폭은 항상 전송되는 RS 신호용 부반송파가 존재하기 때문에 거의 채널 전체 대역과 동일한 대역을 차지한다.

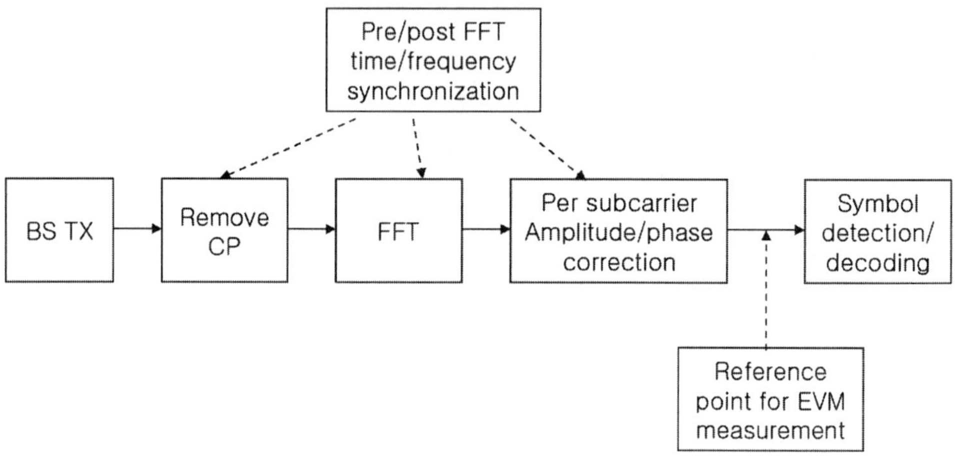

▸▸ 그림 1.4 페이딩 신호의 크기 변화

하향 링크의 성능을 평가할 때도 그림 1.4에서 보듯이 상향 링크와에서와 같이 등화기를 통과한 후의 EVM를 측정하는데 상향 링크에서와 같이 등화기용 참조 신호는 신호와 같이 전송되는 RS 신호이다.

하향 링크에서 RS 신호의 설정되는 방식은 상향 링크와 다르기 때문에 등화기 구성도 다르게 이루어진다. 개개의 RS 신호에 대한 크기와 위상을 측정하면 RS 신호 사이에 있는 부반송파의 크기와 위상 변화는 보간법으로 추정할 수 가 있는데. 간략화된 방법으로서 주파수 영역에서 구간 이동방법에 의한 평균 처리 과정이 쓰인다. 10msec 프레임에 있는 참조용 부반송파에 전송되는 RS 신호는 19개의 이동 구간에 걸쳐 3개의 부반송파마다 크기와 위상의 평균값이 처리된다. 채널의 가장자리에서는 필터의 크기 감쇄 천이에 의한 보상을 등화기의 보상 기능이 있기 때문에 RS 신호의 크기와 위상 변화 보정을 위한 평균 처리 구간을 점차 짧게 설정한다.

1.5 이동통신 환경에서의 OFDM 신호 개요

이동 통신 채널 환경에서 수신되는 신호는 다중 경로에서 수신되는 신호들이 중첩되어 생겨나는 신호이다.

예를 들어 송신부에서 전송된 반송파 $\cos(\omega_c t)$ 신호가 수신부에서 수신되는 경우를 생각해보면 각각의 경로를 통해 수신되는 신호는 경로 손실 효과에 의해 크기가 감소하고 또한 수신부에 도달하는 시간 지연 효과가 있다.

N개의 경로 중에서 k번째 경로에서의 손실을 α_k라 하고, 시간 지연을 τ_k라고 하면 수신된 신호는 다음과 같다.

$$r(t) = \sum_{k=1}^{N} \alpha_k \cos\left[\omega_c(t-\tau_k)\right] = \sum_{k=1}^{N} \alpha_k \cos(\omega_c t + \theta_k) \qquad \text{식 (1.1)}$$

여기서 $\theta_k = \omega_c \tau_k$

위 식을 다음과 같이 정리하여 해석해보면

$$r(t) = \sum_{k=1}^{N} \alpha_k \cos(\omega_c t + \theta_k) = \sum_{k-1}^{N} \alpha_k \cos(\theta_k)\cos(\omega_c t) - \sum_{k-1}^{N} \alpha_k \sin(\theta_k)\sin(\omega_c t) \qquad \text{식 (1.2)}$$

N의 숫자가 많아지면 central limit theorem에 의해 $\cos(\omega_c t)$와 $\sin(\omega_c t)$ 앞에 있는 성분들은 가우시안 분포를 갖게 된다.

따라서 $X = \sum_{k=1}^{N} \alpha_k \cos(\theta_k)$, $Y = \sum_{k=1}^{N} \alpha_k \sin(\theta_k)$라 정의하면, X, Y는 서로 녹립석인 가우시안 랜덤 변수가 된다.

이렇게 정의된 가우시안 랜덤 변수 X, Y로 수신된 신호를 다시 표시해 보면 다음과 같다.

$$r(t) = X\cos(\omega_c t) - Y\sin(\omega_c t) = \sqrt{X^2 + Y^2}\cos(\omega_c t + \phi) \qquad \text{식 (1.3)}$$

위 식에서 $\sqrt{X^2 + Y^2}$는 레일라이(Rayleigh) 분포를 갖는 랜덤 변수이다.

기지국을 중심으로 일정한 반경 주위를 따라 이동하는 이동 단말기에서 수신된 신호는 이동 단말기의 위치가 원의 중심에 있는 기지국의 송신기로부터 같은 거리에 있으므로 평균 수신 전력은 같지만 무선서비스 구역 내의 경로 환경이 다르므로 다중 경로에서 수신된 신호의 위상들이 동일 위상 근처 값을 갖는 신호와 중첩되는 경우 수신 신호의 전력이 평균 전력값보다 크게 되고(fade in), 반대 위상 근처 값을 갖는 신호와 중첩된 경우는 수신 신호의 전력이 평균 전력값보다 작게 되는(fade out) 현상이 시간에 따라 불규칙하게 변하게 된다.

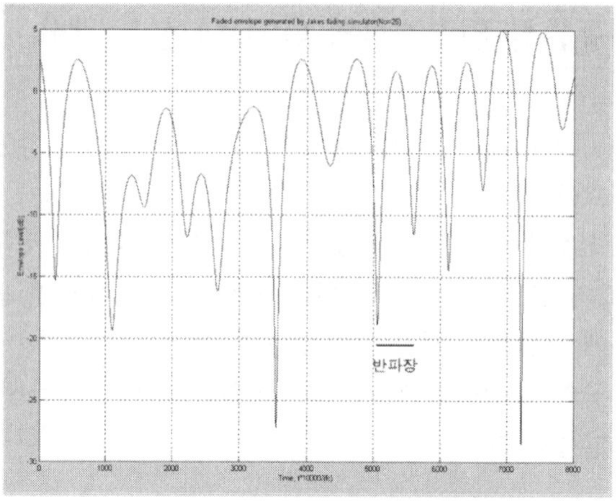

▸▸ 그림 1.5 페이딩 신호의 크기 변화

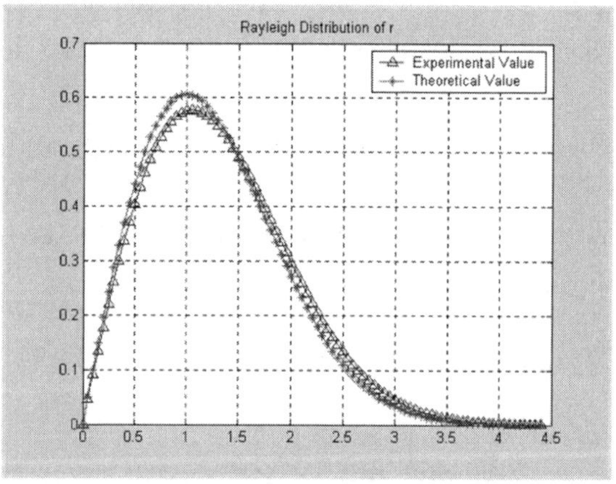

▸▸ 그림 1.6 페이딩 신호의 크기 분포

이때 수신된 신호의 분포는 그림 1.6과 같이 레일라이 분포를 갖는다.

이동 통신 채널의 특성을 살펴보기 위해 impulse 신호를 전송했다고 가정하면 다음 그림과 같이 신호의 크기 감쇄가 있고, 시간이 지연된 임펄스 신호가 수신된다.

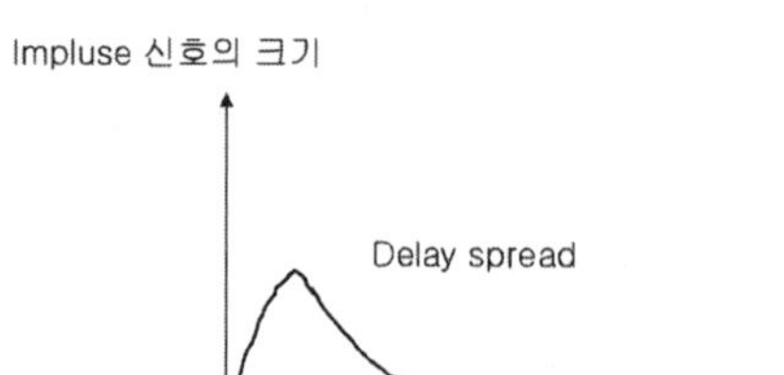

▸▸ 그림 1.7 페이딩 채널에서 다중 경로 신호의 지연 특성

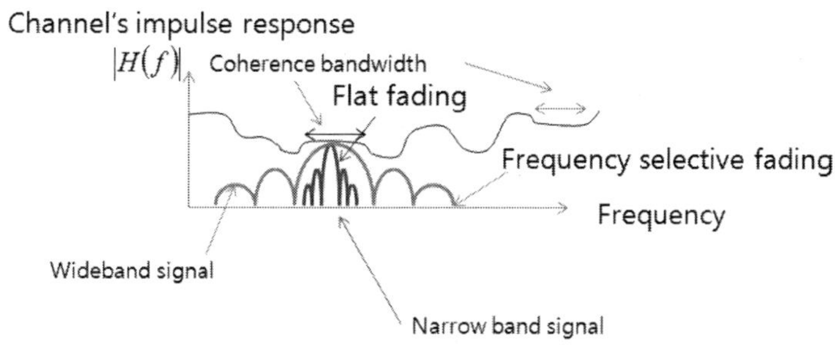

▸▸ 그림 1.8 이동통신 채널의 채널 특성

flat fading

시간 축에서 표현된 이동통신 채널을 주파수 축에서 표현하면 다음과 같이 표현할 수 있다.

주파수 영역에서 반송파 신호가 이동통신 채널을 통과한 후의 출력을 해석해 본다면 반송파 신호의 경우는 단일 주파수를 갖는 신호이기에 특정 주파수에 해당하는 이동통신 채널의 감쇄 효과를 받는다.

반송파만을 전송하는 경우는 pilot 신호 RS와 같이 입력 신호가 항상 일정한 크기를 갖는 신호가 반송파에 곱해진 경우이나. 그러나 입력 신호의 크기가 시간에 따라 변화하는 일반적인 경우는 입력 신호의 점유 대역폭과 이동통신 채널의 주파수 특성에 따라 입력 신호의 주파수 대역별 감쇄 특성이 다르게 변형된 출력이 나타난다.

일반적인 변조 신호는 다음과 같이 기저대역의 정보 신호가 반송파에 곱해져 나타난다.

$$s(t)= d(t)\cos(\omega_c t) \qquad \text{식 (1.4)}$$

여기서 $d(t)$는 기저대역의 입력신호이다.

이동통신 채널의 특성을 수신된 임펄스 신호열로 표시할 때 다중 경로에 의한 임펄스열의 길이가 짧고, 상대적으로 기저대역 입력 신호 $d(t)$의 대역폭이 짧다.

이 경우 이동통신 채널을 통과하여 수신된 출력신호는 모든 주파수 대역에서 동일한 감쇄 효과를 받는다.

그러나 상대적으로 입력 신호의 대역폭이 크거나, 또는 이동통신 채널에서 지연 시간이 긴 다중 경로 지연파가 많다면 그림 1.9와 같이 수신된 신호는 주파수별로 감쇄 특성이 다르게 나타난다. 이 경우는 주파수 선택적 페이딩(frequency selective fading) 효과가 나타난다.

대표적인 광대역 신호는 CDMA와 OFDM 신호가 있는데 CDMA 신호의 경우는 다중 경로 신호들간의 간섭으로 인한 왜곡을 rake 수신기로 보상한다. 다중 경로 채널를 통해 왜곡된 신호를 보상하기 위해 사용하는 equalizer의 tap 수가 많아진다.

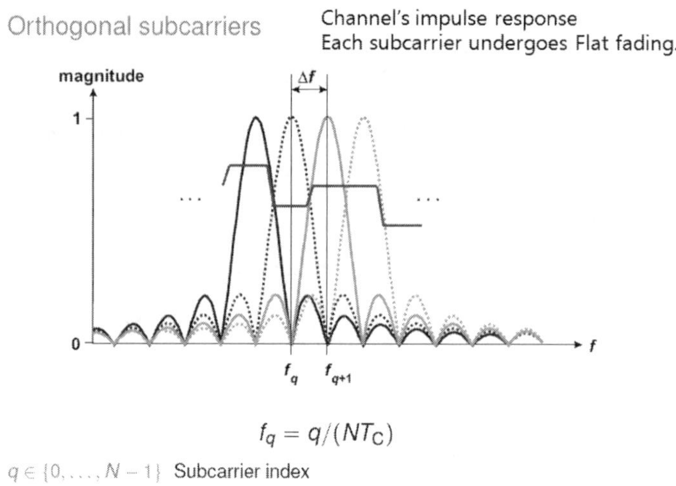

▶▶ 그림 1.9 OFDM 신호의 flat fading 특성

그러나, OFDM 신호의 경우는 각 대역별로 간단하게 보상이 이루어진다.

광대역의 신호를 여러 개의 병렬 신호로 변환하는 과정에서 신호의 시간폭이 길어져 각 부반송파를 중심으로 협대역 스펙트럼을 차지하므로 flat fading 신호로 바뀌게 된다.

OFDM 신호를 발생하기 위해 송신부에 입력되는 데이터열은 M-ary mapping에 따른 변조 symbol로 변환되고, 이러한 변조 symbol N개가 한 그룹이 되어 IFFT 부에서 처리되어 생성된 OFDM symbol이 연속으로 전송된다. 송신부에서 연속으로 전송되는 OFDM symbol들은 다중 경로 이동 통신 채널을 통과하면서 수신부에 도달할 때 여러 개의 경로를 거쳐서 수신부에 도달한다. 따라서 개개의 OFDM symbol은 경로별 감쇄 특성에 따라 크기가 다르게 감쇄되고 서로 다른 시간차를 가지고 수신된 동일한 OFDM 들끼리 더해져 주파수 선택적 페이딩 현상을 나타낸다. 또한 도달 지연 시간이 긴 OFDM symbol은 인접 OFDM symbol과 겹치게 된다.

그러므로 인접 OFDM symbol들로부터의 간섭을 피하기 위해서 delay spread의 길이 보다는 길게 guard interval의 설정 구간을 필수적으로 설계해야 한다.

따라서 IFFT 변환 후 일부 OFDM symbol의 일부 신호를 복사하여 OFDM symbol에 덧붙여 전송을 한다. 이 덧붙인 신호를 cyclic prefix라고 한다.

이상과 같이 OFDM symbol의 일부가 복사하여 덧붙인 cyclic prefix 신호는 수신부에서 OFDM symbol의 동기를 찾는데 쓰이고, 주파수 영역에서 간단히 나눗셈 처리를 등화처리 과정이 되는 circular convolution의 구조를 갖도록 한다.

송신단의 입력 신호는 IFFT 변환된 후 OFDM symbol로서 시간 영역에서 이동통신 채널을 통해서 출력된 신호는 잡음이 없다고 가정할 때 다음과 같이 표현된다.

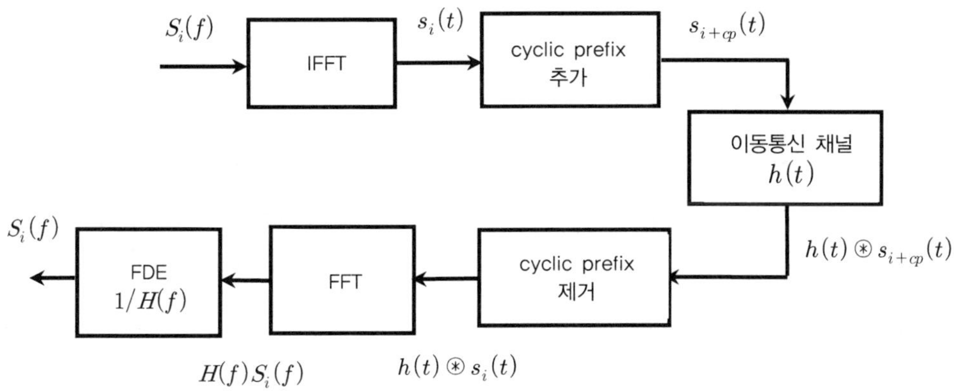

▶▶ 그림 1.10 OFDM 신호 처리 블럭도

cyclic prefix가 추가된 신호가 이동통신 채널을 통해서 출력된 신호는 circular convolution으로 표현할 수 있다.

이산 시간 신호들 간의 선형 convolution은 일반적으로 다음과 같이 표현된다.

$$r(n) = \sum_{k=-\infty}^{+\infty} x(k)h(n-k) = x(n) * h(n) \qquad \text{식 (1.5)}$$

그런데 일정한 주기를 가지고 반복되는 입력 신호의 경우는 다음과 같이 circular convolution으로 표현된다.

$$r(n) = \sum_{k=0}^{N-1} x(k)h(n-k) = x(n) \circledast h(n) \qquad \text{식 (1.6)}$$

이산 신호 시스템을 기반으로 채널의 임펄스 응답을 $\{h_0, h_1\}$이라 하고, 길이가 3인 IFFT symbol들이 연속으로 입력된다고 가정한다. Inter Symbol Interference(ISI)를 피하기 위해 IFFT symbol의 맨 끝부분이 복사된 cyclic prefix가 더해진 OFDM symbol 신호들은 연속으로 아래 신호와 같이 채널에 입력된다.

$$s_n = \{\cdots, x(3), x(1), x(2), x(3), y(3), y(1), y(2), y(3), \cdots\} \qquad \text{식 (1.7)}$$

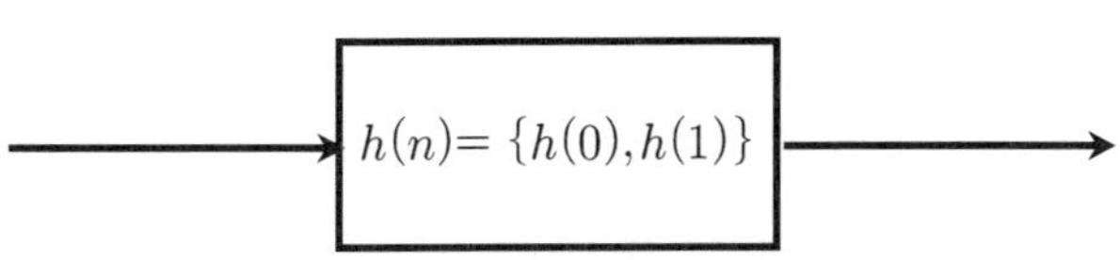

▶▶ 그림 1.11 이산 신호의 convolution 과정 블록도

이 때 출력 신호열을 시간 축에서 그려 보면 다음과 같다.

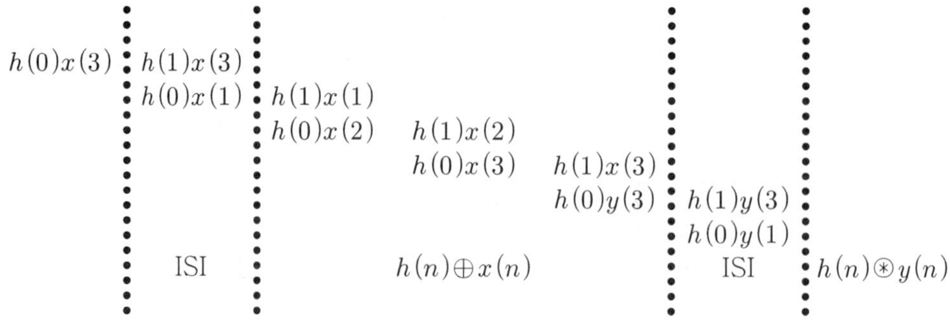

여기서 $h(n) \circledast x(n) = \{h(1)x(3) + h(0)x(1),\ h(1)x(1) + h(0)x(2),\ h(1)x(2) + h(0)x(3)\}$ 이동통신 채널을 통과하여 수신된 IFFT symbol들 간의 ISI 부분을 제외한 부분은 이동통신 채널 $h(n)$과 IFFT symbol $x(n)$의 circular convolution 이다.

수신부의 FFT 연산부는 ISI 부분을 제외하고 $h(n) \circledast x(n)$ 이 시작되는 부분의 동기를 수립하여 FFT를 취하면 $H(f)X(f)$가 된다.

따라서 수신부의 frequency 영역 equalizer에서 reference signal을 이용하여 추정된 $H(f)$로 나누면 신호 $S(f)$의 복원이 가능하게 된다.

OFDM 신호는 고속의 직렬 입력 신호열을 여러 개의 병렬 신호열로 나누어 각각 직교 특성이 있는 부반송파에 곱하여 전송한다.

개개의 부반송파가 서로 간섭을 주지 않도록 하기 위해서 중심 주파수의 이격 간격을 크게하면 간섭 효과는 줄어드나 시스템에 가용한 스펙트럼의 사용 효율이 떨어진다.

따라서 간섭을 주지 않는 최소한의 이격 거리를 구하는 것이 필요하다.

일반적으로 대역 사용 효율을 높이기 위해서는 $\cos(\omega_c t)$와 이와 직교성을 갖는 $\sin(\omega_c t)$의 동일한 주파수를 갖지만 위상이 다른 2개 반송파를 사용하는 Quadrature multiplexing이 사용된다. 따라서 입력 신호는 각각의 반송파에 2개의 정보 $a(t)$, $b(t)$를 독립적으로 전송할 수 있다. 이와 같이 전송되는 신호는

$$s(t) = a(t)\cos(\omega_c t) - b(t)\sin(\omega_c t) = d(t)\cos[\cos(\omega_c t) + \phi] = Re\left[d(t)e^{j(\omega_c t + \phi)}\right] \quad \text{식 (1.8)}$$

여기서 $d(t) = \sqrt{a(t)^2 + b(t)^2}$

또는 $s(t) = Re\{[a(t) + jb(t)][\cos(\omega_c t) + j\sin(\omega_c t)]\}$

위 식에서 $j = e^{j\frac{\pi}{2}}$로서 2개의 입력 신호가 위상차가 $\frac{\pi}{2}$의 차이가 나는 $\cos(\omega_c t)$와 $\sin(\omega_c t)$에 서로 다른 신호 회로를 통해 곱해짐을 의미한다.

이러한 부반송파를 사용하는 변조 회로를 동시에 여러 개 사용하기 위해서는 이들 간에 직교성을 입증하기 위해 다음과 같이 상관도를 계산한다.

m번째, n번째 부반송파에 곱해진 신호는 각각 다음과 같이 표현된다.

$$s_m(t) = Re\left[s_{lm}(t)e^{j(\omega_c + m\Delta\omega)t}\right], \quad s_n(t) = Re\left[s_{ln}(t)e^{j(\omega_c + n\Delta\omega)t}\right] \qquad \text{식 (1.9)}$$

여기서 $s_{lm}(t)$와 $s_{ln}(t)$는 각각 m번째, n번째 부반송파에 곱해지는 기저대역의 입력 신호이고, 신호는 T시간 동안 일정한 크기를 유지하는 신호이다.

이 때 2개의 신호들 간의 상관도는 다음 식과 같다.

$$\begin{aligned}\rho_{mn} &= \frac{1}{T\left|s_{lm}(t)s_{ln}^*(t)\right|}\int_0^T s_m(t)s_n^*(t)dt \\ &= \frac{1}{T}\int_0^T e^{j(m-n)\Delta\omega t}dt \\ &= \frac{\sin[\pi T(m-n)\Delta f]}{\pi T(m-n)\Delta f}e^{j\pi T(m-n)\Delta f}\end{aligned} \qquad \text{식 (1.10)}$$

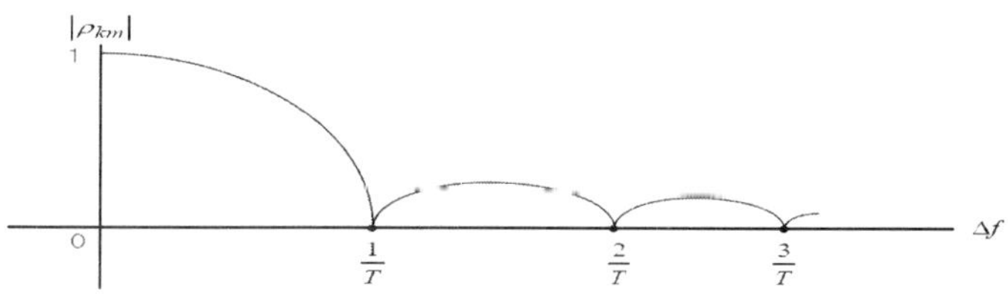

▸▸ 그림 1.12 OFDM 부반송파의 직교 특성을 갖는 주파수 간격

그림 1.12에서 보듯이 기저 대역 입력 신호의 파형이 일정하게 유지되는 시간 간격의 역수값을 주파수 간격이 부반송파들간 직교성을 유지하기 위한 주파수 간격이다.

각 부반송파에 곱해지는 기저 대역 신호의 대역폭이 이동통신 채널의 지연 시간에 따른 delay spread의 역수에 해당하는 균일 대역폭(coherence bandwidth)보다 적으면 flat fading이 되고 그 이상이면 주파수 선택적 fading이 된다.

여러 개의 부반송파 신호를 발생시키기 위해서는 아날로그 방법으로 주파수의 간격 차이가 일정하고 온도에 따른 주파수의 값이 오차가 적은 부품으로 회로를 구현해야 하는 어려움이 있었으나, 발전된 DSP의 기술로 이 회로를 FFT 방식으로 구현함으로서 OFDM 방식이 도입되었다.

연속적인 시간 축에서 Multi Carrier Modulation(MCM)의 신호를 표현하면

$$\begin{aligned}s(t) &= \sum_{k=0}^{N-1} X(k)\cos[(\omega_c + \Delta\omega)t] \\ &= \sum_{k=0}^{N-1} X(k)\cos(\Delta\omega t)\cos(\omega_c t) - \sum_{k=0}^{N-1} X(k)\sin(\Delta\omega t)\sin(\omega_c t)\end{aligned} \qquad \text{식 (1.11)}$$

기저대역 입력 신호의 시간 폭을 T라고 하면 부반송파의 주파수 간의 간격은 $\Delta f = 1/T$이다. 따라서 MCM 신호는 다음과 같이 표현된다.

$$s(t) = \sum_{k=0}^{N-1} X(k)\cos\left(2\pi \frac{kt}{T}\right)\cos(\omega_c t) - \sum_{k=0}^{N-1} X(k)\sin\left(2\pi \frac{kt}{T}\right)\sin(\omega_c t) \qquad \text{식 (1.12)}$$

$$= I(t)\cos(\omega_c t) - Q(t)\sin(\omega_c t)$$

여기서 $X_k = a_k + jb_k$로써 $T_s = T/N$ 시간 간격으로 입력되는 값이다.

그리고 $I(t) = \sum_{k=0}^{N-1} X(k)\cos\left(2\pi \frac{kt}{T}\right)$, $Q(t) = \sum_{k=0}^{N-1} X(k)\sin\left(2\pi \frac{kt}{T}\right)$

기저대역의 시간폭 T 동안 $I(t)$, $Q(t)$ 신호를 sampling 신호 간격 $T_s = T/N$로 N번 표본화한 이산 시간 기반의 신호로 표현하면 다음과 같다.

$$I(nT_s) = I(n) = \sum_{k=0}^{N-1} X(k)\cos\left(2\pi \frac{nk}{N}\right) \qquad \text{식 (1.13)}$$

$$Q(nT_s) = Q(n) = \sum_{k=0}^{N-1} X(k)\sin\left(2\pi \frac{nk}{N}\right)$$

$X = \{X(0), X(1), \cdots, X(k), \cdots, X(N-1)\}$에 대한 IFFT 결과인
$x = \{x(0), x(1), \cdots, x(n), \cdots, x(N-1)\}$을 살펴보면

$$x(n) = \frac{1}{N}\sum_{k=0}^{N-1} X(k) e^{j2\pi \frac{nk}{N}} = \frac{1}{N}\sum_{k=0}^{N-1} X(k)\cos\left(2\pi \frac{nk}{N}\right) + j\frac{1}{N}\sum_{k=0}^{N-1} X(k)\sin\left(2\pi \frac{nk}{N}\right)$$

$$= \frac{1}{N}\left[I(n) + jQ(n)\right]$$

식 (1.14)

따라서 IFFT 식을 이용하여 MCM 신호를 구현할 수 있다.

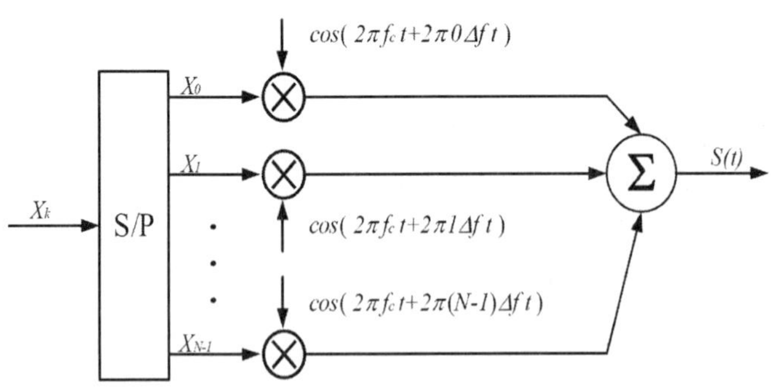

▶▶ 그림 1.13 Multi Carrier Modulation 구조

1.6 채널 추정

OFDM symbol을 전송하기 위해 OFDM symbol의 일부 신호를 복사한 cyclic prefix 신호를 OFDM symbol의 시작 부분에 추가하여서 guard time을 마련하였기에 수신부에서는 ISI 현상을 피할 수 있고, 복사된 부분이 OFDM symbol 내에서 반복되어 나타나므로 상관회로를 이용하여 OFDM symbol의 동기를 수립할 수 있다. 동기를 수립한 후 cyclic prefix 부분을 제외하면 나머지 부분은 FFT 변환 후 결과가 채널과 입력 OFDM symbol이 곱해진 결과로 나타나는 주파수 영역에서의 circular convolution이 된다. 따라서 채널을 알면 단순히 FFT 결과값을 채널의 FFT 변환된 값으로 나누어서 채널 왜곡에 대한 등화 처리가 가능하다.

LTE같은 광대역 신호의 경우 주파수 선택적 페이딩 현상을 겪게 되고, 따라서 주파수 대역별 채널의 값은 각각 다른 값을 가질 수 있다.

일반적으로 채널의 상태를 알기 위해서는 송신기와 수신기 간에 미리 약속한 일정한 값을 갖는 신호를 보내어 수신부에서 수신된 값으로부터 채널의 상태값을 알아낼 수 있다. OFDM 신호 전송의 경우 부반송파에 실려서 전송되는 데이터들과 함께 pilot 또는 reference 신호를 데이터에 사용했던 부반송파와는 다른 부반송파들에 전송한다. 이들 pilot 또는 reference 신호들을 수신하여 이들 신호를 전송한 부반송파 채널의 상태를 추정한다. 하지만 주파수 선택적 페이딩 채널에서는 데이터에 해당하는 부반송파들의 주파수는 pilot 또는 reference 신호에 대응되는 채널의 주파수와 다르므로 pilot 또는 reference 신호로부터 추정한 채널 상태값을 데이터 신호의 복원에 적용할 수는 없다.

pilot 또는 reference 신호용 부반송파들은 다음 그림과 같이 데이터 신호용 부반송파 사이에 배치하여 사용하기 때문에 pilot 또는 reference 신호로부터 추정한 채널 상태를 이용하여 interpolation을 거쳐 추정한다.

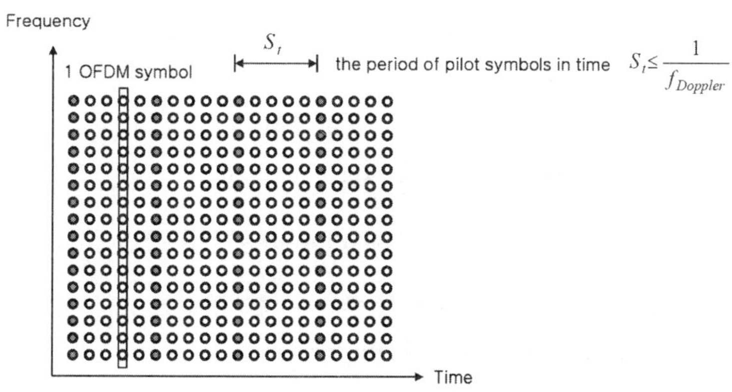

▶▶ 그림 1.14 Block-type pilot 배열

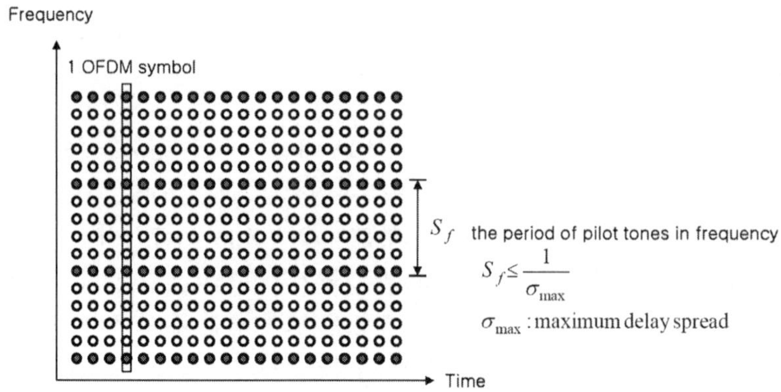

▶▶ 그림 1.15 comb-type pilot 배열

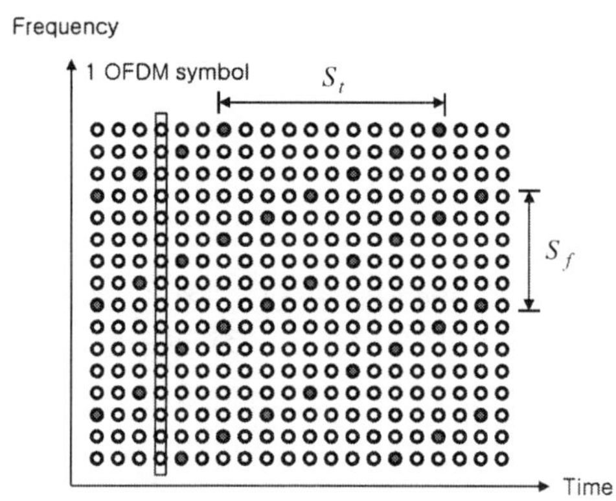

▶▶ 그림 1.16 Lattice-type pilot 배열

서로 직교성이 있는 부반송파에 실려 전송되는 pilot 신호의 배열을 다음과 같이 정의한다.

$$X_p = \begin{bmatrix} X_p(0) & 0 & \cdots & 0 \\ 0 & X_p(1) & & \vdots \\ \vdots & & \ddots & \\ 0 & \cdots & 0 & X_p(N-1) \end{bmatrix} \quad \text{식 (1.15)}$$

여기서 $X_p(k)$는 k번째 부반송파를 나타낸다.

$$\text{그리고 } E[X_p(k)] = 0, \ \ Var[X_p(k)] = \sigma_{x_p}^2, \ \ k = 0, 1, 2, \cdots, N-1$$

각 부반송파의 주파수 대역별 채널의 주파수 영역 응답을 H라 하고 수신부에서 FFT 변환 후 처리된 pilot 신호의 값을 Y_p라고 하면

$$Y_p = \begin{bmatrix} Y_p(0) \\ Y_p(1) \\ \vdots \\ Y_p(N-1) \end{bmatrix} = \begin{bmatrix} X_p(0) & 0 & \cdots & 0 \\ 0 & X_p(1) & & \vdots \\ \vdots & & \ddots & \\ 0 & \cdots & 0 & X_p(N-1) \end{bmatrix} \begin{bmatrix} H(0) \\ H(1) \\ \vdots \\ H(N-1) \end{bmatrix} + \begin{bmatrix} Z(0) \\ Z(1) \\ \vdots \\ Z(N-1) \end{bmatrix}$$

식 (1.16)

여기서 Z는 각 부반송파의 주파수 대역에 존재하는 잡음 성분이다.

그리고 $E[Z(k)] = 0$, $Var[Z(k)] = \sigma_z^2$

일정한 값을 갖는 pilot 신호를 이용하여 채널의 값을 알아내는 과정은 수신부에서 더해지는 잡음 때문에 정확한 값을 얻는 것이 쉽지 않다.

1.6.1 Least Square(LS) 채널 추정 방법

잡음의 영향으로 인한 에러를 최소화하는 방법으로 채널을 추정하는 방법은 다음과 같이 정의된 잡음으로 인한 H의 비용함수를 최소화하는 과정으로 유도한다.

$$\begin{aligned} J(\hat{H}) &= \| Y - X_p\hat{H} \|^2 \\ &= \left(Y - X_p\hat{H}\right)^H\left(Y - X_p\hat{H}\right) \\ &= Y^H Y - Y^H X_p \hat{H} - \widehat{H^H} X_p^H Y + \hat{H}^H X_p^H X_p \hat{H} \end{aligned}$$

식 (1.17)

위 비용함수를 변수 $\hat{H}$에 대해서 미분을 취한 후 0이 되는 과정에서 최적의 $\hat{H}$값을 추정할 수 있다.

$$\frac{\partial J(\hat{H})}{\partial \hat{H}} = -2X_p^H Y + 2X_p^H X_p \hat{H} = 0$$

식 (1.18)

따라서 $\widehat{H_{LS}} = (X^H X)^{-1} X^H Y = X^{-1} Y$

이때 LS 채널 추정 방법의 MSE(mean square error)는 다음과 같다.

$$\begin{aligned} MSE_{LS} &= E\left[\left(H - \widehat{H_{LS}}\right)^H \left(H - H_{LS}\right)\right] \\ &= E\left[\left(H - X_p^{-1}Y\right)^H \left(H - X_p^{-1}Y\right)\right] \\ &= E\left[(X^{-1}Z)^H (X^{-1}Z)\right] \\ &= E\left[Z^H (XX^H)^{-1} Z\right] \\ &= \frac{\sigma_z^2}{\sigma_{x_p}^2} \end{aligned}$$

식 (1.19)

1.6.2 Minimum Mean Square Error(MMSE) 채널 추정

채널의 상태를 추정할 때 채널의 상태에 대한 통계적인 사전 정보를 알고 있다면 좀더 나은 채널 상태의 추정이 가능하다.

채널의 상태에 대한 통계적인 사전 정보는 무선서비스 구역에 따라 다르게 나타나는 delay profile이다. 이 사전 채널 정보에 약간의 가중치를 취하여 얻은 추정값과 실제 채널 상태값과의 차이를 나타내는 비용함수는 다음과 같다.

$$J(\hat{H}) = E\{\| e \|^2\} = E\{\| H - \hat{H} \|^2\} \qquad \text{식 (1.20)}$$

이 비용함수가 최소화되는 가중치를 찾으면 최적의 채널 추정값을 얻을 수 있다.

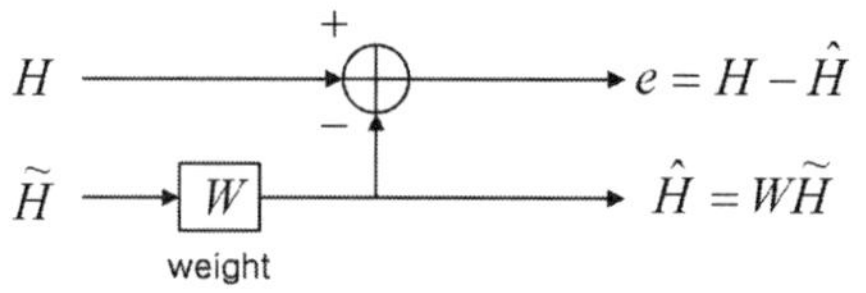

▸▸ 그림 1.17 MMSE channel 추정

위 그림에서 $\widehat{H_{LS}} = X_p^{-1} Y = \widetilde{H} = H + X^{-1} Z$

MMES 이론의 직교성의 의해 에러 벡터 $e = H - \hat{H}$는 $\widetilde{H}$에 직교성을 갖는다.
따라서

$$\begin{aligned} E\{e\widetilde{H^H}\} &= E\{(H - \hat{H})\widetilde{H^H}\} \qquad \text{식 (1.21)} \\ &= E\{(H - W\widetilde{H})\widetilde{H^H}\} \\ &= E\{H\widetilde{H^H}\} - WE\{\widetilde{H}\widetilde{H^H}\} \\ &= R_{H\widetilde{H}} - WR_{\widetilde{H}\widetilde{H}} = 0 \end{aligned}$$

여기서 R_{AB} 는 $N \times N$ 행열 A, B의 상호 상관 행열이다. 즉, $R_{AB} = E\{AB^H\}$
따라서 식 (1.21)로부터 가중치 W는 다음과 같이 정의된다.

$$W = R_{H\widetilde{H}} R_{\widetilde{H}\widetilde{H}}^{-1} \qquad \text{식 (1.22)}$$

여기서 $R_{\widetilde{H}\widetilde{H}}$는 $\widetilde{H}$의 자기 상관함수로 다음과 같이 정리된다.

$$\begin{aligned} R_{\widetilde{H}\widetilde{H}} &= E\{\widetilde{H}\widetilde{H^H}\} \qquad \text{식 (1.23)} \\ &= E\{X^{-1}Y(X^{-1}Y)^H\} \\ &= E\{(H + X^{-1}Z)(H + X^{-1}Z)^H\} \\ &= E\{(HH^H + X^{-1}ZH^H + HZ^H(X^{-1})^H + X^{-1}ZZ^H(X^{-1})^H)\} \\ &= E\{HH^H\} + E\{X^{-1}ZZ^H(X^{-1})^H\} = E\{HH^H\} + \frac{\sigma_z^2}{\sigma_x^2} I \end{aligned}$$

그리고 $R_{H\widetilde{H}}$는 실제 채널과 무선서비스 구역의 통계적 특성에 기반한 사전에 가정한 채널간의 상호 상관 함수이다.

따라서 MMSE 채널 추정값은 다음과 같이 유도된다.

$$\hat{H} = W\widetilde{H} = R_{H\widetilde{H}} R_{\widetilde{H}\widetilde{H}}^{-1} \widetilde{H} \qquad \text{식 (1.24)}$$

$$= R_{H\widetilde{H}} \left(R_{HH} + \frac{\sigma_z^2}{\sigma_x^2} I \right)^{-1} \widetilde{H}$$

delay profile로부터의 주파수 영역 채널

이동 통신 채널의 특성은 시간에 따라 변하고 전송되는 신호의 주파수에 따라 다른 특성을 나타낸다. 채널의 자기 상관도 함수 $C_h(\tau) = E\{h(t)h(t-\tau)^*\}$가 다음과 같이 정의 된다면

$$C_h(\tau) = C_0 e^{-\frac{\tau}{\sigma_\tau}} \qquad \text{식 (1.25)}$$

이에 대응되는 주파수 영역에서의 상관도 값은 다음과 같이 유도된다.

$$P_h(f) = \int_0^\infty C_h(\tau) e^{-j2\pi f\tau} d\tau \qquad \text{식 (1.26)}$$

$$= \int_0^\infty C_0 e^{-\frac{\tau}{\sigma_\tau}} e^{-j2\pi f\tau} d\tau$$

$$= \frac{C_0 \sigma_\tau}{1 + j2\pi f \sigma_\tau}$$

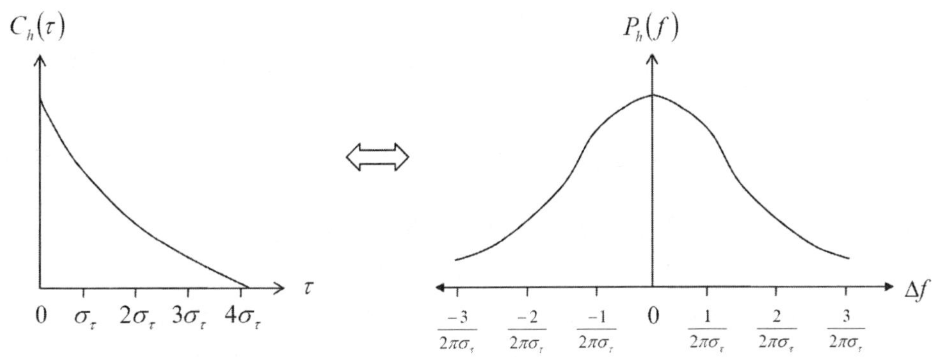

▸▸ 그림 1.18 delay profile의 시간 영역 및 주파수 영역의 특성

따라서 무선서비스 구역에 따라 통계적으로 주어지는 delay profile로부터 주파수 영역의 상관도값을 구하여 MMES 채널값을 추정한다.

pilot 신호용 부반송파 채널 사이에 있는 데이터용 부반송파의 채널 추정은 interpolation 방법을 사용하여 얻는다.

1.6.3 Support Vector Machine(SVM) 방법의 채널 추정

non Gaussian impulse 잡음이 있는 상황에서 종래의 채널 추정 방법은 효율적이지 못하다. SVM 방법은 이상과 같은 채널에서 좋은 특성을 나타낸다.

데이터열에 pilot 신호를 포함한 입력 신호 $X(k)$를 IFFT 처리를 한 신호는 다음과 같이 표현된다.

$$x(n)=\sum_{k=0}^{N-1} X(k)e^{j\frac{2\pi nk}{N}} \qquad \text{식 (1.27)}$$

impulse noise는 Bernoulli-Gaussian process로 모델링을 할 수 있다.

$$i(n)=v(n)\lambda(n)$$

여기서 $v(n)$은 Gaussian 분포를 갖고, 분산은 σ_{BG}^2 이다. 그리고 $\lambda(n)$은 다음과 같은 분포를 갖는다.

$$P_r(\lambda(n))=\begin{cases} p & \lambda=1 \\ 1-p, & \lambda=0 \end{cases} \qquad \text{식 (1.28)}$$

수신부에서 Guard time에 해당하는 부분을 제외한 후 수신한 부분은 다음과 같이 표현된다.

$$y(n)=\sum_{n=0}^{N-1} X(k)H(k)e^{j\frac{2\pi nk}{N}}+w(n)+i(n) \quad , n=0,1,\cdots,N-1 \qquad \text{식 (1.29)}$$

여기서 $z(n)=w(n)+i(n)$라고 정의한다.

수신된 OFDM 신호를 pilot 신호와 데이터 신호로 나누어 다시 정의하면 다음과 같다.

$$\begin{aligned} y(n) &= y_p(n)+y_d(n)+z(n) \qquad \text{식 (1.30)} \\ &= \sum_{k\in\Omega_p} X_p(k)H(k)e^{j\frac{2\pi nk}{N}} + \sum_{k\notin\Omega_p} X_d(k)H(k)e^{j\frac{2\pi nk}{N}} + z(n) \end{aligned}$$

여기서 Ω_p는 pilot 신호에 대응되는 부반송파의 번호에 해당한다.

guard time에 해당하는 cyclic prefix를 제거하여 ISI가 제거되었다고 가정한 후

$$\begin{aligned} Y(k) &= \frac{1}{N}\sum_{n=0}^{N-1} y(n)e^{-j\frac{2\pi nk}{N}} \qquad \text{식 (1.31)} \\ &= X(k)H(k)+W(k)+I(k)=X(k)H(k)+Z(k)\ , \ k=0,\ 1,\ \cdots,\ N-1 \end{aligned}$$

OFDM frame은 N_s개의 OFDM symbol을 포함하고, 개개의 OFDM symbol에는 N_p개의 pilot symbol들이 균등하게 분포되어 있다.

채널 추정을 훈련 단계와 추정 단계로 나누어 처리하면

LS 방법에 따라 s번째 OFDM symbol의 m번째 pilot 위치에서 추정된 채널값은

$$\widehat{H}_p(s, m\Delta p) = X_p^{-1} Y^p$$

다음 단계는 채널에 의해 왜곡된 데이터를 보정하기 위해 pilot 신호에 해당하는 부반송파값 사이에 존재하는 데이터에 해당하는 부반송파의 채널을 보간법을 사용하여 추정해야 한다.

$$\widehat{H}_p(s, q) = f\left(\widehat{H}(s, m\Delta p)\right)$$

여기서 $f(\ )$는 interpolation 함수 이다.

고속으로 이동하는 이동통신 환경에서 fading의 정도가 심하여 선형적인 방법으로는 채널의 추정 정확도가 떨어진다.

$$\widehat{H}(m\Delta p) = w^T \Phi(m\Delta p) + b + z_m\ ,\ m = 0, 1 \cdots, N_p - 1$$

여기서 w는 가중치 항, b는 SVM의 바이어스 항, z_m 근사화와 잡음에 따른 에러 SVM에서는 에러에 대한 비용함수를 최소화하는 방향으로 알고리즘을 처리한다.

$$\mathcal{L}^{\epsilon}(z_m) = \begin{cases} 0\ , & |z_m| \le \epsilon \\ \dfrac{1}{2\gamma}(|z_m| - \epsilon)^2\ , & \epsilon \le |z_m| \le e_C \\ C(|z_m| - \epsilon) - \dfrac{1}{2}\gamma C^2\ , & e_C \le |z_m| \end{cases} \quad \text{식 (1.32)}$$

여기서 $e_C = \epsilon + \gamma C$ 이고, ϵ는 저잡음에 민감하지 않은 양 크기의 값을 갖는 비민감도 계수이다. 계수 γ와 C는 SVM에서 분리 과정과 이에 따른 손실도간의 조절 계수이다.

위의 수식에서 보듯이 ϵ=Huber 강인도 비용함수는 잡음 영역에 따라 선택적으로 정의된다.

z_m은 복소수이기에 $\mathcal{L}^{\epsilon}$를 실수부와 허수부로 나누어 정의한다.

먼저 최소화 과정으로 주 처리과정을 아래의 값이 식 (1.34)로 구속되게끔 수행한다.

$$\frac{1}{2}\|w\|^2 + \frac{1}{2\gamma}\sum_{m \in I_1}\left(\xi_m + \xi_m^*\right)^2 + C\sum_{m \in I_2}\left(\xi_m + \xi_m^*\right) + \frac{1}{2\gamma}\sum_{m \in I_3}\left(\zeta_m + \zeta_m^*\right)^2 \quad \text{식 (1.33)}$$
$$+ C\sum_{m \in I_4}\left(\zeta_m + \zeta_m^*\right) - \frac{1}{2}\sum_{m \in I_2, I_4}\gamma C^2$$

$$\begin{aligned}
&R(\hat{H}(m\triangle P)-W^T\varphi(m\triangle P)-b)\le\varepsilon+\xi_m\\
&\Im(\hat{H}(m\triangle P)-W^T\varphi(m\triangle P)-b)\le\varepsilon+\zeta_m\\
&R(-\hat{H}(m\triangle P)+W^T\varphi(m\triangle P)+b)\le\varepsilon+\xi_m^*\\
&\Im(-\hat{H}(m\triangle P)+W^T\varphi(m\triangle P)+b)\le\varepsilon+\zeta_m^*\\
&\xi_m^{(*)},\zeta_m^{(*)}\ge 0
\end{aligned}\qquad \text{식 (1.34)}$$

여기서 $m=0,1,\cdots,N_p-1$ 이고, ξ_m과 ξ_m^*은 각각 실수 부분의 +오차와 −오차를 나타낸다.

그리고 ζ_m과 ζ_m^*은 각각 허수 부분의 + 오차와 − 오차를 나타낸다.

그리고 I_1,I_2,I_3,I_4는 아래와 같이 정의된 영역에서 취해진 샘플들의 범위이다.

I_1 : 잉여 부분의 실수부분으로 제곱 영역에 속한다.

I_2 : 잉여 부분의 실수부분으로 선형 영역에 속한다.

I_3 : 잉여 부분의 허수부분으로 제곱 영역에 속한다.

I_4 : 잉여 부분의 허수부분으로 선형 영역에 속한다.

식 (34)에 따라 제한된 조건을 갖는 주처리 함수의 최소화 과정을 이중 함수의 최적화 과정으로 변환하기 위해 주처리 과정에 구속 조건을 도입한다.

따라서 주처리 과정의 이중 함수는 다음과 같이 정의된다.

$$\begin{aligned}
L_{pd}=&\frac{1}{2}\parallel W\parallel^2+\frac{1}{2\gamma}\sum_{m\in I_1}(\xi_m+\xi_m^*)^2+C\sum_{m\in I_2}(\xi_m+\xi_m^*)+\frac{1}{2\gamma}\sum_{m\in I_3}(\zeta_m+\zeta_m^*)^2\\
&+C\sum_{m\in I_4}(\zeta_m+\zeta_m^*)-\frac{1}{2}\sum_{m\in I_2,I_4}\gamma C^2-\sum_{m=0}^{N_P-1}(\beta_m\xi_m+\beta_m^*\xi_m^*)-\sum_{m=0}^{N_P-1}(\lambda_m\zeta_m+\lambda_m^*\zeta_m^*)\\
&+\sum_{m=0}^{N_p-1}\alpha_{R,m}[R(\hat{H}(m\triangle P)-W^T\varphi(m\triangle P)-b)-\varepsilon-\xi_m]\\
&+\sum_{m=0}^{N_P-1}\alpha_{I,m}[\Im(\hat{H}(m\triangle P)-W^T\varphi(m\triangle P)-b)-j\varepsilon-j\zeta_m]\\
&+\sum_{m=0}^{N_P-1}\alpha_{R,m}^*[R(-\hat{H}(m\triangle P)+W^T\varphi(m\triangle P)+b)-\varepsilon-\xi_m^*]\\
&+\sum_{m=0}^{N_P-1}\alpha_{I,m}^*[\Im-\hat{H}(m\triangle P)+W^T\varphi(m\triangle P)+b)-j\varepsilon-j\zeta_m^*]
\end{aligned}\qquad \text{식 (1.35)}$$

여기서 Lagrange multiplier는 다음과 같은 구속 조건을 갖는다.

$$\alpha_{R,m},\alpha_{l,m},\beta_m,\lambda_m,\alpha_{R,m}^*,\alpha_{l,m}^*,\beta_m^*,\lambda_m^*\ge 0\ \ \text{그리고}\ \xi_m,\zeta_m,\xi_m^*,\zeta_m^*\ge 0$$

Karush-Khun-Tucker(KKT) 조건에 따라 위 파라메터는 다음과 같은 조건을 갖는다.

$$\beta_m \xi_m = 0, \beta_m^* \xi_m^* = 0 \,\text{and}\, \lambda_m \zeta_m = 0, \lambda_m^* \zeta_m^* = 0$$

$\overline{\omega_i}$에 대해서 미분을 취한 주처리 이중 함수를 0으로 하면, 가중치에 대한 최적값을 구할 수 있다.

$$W = \sum_{m=0}^{N_P-1} \psi_m \varphi(m \triangle P) = \sum_{m=0}^{N_P-1} \psi_m \varphi(P_m) \quad \text{식 (1.36)}$$

여기서 $\psi_m = (\alpha_{R,m} - \alpha_{R,m}^*) + j(\alpha_{l,m} - \alpha_{l,m}^*)$는 잉여치의 실수부와 허수부에 대한 Lagrange 곱셈기이다. 그리고 $P_m = (m\varDelta P)$ 는 pilot 신호의 위치를 나타낸다.

Gram 행렬을 다음과 같이 정의한다.

$$G(u,v) = < \varphi(P_u), \varphi(P_v) > = K(P_u, P_v) \quad \text{식 (1.37)}$$

$K(P_u, P_v)$는 비선형 대응 과정을 처리하는 $\varphi(\bullet)$의 배타적 정보를 사전에 제거하기 위해 사용하는 RBF kernel 행렬을 나타내는 Mercer kernel이다.

최적의 가중치를 주처리 이중 함수에 대입하여 함수를 좀 더 간략화된 행렬식으로 표현할 수 있다.

따라서 이중 함수의 해를 구하는 과정은 구속 조건이 $0 \le \alpha_{R,m}, \alpha_{R,m}^*, \alpha_{l,m}, \alpha_{l,m}^* \le C$일 때 다음 식을 최내화하는 과징이 된디.

$$-\frac{1}{2}\psi^H(G + \gamma I)\psi + R(\psi^H Y^P) - (\alpha_R + \alpha_R^* + \alpha_I + \alpha_I^*)1\varepsilon \quad \text{식 (1.38)}$$

여기서 $\Psi = [\psi_0, \cdots, \psi_{N_P-1}]^T$이고, I와 1은 각각 균일 행렬과 열의 성분이 모두 1인 벡터이다. 그리고 α_R은 이주 변수를 포함하는 벡터이고 다른 부집합 성분들도 유사하게 표현된다. 가중치 벡터는 식 (1.38)을 $\alpha_{R,m}, \alpha_{R,m}^*, \alpha_{l,m}, \alpha_{l,m}^*$에 대해 최적화하고 식 (1.37)을 이용하여 얻어진다.

따라서 LS 또는 MMES 방법으로 pilot 신호에 대응되는 부반송파의 채널 상태를 추정한 후 pilot 신호들에 대등되는 부반송파 사이에 있는 데이터에 해당하는 각 부반송파들에 대한 주파수 축에서의 채널 정보는 SVM 보간법으로 구할 수 있다.

$$\widehat{H}(K) = \sum_{m=0}^{N_P-1} \psi_m K(P_m, K) + b \quad \text{식 (1.39)}$$

여기서 $k = 1, \cdots, N$

이렇게 얻어진 0이 아닌 Lagrange 곱셈기의 부분 성분들은 부분적인 정보를 제공한다.

일반적인 SVM 방법처럼 kernel의 자유 계수(parameter)와 비용함수의 자유 계수(parameter)는 구하고자 하는 문제의 사전 정보를 이용하여 또는 타당한 관측값을 이용하여 고정된 값을 갖는다.

1.7 다중 안테나를 이용한 빔성형

LTE 시스템에서 여러 개의 안테나를 사용하는 목적은 diversity 방법으로 신호 대 잡음비의 향상시키거나 공간 다중화 방법으로 전송 용량 증대를 위한 MIMO 방식과 간섭 신호를 줄이기 위한 Beamforming 방식이 있다.

LTE의 하향 링크는 다음과 같이 9가지 방식이 있다.

TM1 – 한 개의 송신안테나
TM2 – 송신 다이버시티
TM3 – CDD를 적용한 개방 루프 공간 다중화
TM4 – closed loop 공간 다중화
TM5 – 다중 사용자 MIMO
TM6 – 단일 송신 계층을 이용한 closed loop 공간 다중화
TM7 – beamforming(안테나 port 5)
TM8 – 복수 계층 beamforming(안테나 port 7, 8)

LTE 전송방식에서 여러 개의 안테나를 사용하는 이점은 송신 다이버시티를 이용한 성능 향상과 공간 다중화를 이용한 데이터 전송율의 증가 그리고 안테나의 beamforming을 이용한 간섭 신호의 배제 기술이다.

안테나에서 방사되는 전계장은 3차원 공간에서 크기와 방향을 갖는 벡터로 나타낼 수 있다.

안테나에 연결된 급전선에 입력되는 교류 전류는 특정 주파수를 가지고 변화하며 안테나에서 방사되는 wavefront의 임의의 위치에서의 위상은 다음과 같이 표현된다.

$$e^{j(\omega t - \vec{k} \cdot \vec{r})} \qquad \text{식 (1.40)}$$

여기서 $\vec{k} = \vec{k_x} + \vec{k_y} + \vec{k_z}$, $\vec{r} = a\vec{r_x} + b\vec{r_y} + c\vec{r_z}$

평면파의 거리 Δd_m에 해당하는 위상은 다음과 같이 표현된다.

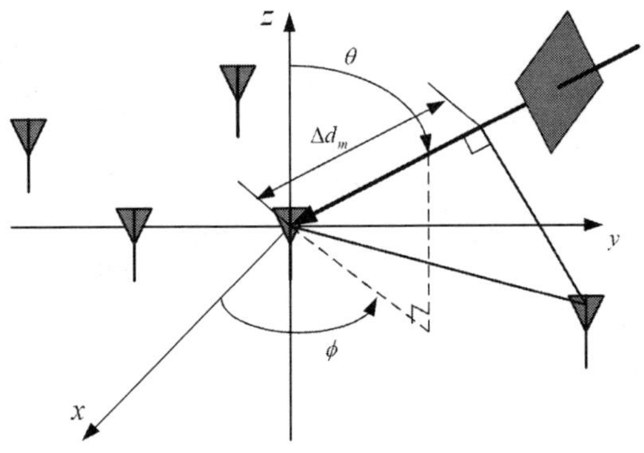

▸▸ 그림 1.19 wavefront의 3차원 표현

$$\Delta\psi_m = \frac{2\pi}{\lambda}\Delta d_m = \frac{2\pi}{\lambda}\left(x_m\cos(\phi)\sin(\theta) + y_m\sin(\phi)\sin(\theta) + z_m\cos(\theta)\right) \quad \text{식 (1.41)}$$

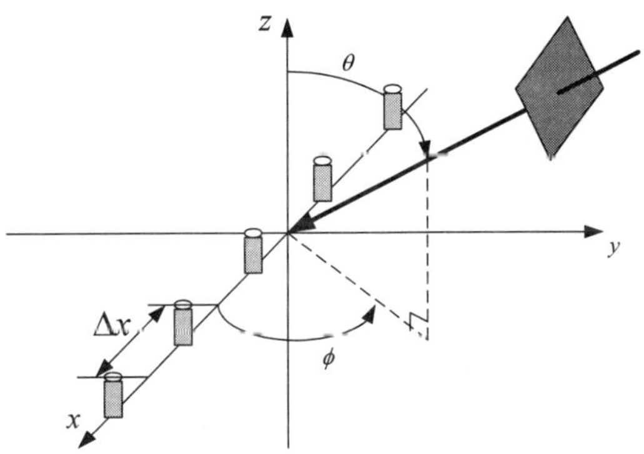

▸▸ 그림 1.20 안테나 배열

이때 m번째 안테나로부터의 신호는

$$u_m(t) = s(t)e^{-j\beta m\Delta d} = s(t)e^{-j\beta m\Delta x\cos(\phi)\sin(\theta)} \quad \text{식 (1.42)}$$

임의의 방향으로 beamform이 형성되도록 위상을 조절하기위해 가중치를 곱하면

$$z(t) = \sum_{m=0}^{M-1} w_m u_m(t) = s(t)\sum_{m=0}^{M-1} w_m e^{-j\beta m\Delta x\cos(\phi)\sin(\theta)} \quad \text{식 (1.43)}$$

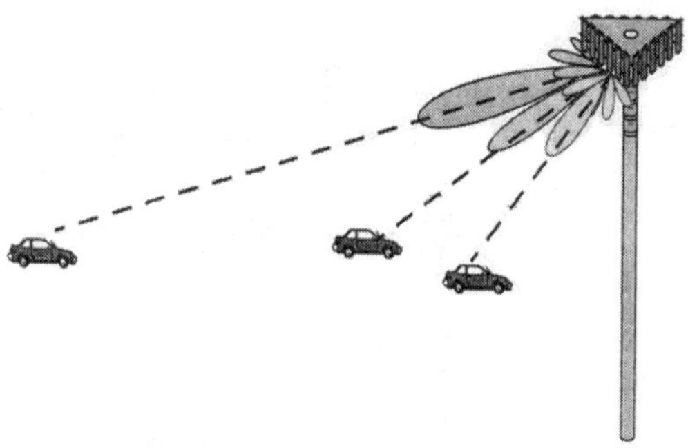

▶▶ 그림 1.21 빔 성형

특정한 방향으로 그림 1.22와 같이 안테나 beam pattern이 형성된다.

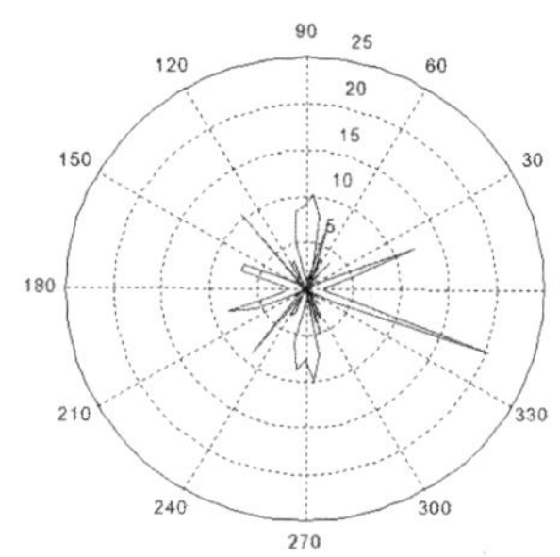

$\cos\phi_o = 0.01$

▶▶ 그림 1.22 빔 선형 패턴

1.8 OFDMA 신호

LTE 시스템의 하향 링크에서는 OFDMA 전송방식이 사용된다.

아래 그림은 OFDM과 OFDMA의 차이점을 보여 준다.

OFDM 방식은 각 사용자가 OFDM symbol 시간 동안 할당받은 부반송파만을 고정적으로 사용하여 정보를 전송하지만, OFDMA 방식에서는 전송 조건에 따라 동적으로 부반송파의 할당 구성이 달라진다.

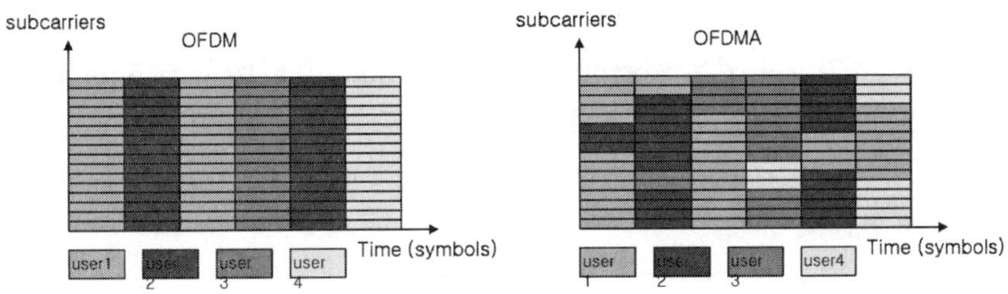

▸▸ 그림 1.23 OFDM과 OFDMA의 부반송파 배열

OFDM은 각 사용자에게 할당된 부반송파가 고정되어 있고, 성능은 협대역 페이딩과 간섭신호에 의해 좌우된다. OFDMA는 TDMA와 결합되어 부반송파가 여러 사용자에게 동적으로 할당된다. 따라서 낮은 정보전송을 하는 개개의 사용자들을 다중화하여 광대역의 채널에 할당하는 것이 가능하며 다중 경로 페이딩과 협대역 간섭신호를 피하기 위해 사용자에게 주파수를 상황에 따라 동적으로 할당하여 성능이 좋아지므로 더 향상된 시스템 용량의 서비스가 가능하다.

1.8.1 Peak to Average Power Ratio(PAPR)

OFDM 신호의 경우는 여러 개의 부반송파가 겹쳐진 신호이므로 이래 그림과 같이 진폭의 크기가 일정하지 못하므로 진폭이 큰 신호와 평균 신호의 전력을 비교하는 PAPR 값을 적게 하는 방안이 연구되어 왔다.

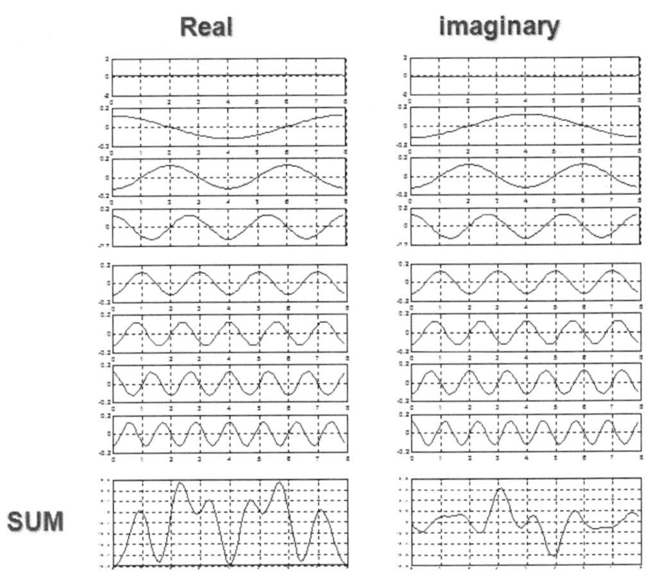

▸▸ 그림 1.24 OFDM 신호의 크기 변화

OFDM 신호의 PAPR값은 입력 데이터의 구성에 따라 다양한 값을 갖게 되는데 이를 통계적으로 처리하여 얻은 Complementary Cumulative Density Function(CCDF) 결과를 활용하여 낮은 PAPR 값이 나올 수 있는 구조를 설계한다.

QPSK 방식으로 mapping 된 입력 신호의 OFDM 송신신호는 IFFT 변환식으로 다음과 같이 표현된다.

$$x(n)=\frac{1}{N}\sum_{k=0}^{N-1}X(k)\exp\left(j\frac{2\pi nk}{N}\right) \qquad \text{식 (1.44)}$$

$$=\frac{1}{N}\left[\sum_{k=0}^{N-1}\left\{R(k)\cos\left(\frac{2\pi nk}{N}\right)-I(k)\sin\left(\frac{2\pi nk}{N}\right)\right\}+j\sum_{k=0}^{N-1}\left\{R(k)\sin\left(\frac{2\pi nk}{N}\right)+I(k)\cos\left(\frac{2\pi nk}{N}\right)\right\}\right]$$

여기서 $X(k)=R(k)+jI(k)$ 그리고 $R(k),I(k)\in\{-1,+1\}$

위 식의 실수 항에서 $R(k)$와 $I(k)$의 조합에 따라 최대값이 나오는 경우만을 살펴본다면 n,k의 조합에 따라 cosine 항의 위상은 아래 식에서와 같이 변수 k만으로 간략하게 표현될 수 있다.

$$\frac{2}{N}\left[\sum_{k=0}^{N-1}\left|\cos\left(\frac{2\pi nk}{N}\right)\right|\right]=4\frac{2}{N}\left[\sum_{k=0}^{\frac{N}{4}-1}\cos\left(\frac{2\pi k}{N}\right)\right] \qquad \text{식 (1.45)}$$

위 식에서 N이 무한히 커진다면 cosine 항의 위상은 $\Delta\theta=\frac{2\pi}{N}$의 미소한 위상으로 표현할 수 있다.

$$\lim_{N\to\infty}\frac{8}{N}\left[\sum_{k=0}^{\frac{N}{4}-1}\cos\left(\frac{2\pi k}{N}\right)\right]=\lim_{N\to\infty}\frac{8}{N}\frac{1}{\Delta\theta}\left[\sum_{k=0}^{\frac{N}{4}-1}\cos\left(\frac{2\pi k}{N}\right)\Delta\theta\right] \qquad \text{식 (1.46)}$$

$$=\lim_{N\infty\to}\frac{8}{N}\frac{1}{2\pi/N}\left[\sum_{k=0}^{\frac{N}{4}-1}\cos\left(\frac{2\pi k}{N}\right)\frac{2\pi}{N}\right]=\frac{4}{\pi}\int_{0}^{\frac{\pi}{2}}\cos(\phi)d\phi=\frac{4}{\pi}$$

즉, $x(n)$의 실수 항, $R(n)$과 허수 항, $I(n)$은 모두 $-\frac{\pi}{4}$와 $\frac{\pi}{4}$ 사이에 존재하는 가우시안 분포를 갖는 random 변수이다.

따라서 $x(n)$의 크기 값은 $\sqrt{R^2(n)+I^2(n)}$으로서 레일라이 분포를 갖는 random 변수이다.

Rayleigh 분포를 갖는 변수 x의 분포는 다음과 같이 표현된다.

$$f_{x(n)}(x)=\frac{x}{\alpha^2}e^{-x^2/2\alpha^2} \qquad \text{식 (1.47)}$$

여기서 α는 random 변수 x의 분산 값이다.

이때 $z=\dfrac{x^2}{2\alpha^2}$이라 하면 random 변수 치환을 이용하여

$$f_Z(z)=f_X(x)\left|\frac{dx}{dz}\right| \qquad \text{식 (1.48)}$$

따라서 임의의 이산 시간 시점에서의 OFDM 신호의 크기 z의 PDF는 식 1.49와 같다.

$$f_Z(z)=e^{-z} \qquad \text{식 (1.49)}$$

CDF $F(z)$는 식 1.50으로 표현됨을 알 수 있다.

$$F(z)=\int_0^z e^{-p}dp=1-e^{-z} \qquad \text{식 (1.50)}$$

OFDM symbol은 N개의 이산 신호로 이루어지므로 위에서 정의된 PAPR 값이 특정 크기보다 적게되는 확률은 다음과 같이 정의된다.

$$P(PAPR\le z)=F(z)^N=\left(1-e^{-z}\right)^N \qquad \text{식 (1.51)}$$

비선형 증폭기의 증폭 특성은 다음과 같이 입력 신호의 전력에 대한 출력 신호의 이득 특성으로 표현할 수 있다.

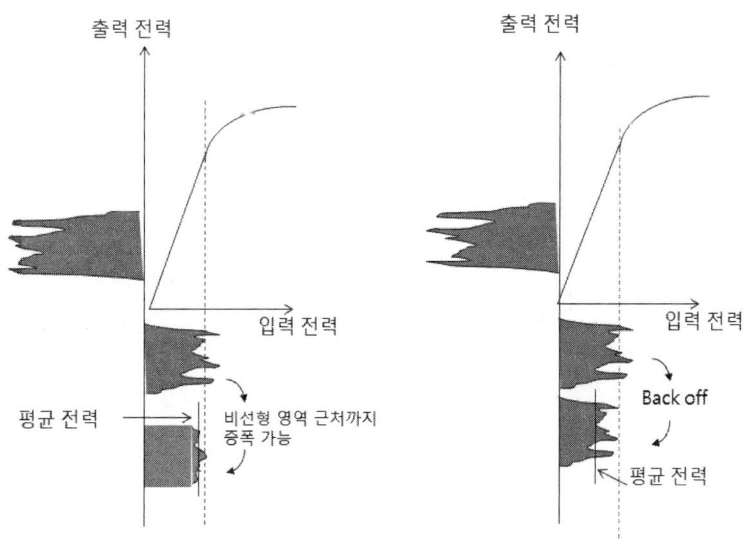

▸▸ 그림 1.25 비선형 증폭기 특성

그림 1.25에서 보듯이 출력 신호의 전력은 입력 신호의 전력을 증폭하는 것이므로 증폭 특성을 나타내는 기울기는 1보다 크다. 그러나 비선형 증폭기의 증폭 특성은 일정한 범위내에서 선형성을 나타내고 입력 신호의 크기가 특정 임계치를 벗어나면 비선형 증

폭기의 포화 영역에서 비선형 특성 때문에 출력 신호의 왜곡이 발생한다.

따라서 일반적으로 입력되는 신호의 동작점을 비선형 증폭기에서 낮게 설정하도록 하는 back off 기법을 도입하여 신호의 왜곡이 발생하지 않도록 한다. 그러나 이 경우 입력 신호의 평균 신호 레벨을 낮추어 입력해야 하므로 전체적인 출력 신호의 증폭 효율은 저하된다.

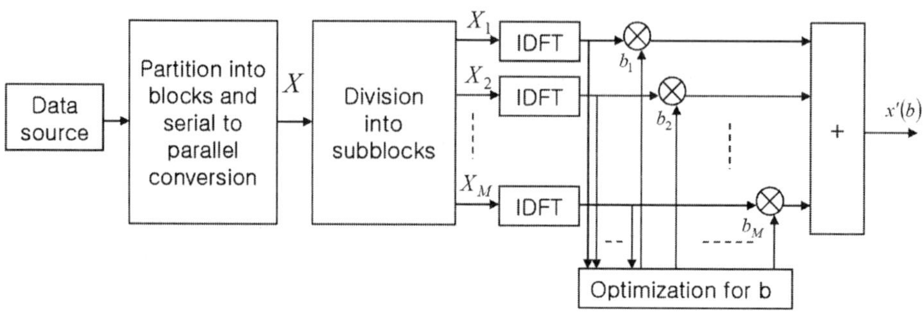

►► 그림 1.26 PTS 구조

OFDM 신호의 경우 비선형 증폭기의 포화 영역의 임계치보다 큰 값을 갖는 경우가 확률적으로 적다고 한다면 큰 신호의 값을 최대 임계치값으로 설정하여 PAPR을 작게 하는 clipping 방법이 사용될 수 있다. 그러나, 이 방법은 신호의 성능 특성을 저하시킬 뿐 아니라 정해진 스펙트럼 마스크 영역을 벗어나는 spectrum regrowth 현상이 발생한다.

PAPR을 적게 하는 방법으로는 다음과 같이 Partial Transmit Sequence(PTS) 방법과 Selected Mapping(SLM) 방법이 제시되었다.

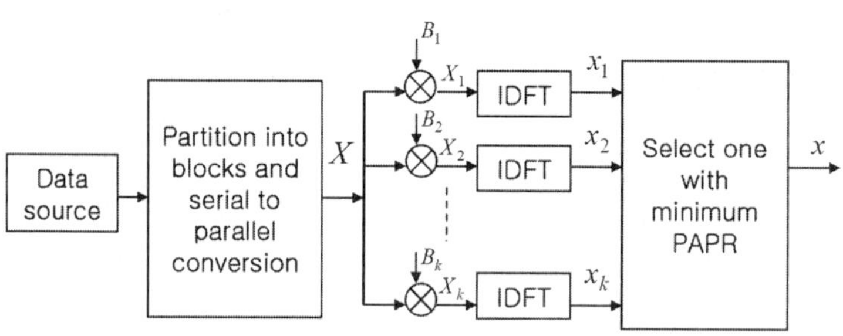

►► 그림 1.27 SLM 구조

LTE의 단말기에서 낮은 PAPR을 갖는 OFDM 신호를 발생시키기 위해서 기존의 PAPR 방식과 다르게 SC-FDMA 방식을 사용한다.

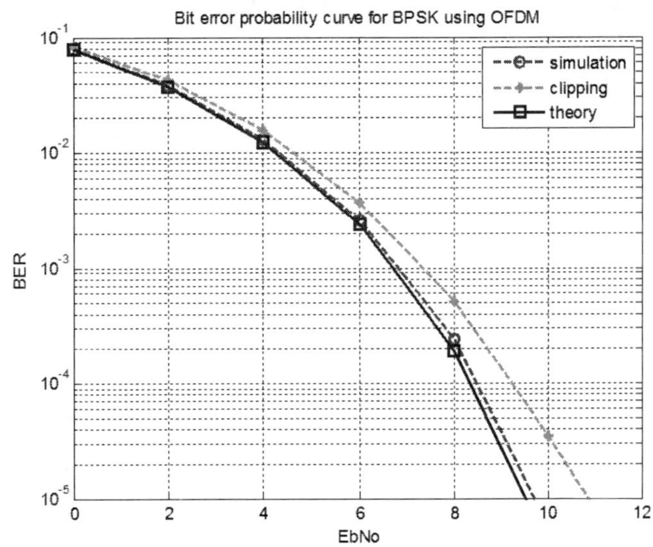

▸▸ 그림 1.28 PAPR 방식별 BER 특성

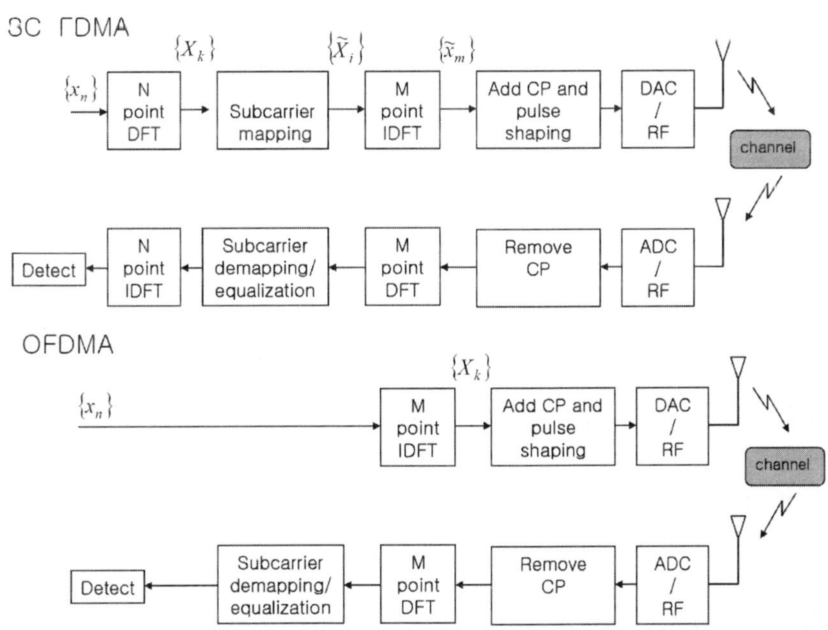

▸▸ 그림 1.29 SC-FDMA 방식 구조

그림 1.29에서 보듯이 SC-FDMA 방식은 종래의 OFDM 방식과 달리 IFFT 전에 DFT 과정이 우선 처리된다. OFDM 전송 방식의 IFFT 처리 과정에서는 직렬로 입력된 baseband symbol들이 병렬로 나누어져 각각의 부반송파들에 곱해진 후, 더해져서 PAPR이 큰 신호가 발생한다. 그러나 만약 직렬로 입력된 baseband symbol들을 DFT 처리한 후 다시 IFFT 변환을 한다면 본래의 baseband symbol들이 출력되게 된다. 이러한 신호가 반송파에 곱해진 신호는 일정한 진폭을 갖는 신호가 되어 PAPR이 낮은 값을 가지게 된다.

1.9 LTE 물리 계층

LTE 물리 계층(physical layer)의 내용은 36.201에서 정의되고 상세한 내용은 다음의 기술 규격 문서에서 언급된다.

- 36.211 물리 채널과 변조
- 36.212 다중화와 채널 코딩
- 36.213 물리 계층 처리 과정
- 36.214 물리 계층 측정

물리 계층은 하향 링크에서는 OFDMA 방식, 상향 링크에서는 SC-FDMA 방식의 2가지 다중 접속 방식을 지원하며, FDD와 TDD 방식으로 시스템에 할당된 스펙트럼을 사용한다.

LTE 무선 접속 방식은 OFDM symbol 시간 동안에 여러 개의 부반송파를 할당받아 정보를 전송하므로 시간 영역과 주파수 영역을 동시에 활용하여 설명하는 것이 효율적이다.

정보가 구성되는 frame은 FDD의 경우는 형식 1 그리고 TDD의 경우는 형식 2로써 시간 영역에서 frame, slot, symbol로 정의된다.

하향 링크와 상향 링크는 서로 다른 다중 접속 방식을 사용하지만 공통된 frame 구조를 갖는다.

LTE는 전용 채널을 사용하지 않고 공유 채널을 사용하여 패킷 교환 방식의 통신을 지원한다.

물리 채널은 상위 계층에서 내려온 정보를 전달하고 물리 신호는 물리 계층에서 필요한 동기, 셀 구분, 무선 채널 측정용 신호를 구성한다.

1.9.1 Frame 구조

Frame은 시간 영역에서 Frame, subframe, slot 그리고 symbol로 구성된다.

시간 길이는 Ts 단위로 표시된다.

$$Ts=1/(15000 \times 2048)=32.55ns$$

1.9.1.1 FDD의 경우 Frame 구조

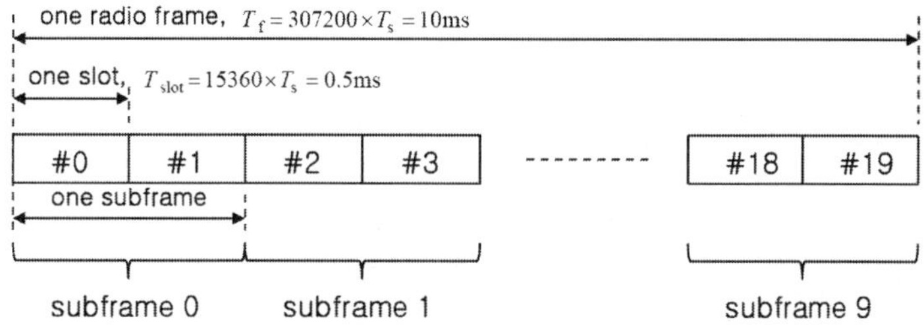

▶▶ 그림 1.30 Frame structure type 1(FDD mode)

1.9.1.2 TDD의 경우 Frame 구조

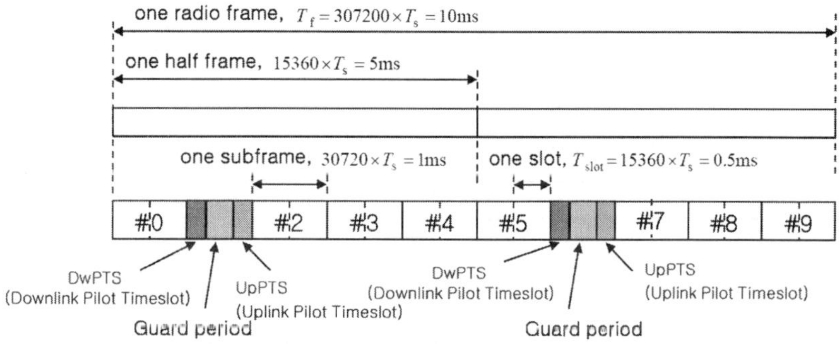

▶▶ 그림 1.31 frame structure type2의 예(TDD mode)

TDD 방식의 형식 2를 구성하는 frame 구성은 표 1.19에서와 같이 7가지 방식이 있다.

▶▶ 표 1.19 상향 링크-하향 링크 설정

Uplink-downlink configuration	Downlink-to-uplink switch-point periodicity	Subframe number									
		0	1	2	3	4	5	6	7	8	9
0	5ms	D	S	U	U	U	D	S	U	U	U
1	5ms	D	S	U	U	D	D	S	U	U	D
2	5ms	D	S	U	D	D	D	S	U	D	D
3	10ms	D	S	U	U	U	D	D	D	D	D
4	10ms	D	S	U	U	D	D	D	D	D	D
5	10ms	D	S	U	D	D	D	D	D	D	D
6	5ms	D	S	U	U	U	D	S	U	U	D

각 무선 frame은 시간 길이가 10ms이고 2개의 half frame으로 구성된다. 각 half frame에는 5개의 sub frame이 있으며, sub frame 1과 sub frame 6은 3가지 특별 기능을 갖는다.

DwPTS(Downlink Pilot Timeslot), Guard Period(GP), Uplink Pilot timeslot (UpPTS). 3가지 기능의 시간 폭은 표 1.20에서 정의된다.

▸▸ 표 1.20 특수 subframe의 설정

Special subframe configuration	Normal cyclic prefix			Extended cyclic prefix		
	DwPTS	GP	UpPTS	DwPTS	GP	UpPTS
0	$6592*T_s$	$21936*T_s$	$2192*T_s$	$7680*T_s$	$20480*T_s$	$2560*T_s$
1	$19760*T_s$	$8768*T_s$		$20480*T_s$	$7680*T_s$	
2	$21952*T_s$	$6576*T_s$		$23040*T_s$	$5120*T_s$	
3	$24144*T_s$	$4384*T_s$		$25600*T_s$	$2560*T_s$	
4	$26336*T_s$	$2192*T_s$		$7680*T_s$	$17920*T_s$	$5120*T_s$
5	$6592*T_s$	$19744*T_s$	$4384*T_s$	$20480*T_s$	$5120*T_s$	
6	$19760*T_s$	$6576*T_s$		$23040*T_s$	$2560*T_s$	
7	$21952*T_s$	$4384*T_s$		–	–	–
8	$24144*T_s$	$2192*T_s$		–	–	–

DwPTS, GP, UpPTS의 시간 폭은 30270*Ts =1ms

다른 8개의 sub frame은 2가지 slot을 갖는데 D는 하향 링크 전송용으로 준비된 것이고, U는 상향 링크 전송용으로 준비된 것이고, S는 3가지 신호 DwPTS, GP, UpPTS를 전송하는 subframe이다.

상향 링크와 하향 링크의 유연한 할당은 데이터 전송속도가 서로 다른 비대칭성을 갖는다.

인접된 무선서비스 구역에서는 동일 주파수와 시간대에 송,수신이 되는 것을 피할 수 있도록 frame 구조를 구성하는 것이 필요

1.9.2 slot 구조

1.9.2.1 OFDM symbol과 cyclic prefix

다음 그림은 다중 경로 채널에서 OFDM 심볼의 지연으로 OFDM 심볼간 간섭을 피하기 위해 guard time에 cyclic prefix가 도입되어 구성되는 OFDM symbol 이다.

앞서 언급된 방식으로 cyclic prefix가 도입된 7개의 OFDM symbol이 모여 1개의 slot을 구성한다.

▸▸ 표 1.21 SC-FDMA cyclic prefix 길이(상향 링크)

Configuration	Cyclic prefix length $N_{CP,l}$
Normal cyclic prefix	160 for $l=0$ 144 for $l=1,2,\cdots,6$
Extended cyclic prefix	512 for $l=0,1,\cdots,5$

표 1.22는 각각 상향 링크와 하향 링크에서 prefix의 시간 길이를 보여 준다.

▸▸ 표 1.22 OFDM cyclic prefix 길이(하향 링크)

Configuration		Cyclic prefix length $N_{CP,l}$
Normal cyclic prefix	$\Delta f=15\text{kHz}$	160 for $l=0$ 144 for 1,2,⋯,6
Extended cyclic prefix	$\Delta f=15\text{kHz}$	512 for 0,1,⋯,5
	$\Delta f=7.5\text{kHz}$	1024 for 0,1,2

보통의 cyclic prefix의 길이는 144 x Ts(4.69us)는 1.4Km까지의 다중 경로 지연을 보상하기 위해 설정된 값이다.

1.9.2.2 Resource element 와 Resource block

resource element는 물리 계층의 최소 단위로서 시간 영역에서 OFDMA 또는 SC-FDMA symbol을 그리고 주파수 영역에서는 1개의 부반송파에 대응된다.

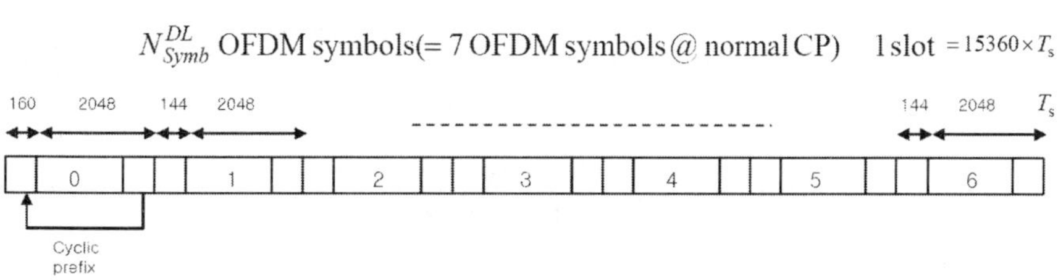

▸▸ 그림 1.32 보통의 cyclic prefix 경우에 대한 OFDM symbol structure(하향 링크)

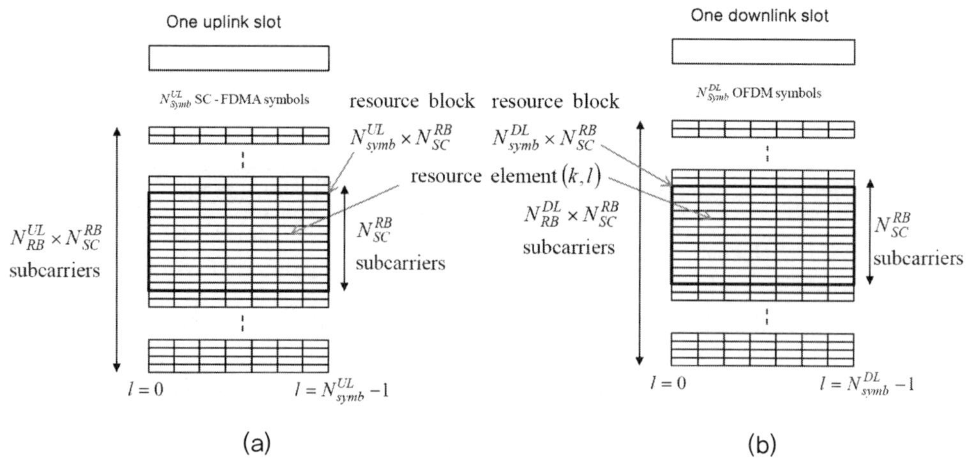

▶▶ 그림 1.33 상향 링크(a)와 하향 링크(b)에 대한 Resource grid

RB는 0.5ms의 시간 길이를 갖고 180KHz 대역폭을 갖는다.

최소 전송단위로써 전송 순서 조정이 가능하다.

표 1.23과 표 1.24를 보면 RB당 부반송파의 개수 그리고 RB당 symbol의 개수는 cyclic prefix의 길이와 부반송파 간격에 따라 정의된다.

▶▶ 표 1.23 상향 링크에 대한 Resource block 변수

Configuration	N_{sc}^{RB}	N_{symb}^{UL}
Normal cyclic prefix	12	7
Extended cyclic prefix	12	6

▶▶ 표 1.24 하향 링크에 대한 Resource block 변수

<table>
<tr><th colspan="2">Configuration</th><th>N_{sc}^{RB}</th><th>N_{symb}^{UL}</th></tr>
<tr><td>Normal cyclic prefix</td><td>$\Delta f=15\text{kHz}$</td><td rowspan="2">12</td><td>7</td></tr>
<tr><td rowspan="2">Extended cyclic prefix</td><td>$\Delta f=15\text{kHz}$</td><td>6</td></tr>
<tr><td>$\Delta f=7.5\text{kHz}$</td><td>24</td><td>3</td></tr>
</table>

하향 링크에서는 MBSFN(Multimedia Broadcast over Single Frequency Network)용으로 부반송파 간격을 7.5KHz 사용한다. 상향 링크에 비해 symbol의 길이가 2배 길며 따라서 좀 더 긴 CP의 적용으로 넓은 MBSFN 무선서비스 구역에서 다중 경로 지연 효과에 대비할 수 있다.

상향 링크 resource grid는 주파수 영역에서 $N_{RB}^{UL} \times N_{SC}^{RB}$ 부반송파로 구성된다. 이것은 시간 영역에서 N_{Symb}^{UL} SC-FDMA symbol 개수에 해당한다.

N_{RB}^{UL}는 상향 링크의 전송 대역폭 N_{SC}^{RB}의 배수를 나타낸다.

N_{SC}^{RB}는 180KHz의 대역폭을 차지하는 RB에 속한 부반송파의 개수로 15KHz 간격을 갖는 부반송파가 12개에 해당된다.

N_{symb}^{UL}는 상향 링크 slot에서 SC-FDMA symbol의 개수로서 CP의 길이에 따라 다른 값을 갖는다.

하향 링크도 그림에서 보듯이 주파수 영역에서 $N_{RB}^{DL} \times N_{SC}^{RB}$ 부반송파로 구성된다. 이것은 시간 영역에서 N_{Symb}^{DL} OFDM symbol 개수에 해당한다.

N_{RB}^{DL}는 하향 링크의 전송 대역폭 N_{SC}^{RB}의 배수를 나타낸다.

N_{SC}^{RB}는 15KHz 간격 또는 7.5KHz 간격을 갖는 부반송파가 12개 또는 24개에 해당된다.

N_{symb}^{DL}는 하향 링크 slot에서 OFDM symbol의 개수로서 CP의 길이와 부빈송파 간격에 따라 다른 값을 갖는다.

1.9.3 채널 대역폭의 새구성

OFDM은 전송 채널 대역폭을 가변할 수 있다. 부반송파 간격은 FFT의 적분 시간에 역 비례하여 고정된 값을 갖지만 부반송파의 개수에 따른 전송 대역폭은 변할 수 있다. 따라서 LTE는 1.4MHZ부너 20MHz까지 6가지의 다른 전송 대역폭을 구성할 수 있다.

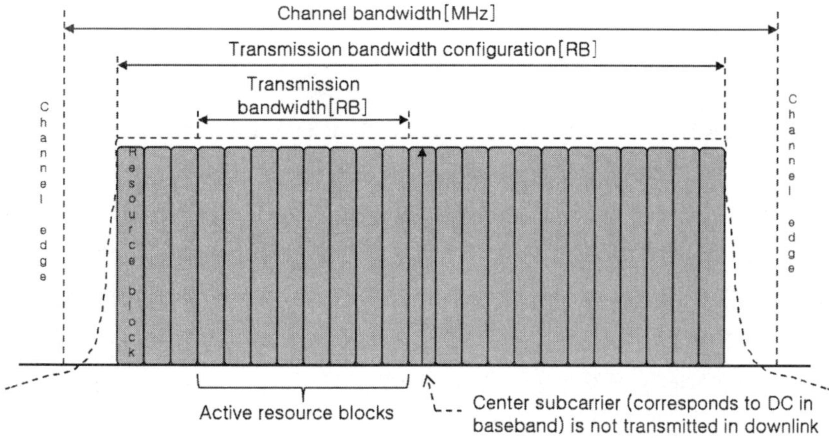

▶▶ 그림 1.34 하나의 E-UTRA에 대한 채널 대역폭과 전송 대역폭 설정의 정의

채널 대역폭은 채널 간 이격된 주파수 간격을 뜻한다. 전송 대역폭 재구성은 단위가 RB이며 채널 대역폭에서 전송 가능한 최대 RB값을 나타낸다.

표 1.25는 여러 가지 채널 대역폭에서 구성 가능한 전송 대역폭과 RB 개수를 보여 준다.

▸▸ 표 1.25 전송 대역폭 설정

Channel bandwidth (MHz)	1.4	3	5	10	15	20
Transmission bandwidth configuration (MHz)	1.08	2.7	4.5	9	13.5	18
Transmission bandwidth configuration $\left(N_{RB}^{UL} \text{ or } N_{RB}^{DL}\right)$ (RB)	6	15	25	20	75	100

1.9.4 하향 링크 물리 신호와 채널

다음 표는 하향 링크에서 물리 신호와 물리 신호에 대응되는 채널을 보여준다.

▸▸ 표 1.26 하향 링크 물리 신호와 채널의 목록

Physical signals	Physical channels
Primary synchronization signal	Physical Downlink Shared Channel(PDSCH)
Secondary synchronization signal	Physical Broadcast Channel(PBCH)
Reference signals	Physical Downlink Control Channel(PDCCH)
	Physical Multicast Channel(PMCH)
	Physical Control Format Indicator Channel(PCFICH)
	Physical Hybrid Automatic Repeat Request(ARQ) Indicator Channel(PHICH)

이동통신 단말기는 자신이 서비스 받을 수 있는 무선서비스 구역을 인지해야한다. LTE 시스템에서는 504개의 무선서비스 구역 코드가 168개의 그룹 코드로 나누어지며 각 그룹은 서로 다른 3가지 구분 코드로 세분화된다.

단말기는 기지국에서 10msec 프레임 당 2번 전송되는 주동기 신호와 보조동기 신호를 받아 동기를 수립한다. 주동기 신호는 3가지 무선서비스 구역 구별 코드를 찾는데 쓰이고, 보조동기 신호는 무선서비스 구역 구분 코드 그룹을 찾는데 쓰인다. 주동기 신호는 주파수 영역에서 Zadoff Chu 시퀀스 신호를 이용하여 변조된다. 각각의 부반송파는 문서 36.211의 부속 문서 6.11.1에서 정의되듯이 시퀀스 발생기의 제곱근 색인 번호로 결정되는 서로 다른 위상을 갖지만 전력은 동일하다. 보조동기 신호는 문서 36.211의 부속 문서 6.11.2에서 정의되듯이 길이가 31인 이진 부호 시퀀스 2개가 교차적으로 결합된 회로에서 발생된다. 채널 대역폭에 관계없이 채널에 할당된 부반송파 주파수 그룹 중 중앙에 위치한 62개의 부반송파가 동기 신호를 보내는데 할당된다.

단말기가 무선서비스 구역을 인식한 후 기지국으로 전송된 참조 신호를 사용하여 수신된 신호의 크기, 위상 그리고 시간 동기의 오차를 보정한다. eNB에서 전송하는 참조 신호는 무선서비스 구역용 참조 신호, MBSFN 참조 신호 그리고 사용자 단말기용 참조 신호가 있다.

참조 신호는 주파수 영역에서 6개 부반송파마다 시간 영역에서는 slot마다 2개의 symbol 단위로 일정하게 할당된다.

다음 그림 1.35는 무선서비스 구역을 검색하는 절차를 도식적으로 보여준다.

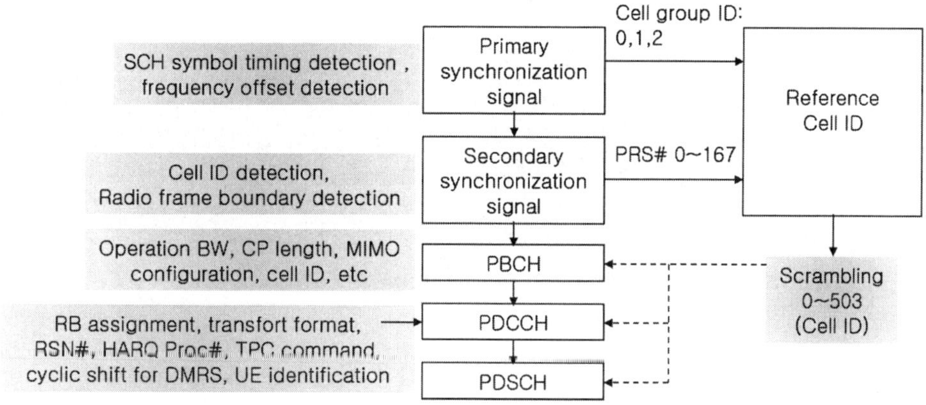

▸▸ 그림 1.35 Cell 검색 절차

그림 1.36은 하향 링크에서 RB 구성을 보여준다.

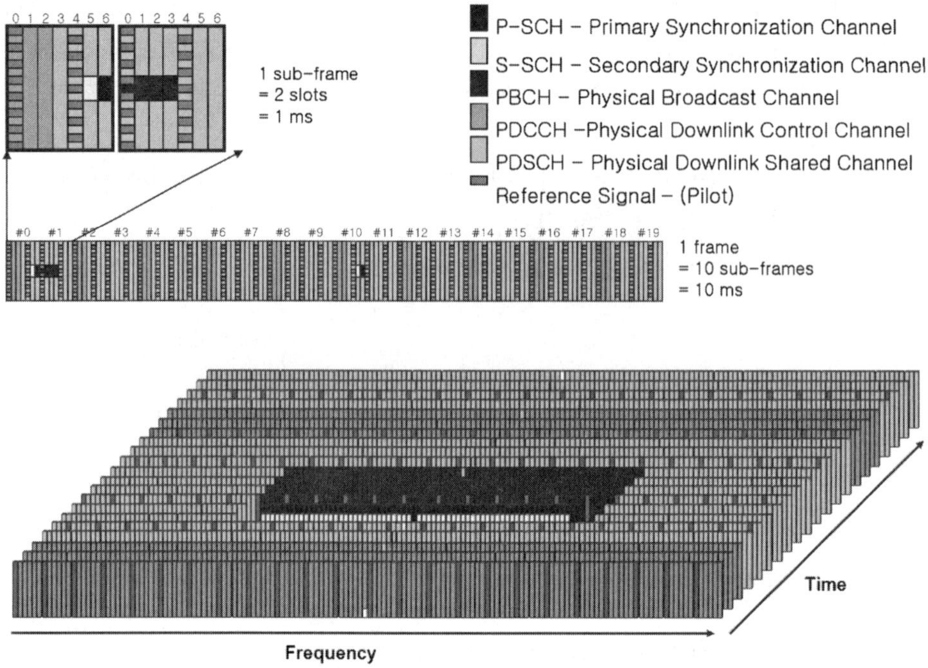

▸▸ 그림 1.36 주파수와 시간에 대한 하향 링크 mapping의 예

하향 링크에서 기저대역 OFDM 신호를 발생시키는 신호 흐름을 보여 주는 블록 다이어그램이다.

스크램블링 회로부는 길이가 31인 Gold sequence 발생기가 사용된다. 이렇게 발생된 bit는 modulation mapper에서 symbol로 바뀐다. PDSCH의 경우 QPSK는 2bit에 대응되는 16QAM은 4bit, 64QAM은 6bit에 대응되는 symbol이 발생된다. 그리고 여러 개의 안테나에 대응되는 신호 흐름을 만들기 위해 layer mapping 처리 과정이 이루어진다. 그리고 cyclic delay diversity, 송신 다이버시티 기법을 위해 각 안테나에 입력되는 신호에 위상과 크기를 조정하는 precoding 처리 과정이 이루어지고, 최종적으로 RB에 대응과정을 거쳐 OFDM 신호가 발생된다.

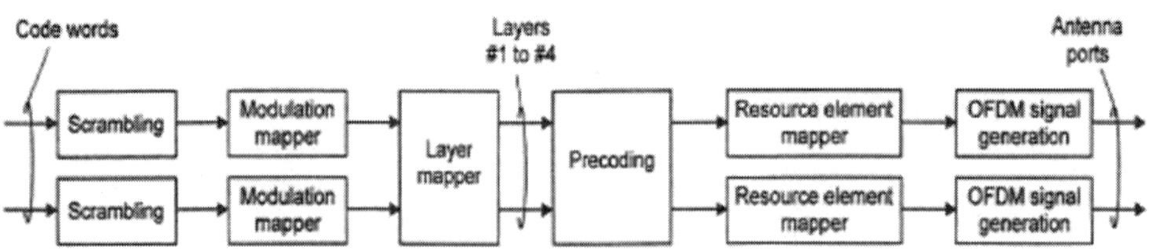

▸▸ 그림 1.37 하향 링크 OFDM 신호 생성

1.9.5 상향 링크 물리 신호와 채널

표 1.27은 상향 링크에서 물리층 신호와 그에 대응되는 물리 채널을 보여준다.

▶▶ 표 1.27 하향 링크 물리 신호와 채널의 목록

Physical signals	Physical channels
Demodulation Reference Signal(DMRS)	Physical Uplink Shared Channel(PUSCH)
Sounding Reference Signal(SRS)	Physical Uplink Control Channel(PUCCH)
	Physical Random Access Channel(PRACH)

복조 참조 신호 DMRS는 상향 링크에서 동기 및 채널 추정을 위해서 사용된다.

PUSCH 채널에서 전송되는 DMRS는 정규 CP를 사용하는 경우는 SC-FDMA의 3번째 symbol, 확장 CP를 사용하는 경우는 SC-FDMA의 2번째 symbol에 할당된다.

PUSCH 또는 PUCCH 채널이 사용되지 않을 때는 부프레임의 마지막 SC-FDMA symbol에 전송되는 반향 참조 신호가 채널의 특성을 추정하는데 쓰인다.

다음 그림 1.38과 그림 1.39는 PUSCH 채널과 PUCCH 채널의 참조 신호 할당 구성을 보여준다.

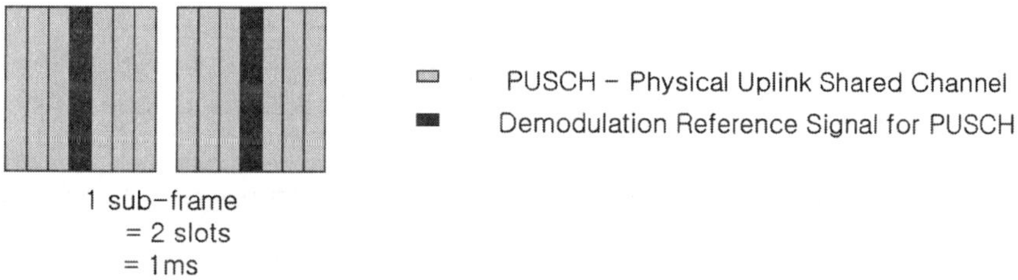

▶▶ 그림 1.38 PUSCH의 mapping과 PUSCH에 대한 복조 참조 신호

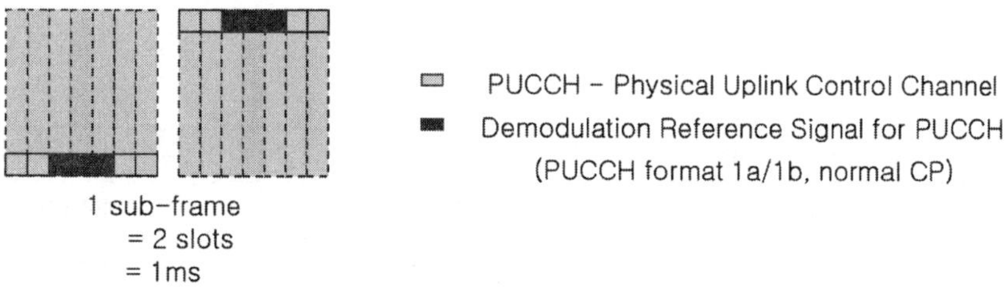

▶▶ 그림 1.39 PUCCH mapping의 예와 PUCCH에 대한 복조 참조 신호

그림 1.40은 상향 링크에서의 RB 구성을 보여준다.

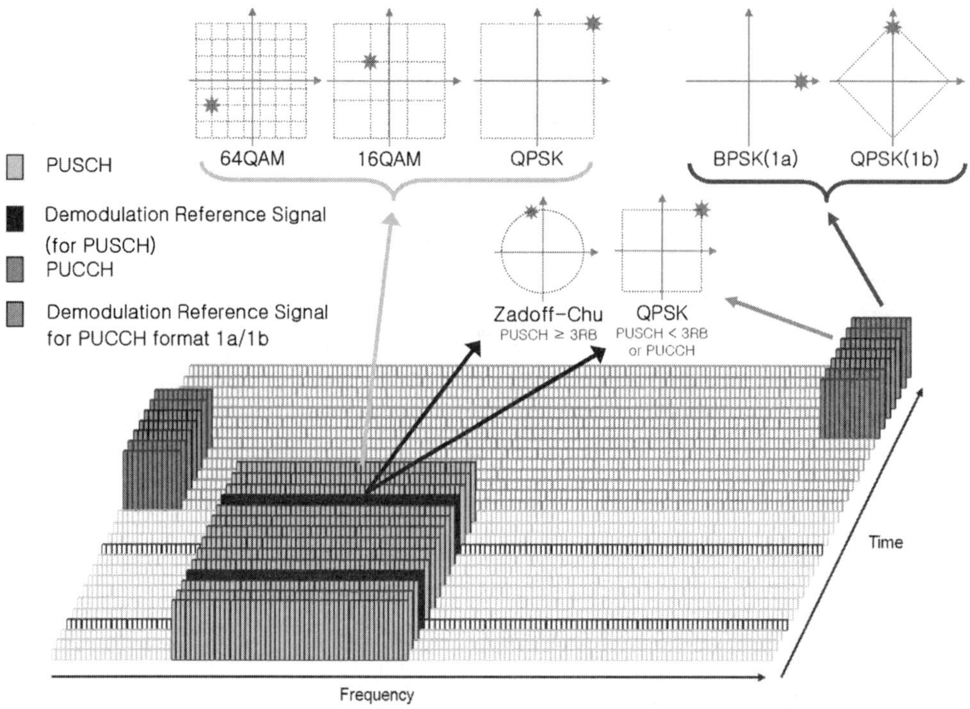

►► 그림 1.40 주파수와 시간에 대한 상향 링크 mapping의 예

물리 무작위 채널은 UE는 eNB에 접속을 시도할 때 eNB와 초기 통신을 하는 물리 채널로서 다른 사용자 신호와 직교성이 있는 무작위 접속용 프리엠블을 전송하여 eNB가 UE와의 시간 지연값을 계산한 결과를 토대로 패킷 통신이 이루어지도록 한다.

표 1.28은 무작위 채널 프리앰블을 구성하는 cyclic prefix와 시퀀스의 매개변수 값을 보여준다.

►► 표 1.28 무작위 접속 프리엠블 변수

Preamble format	Cyclic prefix (T_{CP})	Sequence part (T_{SEQ})
0	$3168*T_s$	$24576*T_s$
1	$21024*T_s$	$24576*T_s$
2	$6240*T_s$	$2*24576*T_s$
3	$21024*T_s$	$2*24576*T_s$
4 (frame structure type 2 only)	$448*T_s$	$4096*T_s$

1.9.6 다중화와 channel coding

문서 36.212에서 정의되는 무선 접속부의 다중화와 채널 코딩부는 TrCH(Transport channel)와 control channel information과 관련 error 검출, error 정정, 속도 정합, concatenation, interleaving이 결합된 회로부로 이루어진다.

1.9.6.1 mapping to physical channels

물리 계층에서는 transport channel과 control information channel을 통해서 상위 계층으로 데이터 전송 서비스를 한다.

▸▸ 표 1.29 물리 채널에 상응하는 상향, 하향 링크의 mapping

Radio link	Channel type	Channel	Channel name	Physical channel	Channel name
Uplink	TrCH	UL-SCH	Uplink Shared Channel	PUSCH	Physical Uplink Shared Channel
		RACH	Random Access Channel	PRACH	Physical Random Access Channel
	Control information	UCI	Uplink Control Information	PUCCH, PUSCH	Physical Uplink Control Channel, Physical Uplink Shared Channel
Downlink	TrCH	DL-SCH	Downlink Shared Channel	PDSCH	Physical Downlink Shared Channel
		BCH	Broadcast Channel	PBCH	Physical Brocast Channel
		PCH	Paging Channel	PDSCH	Physical Downlink Shared Channel
		MCH	Multicast Channel	PMCH	Physical Multicast Channel
	Control information	CFI	Control Format Indicator	PCFICH	Physical Control Format Indicator Channel
		HI	HARQ Indicator	PHICH	Physical HARQ Indicator Channel
		DCI	Downlink Control Information	PDCCH	Physical Downlink Control Channel

1.9.6.2 channel coding, 다중화, interleaving

CRC 계산

에러 검출은 CRC(Cyclic Redundancy Check) 회로를 이용하여 수행된다.
transport 블록에서는 CRC 패리티 비트를 계산한다.
다음 그림 1.41은 CRC24A의 구성도이다.

▶▶ 그림 1.41 CRC24A generator

CRC24A의 수식과 관련 다른 CRC코드의 수식은 다음과 같다.

CRC24A :

$$g_{CRC24A}(D) = [D^{24} + D^{23} + D^{18} + D^{17} + D^{14} + D^{11} + D^{10} + D^{7} + D^{6} + D^{4} + D^{3} + D + 1]$$ 식 (1.50)

CRC24B :

$$g_{CRC24A}(D) = [D^{24} + D^{23} + D^{6} + D^{5} + D + 1]$$ 식 (1.51)

CRC16 :

$$g_{CRC24A}(D) = [D^{16} + D^{12} + D^{5} + 1]$$ 식 (1.52)

CRC8 :

$$g_{CRC8}(D) = [D^{8} + D^{7} + D^{4} + D^{3} + D + 1]$$ 식 (1.53)

▶▶ 표 1.30 CRC 계산과 CRC 스크램블링의 사용법

Radio link	Channel	CRC calculation scheme	CRC scarmbling
Uplink	UL-SCH	Transport Block CRC; CRC24A Code Block CRC; CRC24B	Not applicable
	UCI	CRC8	Not applicable
Downlink	DL-SCH	Transport Block CRC; CRC24A Code Block CRC; CRC24B	Not applicable
	BCH	CRC16	The CRC bits are scrambled by the PBCH CRC mask, which is according to the eNB transmit antenna configuration.
	PCH	Transport Block CRC; CRC24A Code Block CRC; CRC24B	Not applicable
	MCH	Transport Block CRC; CRC24A Code Block CRC; CRC24B	Not applicable
	DCI	CRC16	The CRC bits are scrambled by the antenna selection mask and Radio Network Temporary Identify(RNTI).

▸▸ 표 1.31 전송채널과 제어 정보에 대한 코딩 비율과 채널코딩 구조의 사용법

Channel type	Channel	Coding scheme	Coding rate
TrCH	UL-SCH	Turbo coding	$\frac{1}{3}$
	DL-SCH		
	PCH		
	MCH		
	BCH	Tail biting convolutional coding	$\frac{1}{3}$
Control information	DCI	Tail biting convolutional coding	$\frac{1}{3}$
	CFI	Block code	$\frac{1}{16}$
	HI	Repetition code	$\frac{1}{3}$
	UCI	Block code	variable
		Tail biting convolutional coding	$\frac{1}{3}$

code block segmentation과 code block CRC attachment 첨가

만약 분할된 코드 블록의 입력 비트열이 최대 6144 비트를 갖는 코드 블록보다 길면 입력 비트열을 분할 과정을 수행한다. 그리고 추가로 24 비트의 길이를 갖는 CRC 비트열을 각 코드 블록에 덧붙인다. 만약 분할된 코드 블록의 입력 비트열이 40 비트보다 적으면 충원 비트로 채워둔다.

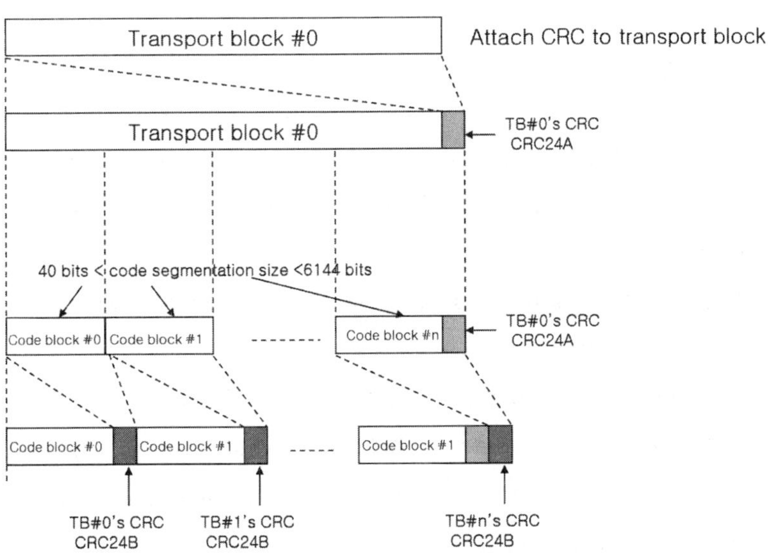

▸▸ 그림 1.42 Code block 분할과 전송 block(TB)/code block(CB) CRC

1장 참고문헌

[1] 3GPP TR 21.905 V8.7.0 (2008-12) Vocabulary for 3GPP specifications

[2] 3GPP TR 23.882 V8.0.0 (2008-09) 3GPP system architecture evolution : report on technical options and conclusions

[3] 3GPP TS 21.278 V9.2.0 (2008-12) service requirements for the evolved packet system (EPS)

[4] 3GPP TR 25.912 V8.0.0 (2008-12) feasibility study for evolved universal terrestial radio access(UTRA) and evolved universal terrestial radio access network(UTRAN)

[5] 3GPP TR 21.913 V8.0.0 (2008-12) requirements for evolved universal terrestial radio access (E-UTRA) and evolved universal terrestial radio access network (E-UTRAN)

[6] 3GPP TR 36.306 V.8.2.0 (2008-05) evolved universal terrestial radio access network (E-UTRA) ;user requiremaent(UE) radio access capabilities

[7] 3GPP TSG RAN WGI Tdoc R1-072578 "summary of downlink performance evaluation,"Ericsson,May 2007

[8] 3GPP TSG RAN WGI Tdoc R1-072261 "LTE performance evoluation -uplink summary,"Nokia,May 2007

[9] 3GPP TS 36.101 V8.4.0 (2008-12) UE radio transmission and reception

[10] 3GPP TS 36.104 V8.4.0 (2008-12) Base station radio transmission and reception

[11] ETSI TR 102 735 V7.0.1 (2007-08) Band specification requirements for UMTS

[12] 3GPP TS 36.331 V8.4.0 (2008-12) radio resource control(RRC) protocol specifications

[13] Cutler,Bob, "Effects of physical layer impairments on OFDM system," RF design, pp 36-44, May 2002

[14] 3GPP TS 36.201 V8.2.0 (2008-12) LTE physical layer - general description

[15] 3GPP TS 36.211 V8.5.0 (2008-12) Physical channels and modulation

[16] 3GPP TS 36.212 V8.5.0 (2008-12) Multiplexing and channel coding

[17] 3GPP TS 36.213 V8.5.0 (2008-12) Physical layer procedures

[18] 3GPP TS 36.214 V8.5.0 (2008–12) Physical layer measurements

[19] 3GPP TS 36.214 V8.4.0 (2008–12) UE radio transmission and reception

[20] 3GPP TS 36.306 V8.2.0 (2008–05) UE radio access capabilities

[21] 3GPP TS 36.304 V8.4.0 (2008–12) UE procedure in idle mode

[22] 3GPP TS 36.300 V8.7.0 (2008–12) E–UTRA, E–UTRAN, overall description, stage2

[23] 3GPP TS 36.3133 V8.4.0 (2008–12) Requirements for support of radio resource management

[24] 3GPP TS 36.321 V8.4.0 (2008–12) Medium access control(MAC) protocol specification

02 LTE 시스템의 MAC

2.1 접속 방식

LTE 시스템의 무선망은 LTE 시스템에 등록된 다수의 사용자들이 한정된 채널을 공유하여 사용하기 때문에 개개의 사용자가 무선망 접속권을 얻기 위해서는 일련의 접속절차가 필요하다.

접속 절차를 처리하는 layer는 user plane과 control plane으로 구성되며, 사용자 plane은 주로 인터넷 프로토콜 패킷과 같은 사용자의 데이터 전송에 관련되어 있고, control plane은 사용자 단말기와 시스템 간 연결을 제어하는 기능과 관련되어 있다.

E-UTRA와 E-UTRAN은 문서 36.300에서 정의되며, 3GPP 프로토콜과 달리 LTE 시스템은 전체 접속 처리절차가 eNB에 모두 구현되었다.

LTE 시스템에서 Media Access Control(MAC)의 특징은 기존 3GPP 시스템의 프로토콜과 달리 RNC에서 구현되었던 RRC 기능과 재전송 관련 기능을 eNB(e-Node B)로 한 단계 내려서 하나의 망에 실현한 점이다. 이는 LTE 시스템의 요구사항인 짧은 지연시간과 계층 간 중복된 기능의 통합 및 재조정을 만족하기 위해서이다.

2.1.1 사용자 층

그림 2.1은 사용자 층의 프로토콜의 개괄적 구조를 보여준다.

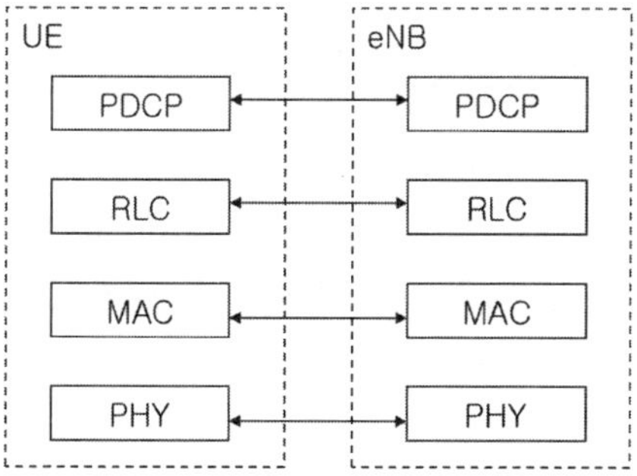

▸▸ 그림 2.1 사용자 층의 프로토콜 구조

물리 계층을 제외하면 접속을 위한 신호 방식으로 다음과 같이 3개의 부속층이 정의된다.

- PDCP(Packet Data Convergence Protocol)
- RLC(Radio Link Control)
- MAC(Medium Access Control)

PDCP와 RLC 프로토콜은 eNB와 가입자 단말기에서 동일한 header 압축, 암호화, 동작 인정모드 프로토콜 기능을 수행한다.

그러나 MAC은 eNB에서 수행하는 기능과 가입자 단말기에서 수행하는 기능에 차이가 있다. eNB에서는 매 부프레임마다 무선서비스 구역 내 어느 사용자 단말기에 망 접속 권한을 부여할지 결정하는 회선 사용의 차례조정 기능이 있어서 단말기에서 수행되는 MAC기능과 차이가 있다.

2.1.2 제어층

그림 2.2는 제어 계층의 프로토콜을 보여준다.

제어층에서의 PDCP,RLC,MAC 프로토콜은 사용자 데이터와 달리 접속이 아닌 제어용 메시지를 전달하는 것이지만 사용자층과 동일한 기능을 수행한다.

제어층의 고유한 기능인 RRC에서는 방송 메시지 전달과 연결 제어 기능을 수행한다.

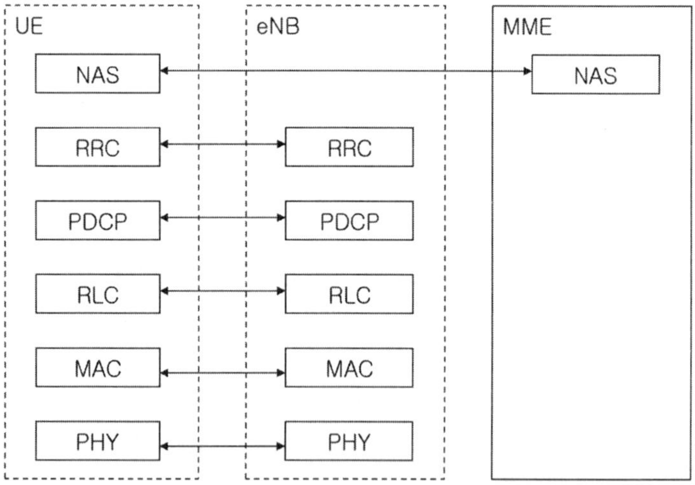

▸▸ 그림 2.2 제어계층의 프로토콜 구조

2.1.3 물리 계층 하향 제어 정보

MAC의 기능을 사용하지 않고 PDCCH을 사용하여 직접 eNB에서 UE로 보내어지는 메시지 프로토콜이 있다. 이 메시지는 LTE 시스템에 접속하기 위해 반드시 필요한 제어 정보로써 DCI(Downlink Control Information) 메시지라 정의된다.

2.1.3.1 Downlink control information(DCI)의 기능

DCI 메시지를 이용하여 다음과 같은 3가지 기능을 처리한다.

- 하향 링크 회선 사용의 차례 조정 정보의 제공
- 상향 링크 회선 사용의 차례 조정 정보의 제공
- 상향 링크 전력 제어 정보의 제공

eNB는 부프레임마다 DCI 메시지를 각기 다른 PDCCH를 사용하여 하나의 사용자 단말기 또는 다수의 단말기에게 전송한다. 사용자 단말기는 eNB가 특정 부프레임에 어느 PDCCH를 사용했는지 또는 PDCCH에 특정 사용자 단말기에게 보내는 DCI 메시지가 포함되어 있는지를 알 수 없다.

따라서 사용자 단말기는 매 프레임마다 blind 디코딩을 여러 번 수행하여 DCI 메시지를 수신한다. 특정 사용자에게 보내어진 DCI 메시시를 수신하는 특징 단말기에시는 DCI 메시지 디코딩이 정상적으로 수행되지만 다른 사용자 단말기에서는 CRC 검사 결과에 오류가 발생한다.

2.1.3.2 DCI 메시지의 구분

사용자 단말기의 MAC 기능에서 사용하는 RNTI(Radio Network Temporary Identity)는 특정 단말기에 전달되는 DCI를 구분해내는 기능을 수행한다.

특정 단말기용 DCI를 구분해내는 정보는 인코딩되어 메시지의 CRC에 포함된다.

따라서 특정 단말기가 수신하고자 하는 RNTI 정보가 포함된 DCI 정보를 디코딩해 낼 수 있다.

시스템 정보와 페이징 메시지의 순서를 정해주는 DCI정보는 SI(System Information)-RNTI와 P(Paging)-RNTI같은 특별한 RNTI값을 이용하여 전송된다.

사용자 단말기가 보낸 물리 계층의 무작위 접속 채널의 접두신호에 대응되어 전송되는 상향 링크 차례조정 메시지는 RA(Random Access)-RNTI 신호로써 인식된다. RA-RNTI 신호는 PRACH신호를 전송하기 위해 쓰이는 시간과 주파수 계수값으로부터 유도된다.

DL-SCH 또는 UP-SCH는 특정 UE에 관련된 RNTI 값으로 인식된다.

2.1.3.3 하향 링크 순서조정 정보

DCI 메시지의 사용 목적은 사용자 단말기에게 하향 링크에서 순서조정 정보를 보내기 위함이다. 사용자 단말기는 DCI 메시지를 이용하여 동일한 부프레임을 사용하는 PDSCH 채널을 통해 전송되는 데이터를 디코딩할 수 있다.

사용자 단말기가 PDSCH 채널을 통해 전송되는 데이터를 디코딩하기 위해 사전에 파악해야 할 정보는 다음과 같다.

- 특정 사용자 단말기에 할당된 데이터를 전송하는 데 쓰이는 자원 블록
  이때 사용되는 자원 블록은 주파수 영역에서 연속 또는 불연속
- 자원 블록에 사용되는 변조 방식과 트랜스포트 블록
- 속도 정합 처리과정에 쓰이는 예비 가용 지원
- 공간 다중화 사용 유무
- 공간 다중화 방식의 적용시 사용하는 사전코딩 행렬

사용자 단말기가 PDSCH 채널을 통해 전송되는 데이터를 디코딩한 후에 파악해야 할 정보는 다음과 같다.

- 디코딩된 데이터가 적용될 하향 링크 HARQ(Hybrid Automatic Repeat Request)
- 디코딩된 데이터가 새로운 정보인지 또는 전에 수신된 데이터가 재전송된 것인지

2.1.3.4 상향 링크 순서조정 정보

상향 링크 차례조정 정보를 제공하는 DCI는 한번에 하나의 사용자 단말기에 보내어진다. 이 메시지의 내용에 따라 사용자 단말기는 PUSCH 채널에 정보를 보내는 방법을 결정한다.

하향 링크와 달리 상향 링크에서는 차례조정 메시지를 포함하는 부프레임으로부터 4개의 부프레임 다음에 있는 PUSCH 부프레임에서 차례조정 정보를 수신한다.

PUSCH 채널에 데이터를 전송하기 전에 사용자 단말기는 다음 사항을 파악해야 한다.

- 사용할 자원 블록
  하향 링크와 달리 SC-FDMA에 부과된 제약 때문에 사용되는 자원블럭은 주파수 영역에서 연속
- 사용할 변조 방법과 자원블럭 크기
- 사용할 예비 가용 지원
- PUSCH 채널의 도약 여부
- 새로운 데이터의 전송 또는 이미 전송된 데이터의 재전송
- PUSCH 채널에 사용되는 전력의 크기 조절

2.1.3.5 전력제어 정보

상향 링크와 하향 링크의 차례조정 정보는 사용자 단말기가 PUSCH 채널 또는 PUCCH 채널용으로 사용하는 전력 레벨을 조절하기 위해 필요한 전력크기 조절 매개 변수를 포함하고 있다.

그러나 사용자 단말기가 순서조정 정보 메시지를 수신하지 않고 여러 번의 전송 시간 간격 동안 보낸 지속적 차례조정 또는 비적응적 재전송 방식으로 데이터를 보내는 과정이 있다.

이 경우 eNB는 사용자 단말기의 사용 전력 레벨을 조정할 필요가 발생할 수도 있다. 따라서 DCI 메시지를 활용하여 사용자 단말기의 전력 레벨을 조정할 수 있다.

2.1.4 Medium Access Control(MAC)

MAC 계층은 UE와 eNB 모두에 적용되는 프로토콜 계층으로 여러 UE들이 공유하는 전송 매체에서 생길 수 있는 접속 충돌현상의 발생시 UE들간에 접속 권한을 제어하는 프로토콜이다.

주로 eNB에서는 지시사항을 전달하는 신호방식을 규정하고 UE에서는 이에 대한 응답방식을 규정한다.

MAC의 주된 기능은 다음과 같다.

- 논리 채널을 통해서 RLC에 데이터 전송 서비스 제공
- 1개 이상의 논리 채널로부터의 데이터를 다중화하여 트랜스포트 블록으로 전송 이 데이터들은 트랜스포트 채널 상의 물리 계층으로 전달된다.
- HARQ를 통한 에러 정정
- eNB MAC에만 존재하는 기능으로서 공유 물리 자원에서 데이터를 송신 또는 수신할 UE의 선정
- eNB MAC에만 존재하는 기능으로서 변조 그리고 코딩 비율의 선택을 위한 트랜스포트에서의 신호 양식 선정

2.1.4.1 논리 채널과 트랜스포트 채널

논리 채널은 MAC이 RLC에 제공하는 SAP이다. 논리 채널은 전달되는 정보의 유형에 따라 구분된다. 트랜스포트 채널은 MAC에서 사용하는 SAP(Service Access Point)이며 물리 계층에서 데이터의 전달 기능을 수행한다. 트랜스포트 채널도 데이터가 전달되는 방식에 따라 여러 가지 유형의 트랜스포트 채널로 나눌 수 있다. MAC에서는 트랜스포트 채널과 데이터 전달을 위해 그에 대응되는 논리 채널을 규정하는 트랜스포트 채널의 데이터 구조형태(format)를 제공한다.

표 2.1과 그림 2.3은 상향 링크에서 논리 채널과 트랜스포트 채널 사이의 대응 관계를 보여준다.

▶▶ 표 2.1 상향 논리 채널과 트랜스포트 채널의 대응

Logical channel	Transport channel	Purpose of logical channel
Common Control Channel(CCCH)	Uplink Shared Channel(UL-SCH)	Carries RRC signalling before the UE has been identified: e.g., for connection setup
Dedicatied Control Channel(DCCH)	UL-SCH	Carries signalling from the RRC
Dedicatied Traffic Channel(DTCH)	UL-SCH	Carries user data

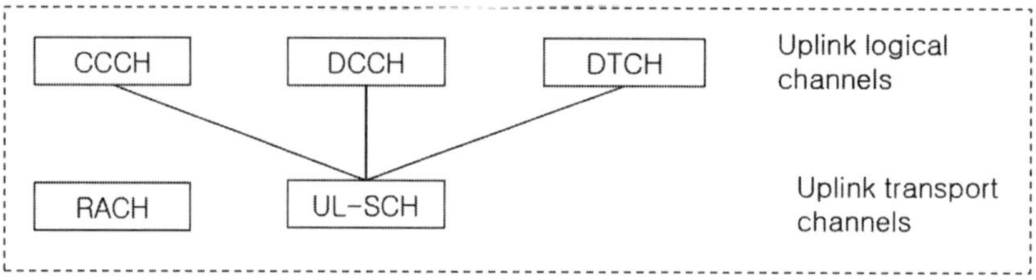

▶▶ 그림 2.3 상향 논리 채널의 트랜스포트 채널로의 대응

그리고 표 2.2와 그림 2.4는 하향 링크에서 논리 채널과 트랜스포트 채널 사이의 대응 관계를 보여준다.

▶▶ 표 2.2 하향 링크에서 논리 채널과 트래스포트 채널의 대응

Logical channel	Transport channel	Purpose of logical channel
Broadcast Control Channel(BCCH)	Broadcast Channel(BCH)	Carries master information block
BCCH	Downlink Shared Channel(DL-SCH)	Broadcast of system information messages
Paging Control Channel(PCCH)	Paging Channel(PCH)	Carries paging messages
CCCH	DL-SCH	Carries RRC signalling before the UE has been identified: e.g., for connection setup
DCCH	DL-SCH	Carries signalling from the RRC
DTCH	DL-SCH	Carries user data

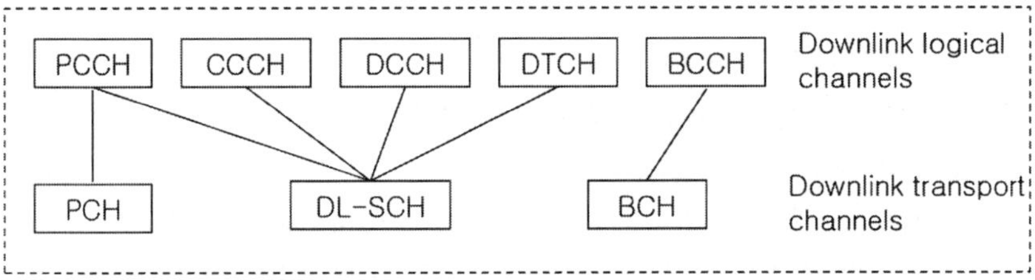

▸▸ 그림 2.4 하향 논리 채널의 트랜스포트 채널로의 대응

2.1.4.2 무작위 접속, 차례조정 요청, 동기 시간 조정, 접속 정확도 지원

LTE 시스템에 등록된 UE들이 LTE 시스템에 접속을 시도하기 위해서는 LTE 망으로부터 LTE 시스템의 접속 정보를 수신해야 한다. LTE 채널을 공유하는 UE들이 무작위로 접속을 시도하기 때문에 발생하는 충돌현상 때문에 접속 시도가 실패를 하는 경우가 있다. 이런 경우 접속을 재시도하기 위한 절차가 필요하다. 또한 현재 서비스를 받고 있는 무선서비스 구역을 벗어나 다른 무선서비스 구역으로 진입시 통화 유지를 위한 핸드오버 절차가 필요하다.

무작위로 접속을 요청하는 방식은 경쟁 기반 방식과 비경쟁 방식이 있다. 시스템 정보 메시지에 경쟁 기반 방식의 무작위 접속을 요청하기 위해서 사용되는 여러 가지의 첨두 신호(preamble)들이 실려서 방송되므로 UE들은 PRACH 채널의 첨두 신호를 선택하여 사용한다.

채널을 공유하는 UE들이 무작위로 접속을 시도하기 때문에 동시에 동일한 LTE 시스템 접속용 첨두 신호를 사용할 수 있다. 이러한 문제를 해결하기 위해 수반되는 충돌 회피 절차가 있다. 비경쟁 기반 방식에서는 eNB의 MAC 신호에 각 UE마다 전용으로 첨두 신호를 할당한다. 따라서 이 방식은 경쟁 기반 방식과 달리 접속 시도 초기 단계부터 LTE 시스템이 각 UE의 접속 요청을 구별하여 수신할 수 있다.

UE는 시스템 정보 메시지로부터 RACH 트랜스포트 채널 구성 선택 사항 정보를 디코딩하여 UE가 위치하고 있는 무선서비스 구역에 해당하는 무작위 접속 구성정보를 획득한다.

무작위 접속 절차는 UE의 MAC 신호에서 RACH에 PRACH 첨두 신호를 LTE 시스템으로 송신하는 것으로 시작한다.

eNB의 MAC 신호는 UE의 MAC 신호가 보낸 PRACH 첨두 신호에 대응하여 UE와 시간 동기를 맞추기 위한 동기 시간 추정, 다른 UE와의 충돌을 방지하기 위해 접속 신호 발신 시작 시간 지연 정보를 UE에 보내 상향 링크 접속 권한을 부여한다.

eNB는 RA-RNTI 주소값을 갖는 DL-SCH 트랜스포트 채널 상에 UE에게 상향 링크에서 정보 전송 권한을 부여한다.

만약 eNB의 MAC신호가 상향 링크 사용 권한을 부여하면 UE는 UL SCH 전송 차례를 조정하고 시간 동기용 계수기를 동작시킨다.

eNB의 MAC 신호는 주기적으로 UE에 시간을 앞당기기 위한 MAC 제어 요소를 보내고 UE는 이 정보에 따라 시간 동기용 계수기를 동작시킨다.

UE의 MAC신호는 차례조정 요구 신호를 보내어 eNB에게 UE가 더 많은 상향 링크 자원이 필요함을 요청한다.

UE의 시간 동기용 계수기의 시간 계수가 끝나면 UE는 무작위 접속을 시도한다.

UE의 MAC 신호부에서는 LTE 시스템에서 상향 링크 접속 권한을 받은 후 차례조정 전송을 수행하고 경쟁 해결 계수기를 가동시킨다. 만약 경쟁 해결 계수기를 가동되는 동안에 UE MAC이 PDCCH 채널에서 C-RNTI(Cell Radio Network Temporary Identity) 신호를 수신하거나 UE의 임시 C-RNTI 주소값과 동일한 경쟁 해결 identity 신호를 수신하면 UE의 경쟁 기반 접속은 성공적으로 수행된 것이다.

2.1.4.3 호출 및 불연속 수신 지원

LTE 시스템은 UE를 추적하여 RRC_IDLE 상태에 있는 UE의 위치를 파악하여 호출을 한다. 이 기능을 수행하기 위해 MAC은 PCCH 논리 채널 상에서 호출 정보의 송신을 지원한다. PCCH 전송은 PCH 트랜스포트 채널에서 첨두 정보를 삽입하거나 제거하는 절차를 거치지 않고 tansparent mode로 수행하며 PDCCH에서 P_RNTI를 이용하여 신호를 전달한다.

2.1.4.4 하향과 상향 데이터 전송, 다중화 /역다중화 지원

하향 링크에서 데이터 전송을 하기위해 MAC은 DL-SCH 트랜스포트 채널에서 사용되는 CCCH,DCCH 그리고 DTCH 논리 채널을 지원한다. 위와 같은 데이터 전송을 위해서 하향 링크를 할당하는 신호 방식은 PDCCH 채널에서 다음과 같이 여러 가지의 방법들 중의 한 가지를 선택하여 이루어진다.

- C-RNTI
- SPS(Semi Persistent Scheduling) C-RNTI
- 임시 C-RNTI 또는 RA-RNTI

MAC 프로토콜의 데이터 기본 단위(PDU)는 MAC header, 임의의 길이를 갖는 MAC 서비스 데이터, 임의의 길이를 갖는 MAC 제어 요소(MCE : MAC Control Element)로 구성되며 그리고 선택적으로 빈 데이터를 채워넣을 수 있는 padding을 포함한다.

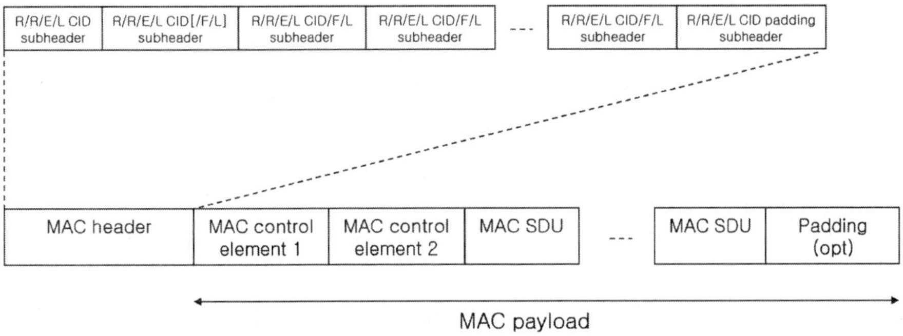

▸▸ 그림 2.5 MAC PDU의 구성 구조

MAC header는 여러 개의 MAC PDU 부 header로 구성되며, 각 부 header는 MAC SDU(Service Data Unit), MCE 그리고 빈 데이터로 채워질 수 있다. 1개 이상의 MAC PDU는 물리계층의 트랜스포트 데이터 형식에 따라 부 프레임에 실려 정보가 전송될 수 있다.

송신 기능에 관여하는 MAC은 여러 개의 논리 채널로부터의 SDU와 MCE 그리고 필요하다면 빈 데이터를 추가하는 다중화 과정을 거쳐 PDU 신호를 만들어 낸다.

이렇게 다중화되어 전송된 PDU는 수신 기능을 처리하는 MAC에 의해서 역 다중화된다.

PDU의 역다중화 과정을 통해 분리된 SDU는 해당되는 논리 채널에 전달되고, MCE는 수신 기능을 처리하는 MAC에 의해 정의된 기능을 수행한다.

MAC 제어 요소는 MAC의 동일 계층 간에 주고 받는 제어 메시지이다. 이 메시지에는 시간 동기, 경쟁 조정, 전력 headroom 보고, DRX(Discontinuous Reception) 명령 같은 정보가 포함된다.

2.1.4.5 논리 채널의 우선 순위와 서비스 품질 지원

MAC은 통신 서비스 품질을 좋게하기 위해 우선 순위의 구성, bit 속도의 우선 순위(PBR : Prioritized Bit Rate)에 따라 여러 가지 데이터를 우선 순위에 따라 전송을 한다.

UE MAC에는 논리 채널의 우선 순위가 정해져있으며, 실제로 eNB에서도 논리 채널의 우선 순위에 따른 처리를 수행한다. 따라서 논리 채널은 평균적으로 PBR 목표치를 만족할 수 있도록 우선 순위에 따라 처리된다.

만약 우선 순위가 높은 모든 논리 채널이 처리할 데이터가 없다면 다른 영역의 데이터를 처리한다. 이상과 같은 지침은 불필요한 RLC 분할 및 채워넣기 과정을 피하기위해 평균적으로 여러 개의 부프레임에 적용된다.

2.1.4.6 순서조정과 무선 자원 할당

순서조정 기능은 망의 순서조정기에서 수행되어 UE MAC에 순서조정 결과가 통보된다.

eNB 순서조정기는 부프레임에 있는 개개의 트랜스포트 블록에 자원 블록 할당, 트랜스포트 블록에 변조와 코딩율 선택을 수행한다.

eNB에서 순서조정 결정 후 UE MAC에 상향 링크 접속 승인 그리고 하향 링크 채널할당 정보를 통보하기 위한 수단은 여러 가지로 정의된다.

가장 유연한 방법은 동적 차례조정으로서 매 DL-SCH를 전송할 때마다 하향 링크 채널 할당 정보가 송신되며, UL-SCH를 전송할 때마다 eNB가 상향 링크 접속 허용 정보를 보낸다.

이 방법은 매 프레임마다 정보를 갱신하므로 동적 유연성이 높지만 과도한 제어 정보가 발생된다.

좀더 효율적인 방법은 매번 송신하거나 수신할 때마다 하향 링크 채널 할당 및 상향 링크 접속 허용 정보를 갱신하지 않고 N번의 송신과 수신을 지속적으로 수행하는 반 고정적 차례조정 방법이 있다.

이 방법을 적용하면 제어 정보의 양이 줄어들지만 동적 유연성이 떨어진다.

또 다른 방안은 상향 링크에서 여러 개의 부프레임을 결합하여 하나의 묶음으로 사용하고 한번만 HARQ 궤환 정보를 보내는것이다. 이 방법을 사용하면 무선서비스 구역 가장자리에서 요구되는 전송 전력 소모를 효율적으로 제어할 수 있다.

망의 차례조정을 결정하는 변수는 다음과 같다.

- 무선서비스 구역 내의 UE의 수, 무선서비스 구역에 할당된 대역폭, 송신 MAC에서 가용한 데이터의 양, UE의 복잡한 변조 방식 지원 역량, UE의 공간 다중화를 위한 지원 가능 계층 수 그리고 UE가 보고하는 또는 망에서 측정되는 무선 채널 상태

2.1.4.7 순서조정과 무선 자원 할당을 위한 측정

망의 순서조정 기능을 지원하기 위해 UE MAC은 채널 상태 정보를 측정하여 보고한다.

buffer status는 채워진 UE의 전송 버퍼에 채워진 데이터의 양을 망에 보고하는 정보이다.

전력 headroom은 UE의 현재 전송 전력과 최대 전송 전력의 차이를 망에 보고한다.

CQI(channel quality indicator)는 하향 링크 무선 상태를 측정하여 순서조정기에 변조 방식과 코딩율 정보를 보낸다. CQI 정보가 보내지는 시간 동안에는 순서조정기에 보내진 변조 방식과 코딩율로 10%의 블록 에러가 발생될 수 있다.

CQI 정보는 전체 채널 대역폭 또는 일부 대역폭에 대한 무선 채널 상태 정보를 포함한다.

일부 대역폭의 선택은 망 또는 UE가 선택한다. 부대역폭의 CQI는 망의 순서조정기가 주파수 선택적 페이딩 순서조정 기능을 수행하는데 유용하게 쓰이는 정보이다.

2.1.5 무선 링크 제어(RLC)

RLC는 프로토콜 stack(사용자 plane에서 보통 PDCP)의 상위계층들과 MAC 계층 간의 연동과 buffer용도로 쓰인다.

MAC 계층은 buffering 용량이 없고 단순히 router기능을한다.

RLC의 주된 기능은 다음과 같다.

- 상위계층으로부터 수신한 SDU를 MAC을 통해 동일 계층으로 전달
  데이터는 PDU 형식으로 전달된다.
- MAC에서 PDU를 수신하여 SDU를 추출하고 동일 계층에 전달한다.
- 수신된 PDU의 순서 정열
- 수신확인 모드 동작

SDU는 octet 배열로 정리된 이진 데이터로서 RLC에서 처리되는 기본 데이터 단위이다.

RLC는 전송하기 위해 저장된 데이터의 양을 계수하는 기능인 BO(Buffer Occupancy)를 가지고 있다. BO는 SDU가 상위계층에서 수신될 때 증가하고 PDU가 MAC쪽으로 보내질 때는 감소한다.

MAC은 모든 RLC의 BO값을 읽어 들인다. 데이터의 순서 조정을 할 경우에 MAC은 어느 RLC로부터 데이터를 요구할 것인지 그리고 얼마만큼의 PDU를 요구할 것인지를 결정한다.

가장 효율적으로 데이터 전송을 할 수 있는 최적 PDU 길이가 있다. 이 길이는 물리계층의 구성 그리고 전송 시섬의 무선 채널 상태에 따라 달리진다. SDU의 길이는 인의의 길이가 될 수 있고 RLC의 주된 기능은 SDU를 합치거나 분할하여 PDU 내부에 넣는 것이다.

peer는 PDU의 header 정보로부터 SDU가 PDU에 어떻게 삽입되어 있는지 파악하여 본래 SDU 정보를 추출한다.

2.1.5.1 동작 모드

RLC에는 3가지 동작 모드가 있다.

- Transparent mode
- 이 모드에서 RLC는 SDU를 합치거나 나누지 않는다.
- 따라서 PDU의 길이는 SDU와 길이가 같다.

PDU 전송을 위한 비확인 모드

SDU와 PDU의 상대적인 길이 차이 때문에 SDU는 합쳐져서 1개의 PDU 또는 여러 개의 PDU가 될 수 있다. 개개의 PDU는 5 또는 10 bit 연속 번호(Sequence Number : SN), 확장(Extension : E) 지시자 1 bit, 프레임 지시자(Framing Indicator : FI) 2 bit

가 포함된 고정된 header를 가지고 있다. 선택사항으로 길이 지시자(Length Indicator, LI)가 포함된다. Octet 단위로 구성된 header 데이터 다음부터는 PDU에서 전송되는 데이터이다.

SN은 매 PDU마다 1씩 증가한다.

SN값을 이용하여 PDU를 재정열한다. FI는 PDU에 포함된 SDU의 처음과 끝을 알려준다.

LI는 PDU에 포함된 SDU의 끝을 알려준다. LI/E bit 쌍 정보를 이용하여 PDU에 실려온 SDU가 복수 개인지 알려준다.

PDU 수신을 위한 비확인 모드

보통의 경우 RLC는 SN 순서로 PDU를 수신한다. SDU 데이터는 추출하여 본래 SDU 데이터로 복원되어 상위 계층으로 전달된다.

비확인 모드에서는 동료 RLC 층으로부터 궤환 정보가 없기에 분실된 PDU는 RLC에서 재전송되지 않는다. 따라서 SDU도 분실된다. 이전 PDU가 불완전한 SDU를 가지고 있으면 SDU의 일부도 분실된다. 다음에 수신된 PDU가 새로운 SDU로부터의 데이터를 가지고 시작하지 않으면 마찬가지로 SDU에 분실이 있게 된다.

다행히 MAC에는 HARQ 기능이 있어서 분실된 PDU를 재전송할 수 있다. RLC는 분실된 PDU와 지연된 PDU를 구분할 수 있어야 한다.

이 과정은 순서 재조정 timer를 가지고 수행한다.

확인모드

이 모드에서는 순서 재조정 timer를 사용하여 HARQ 재전송 처리과정을 수행한다.

게다가 RLC 동일 계층은 제어용 PDU라 불리우는 다른 형식의 PDU를 활용하여 수신하는 PDU를 확인한다. 제어용 PDU는 PDU의 분실을 송신 측에 통보하여 분실된 PDU가 재전송되도록 한다. 더욱이 무선 채널 환경이 악화되면 MAC이 더 작은 길이의 PDU를 사용하도록 한다. 따라서 분실된 PDU는 더 작은 길이로 분할되어 재전송된다. 이렇게 작은 단위로 분할된 PDU는 제어용 PDU를 이용하여 확인된다.

2.1.5.2 PDU 데이터 형식

확인모드 PDU

확인 모드의 header는 비확인 모드의 PDU보다 더 복잡하다.

확인 모드의 header에는 재구성 플래그(Re-seqmentation Flag : RF) bit, 점검(Polling : P) 지시 bit, 데이터 또는 제어 지시 bit가 있다. SN field는 길이가 12 octets이다. SDU의 경계는 FI, LI 그리고 E bit로 구분된다. Data or Control(D/C) 플래그는 PDU가 데이터 PDU인지 또는 제어 PDU인지 지시한다.

RF 플래그는 데이터 PDU 형식이 단일 형식인지 또는 분할된 형식인지를 알려준다.

P 플래그는 송신 측이 확인 모드 PDU를 수신시 동일 계층으로부터 상태 메시지의 수신을 희망하는 것을 알려준다.

확인 모드 PDU의 분할

RF 플래그가 설정되면 header는 SO(Segment Offset) field와 LSF(Last Segment) field를 2개의 추가 field를 갖는다.

SO는 확인 모드 PDU에서 분할된 부분의 첫 번째 octet이 본래 PDU의 시작되는 위치를 octet 값으로 알려준다.

LSF는 이렇게 분할된 PDU의 데이터 octet가 SO에서 본래 PDU의 끝부분까지 수행되는 것을 알려준다.

확인모드 제어 PDU

제어 PDU의 header는 데이터 PDU의 header와 완전히 다른 형식을 갖는다.

확인 모드 제어 PDU는 다음과 같은 filed를 갖는다.

- 3 bit의 제어 PDU 형식 (CPT) fileld
- 12 bit 확인 모드 SN(ACK_SN) field
- 확장 1 bit
- 확장 2 bit

그리고 선택 사항으로 다음과 같은 filed를 갖는다.

- 12 bit 미확인 SN(NACK_SN) field
- 15 bit SQstart(segment offset start) field
- 15 bit 분할 offset 정지 (SQ stop) field

CPT는 제어 PDU의 형식을 지시한다.

ACK_SN은 순서적으로 가장 먼저 정확하게 수신이 확인된 PDU를 통보한다.

E1은 NACK_SN이 있음을 알려준다. E2는 NACK_SN과 연관된 SOstart/SOstop를 알려준다. NACK_SN은 분실된 PDU 또는 분할된 PDU의 SN을 알려준다. SOstart는 분실된 분할된 PDU에서 데이터의 처음 octet의 offset값을 알려준다.

SOstop는 분실된 분할된 PDU에서 데이터의 마지막 octet의 offset값을 알려준다.

PDU 송신

MAC이 송신할 PDU를 요청할 때 어느 형식의 PDU를 먼저 송신할지 우선 순위를 결정한다. 만약 송신할 제어 PDU가 있으면 형식에 맞춰 송신을 한다. 그렇지 않으면 분실된 것으로 보고된 PDU 또는 분할 PDU를 재전송한다. 분할된 PDU는 상황에 따라 더 작은 단위로 분할되어 재전송될 수 있다.

제어 PDU 또는 재전송할 PDU가 없다면 송신해야 할 SDU를 포함할 새로운 PDU를 구성한다. 제어 PDU, 재전송할 PDU 또는 분할 PDU가 송신할 준비가 되어 있으면 BO 값은 증가한다. 이런 정보를 통해 MAC은 RLC가 보낼 정보가 있다는 것을 파악한다. 송신했지만 확인 메시지를 못받은 PDU 또는 분할 PDU의 길이에 따라 BO의 값은 줄어든다.

모든 데이터 PDU 또는 분할된 데이터 PDU는 같은 동일 계층의 RLC 측으로부터 확인 메시지를 받을 때까지 송신 측에 저장된다.

PDU 수신

데이터 PDU를 MAC으로부터 수신하면 순서적으로 선행되어 보내어진 PDU가 모두 수신될 때까지 저장된다. 모든 PDU의 수신이 완료되면 SDU를 추출하여 순차적으로 상위 계층으로 올려 보낸다. 분할된 데이터 PDU를 수신하면 데이터 octet을 사용하여 온전한 PDU를 구성한다. 제어 PDU를 수신할 때 ACK_SN까지의 모든 미확인 PDU를 버린다.

NACK_SN으로 처리된 PDU 그리고 NACK_SN과 SOstart/Sostop로 처리된 분할 PDU는 재전송으로 분류된다. 그리고 이들 데이터의 길이에 해당하는 만큼 증가된 BO값의 정보를 MAC에 보고한다.

2.1.6 Packet Data Convergence Protocol(PDCP)

PDCP 레이어는 RRC, RTP, UDP, TCP와 같은 프로토콜 스택과 같은 다양한 상위 레이어와 RLC 레이어 사이의 출입구 역할을 한다.

- PDCP의 주요 기능:
  - RLC를 통해 상위 레이어에서 받은 SDU를 전달. 데이터 단위는 PDU들처럼 전송된다.
  - RLC에서 PDU를 받으면 상위 레이어에서 SDU 데이터를 추출.
  - 헤더 압축/감압
  - 암호화/복호화

PDCP 레이어에서 integrity와 암호와의 사용은 UMTS의 PDCP에서 매우 중요한 부분이다.

Robust Header Compression Version2(RoHCv2)의 사용은 데이터가 압축되있을 때 RoHCv1를 사용하는 향상된 방법이다.

2.1.6.1 Operation Planes

PDCP는 제어 층이나 또는 사용자 층에서 동작한다. 컨트롤 층은 RRC message에 사용된다. 사용자 층은 다른 모든 데이터에 사용된다.

제어 층

제어 층에 연결된 PDCP는 RLC 메시지를 옮기면 AM(Acknowledged Mode) RLC에 연결되어 있다. SDU는 PDCP 데이터를 헤더와 테일을 첨가하여 PDU로 변화시킨다.

헤더는 7비트의 SN을 갖는 단일 옥텟이다. SN은 모든 새로운 PDU마다 증가하며, 127부터 0까지 Wrap을 한다.

또한, RLC 메시지는 매우 중요하다. PDCP는 적은 SN을 사용할 수 있다. 이유는 AM RLC가 잃어버린 PDU와 원래의 보낸 시퀀스의 PDCP를 회복할 수 있기 때문이다.

RLC 메시지는 완전한 보호를 갖는다. 4옥텟의 Message Authentication Code (MAC-I)는 SDU와 SN과 같은 입력 데이터를 사용한 알고리즘으로 생성된다.

Integrity 알고리즘에 사용되는 다른 입력은 USIM의 secret key로부터 생성된 Key 값이다. 이런 MAC-I는 PDU에 SDU 데이터를 첨부한다.

모든 메시지(SDU 데이터 + 헤더를 제외한 MAC-I)는 암호화 된 것이다.

SDU 데이터에 MAC-I를 더한 데이터와 같은 길이를 갖는 암호 스트림은 MAC-I를 만드는데 사용한 것과 유사한 과정을 사용하여 생성한다.

메시지 비트는 ExclusiceOR(XOR) 함수를 사용한 암호 스트림으로 인하여 다중화되어있다.

수신단에서 다른 암호 스트림은 XOR을 사용한 복호화를 생성한다. 그리고 MAC-I값은 SDU 데이터와 메시지 신호를 비교하여 계산한다. 앞의 두 신호가 같다면, SDU 데이터는 상위계층으로 보내진다.

사용자 층

사용자 층은 데이터 페킷을 전송하고 다른 Unacknowledge Mode(UM)이나 AM RLC에 연결될수 있다.

UM RLC에 연결되었다면, 7 비트나 12 비트의 SN을 사용할 수 있다.

AM RLC에 연결되었다면, 항상 12 비트의 SN을 사용할 수 있다.

사용자 계획의 SDU는 RoHCv2를 사용하여 압축된다. 원래의 RoHCv1은 RoHCv2의 일부분이다. 압축 후, 사용자 계획 데이터 PDU는 컨트롤 계획의 PDU의 암호화 방법과 같은 방법으로 암호화 된다. 사용자 계획 데이터 PDU는 완전히 보호되지 않는다. 수신단에서, PDU는 복호화되고 감압화되며 SDU 데이터는 상위 레이어로 보내진다.

2.1.6.2 PDCP Protocol Data Units

모든 PDCP PDU는 데이터 PDU인지 컨트롤 PDU인지 결정하는 D/C 지정 비트를 갖는다.

Data PDUs

모든 PDCP 데이터 PDU는 길이가 하나 또는 두 개의 옥텟의 헤더를 갖는다.

PDCP가 제어 층에 연결되었다면, 헤더는 하나의 옥텟을 갖고 7 비트의 SN을 포함한다.

PDCP가 사용자 층에 연결되었다면, 헤더는 하나나 두 개의 옥텟을 가질 것이다. 후자의 경우, SN은 12 비트의 길이이다.

Control PDUs

컨트롤 PDU는 PDCP가 제어 층에 연결되어 생성된 데이터 PDU를 혼동하지 않는다.

이 신호들은 SN을 갖지 않고, 암호화되지도 완전히 보호되지도 않으며 RoHC-compressed도 아니다.

두 가지 종류의 컨트롤 PDU가 있다 : RoHC 피드백 PDUs와 PDCP 상태 PDUs이다.

RoHCv2 피드백 PDU들은 배치된 RoHC 피드백 패킷을 불러온다. 이것들은 양방향으로 연결된 RoHC가 가능하고 설정되었을 때 사용된다. 피드백은 RoHC 압축을 더 나은 압축 기술을 사용하여 수정한다. PDCP 상태 PDU들은 handover가 발생될 때 생성된다. 이것들은 동등한 PDCP에서 받은 PDU 상채 정보를 전달한다.

2.1.7 Radio Resource Control(RRC)

무선 리소스 컨트롤 레이어는 무선 인터페이스 Layer3(L3) 프로토콜이며, 무선 인터페이스 접속 레이어의 맨 위에 위치한다.

RRC는 상위 레이어의 신호 실체를 신호전송 형식의 형태로 서비스를 받을 수 있게 AS로부터 접속을 제공한다.

RRC 무선 리소스의 신뢰할 수 있고 효율적인 동작을 하는 많은 기능들로 동작한다. RRC는 다른 AS레이어의 기능들을 조정하는 역할을 한다.

- RRC의 기능의 주요 영역들을 포함하는 몇가지:
  - 브로드캐스팅 시스템 정보
  - 다른 AS 레이어의 기능을 조정
  - UE 와 E-UTRAN 사이의 RRC연결을 설정, 재건, 유지 그리고 공개
  - 사용자 층에서의 무선 운반기를 설정, 변화, 공개
  - 연결의 품질과 관련하여 문제를 조정

2.1.7.1 System Information Broadcast

네트워크에서 RRC의 주요한 기능 중 하나는 셀이나 셀에 연결되어 있는 모든 UE의 네트워크에 관한 브로드캐스트 System Information(SI)이다.

이 SI는 정보수집 분석의 요소와 전달된 System Information Blocks(SIVBs)의 순서를 포함한다. SIBs 이외에도 Master Information Block(MIB)가 있다. MIB는 대부분의 중요하고 자주 보내진 매개변수의 개수를 제한한다. 그리고 그것은 UE에 셀이 연결되었을 때의 첫 번째 정보이다.

시스템 정보 블락 타입-1을 제외한 시스템 정보 블락들은 SI 메시지에서 수행된다. SIB에서 SI 메세지로 맵핑은 다음과 같은 제한과 시스템 정보 블락 타입-1에 포함된 일정 정보를 유연하게 구성한다 : 각각의 SIB는 오직 단일의 SI 메시지를 포함한다 ; 오직 같은 스케쥴을 갖는 SIB는 같은 SI 메세지에 맵핑할 수 있다 ; 그리고 시스템 정보 블락 타입-2는 일정 정보에 있는 SI 메세지 리스트에서 첫 번째로 일치하는 SI 메세지에 항상 맵핑된다.

아마도 복수의 SI 메세지는 같은 주기를 갖고 보내진다.

MIB와 SIB가 BCH에서 보낼수 있는 UMTS의 이전 버전과 달리 LTE에서만 MIB는 BCH에서 보내지고 SIB의 나머지는 DL-SCH에서 보내진다.

2.1.7.2 Broadcast Procedure

MIB는 40ms의 주기를 가지는 고정된 스케쥴과 40ms 이내로 만들어지는 반복주기를 사용한다. MIB의 첫 번째 전송은 SFN mod 4 = 0을 위한 라디오 프레임의 서브프레임 #0 안에 예약되어 있다. 그리고 반복은 모든 다른 라디오 프레임의 서브프레임 #0에 예약되어 있다.

The System Information Block Type 1은 80ms의 주기를 가지는 고정된 예약과 80ms 이내의 반복을 사용한다. The System Information Block Type 1의 첫 번째 전송은 SFN mod 8 = 0을 위한 라디오 프레임의 서브프레임 #5에 예약되어 있다. 그리고 반복은 SFN mod 2 = 0을 위한 다른 모든 라디오 프레임의 서브프레임 #5에 예약 되어 있다.

SI 메시지는 동적 스케쥴링에 사용되는 주기적으로 발생하는 시간 도메인 윈도우를 통해서 전송되어 진다. 각각의 SI 메시지는 SI-window와 겹치지 않는 다른 SI 메시지와 관련이 있다. 이것은 오로지 한 SI-window이고, 이에 해당하는 SI는 전송되어진다. SI-window의 길이는 모든 SI 메시지에서 일반적으로 수정이 가능하다. SI-window에서 해당하는 SI 메시지는 많은 서브프레임, Multimedia Broadcast over Single Frequency Network(MBSFN) 서브프레임들, TDD 안에서의 업링크 서브프레임, SFN mod 2 = 0을 위한 라디오 프레임의 서브프레임 #5 등을 통해서 수차례 전송되어 질 수 있다. UE는 PDCCH에 디코딩 된 SI-RNTI로부터 구체적인 시간 도메인 스케쥴링을 획득한다. 또한 다른 주파수 도메인 스케쥴링과 사용되는 전송 포맷과 같은 정보도 얻는다.

단일 SI-RNTI는 System Information Block Type1 뿐만 아니라 SI 메시지의 주소를 할당하는데 사용 된다. The System Information Block Type 1 SI-window의 길이와 SI 메시지를 위한 전송 주기를 설정한다.

2.1.7.3 RRC States

배포 문서 8에서 RRC_IDLE 상태와 RRC_CONNECTED 상태로 RRC가 동작하는데 대하여 정의된 두가지 서비스 상태가 있다.

RRC_IDLE 상태는 UE가 RRC연결을 설정한다. UE 모니터 컨트롤 채널들은 만약 UE가 채널 품질과 피드백 정보 동작 그리고 이웃셀의 측정이나 측정 리포트가 제공되는 일정 정보를 공유된 데이터 채널과 관련하여 결정한다.

UMTS UE와 달리, LTE UE는 RRC_CONNECRED 상태에서 서브 상태를 갖지 않는다.

2.1.7.4 RRC Connection Control

RRC는 제어 층 신호 메시지를 정송하기 위한 세 가지 Signalling Radio Bearers(SRB)를 제공한다 : SRB0, SRB1 그리고 SRB2, SRB0는 CCCH 메세기에 사용되는 반면 SRB1과 SRB2는 DCCH 메세지에 사용된다. SRB1은 SRB2보다 보안이 활성화 된 후에 설정할 때 높은 우선권을 갖는다. SRB1은 RRC 메세지를 전송하고 SRB2가 설정되지 않고 SRB2 가 오직 Non-Access Stratum(NAS) 메세지만 전달하는 경우에 NAS 메세지를 전송한다. 어떠한 경우에도 NAS 메세지는 RRC 프로토콜 컨트롤 정보와 상관없이 항상 RRC 메세지에서 보호된다.

LTE RRC는 NAS 메시지가 특정 절차에 대한 RRC 제어 메시지를 이용하여 전송될 수 있다. 예제들은 RRC 연결 설정시와 다운 링크의 무기명 설립, 변경 또는 릴리스시 전송 초기 업 링크 NAS 메시지이다. 이 절차는 공동 성공과 실패 기준을 갖게 된다.

RRC 연결 설립은 또한 NAS 및 사용자 비행기 절차 자리를 차지할 수 있도록 하는 UE와 E-UTRAN 사이 SRB1의 설립이다. 시스템 정보 블록에 제공된 정보를 사용하여 UE는 E-UTRAN에 RRC 연결 요청 메시지를 보낸다. UE는 상위 레이어 ID 및 연결 설립 원인을 나타낸다. 하위 레이어는 RRC 연결 요청을 성공적으로 전송을 보장하기 위해 RACH 절차를 수행한다. E-UTRAN은 SRB1와 기본 발전 패킷 시스템(EPS) Radio Access Bearer(RAB)를 구성하는 RRC 연결 설정 명령을 응답할 수 있거나, 또는 RRC 연결 중 일정한 대기 시간 후에 연결을 다시 시도하거나 시도하는 UE을 요청 명령을 거부하여 다른 주파수 또는 라디오 액세스 기술에 연결할 수 있다.

UE는 E-UTRAN에서 응답의 내용에 행동하기 전에 경합 해상도를 수행한다. 자원의 성공적인 구성 후, UE는 E_UTRAN에 "RRC 연결 설정이 완료"라는 메시지를 전송한다. 매개의 eNBs는 여러 Public Land Mobile Networks(PLMNs) 및 Mobility Management entities(MMEs)에 의해 공유할 수 있기 때문에 원하는 E-UTRAN은 PLMN/MME에 따라 S1 연결을 설정할 수 있도록, UE는 선택한 PLMN과 MM을 나타낸다. 이 과정의 속도를 높이기 위해 UE는 "RRC 연결 설정 완료" 응답에 초기 NAS 메시지를 전송할 수 있다. 보안이 활성화되면 SRB1과 SRB2의 모든 메시지들은 무결성 보호 및 암호화 된다.

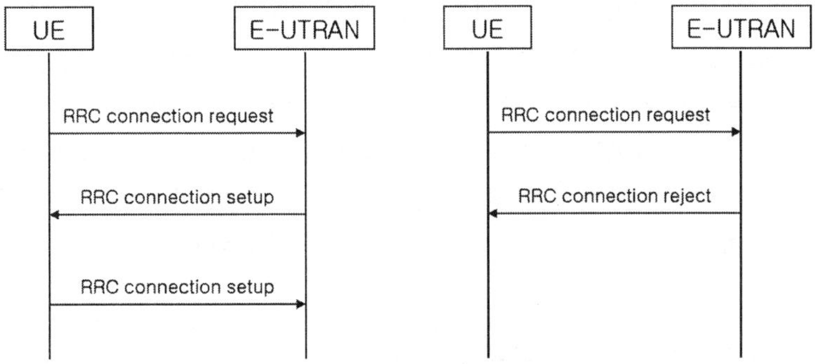

▸▸ 그림 2.6 RRC 연결 및 단절 신호체계

RRC 연결 재설정 절차는 신호와 사용자 라디오 bearers를 수정 설정하거나 해제하는데 사용된다. LTE에서 RRC 연결 재설정은 또한 UE와 코어 네트워크 간의 EPS 전달자를 설정하는 것을 포함한다. 이 EPS 전달자는 기초가 보장되지 않는 비트 레이에 의하여 설정되어 보안 RRC 연결이 설정되는 즉시 응용 프로그램 수준 신호가 발생하도록 한다.

같은 RRC 연결 재설정 절차는 handovers, NAS 메시지 전송 및 측정 구성을 수행할 때 사용된다. 그러나 Access Stratum(AS)보안이 활성화 될 때까지 특정 종류위 재구성은 수행할 수 없다. 이 절차의 일환으로, E-UTRAN은 해당 정보 요소와 "RRC 연결 재설정"라는 메시지를 보낸다. 핸드 오버가 성공적으로 되면, UE는 "RRC 연결 재설정 성공"로 응답한다.

이동 중에 범위의 임시 손실을 처리하거나 재구성 절차 중에 실패를 처리하기 위해, RRC 연결 재구축 절차 소개한다. 이 절차는 SRB1 작업을 재개하고 보안을 활성화하는데 사용된다. 그러나 다른 라디오 전달자를 재개하는데 사용되지 않는다. 그 절차는 AS 보안이 활성화 되어야만 개시할 수 있으며 그렇지 않으면 UE는 모든 무선 전달자를 포기하고 RRC_IDLE 상태로 된다. UE는 선택한 셀에 RRC 연결 재구축 요청 메시지를 전송하여 RRC 연결 재설정 절차를 시작한다.

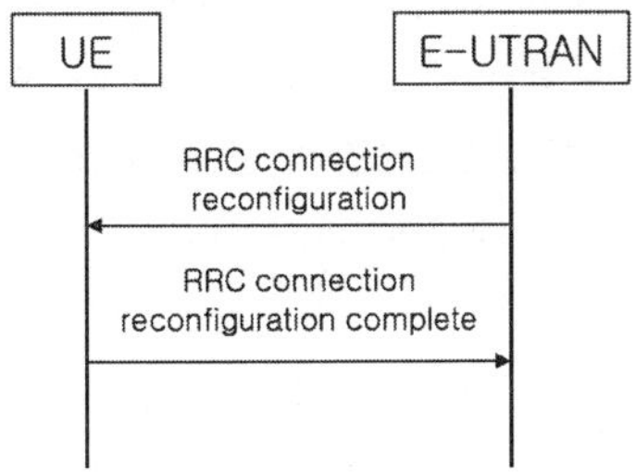

▸▸ 그림 2.7 RRC 연결 재구성 신호체계

셀 UE가 보낸 메시지에 따라 UE 컨텍스트를 취득할 수 있는 경우 E-UTRAN은 RRC 연결 재구축 메시지를 감지하여 재구성 SRB1을 할 수 있다. 그렇지 않으면 E-UTRAN은 재 구축 요청을 거부 할 수 있다. RRC 연결 설립과 유사한 MC 경합 해상도가 이 단계에서 이루어진다. UE는 RRC 연결이 재설정이 수행 될 때까지 나머지 전달자들과 측정이 정지상태로 유지되는 동안 SRB1과 AS보안을 재개한다. 성공적으로 재설립 후, UE는 "RRC 연결을 다시 구축 완료"라는 메세지로 응답한다.

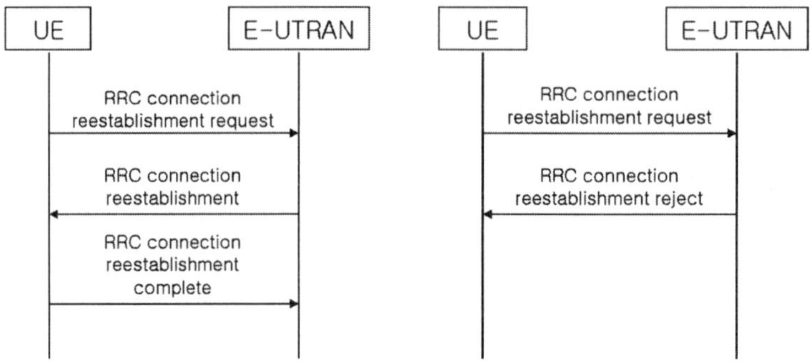

▸▸ 그림 2.8 RRC 연결 재수립 신호체계

RRC 연결을 해제하고 UE와 관련된 모든 라디오 리소스를 해제하려면, E-UTRAN은 UE에 RRC 연결 해제 메시지를 전송한다. 이 메시지는 특정 RAT 또는 셀에 UE를 리디렉션하고 idle 모드 이동성 정보를 업데이트하는데 사용할 수 있다.

2.1.7.5 Inter-RAT(Radio Access Technology) and Intra-RAT Mobility

Idle 모드 이동성은 UE에 의해 제어되며 셀의 전송 시스템 정보에 기반을 두고 있다. SIB3은 재선택시 모든 유형의 모든 정보를 운반한다: intra-주파수, inter-주파수, inter-RAT. SIB3 매개 변수들은 UE가 다른 재 측정을 시작시기를 결정하도록 한다. SIB4는 재선택에 포함되지 않는 블랙리스트 셀 뿐 만아니라 모든 내부 주파수 이웃 셀 정보를 운반한다. 비슷한 방식으로, RAT당 하나의 SIB가 사용할 수 있는 RAT의 이웃 셀 목록을 전달하는데 사용되는 반면, SIB5는 인터 주파수 이웃과 블랙리스트의 셀을 전달한다. 셀은 필요한 기준을 만족시킬 때만 재선택 될 수 있다. Idle 모드는 RRC 연결 설치 혹은 릴리스의 리디렉션 때문에 가능하다.

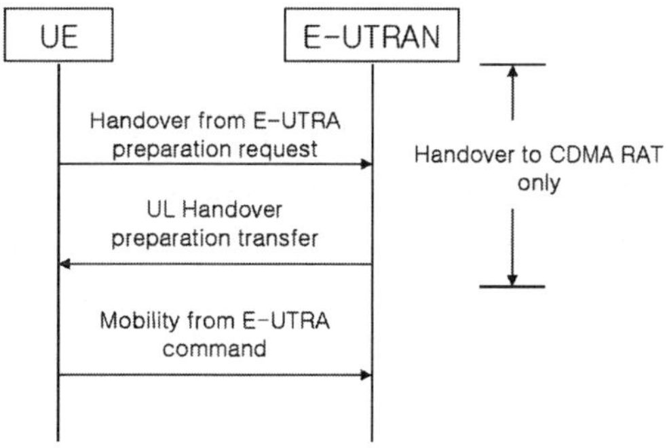

▶▶ 그림 2.9 E-UTRAN로부터의 handover 신호체계

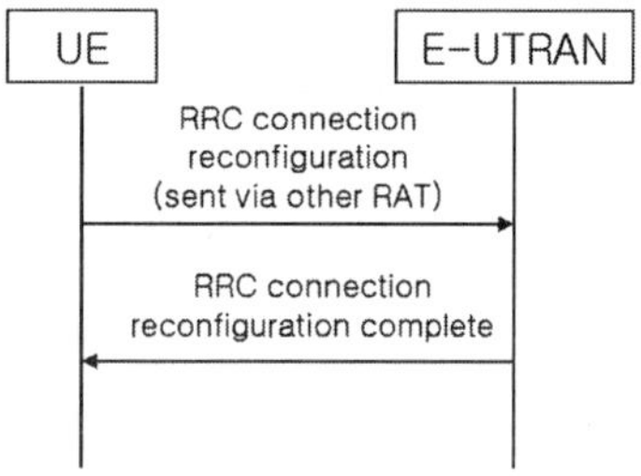

▶▶ 그림 2.10 E-UTRAN으로 보내지는 handover 신호체계

연결 모드 intra-주파수, inter-주파수와 inter-RAT 측정들은 RRC연결 재구성되는 동안 구성된다. 측정 개체, 측정 간격 및 보고 요구사항도 구성된다. 측정보고는 정기 또는 이벤트적으로 발생 될 수 있다. 다른 이벤트 조건은 서비스를 하고 있는 셀, LTE 이웃 셀 또는 inter-RAT 이웃 셀이 특정 임계값보다 개선 또는 악화될 경우 신호를 지정합니다. Intra-LTE 핸드오버는 측정 또는 측정없이 블라인드 방식 기반 네트워크에 의해 시작되는 RRC 연결 재설정 절차를 사용하여 달성된다. E-UTRAN으로의 inter-RAT 이동성은 소스 RAT에 RC 연결 재구성 메시지를 보냄에 의해 달성된다. SRB들의 설립에서 E-UTRAN 결과들에 관한 성공적인 핸드오버, 사용자 라디오 운반기와 E-UTRAN의 보안 활성화 UE의 RRC "연결 재구성 완료" 메시지의 전송에 의해 표시된다. E-UTRAN에서 다른 RAT으로의 이동성은 핸드오버하거나 셀 변경의 명령에 의해 결정되고, UE에 'EUTRA에서 이동성' 명령을 전송하는 것에 의해 달성된다. 핸드오버는 CDMA2000 RAT에있는 경우, 이 명령은 UE에서 E-UTRAN으로의 "UL 핸드오버 준비전송" 메시지에 따른 E-UTRAN으로부터 UE까지의 "EUTRA 으로부터의 핸드오버 준비요청" 메시지에 의하여 실행된다. 이 두 메시지는 E-UTRAN에서 핸드오버에 필요한 비 3GPP 정보를 수집하는 데 사용된다. 어떤 경우, E-UTRAN에서 핸드오버의 성공은 대상 RAT에 대한 신호이다.

2.1.7.6 Other RRC Procedures

실제로 암호화 및 데이터 통합 검사 작업을 수행하는 PDCP이지만, 데이터 통합 보호와 신호전달 층과 사용자 층 데이터 암호화를 구성하는 RRC이다. E-UTRAN RRC는 UE에 보안 모드 명령을 전송하여 RRC 연결 설립에 대한 초기 보안 활성화를 시작한다. 이와 달리 UE는 성공적인 활성화 또는 보안 모드 오류 메시지의 경우 보안 모드 완료 메시지로 응답한다. 보안 모드 명령과 완료 메시지는 데이터 통합 보호되었으며, 보안 모드 활성화가 완료되면 암호화는 즉시 적용된다. 성공적으로 보안 활성화 한 후에만 SRB2와 사용자 라디오 운반기를 설립할 수 있다. 이러한 핸드오버의 알고리즘 변경 등의 모든 추가 보안 재구성은 RRC연결 재설정 절차에 의해 처리된다.

"RRC 연결 설정 완료"와 "RRC 연결 재구성"과 같은 메시지들로 전송된 NAS메시지들을 운반할수 있다. RRC는 다운 링크 정보 전송 및 업 링크 정보 전송이라 불리는 특별한 데이터 운반부를 제공한다. 이 데이터 운반부는 다운 링크와 업 링크 NAS 메시지 전송에만 사용된다.

EPC와 E-UURAN에는 UE 기능에 관한 모든 정보가 없다면(예를 들면 inter-RAT 핸드오버), E-UTRAN RRC는 UE로부터 기능 문의라는 메시지를 전송하여 UE의 소유 정보를 요청할 수 있다. UE는 요청된 기능을 네트워크에 UE 기능 정보 메시지로 돌려보낸다. 페이징 절차는 시스템 정보 변경 및 모바일 종료 통화 개시에 대해 RRC_IDLE과 RRC_CONNECTED 상태로 UEs에 통보하는 데 사용된다. 페이징 절차는 특정한 페이징 행사에서 E-UTRAN RRC에 의한 페이징 메시지의 전송을 포함한다. UE 자체에 대한 페지이가 식별되면, 시스템 정보를 재획득하거나 또는 페이징 발생에 의한 RRC 연결설립을 시작한다.

2.2 비접속 방식

기존의 GSM/UMTS 코어망인 이 프로토콜들은 Circuit Switched(CS) domain을 위한 CC(Call Control)과 mobility management 그리고 Packet Switched(PS) doamain을 위한 GPRS mobility management와 session management를 포함한다. short message service와 같은 다양한 추가적인 서비스들은 이러한 domain들의 도움을 받는다.

LTE를 위한 코어망 구조는 전반적인 구조를 간략하게 하는 목적을 가지고 기존의 GSM/UMTS 코어망을 뛰어넘어 발전해왔다. 그 새로운 구조인 All Internet Protocol Network는 Radio Access Network를 기반으로 하는 3GPP(UTRAN, GERAN)와 non-3GPP를 지원한다. 또한 그 구조는 다양한 RANs 사이의 이동성을 지원한다. 이 진보된 구조는 Evolved Packet Core network 혹은 3GPP 프로젝트 이름인 the System Architecture Evolution이라고 불린다.

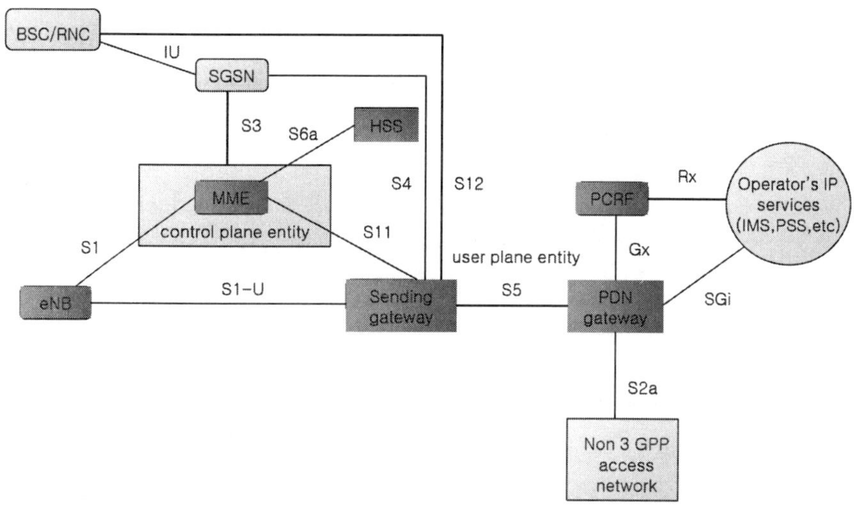

▸▸ 그림 2.11 표준 문서 23.882에 기반한 시스템의 구조

새로운 구조인 AIPN 때문에, 진보된 코어망인 PS-only network는 CS domain을 기반으로 만들어진 이전의 모든 코어망과 상당히 차이가 있다. 이 새로운 network에 정의된 프로토콜들은 Evolved Packet System mobility management와 EPS session management이다

이 프로토콜은 UE의 이동성 그리고 UE와 IP network 사이의 사용자 데이터 전송에 대한 사용자 층 채널의 활성화, 수정, 비활성화를 관리한다. 이 새로운 구조는 새로운 제어 층인 새로운 프로토콜을 수행하는 Mobility Management Entity(MME)와 2개의 논리적 사용자층 구성요소로 이루어진 access gateway, serving gateway 그리고 PDS gateway를 소개한다. MME에 대한 자세한 설명과 새로운 사용자 층의 구성요소에 대한 개요는 이 섹션에서 주어진다. 그림 2.11은 다른 네트워크 속성과 새로운 구조의 속성에 접속하는 인터페이스를 보여준다.

2.2.1 네트워크 요소

진보된 패킷 코어에는 3개의 주요한 네트워크 요소가 있다. 이동 관리 독립체로써 serving gateway와 PDN gateway가 있다.

2.2.1.1 이동성 관리 독립체 mobility management entity

위에서와 같이, MME는 EPS 안에서 EMM(EPS Mobility Management)와 ESM(EPS Session Management)를 위해 사용되는 절차를 수행하는 제어 층의 구성요소이다. MME는 등록갱신을 위한 Home Subscriber Server와 EPS 운반기의 설립과 개방을 위한 serving gateway와 통신한다. HSS(Home Subscriber Server)로부터 받은 인증된 정보는 완전한 암호 해독 키를 만드는데 사용된다. 이 암호 해독키는 통합 보안과 NAS 컨트롤 평면 메시지의 연산을 위해 사용된다.

MME는 S1 인터페이스를 통해 S1 응용 프로토콜을 사용해서 eNB와 통신한다. MME와 SGSN(Serving GPRS Support Node) 사이의 인터페이스는 3GPP 접속 네트워크 사이의 유동성을 지원하기 위한 신호 보안을 위해서 사용된다. 독립체에 대한 더 많은 설명은 섹션 2.2.3에서 제공된다.

2.2.1.2. Serving Gateway

serving gateway는 라디오 네트워크에 대한 인터페이스를 끝낸다. 이것은 사용자 층 데이터 통화로 제어와 PDN gataway와 라디오 네트워크 사이의 업링크와 다운로드 링크 패킷의 촉진을 다룬다. 각각의 UE는 오직 한 개의 serving gateway와 통신하고 serving gateway는 다른 UE(S5 인터페이스를 통한 특정한 PDN 연결)를 위한 다른 PDN gateway와 통신한다. serving gateway는 inter-eNB와 inter-3GPP mobility를 위한 연결 제어 역할을 수행한다. 이것은 합법적 도청과 컨트롤 기능을 담당하기 위해서 PCRF(Policy and Charging Rules Function) 구성요소와 통신한다.

2.2.1.3 PDN gateway

PDN gateway는 operater에게서 제공되는 다른 IP 서비스를 위한 UE에게 PDN 연결성을 제공한다. PDN gateway는 사용자 등록 정보에 설정된 PDN gateway는 UE가 E-UTRAN에 부착되어 있는 동안에 UE에 IP 주소를 할당한다. 연결 된 상태에서의 UE는 다른 IP 서비스를 위해서 다른 PDN gateway의 연결을 요청 할 수 있다. PDN gateway는 UE에 할당된 최대 비트율에 따라 업링크과 다운링크 비율 시행에 대한 책임을 지고 있다. PDN gateway는 사용자의 유동성과 상관없이 세션 동안에 절대로 바뀌지 않는다.

이것이 3GPP와 non-3GPP 시스템 사이의 관리를 하는 연결 포인트이기 때문에 바뀌지 않는다.

2.2.2 Network Interfaces

다음의 인터페이스는 EPC에 대해서 정의한다.

* S1-MME : E-UTRAN과 MME 사이의 컨트롤 응용 프로토콜을 위한 인터페이스
* S1-U : E-UTRAN과 serving gateway 사이의 각각의 운반기를 위한 사용자 층 데이터에 대한 인터페이스. 이 인터페이스는 serving gateway가 inter-eNB handover를 연결 할 수 있게 한다.
* S3 : SGSN과 MME 사이의 연결을 제공하는 인터페이스는 유동성을 위한 inter-3GPP 접근 네트워크 사이의 정보 교환을 가능하게 한다.
* S4 : SGSN과 serving gateway 사이의 인터페이스. 이것은 GPRS 코어와 serving gateway 사이의 유동성 지원을 위한 사용자 층 지원을 제공한다. 또한 이것은 serving gateway가 inter-3GPP handover를 연결하도록 한다.
* S5 : serving gateway와 PDN gateway 사이의 사용자 층 연결과 연결 관리 기능을 제공하는 인터페이스. 이것은 serving gateway가 UE에게 다른 IP 서비스를 제공하기 위한 다중 PND gateway 연결을 가능하도록 한다. 또한 이것은 UE 유동성과 관련된 serving gateway 재설정을 위해서 사용된다.
* S6a : MME와 HSS 사이의 인터페이스. 이것은 등록 이동과 진보된 패킷 시스템의 유저 접근 허가와 승인을 위한 승인 데이터를 위해 사용된다.
* Gx : QoS 정책 교류와 PCRF에서 PDN gateway의 Policy and Charging Enforcement Function(PCEF)까지의 과금 성책을 제공하는 인터페이스
* S11 : MME와 EPS bearer 관리에 필요한 serving gateway 사이의 제어 층 인터페이스
* SGi : PDN gateway와 인터넷/인트라넷 사이의 인터페이스.(GPRS 안에서 Gi 인터페이스와 같다)

2.2.3 유동성 관리 독립체

MME는 EPS안에서 EMM과 ESM 절차를 수행하는 제어층 구성 요소이다. EMM 절차는 E-UTRAN 안에서 UE의 유동성을 위한 지원을 제공한다. 세션 관리 부계층에 접속하는 관리 서비스와 NAS 프로토콜을 위한 안전 제어. 이 절차는 EPS-capable UE가 EEM-deregisterd 상태로부터 EMM-registerd 상태와 그 역이 가능하게 한다. EMM-deregisterd 상태에서 EMM은 UE의 위치 정보를 가지고 있지 않다. UE는 MME와 함께 첨부 절차와 이것의 위치 등록을 수행한다. 그리고 UE는 이것이 네트워크로부터 떨어질 때까지 EMM-registered 상태이다. EMM-registered 상태에서 UE는 다른 절차를 수행하기 위한 네트워크와 통신할 수 있다. 이 통신이 수행되기 위한 signalling

연결은 registered MME과의 확고한 연결을 필요로 한다. UE와 MME 사이의 signalling 연결의 존재 여하에 따라서, UE는 ECM-idle(no signalling connection) 상태인지 ECM-connected(with signalling connection) 상태인지 결정된다.

ESM 절차는 EPS bearer context를 다루는데 사용된다. 접근 계층에 의해 제공되는 bearer 제어와 함께, 이 절차는 사용자 층 bearers의 활성화, 수정, 비활성화를 하는데 사용된다.

2.2.4 EMM Procedures

다양한 EMM 절차는 EMM 일반 절차, EMM 고유의 절차 혹은 EMM 연결 관리 절차로 분류 된다.

2.2.4.1 EMM 공통 절차

EMM 공통 절차는 UE와 MME 사이에 신호 연결이 있을 때에만 수행될 수 있다. EMM의 공통 절차에는 확인, 인증, 보안 모드 제어, Globally Unique Temporary Identity(GUTI) 할당과 EMM 정보가 포함된다.

확인절차

확인절차는 이동통신 시스템에서 UE에게 International Mobile Subscriber Identity (IMSI) 또는 International Equipment Identity(IME) 같은 특정 확인 번호를 요청하는 것이다.

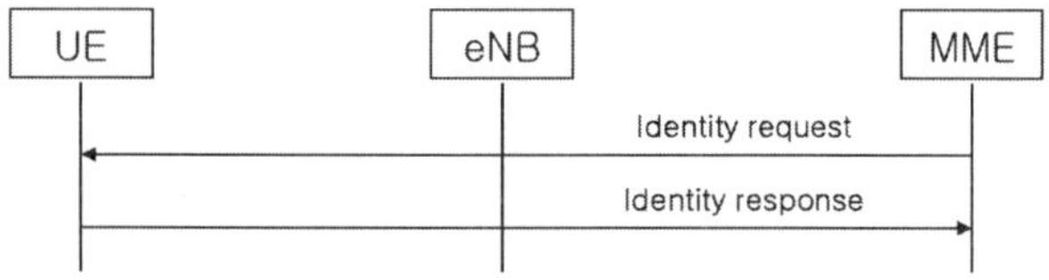

▸▸ 그림 2.12 확인 절차 메시지의 흐름도

MME는 확인 요청 메시지를 UE에 보내 확인 응답 메시지를 받는 절차를 시작한다. 이 메시지는 암호화나 데이터 통합보호 절차를 거치지 않고 전송된다.

인증절차

EPS 인증(Authentication)과 Key Agreement(AKA) 절차는 E-UTRAN에서 UE와 MME 사이의 상호 인증을 위해 사용된다.

보안 처리는 인증절차가 성공적으로 끝난 뒤 UE와 MME 사이에서 이루어진다.

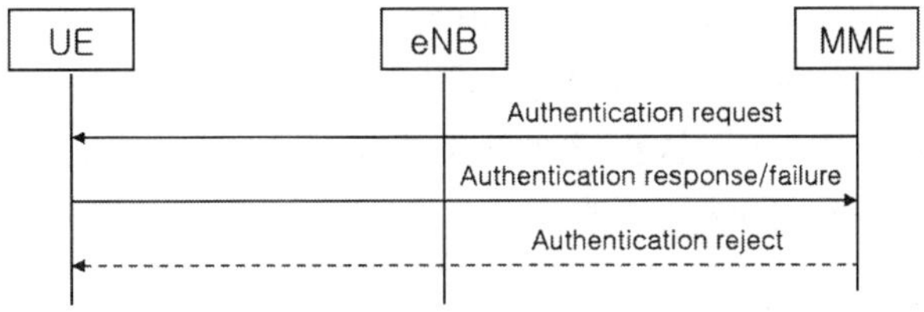

▶▶ 그림 2.13 인증 절차 메시지의 흐름도

MME는 HSS에서 수신한 인증 벡터를 이용하여 AKA 절차를 수행한다.

각각의 인증 벡터는 random number(RAND), authentication token(AUTN), expected user response(XRES), 그리고 intermediate access security management entity key(KASME)로 구성된다.

MME는 KASME를 확인하기 위해 key set identifier(KSIAME)를 할당한다.

MME는 선택된 인증 벡터로부터 AUTN, KSIASME, RAND를 포함하는 인증 요청 메시지를 준비하여 UE에 전송한다.

인증요청메시지의 수령즉시, UE는 AUTN를 받아들일 수 있는지 확인하고, 만일 그렇다면 UE는 인증요청메시지에서 MME으로 재발송하는 답신(RES)을 만들어낸다.

UE는 RAND로부터 CK와 IK를 생성하고, Mobile Country Code(MCC)와 Mobile Network Code(MNC)를 포함하는 Serving Network Identity(SNId)정보와 Ciphering Key(CK), Integrity Key(IK)를 사용하면서 KASME를 생성한다.

이런 절차를 거쳐 KASME와 식별자 KSIASME는 UE에 인증없이 저장되어진다. 네트워크는 후에 인정절차호출 없이 UE에 저장된 KASME를 확인하기 위해 KSIASME를 사용한다.

UE는 다음 연결설정 동안 KSASME의 재사용을 허용한다. UE가 꺼지거나 USIM이 제거되어질 때 UE는 KASME를 삭제하도록 요청되고 KSIASME를 재설정한다.

MME가 인정절차 메시지를 받을 때 MME는 RES parameter와 authentication vector의 XRES parameter를 비교한다.

이 값들이 다르다면 MME는 UE에 인정거부 메시지를 보냄으로써 인증시도를 거절한다.

UE가 인증요청 메시지를 확인할 수 없다면, UE는 인증 실패 메시지를 UE로 보낸다.

성공적인 인정절차 후, the intermediate key KASME는 세 개의 다른 keys(the eNB key(KeNB), the NAN integrity protection key(KNASint), the NAS encryption key(KNASenc).)를 생성하도록 사용되어진다.

네트워크 측에서, KeNB는 초기 context 설정 동안 eNB에 보내진다. eNB는 더 나은 세 개의key(업링크 사용자 데이터 암호화 키(KUPenc), RRC 무결성 보호키(KRRCint), RRC 암호화키(KRRCenc))들을 생성하기 위해 KeNB를 사용한다.

또한 유사한 key 유도가 UE에서 발생한다.

보안 모드 제어 절차

보안 모드 제어 절차는 NAS 메시지의 보안과 보전을 초기화하거나 시작하기 위해 사용되어진다.

새로운 키들이 key 동의 절차와 EPS 인증에 의하여 MME와 UE 사이에서 설립됐을 때나 또는 NAS의 새로운 알고리즘들이 선택되었을 때 이러한 절차는 MME에 의해 시작되어진다.

MME는 UE에 보안 모드 명령 메시지를 보냄으로써 보안 모드 제어 절차를 시작한다. 이 메시지는 UE,선택된 NAS알고리즘, KASME를 식별하기 위한 KSIASME의 재실행된 보안 능력을 포함한다. 메시지는 메시지 내의 KSIASME로 인하여 표시된 KASME를 기반으로 한 the integrity key KNASint에 의해 완전하게 보호되어진다.

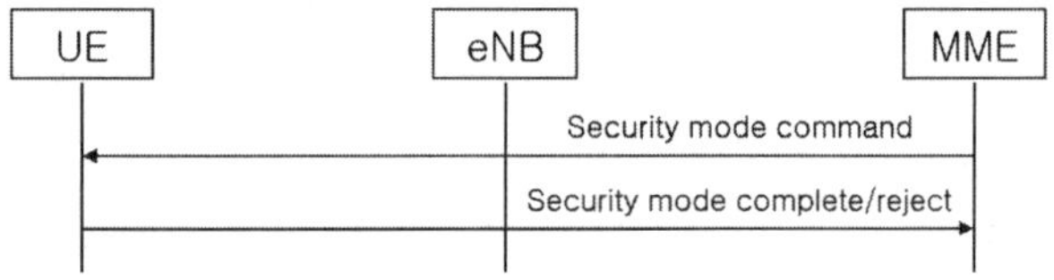

▶▶ 그림 2.14 보안 모드 제어 절차 메시지의 흐름도

UE가 보안 모드 명령 메시지를 수락한다면, UE는 보안 모드 명령 메시지와 KANASint에 표시된 선택된 NAS 완전 알고리즘을 사용하여 완전보호된 보안 모드 완료 메시지에 응답한다. 만일 "non null" 계산 알고리즘이 보안 모드 명령에 나타나졌다면, 메시지는 표시된 계산 알고리즘과 KNASenc와 함께 계산되어진다.

만약 UE가 보안 모드 명령 메시지를 받아들이지 않는다면, UE는 보안 모드 거절 메시지를 응답한다. UE는 거절 메시지에 적절한 거절 원인을 포함한다.

NAS 보안 모드 완료 메시지를 받은 후에 MME에 NAS 메시지의 계산이 시작된다. NAS보안 모드 완료 메시지를 보내기 전, UE에서 NAS 계산이 시작된다.

GUTI(Globally Unique Temporary Identity) 재할당 절차

GUTI 재할당 절차는 새로운 TAI 목록에 특별한 UE를 선택적으로 제공하거나 새로운 GUTI를 할당하기 위해 사용되어진다. 이러한 절차는 첨부 또는 추적 지역 업데이트 절차 또는 GUTI 재할당 명령 메시지의 독자적인 사용에 따라 무조건 수행되어진다. MME는 GUTI 재할당 명령 메시지를 준비하고 이것을 EMM 등록 지역에만 UE를 보낸다. UE는 새로운 GUTI와 Tracking Area Identity(TAI)목록을 업데이트하고 MME에 GUTI 재할당 완료 메시지에 응답한다. GUTI 재할당 절차는 보통 완전하게 보호되어지고 계산된 모드에서 작동되어진다.

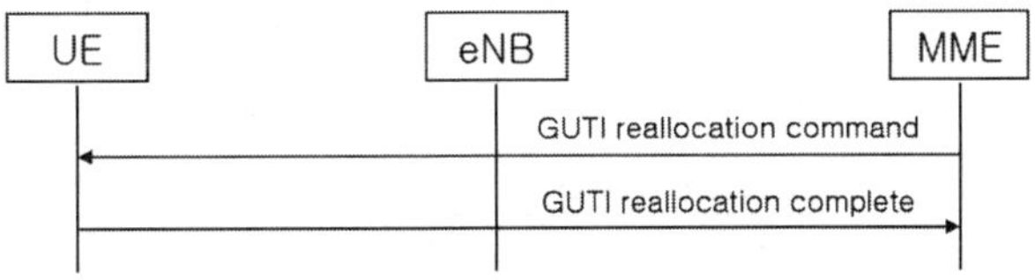

▸▸ 그림 2.15 GUTI 재할당 절차 메시지의 흐름도

EMM(EPS Mobility Management) 정보 절차

EMM 정보 절차는 네트워크가 네트워크 이름과 시간 영역 정보 같은 UE에 추가적인 정보를 제공하도록 할 수 있다. 이것은 선택적인 절차이며 설립된 EMM 처리동안 언제든지 네트워크에 의해 호출되어질 수 있다.

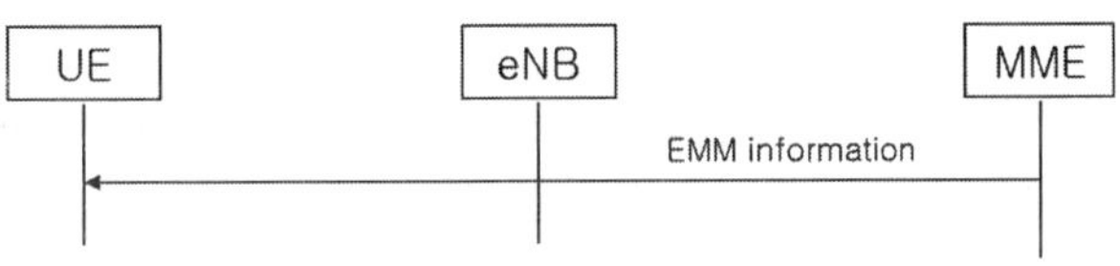

▸▸ 그림 2.16 EMM 정보 절차 메시지의 흐름도

2.2.4.2 EMM-특별한 절차

EMM 특별 절차들은 MME에서 UE 유동성을 다루는데 사용되어진 EPC 절차를 완료한다. EMM 특별 절차들은 접속 절차, 추적 지역 업데이트 절차, 분리 절차이다.

접속 철차

접속 절차는 UE가 패킷서비스를 받기 위해 MME에 스스로를 등록하는 것이 가능하다.

성공적인 접속 절차 후에, EEM 처리는 UE와 MME에 설립되어지며 default 운반기는 UE에 IP접속이 항시 접속되는 것을 허락하는 UE와 PDN gateway 사이에서 설립되어진다. default 운반기가 활성화 되어지거나 default 운반기가 DHCPv4 또는 DHCPv6를 사용하면서 설립되어진 후에 IP주소를 얻었을 때, IP주소는 UE에 할당되어진다.

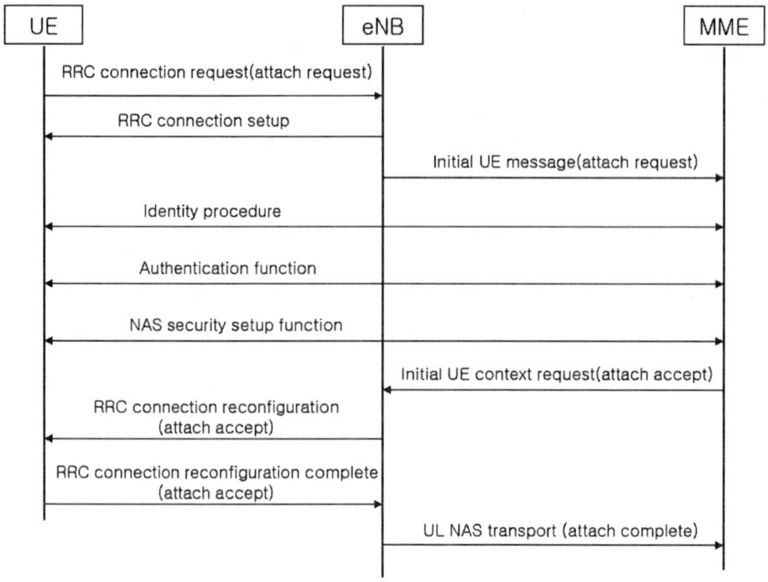

▸▸ 그림 2.17 첨부 절차 메시지의 흐름도

UE는 접속 요청 메시지를 보냄으로써 접속 절차를 시작한다. UE에 유효한 NAS 보안 처리가 존재하면, 이 메시지는 완전히 보호되어진다. UE는 식별자로써 메시지 안에 GUTI 또는 IMSI를 포함할 것이다. 그리고 MME는 UE 사용 정보를 검색하기 위해 식별자를 사용한다. MME가 UE의 영량에 기반으로 한 적절한 보안 알고리즘을 선택할 수 있게 하기 위해 UE는 메시지 안에서 UE의 네트워크 영량을 포함한다.

접속 절차의 부분으로, MME는 식별, 입증, 보안 모드 제어 절차를 실행한다. 성공적으로 접속 요청 메시지의 성공적인 처리 후, MME는 접속 수락 메시지에 응답할 것이다. MME는 UE의 등록지역을 나타내는 메시지에서 tracking area identities를 포함할 것이다. UE는 메시지에서 식별자로써 새로운 GUTI를 할당할 수 있다.

성공적인 접속 절차를 완료하기 위해 UE는 접속 완료 메시지를 MME에 보낼 것 이다. 만일 MME가 접속 요청 메시지를 받아들이지 못한다면, MME는 접속 실패 메시지로 응답한다.

MME는 거절 메시지에 적절한 거절 이유를 포함할 것이다.

UE는 PDN 연결이 default PDN와 default 운반기의 설립을 나타내는 접속 요청 메시지 안에 메시지를 요청하는 것을 포함한다. MME는 활성화 default EPS 운반기 context가 접속 승인 메시지에서 default 운반기를 활성화하는 메시지를 요청하는 것을 포함한다. UE는 접속 완료 메시지 활성화된 default EPS 운반기 context 접속 메시지와 결합한 접속 완료 메시지를 보낸다.

추적 영역 갱신 절차

추적 영역 갱신 절차는 주기적이거나 UE가 등록된 추적 영역 명단 밖으로 움직일 때 UE 위치를 네트워크로 업데이트하기 위해 EMM 등록 위치에서 UE로 인하여 착수되진다. E-UTRAN 안에 시스템 변화로 인하여 이러한 절차는 착수되어진다.

UE는 추적 영역 갱신 요청 메시지를 보냄으로써 절차를 시작한다. 이 메시지에서 UE는 UE식별자와 마지막 머문 등록된 TAI로써 GUTI를 포함한다. 만일 ECM-idle 모드에서 UE가 대기하는 업링크 유저 데이터를 가지고 있다면 UE는 모든 활성 EPS bearer 처리를 위한 라디오와 S1 bearers를 재설립하기 위해 네트워크를 요청할 것이다.

MME이 추적 영역 갱신 요구를 수락한다면, MME는 "추적 영역 갱신 수락" 메시지를 UE에 보낼 것이다. 만일 새로운 GUTI나 TAI가 변한다면 MME는 새로운 GUTI 혹은 TAI 목록을 포함할 것이다. 응답으로 받은 GUTI를 승인하기 위해 추적 영역 갱신 완료 메시지를 MME에 반환할 것이다. 만일 네트워크가 추적 영역 갱신 요청 메시지를 받아들이지 못한다면, MME는 추적 영역 갱신 거절 메시지를 적절한 거절 원인을 포함한 UE에 보낼 것이다.

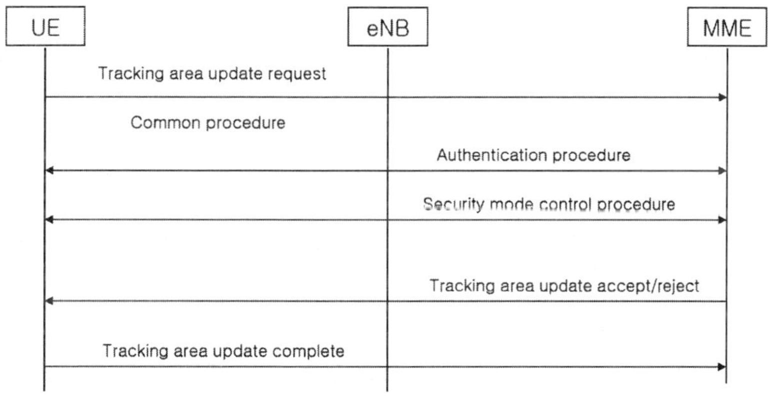

▶▶ 그림 2.18 추적 영역 갱신 절차 메시지의 흐름도

추적 영역 갱신 절차가 완료된 후에, MME는 UE에 연결신호를 일반적으로 공개한다.

그러나 UE가 MME에 흐름 절차를 위해서 신호연결를 유지하기를 MME에 요청할 수 있다.

추적 영역 갱신 절차는 UE와 MME가 EPS 운반기 처리 상황을 동기화하는 것을 가능하게 한다. 지역 bearer 비활성화로 인해 처리 상황에 다른 점이 있다면 이러한 다른 점은 요청과 수락 메시지에서 활성과 비활성 운반기를 나타내는 운반기 처리 상황 정보를 보냄으로써 수정되어진다. UE와 MME는 운영중지 표시를 비활성화 할 수 있다.

UE가 EMM 등록 상태일 때, 추적 영역 갱신 절차는 항상 완전히 보호된다. 만일 추적 영역 갱신 요청 메시지의 무결성 검사가 실패 했다면, 증명과 NAS 보안 모드 절차는 수행되어진다.

분리(detach) 절차

분리 절차는 UE를 등록된 네트워크로부터 등록 취소하고 UE를 EMM-등록 상태에서 EMM-등록 취소 상태로 만든다. 이 절차는 UE에 의해 또는 네트워크에 의해 시작될 것이다. UE는 세 조건 하에 이 절차를 시작한다: 스위치가 오프일 때, USIM 카드가 제거되었을 때, 또는 UE의 EPS 기능이 비활성화일 때. 네트워크는 UE가 EPS에 더 이상 접근할 수 없는 것을 알려 분리 절차를 시작한다.

분리 절차의 실행 후, UE에 대한 모든 EPS 운반기 처리는 어떠한 피어-투-피어 신호도 없이 MME와 UE에 지역적으로 비활성화되어 있다.

UE에 의한 분리

UE는 MME에 분리 요청 메시지를 보냄으로써 분리 절차를 시작한다. 만약 스위치-오프 상황으로 인한 분리라면 UE가 분리 요청 메시지 안에서 나타낼 수 있다. 스위치-오프 상황으로 인한 분리가 아니라면 MME는 UE에 분리 승인 메시지를 보내고, 그렇지 않으면 네트워크가 분리 요청 메시지를 받았을 때 절차가 완료된다. 중급 보안키 KASME와 이것의 식별자 KSIASME는 분리 절차에 따라 MME와 UE에서 삭제된다.

MME에 의한 분리

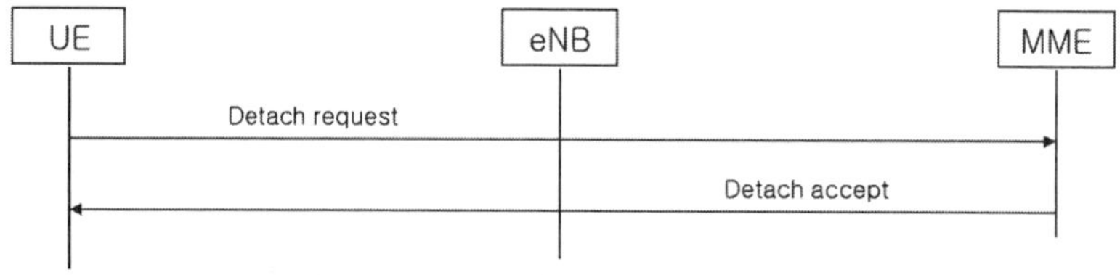

▸▸ 그림 2.19 UE가 발의한 분리 절차 메시지의 흐름도

MME는 UE에 분리 요청 메시지를 보냄으로써 분리 절차를 시작한다. UE가 MME에 분리 승인 메시지로 응답한다. MME는 UE에게 분리 절차 후에 재장착(reattach)할 것을 요청할 수 있고, 이 경우에 UE는 분리 절차 후에 즉시 부착(attach) 절차를 시작한다.

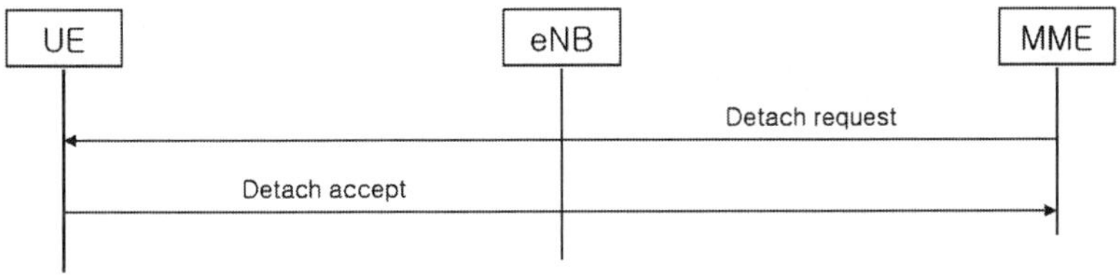

▶▶ 그림 2.20 MME가 발의한 분리 절차 메시지의 흐름도

2.2.4.3 EMM 연결 관리 절차

EMM 연결 관리 절차는 일부의 데이터 또는 신호 전송을 위해 필요할 때마다 UE를 ECM-유휴 상태에서 ECM-연결 상태로 바꿀 수 있게하는데 사용된다. EMM 연결 관리 절차에는 페이징 절차와 서비스 요청 절차가 있다.

페이징 절차

신호 또는 사용자 데이터를 보내야 하지만 NAS 신호 연결이 없을 때, 페이징 과정은 네트워크에 의해 UE에 NAS 신호 연결의 설립을 요청을 시작한다. MME는 eNB에 S1-AP 메시지를 보낸다. 이 메시지는 UE 식별자와 UE가 등록된 TAIs의 목록이 포함되어 있다. eNB는 등록된 트래킹 지역에 라디오 리소스 페이징 메시지를 생성하기 위해서 이 정보를 사용한다. 페이징 표시의 수신 후, UE는 신호 연결과 다른 사용자 평면 리소스의 설립에 대한 서비스 요청 절차를 시작한다.

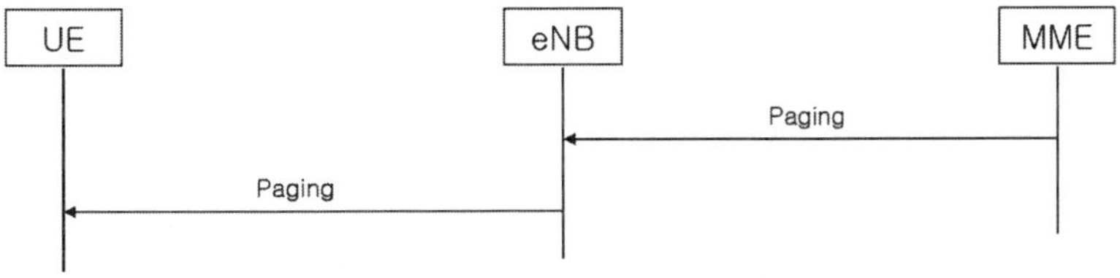

▶▶ 그림 2.21 페이징 절차 메시지의 흐름도

서비스 요청 절차

서비스 요청 절차는 일부의 상향 링크 사용자 데이터 또는 신호를 전송해야 할 때, 또는 UE가 네트워크에 의해 호출이 있을 때 UE에 의해 실행된다. UE는 MME에 서비스 요청 메시지를 보냄으로써 서비스 요청 절차를 시작한다. 만약 MME가 서비스 요청 메시지를 승인한다면 MME는 모든 활성 EPS의 전달자들을 활성화한다. 이것은 eNB와 서빙 게이트웨이 사이의 S1 사용자 층 연결과 eNB의 활성 EPS의 전달자들을 위해 사용자 층 라디오 리소스들의 설립을 시작한다. 사용자 층 라디오 전달자들이 전부 설립되었을 때 서비스 요청 절차는 성공적이라고 여겨진다. UE와 네트워크는 그 다음에 데이터 전

송을 시작할 수 있다. 만약 MME가 서비스 요청 메시지를 승인하지 않는다면 UE에 서비스 거절 메시지를 보낸다. 이 메시지는 서비스 요청 절차를 거절하기 위한 적절한 원인을 포함한다.

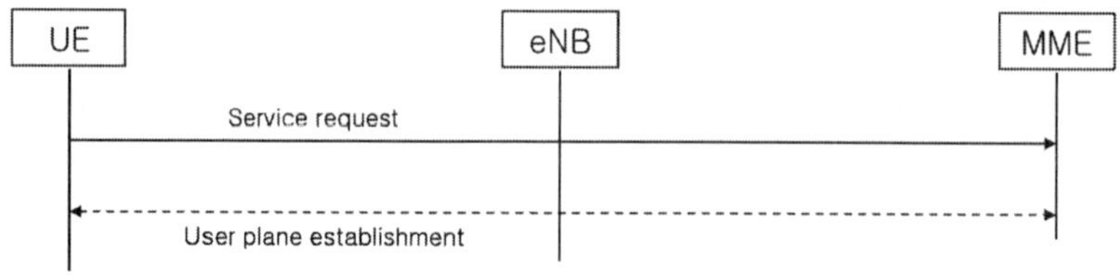

▸▸ 그림 2.22 서비스 요청 절차 메시지의 흐름도

2.2.5 ESM 절차

ESM 절차는 UE와 IP 네트워크 사이의 데이터 전송에 사용되는 사용자 평면 EPS 전달자의 활성화, 수정 그리고 비활성화에 사용된다. ESM 절차는 다음과 같다:

- 기본 EPS 전달자 활성화
- 전용 EPS 전달자 활성화
- EPS 전달자 수정
- EPS 전달자 비활성화
- PDN 연결
- PDN 연결 해제

2.2.5.1 기본 EPS 전달자 활성화 절차

기본 EPS 전달자 활성화 절차는 UE와 PDN 게이트웨이 사이에 기본 EPS 전달자를 설립하기 위해 MME에 의해 실행된다. 기본 전달자는 전용 전달자와 연결되지 않은 모든 트래픽을 운반할 때 사용된다. 기본 전달자는 eNB에서 보장되지 않는 IP 흐름을 위한 리소스와 항상 보장되지 않는 비트 속도이고, 허용 제어가 없다.

MME는 PDN 연결 요청 메시지에 대한 응답으로 기본 EPS 전달자 활성화 절차를 시작한다. 이 메시지는 UE에 의해 스스로 또는 첨부 요청 메시지 일부분으로 보내질 수 있다. MME는 "기본 EPS 운반 처리 요청 활성화" 메시지를 만들고, 스스로 또는 첨부 요청 메시지의 일부분으로 받은 PDN 연결 요청 메시지에 의존하는 첨부 승인 메시지에 덧붙여 또는 스스로 둘 중 하나의 방식으로 UE에 보낸다.

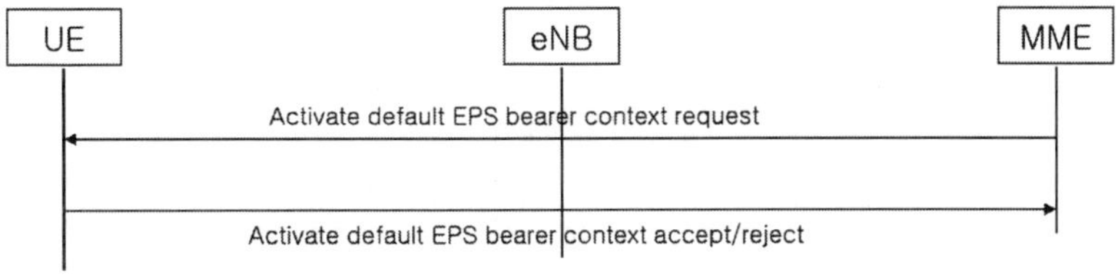

▶▶ 그림 2.23 Default EPS 운반 활성화 절차 메시지의 흐름도

만약 UE가 기본 EPS 운반 처리 활성화 요청을 승인한다면, "기본 EPS 운반 처리 승인 활성화" 메시지로 응답한다. 만약 절차가 첨부 절차의 일부분으로 시작된다면, 이 메시지는 완전한 첨부 메시지의 일부분으로 보내진다. 그렇지 않으면 스스로 전송된다. 첨부 절차의 실패는 암시적으로 기본 운반 활성화 절차의 실패를 유발하게 된다. 만약 UE가 전달자 요청을 승인할 수 있다면 적절한 거절 원인에 덧붙여 "기본 EPS 운반 처리 거절 활성화" 메시지로 응답한다.

2.2.5.2 전용 EPS 운반 활성화 절차

전용 EPS 운반 활성화 절차는 UE와 PDN 사이의 특정 QoS 전용 EPS 전달자와 트래픽 흐름 템플릿을 설립하는데 사용된다.

전용 운반자는 특정 패킷 포워딩 치료를 필요로 하는 것으로 식별된 IP 흐름에 대한 트래픽을 운반하는 데 사용된다. 전용 운반자는 보증된 비트 레이트나 보증되지 않은 비트 레이트 중 하나가 될 수 있다. Guaranted Bit Rate(GBR) 운반자는 보증된 비트 레이트와 최대 비트 레이트를 갖는 반면에 하나 이상의 비 GBR 운반자는 같은 UE기 총 최대 비트 속도를 공유하는 것에 속한다. 보증되지 않은 운반자는 혼잡할 때 패킷 손실을 겪을 수 있는 반면에 보증된 운반자는 그러한 영향을 받지 않는다. 전용 EPS 운반자 활성화 절차는 네트워크에 의해 시작되지만 UE가 운반자 리소스 수정 절차를 요청하는 것에 의하여 UE에 의해 요청될 수 있다.

네트워크에 의한 전용 EPS의 운반 활성화

MME는 "전용 EPS 운반자 처리 요청 활성화" 메시지를 만들어서 UE에 보낸다. 이 메시지는 운반자 신원, Traffic Flow Template(TFT), 운반자에 할당된 QoS 그리고 기본 EPS 운반자를 PDN에 연결시키기 위한 연결된 EPS 운반자 신원을 포함한다. 만약 UE가 전용 운반자 요청을 승인한다면, "전용 EPS 운반 처리 승인" 메시지로 응답할 것이다.

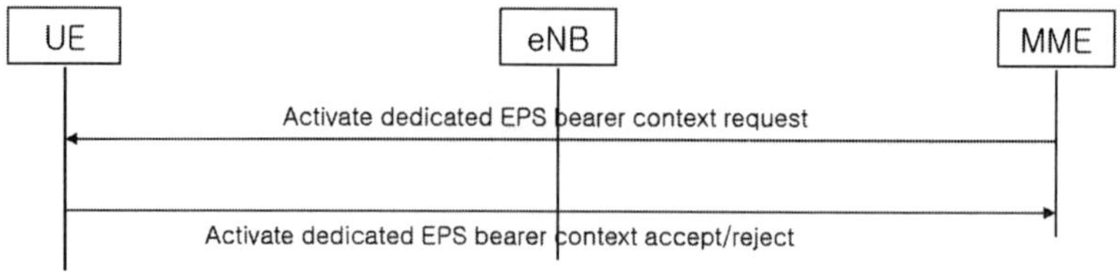

▶▶ 그림 2.24 이동 통신망이 발의한 EPS 운반 활성화 메시지의 흐름도

실패하면 UE는 "전용 EPS 운반자 처리 거절 활성화"로 응답한다. 이 메시지는 EPS 운반자 신원과 전용 EPS 운반 처리 활성화 요청을 거절하는 이유를 표시하는 원인 값을 포함한다.

UE에 의한 전용 EPS 운반 활성화

UE는 특정 QoS 요구와 선택적인 GBR 들을 종합하는 새로운 트래픽 흐름의 설립을 요청할 수 있다. UE는 MME에 "전달자 리소스 수정 요청" 메시지를 보낸다. 이 메시지는 기본 전달자의 연결된 전달자 신원이 들어있는 반면에 PDN을 설립되어야 할 전용 전달자로 나타낸다. 요청된 QoS도 또한 포함되어 있고, 서비스의 클래스와 할당되어야 할 리소스의 총량을 나타낸다.

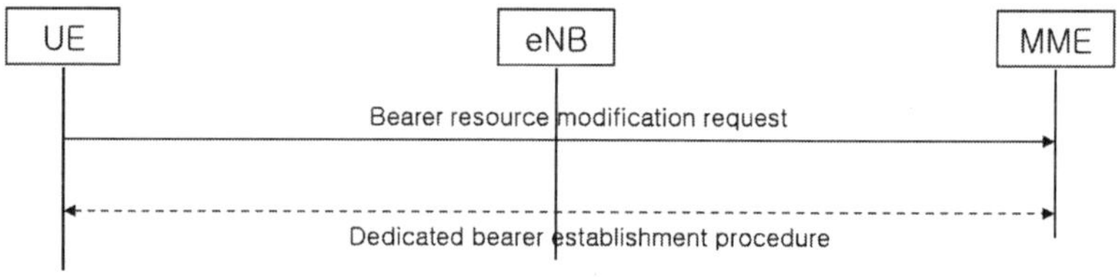

▶▶ 그림 2.25 UE가 발의한 EPS 운반 활성화 절차 메시지의 흐름도

만약 MME가 요청을 받아들인다면, 그것은 요청한 전달자 자원을 설정하기 위해 전용 전달자 활성화 절차를 작동시킨다. 만약 MME가 요청을 받아들이지 않는다면, MME는 "전달자 자원 수정 거절" 메시지를 생성한다. 그리고 그것은 요청을 거절한 이유를 나타내는 원인값과 함께 UE에 보낸다.

2.2.5.3 EPS 운반 수정 절차

전달자 수정 절차는 EPS 전달자의 QoS 또는 TFT 둘 다 수정하기 위해 사용된다. UE는 전달자 자원 수정 요청을 보내고 이미 설정된 전달자의 ID를 포함함으로써 전달자 수정 절차를 시작하기 위해 네트워크에 요청할 수 있다.

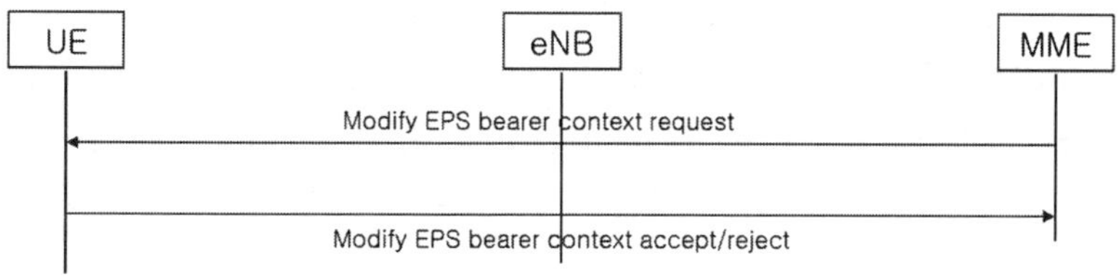

▶▶ 그림 2.26 EPS 운반 수정 절차 메시지의 흐름도

MME는 "EPS 운반 처리 요청을 수정한다."라는 메시지를 생성한다. 그리고 그것을 UE에 보낸다. 그 메시지는 EPS 전달자 ID를 포함한다. QoS, TFT 둘 다 수정되어져야만 하는가에 따라 새로운 QoS와 TFT 정보는 포함된다. 만약 수정 절차가 QoS 파라미터들을 포함한다면 무선 자원 수정은 eNB와 UE 사이에서 행해질 것이다. 그렇지 않으면 PDN 게이트웨이와 UE는 로컬에서 수정된 TFT 정보를 업데이트한다.

만약 UE가 수정 요청을 받아들인다면, 그것은 "EPS 운반처리 승낙을 수정한다"라는 메시지를 보낸다. 만약 UE가 수정 요청을 받아들이지 않는다면, 운반 처리 수정 요청을 거절한 이유를 나타내는 원인값과 함께 "EPS 운반처리 거절을 수정한다"라는 메시지를 보낸다.

2.2.5.4 EPS 운반 비활성화 절차

EPS 운반 비활성화 절차는 EPS 운반을 비활성화 시키거나 PDN 주소에 속하는 모든 전달자들을 비활성화 시킴으로써 PDN으로부터 연결을 끊기 위해 사용된다. 이 절차는 네트워크에 의해서 그것 스스로 또는 UE에 의해 요청될 때 시작될지도 모른다.

UE는 연결된 ECM 상태에 있을 때, MME는 "EPS 운반 처리요청 비활성화"라는 메시지를 생성하고 그것을 UE에 보낸다. 이 메시지는 비활성화된 전용 전달자의 ID를 포함한다. 만약 PDN에 연결된 모든 전달자가 방출된다면, 전달자 ID는 초기 설정 운반기의 ID이다.

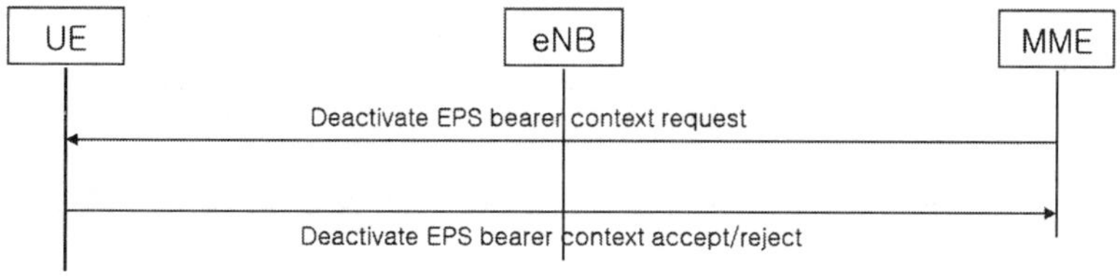

▶▶ 그림 2.27 이동통신망이 발의한 운반 비활성화 절차 메시지의 흐름도

UE가 비활성화 요청을 받은 후에, UE는 운반기 또는 PDN에 연결된 모든 운반기를 위한 자원들을 비활성화 한다. 그리고 "EPS 운반 처리 허용 비활성화" 메시지를 MME에 보낸다.

UE가 ECM-idle 상태면, MME는 모든 운반 처리들을 방출할 수 있다. 운반기 상태는 연결된 ECM 이행으로부터 다음 ECM-idle에서 UE와 네트워크 사이에서 동기화된다(예를 들어, 서비스 요청 또는 Tracking Area Update(TAU)). UE에 속하는 모든 운반기들이 방출되어지면, MME는 UE의 MM상태를 등록 해제된 EMM으로 바꾼다.

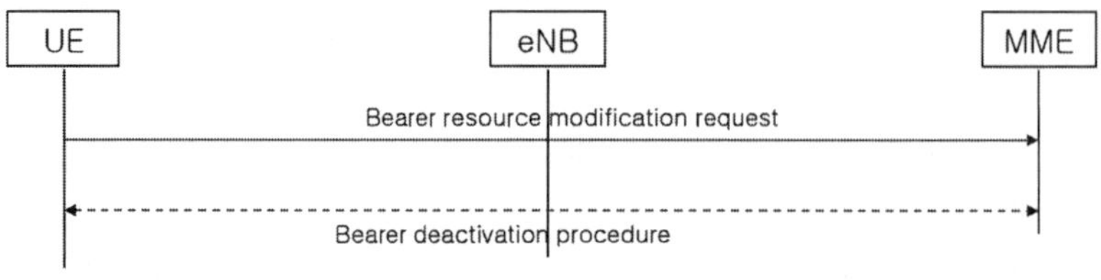

▸▸ 그림 2.28 UE가 발의한 운반 비활성화 절차 메시지의 흐름도

MME에 "운반기 자원 수정 요청" 메시지를 보냄으로써 전달자 비활성화를 요청할 수 있다. 이 메시지는 PDN에 연결된 default 운반기의 linked 전달자ID와 방출된 운반기의 ID를 포함한다. 이 메시지를 받자마자 MME는 요청된 운반기 자원이 방출될 수 있는지를 점검한다. 그리고 만약 이것이 가능하다면 MME는 운반기 비활성화 절차를 시작한다. 만약 MME가 요청을 받아들일 수 없다면, 그것은 UE에 실패에 대한 이유를 나타내는 원인과 함께 "운반기 자원 수정 거절"이라는 메시지를 보낸다.

2.2.5.5 UE가 발의한 PDN 연결 절차

PDN 연결 절차는 UE가 default 운반기의 할당을 포함하는 PDN에 연결을 요청하는 것을 허락한다. 첫 번째 default 운반기에 대해 이 메시지는 부가 요청 절차의 파트로 보내질지도 모른다.

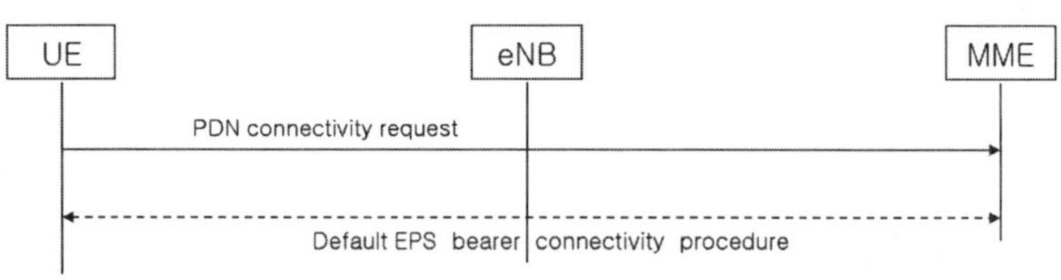

▸▸ 그림 2.29 UE가 발의한 PDN 연결 절차 메시지의 흐름도

UE는 PDN 연결 요청 메시지를 생성하고 그것을 MME에 보냄으로써 PDN 연결 절차를 시작한다. 이 메시지에서 UE는 UE안에서 IP 스택의 IP 버전 능력에 대한 정보를 포함한다. 그 UE는 초기 설정 운반기 활성화 절차의 파트로 할당될 IPv4 또는 IPv6주소를 원하는지를 또는 DHCPv4 또는 DHCPv6을 실행함으로써 초기 설정 운반기 활성화 절차 후에 주소를 배치할 것인지를 나타낼지도 모른다. 그 PDN 연결 요청 메시지는 PDN

을 나타내는 Access Point Name(APN)정보를 포함할지도 모른다. 만약 APN정보가 제공되지 않는다면, 그 연결은 default PDN으로 만들어 진다. 만약 MME가 PDN 연결 요청 메시지를 받아들인다면, 그것은 초기 설정 EPS 운반기 문맥 활성화 절차를 시작한다. 만약 MME가 PDN 연결 요청 메시지를 받아들일 수 없다면, 그것은 UE-requested PDN 연결을 거절한 이유를 나타내는 원인값과 함께 "PDN 연결 거절"메시지를 보낸다.

2.2.5.6 UE가 발의한 PDN 단절 절차

PDN 단절 절차는 하나의 PDN으로부터 단절을 요청한 UE를 허용한다. 모든 초기 설정와 PDN에 연결된 전용 운반기는 이 절차 동안에 삭제된다. UE는 PDN 단절 요청 메시지를 생성하고 그것을 MME에 보냄으로써 절차를 시작한다. 이 메시지는 PDN에 연결된 초기 설정 운반기를 확인하는 linked 운반기 ID를 포함한다. 만약 MME가 PDN 단절 요청을 받아들인다면, 그것은 운반기 비활성화 절차를 시작한다. 만약 MME가 PDN 단절 요청 메시지를 받아들이지 않는다면, 그것은 요청 거절에 대한 이유를 나타내는 원인과 함께 PDN 단절 거절 메시지를 UE에 보낸다.

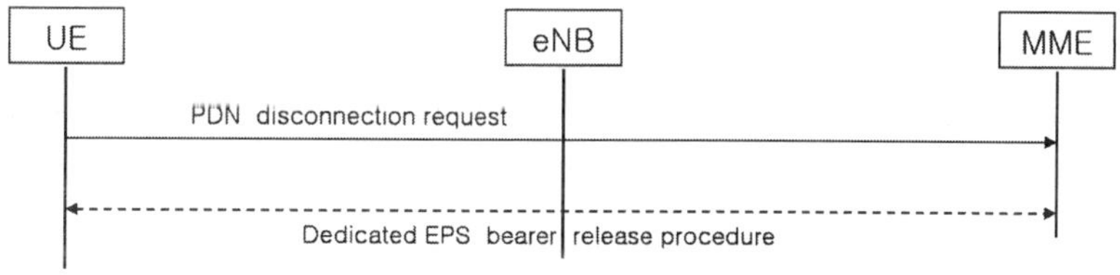

▸▸ 그림 2.30 UE가 발의한 PDN 단절 절차 메시지의 흐름도

2장 참고문헌

[1] 3GPP TS 36.300 V8.7.0 (2008-12) E-UTRA,E-UTRAN, overall descriotion, stage2

[2] 3GPP TS 36.321 V8.4.0 (2008-12) Medium access controll(MAC) protocol specification

[3] 3GPP TS 36.322 V8.4.0 (2008-12) Radio link controll(RLC) protocol specification

[4] 3GPP TS 36.323 V8.4.0 (2008-12) Packet data convergence protocol(PDCP) specification

[5] 3GPP TS 36.331 V8.4.0 (2008-12) radio resource controll(RRC) protocol specifications

[6] 3GPP TS 24.301 V8.0.0 (2008-12) Non access stratum(NAC) protocol for evolved packet sysem

[7] 3GPP TR 23.882 V8.0.0 (2008-09) 3GPP system architecture evolution : report on technical options and conclusions

[8] 3GPP TS 23.401 V8.4.0 (2008-12) General packet radio service (GPRS) enhancements for evolved universal terrestial radio access(E-UTRAN) access

03 LTE 개발을 위한 FFT 설계

3.1 LTE 시스템에서 FFT 기술

3.1.1 LTE 하향 링크 프로세싱

LTE 하향 링크 기저대역 모뎀에서 FFT 또는 DFT를 수행하는 부분은 하향 링크 OFDM 변조기와 복조기에 적용된다.

LTE 하향 링크에서 필요로 하는 (I)DFT/(I)FFT의 용도는 다음과 같다.

- 물리계층 데이터 및 제어 채널 변조 및 복조
- 레퍼런스 신호 생성 및 채널 추정
- 기지국 동기 신호 생성 및 검출

LTE 규격에서는 하향 링크 20MHz 대역폭을 지원하기 위해서는 FFT/IFFT의 2048 포인트 연산을 수행하며 1200개의 서브캐리어를 사용한다. 그러나 기지국에서 사용하는 주파수 대역폭에 따라 사용되는 FFT 사이즈는 대역폭에 따라 다양하게 나누어진다. 일반적으로 512, 1024, 2048 사이즈를 사용할 수 있으며 보다 작은 대역폭을 사용하는 경우에는 128과 256 사이즈도 가능하다. 이러한 다양한 FFT 사이즈를 통해 5, 10, 15, 20MHz의 대역폭을 지원할 수 있다.

표 3-1에는 20MHz 대역폭을 갖는 LTE 하향 링크 FDD(Frequency Division Duplex) 시스템의 파라메터의 예를 보인다.

데이터 프레임의 길이는 10ms이며, 내부에 0.5ms 단위의 슬롯(slot)이 20개가 배치되고 슬롯 2개는 하나의 서브프레임(subframe)으로 구성된다. 각 서브캐리어는 15kHz이며, 자원블록(Resource Block : RB)은 시간영역에서는 하나의 슬롯에 주파수 여역으로는 12개의 서브캐리어를 의미한다.

▶▶ 표 3.1 하향 링크 시스템 파라메터

System Parameters	Value
Duration of sub-frame	1 ms
Duration of CP	4.82 us/4.72 us (Normal CP)
Channel Bandwidth	20 MHz
Duplex	FDD
Antenna Configuration	MIMO max 8x4
Sampling Rate	30.72 MHz
Sub-carrier Spacing	15 KHz
FFT Size	2048
Number of Used sub-carriers	1200
Number of sub-carriers per RB	12 (180 KHz)
Number of RBs	100

LTE 무선 인터페이스는 계층 1(물리 계층), 계층 2(MAC 계층), 계층 3(RRC 계층)으로 구성되고, 각 계층간 SAP를 이용하여 정보를 전달한다.

기지국의 하향 링크 변조는 기지국에 대한 각종 파라미터 설정 및 송신단 제어 정보와 상위 레이어로부터 전달받은 논리채널을 전송채널로 매핑하고 제어 채널정보를 부호화하며, 전송채널을 물리채널로 매핑 및 물리채널 신호를 생성하는 역할을 한다.

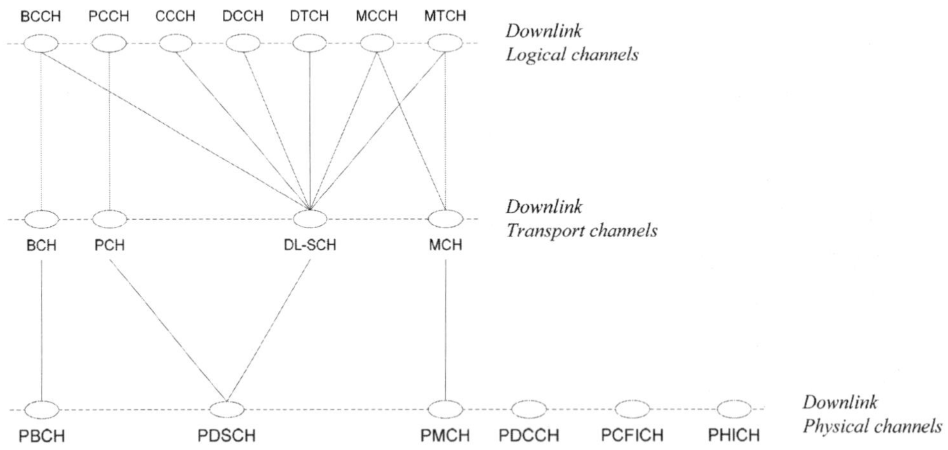

▶▶ 그림 3.1 하향 링크 채널 구조

하향 링크의 주요한 물리 채널은 데이터 채널인 PDSCH(Physical Downlink Shared Channel), 제어채널인 PDCCH(Physical Downlink Control Channel), PCFICH, PBCH 등이 있다.

그림 3.2는 하향 링크 물리계층 데이터 채널 변조를 위한 기능 블록을 보인다. 기저대역 모뎀은 상위 레이어로부터 입력되는 전송채널을 TB(Transport Block)별로 CRC24A 타입의 CRC attachment를 수행한 후, Code Block Segmentation 및 CRC24B 타입의 CRC Attachment를 수행한 후, Code Block segmentation, Turbo 부호화, Rate Matching 및 Code Block Concatenation을 수행하며, 이후 Codeword로 단위로 변환된 부호화 데이터는 Scrambler에서 스크램블링을 수행한 후, 변조지수에 따라 Modulation Mapper를 거쳐 변조한 후, 전송 레이어 별로 매핑한 후 MIMO 프리코딩 (Precoding)을 수행하고, 주파수 및 시간축 상의 부반송파 주파수에 Resource Element 매핑한 후 IFFT 변환을 통해 OFDM 심볼을 생성하여 무선 주파수를 통하여 전송한다.

심볼 매핑을 위한 변조방식은 QPSK, 16QAM, 64QAM을 사용한다.

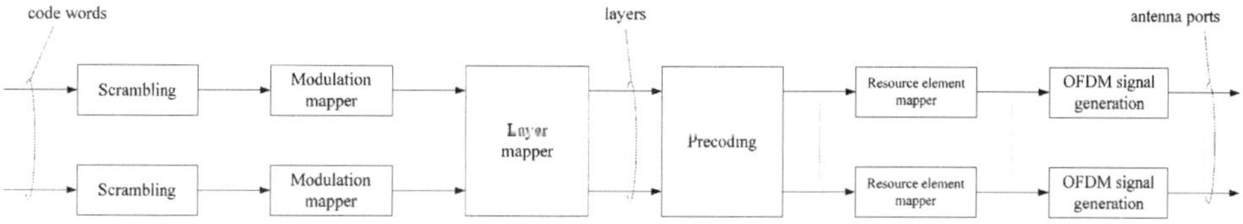

▸▸ 그림 3.2 하향 링크 물리계층 데이터채널 변조기 블록도

IFFT 변환을 위한 입력 신호는 각 안테나 별로 Resource Element 매핑 후 이루어진다. Resource Element 매핑은 그림 3.3과 같이 Negative frequency band(Low Frequency)에서 Positive frequency band(High Frequency)로 매핑이 이루어지며, IFFT 변환기로 입력되는 순서는 DC를 시작으로 Positive frequency band가 먼저 입력되고 Guard band 를 위한 Zero padding이 된 후 Negative frequency band가 입력된다. 이렇게 입력되면 IFFT의 결과에 의한 서버캐리어 매핑은 그림 3.3의 최종 구조와 같이 DC를 중심으로 Negative band와 Positive band가 형성되고 양끝에는 Zero padding을 통해 Guard band가 형성된다. IFFT 수행 후 시간 영역의 OFDM 심볼은 CP를 삽입하여 최종 OFDM 심볼을 생성한다.

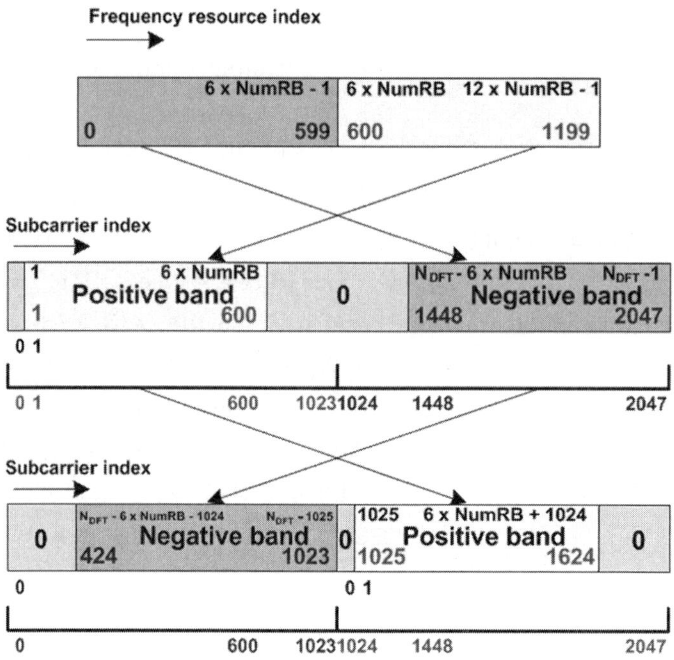

▸▸ 그림 3.3 Resource Element 매핑과 IFFT 서브캐리어 매핑

하향 링크 수신 동기 블록에서는 초기 Cell Search를 위해 2단계 검출을 수행한다. 이때 주파수 영역에서 채널 보상이 이루어지므로 IDFT 및 DFT 변환이 필요하며 초기 Cell Search가 완료되면 Symbol Timing Tracking을 위해 CRS(Cell-specific Reference Signal)가 있는 심볼을 주파수 영역으로 변경하여 CRS를 추출한 후 실제 Reference 신호와 상관을 취하여 정확한 동기를 얻어낸다. 하향 링크 복조는 하향 링크 변조에 역과정을 통하여 데이터를 복원한다.

3.1.2 LTE 상향 링크 프로세싱

LTE 상향 링크 기저대역 모뎀은 하향 링크 프로세싱과 많이 부분이 유사하지만 물리계층에서 크게 상이한 점은 SC-FDMA 변조와 복조를 위한 DFT/IDFT Precoding이라고 할 수 있다. SC-FDMA는 OFDM의 높은 PAPR 특성으로 인한 전력 효율이 낮은 것을 개선한 변조 방식으로 이동단말의 송신 전력 효율 증대를 위한 변조 방식이라고 할 수 있다. SC-FDMA 방식은 변조 심볼을 만들기 전에 DFT 변환을 통해 확산시켜 주기 때문에 DFT spread-OFDM이라는 이름으로 불린다.

그림 3.4는 상향 링크 물리계층 데이터채널 변조를 위한 기능 블록을 보인다. MIMO Precoding 블록 이전에 Transform Procoder를 통해 DFT 변환을 수행하는 것이 하향 링크와 크게 다른 점이다.

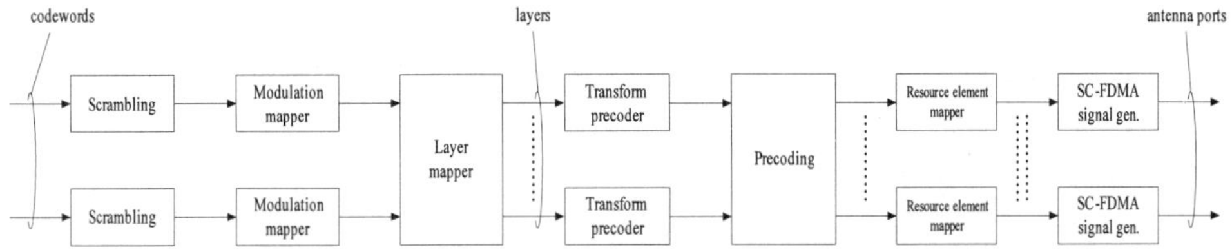

▶▶ 그림 3.4 상향 링크 물리계층 데이터채널 변조기 블록도

▶▶ 표 3.2 상향 링크 시스템 파라메터

Parameter	20MHz
Sampling Frequency	30.72 MHz
FFT size	2048
Used Sub-carrier	1200
Sub-carrier spacing	15 KHz
Data duration	66.67us
CP duration	First SC-FDMA Symbol : 4.82us Last 6 SC-FDMA Symbol : 4.75us

LTE 상향 링크에서 필요로 하는 (I)DFT/(I)FFT의 용도는 다음과 같다.

- 물리계층 데이터 및 제어 채널 변조 및 복조
- 레퍼런스 신호 및 SRS 생성 및 채널 추성
- 랜덤 액세스 신호 생성 및 검출

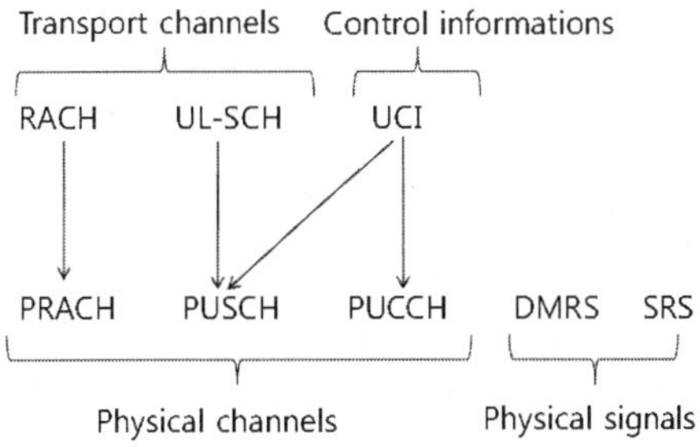

▶▶ 그림 3.5 상향 링크 채널 구조

상향 링크의 주요 물리 채널은 PUSCH(Physical Uplink Shared Channel), PUCCH (Physical Uplink Control Channel), PRACH(Physical Random Access Channel)이다.

이미 언급한 바와 같이 상향 링크에서는 하향 링크에서 요구하는 FFT 사이즈뿐 만 아니라 SC-FDMA를 사용함으로 인해 $12 \times 2^a \times 3^b \times 5^c$ (a, b, c는 1200까지 가용한 모든 정수)에 해당하는 다양한 DFT/IDFT 연산을 필요로 한다. 또한 상향 링크에서는 SC-FDMA 신호 생성 후 7.5KHz 주파수 시프트를 수행한다. 상향 링크의 SC-FDMA 변조에서는 심볼을 7.5KHz 주파수 시프트하여 전송하게 되므로, 상향 링크 수신에서는 FFT를 수행하기 전에 -7.5KHz 주파수 시프트를 수행해야 한다.

3.1.3 PRACH용 FFT 설계

LTE 이동단말이 기지국 초기 동기를 획득한 후 Random Access라 불리는 과정을 통하여 망과의 연결 설정을 요청한다. LTE에서 랜덤 액세스는 다음과 같은 몇 가지 목적으로 사용된다.

- Initial Access : RRC_IDLE 에서 RRC_Connected로의 무선링크 형성
- Re-establishment : Radio Link Fail / Handover Fail 후 무선링크 재형성
- Handover Situation
- Downlink data arrival requiring RA : 하향 링크 데이터가 도달하여 상향 링크 동기형성 목적
- Need to send new data by UL : 상향 링크 스케쥴링 요청을 하는 목적

가장 주요한 목적은 초기접속 즉, RRC_IDLE에서 RRC_Connected로의 무선링크를 형성하는 것이 가장 주요한 목적이며 또한 단말은 Random Access 절차를 통하여 임시 단말 식별자인 C-RNTI를 부여 받는다.

Random Access의 첫 단계로 단말은 Random Access를 위한 프리앰블을 기지국에 송신한다. 프리앰블의 주요 목적은 기지국에 Random Access 시도가 있음을 알리고 기지국이 단말과 기지국 사이의 전파 지연을 측정하여 이 정보를 단말에 제공하기 위함이다. 랜덤 액세스 프리앰블이 전송되는 물리채널을 PRACH라고 부른다. 먼저 기지국은 어떤 시간-주파수 자원이 Random Access 프리앰블 전송에 사용되는지를 브로드캐스트 정보를 통해 전달하고 단말은 Random Access를 위해 PRACH 채널을 통해 전송할 하나의 프리앰블을 선택한다.

각 셀에는 64개의 가용한 프리앰블 시퀀스가 있으며, 셀 반경의 크기에 따라 프리앰블 형식을 구분한다. 보다 긴 CP는 보다 넓은 Cell range를 지원할 수 있으므로 PRACH를 위한 Preamble은 100km 정도의 매크로 셀의 전파 지연의 영향을 극복하기 위해 네 종류의 Preamble 규격을 갖는다. Format 0은 14km 반경의 셀에서 사용하며 Format 3은 100km까지의 셀 반경에서 사용한다. 셀반경이 클수록 전파 지연이 커지므로 CP를 확장해야 한다. 사용자의 단말이 멀리있든지 가까이 있든지 타이밍 초기에 CP 내에 전파 지연을 제한할 수 있도록 프리앰블 형식을 정의하였다.

Random Access를 위한 대역폭은 1.08MHz이며, 20MHz 시스템 대역폭인 경우에는 총 16개의 Random Access 영역이 발생한다. 단말이 하향링크의 동기를 획득하면 무선 프레임의 첫 번째 서브프레임 혹은 처음 2개 서브프레임 동안 해당 Random Access 채널대역에 Random Access를 시도한다.

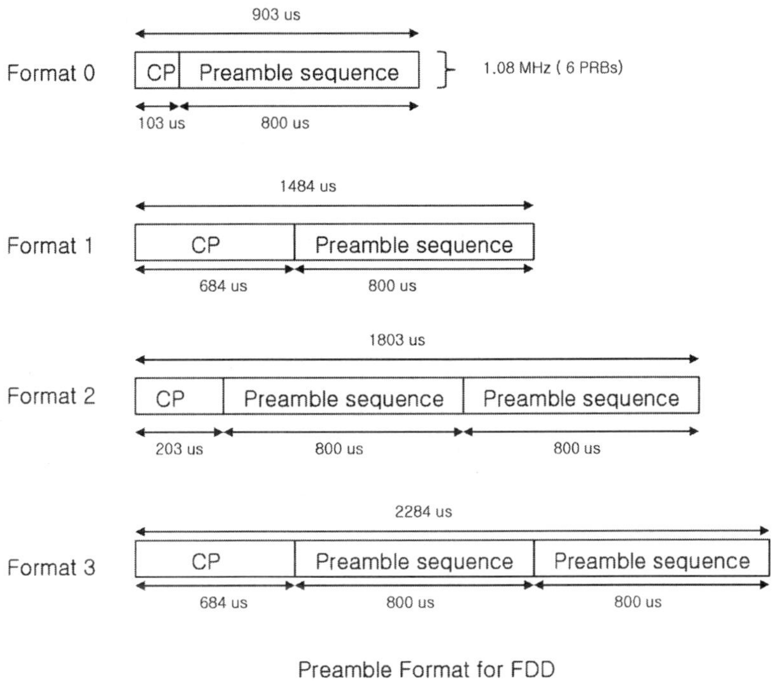

▸▸ 그림 3.6 PRACH의 Preamble 형식

PRACH는 기지국으로부터 거리가 결정되지 않은 상태이므로 동기화되지 않은 Non-synchronized 전송이다. 프리앰블의 시퀀스로 사용하는 Zadoff-Chu 시퀀스는 시간과 주파수 측에서 일정한 진폭을 갖는 시퀀스로서 낮은 PAPR 특성을 보이며 자기상관특성이 우수하다. 송신기는 root Zadoff-Chu sequence로부터 시프트한 임의의 preamble sequence를 선택하여 전송한다. 선택한 프리앰블 시퀀스를 839 DFT를 수행하여 주파수 영역의 신호를 생성하고 이를 서브캐리어 매핑을 통해 원하는 주파수 대역에 인가하여 24576 포인트 IDFT를 수행하여 시간영역의 신호를 생성한다. 그리고 프리앰블 형식에 맞는 CP를 삽입하여 전송한다. 24576 포인트 사이즈 IDFT는 2048 포인트의 12배이므로 Interpolation 필터와 2048 포인트 IFFT를 통하여 복잡도를 줄일 수 있다. 자세한 내용은 구현에 관련된 이슈이므로 여기에서는 생략하기로 한다.

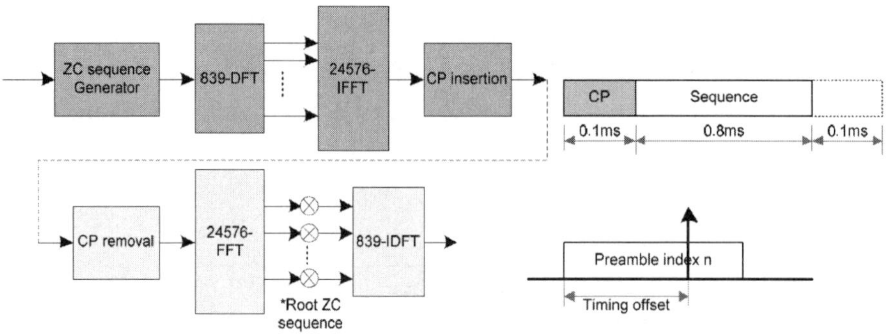

▸▸ 그림 3.7 PRACH 변조 및 복조 블록도

기지국에서는 해당 셀에 대한 셀 반경 정보에 따른 프리앰블 세트 번호를 이용하여 프리앰블 신호를 생성해야 한다. 기지국의 수신부에서는 다중 안테나로부터 수신된 프리앰블 신호를 CP를 제거하고 24576 DFT를 수행하여 시간 영역의 신호를 주파수 영역의 신호로 변환한다. 그리고 주파수 영역의 신호에서 서브캐리어 demapping을 통해 프리앰블 시퀀스의 주파수 영역 신호를 추출한다. 그 다음 다중 Root Zadoff-Chu 시퀀스에 대해 동기검출을 수행하여 다중 안테나의 출력을 Non-coherent combining을 수행한다. 다중 Preamble 시퀀스는 하나의 Zadoff-Chu 시퀀스를 Cyclic shift하여 발생할 수 있다. 이때 Preamble 시퀀스의 길이는 839이다. 추출된 프리앰블 시퀀스의 주파수 영역 신호는 root Zadoff-Chu 시퀀스를 DFT 수행한 프리앰블 시퀀스와 Correlation을 통하여 전송된 프리앰블 시퀀스의 인덱스를 추출한다. 이 결과로부터 UE의 Random Access Preamble 인덱스, TA(Timing Adjustment)에 대한 타이밍 옵셋, Peak Power 정보를 획득한다. 24576 DFT 연산을 구현하는 예로서 24576 포인트 사이즈 DFT는 2048 포인트의 12배이므로 PRACH 송신에서와 마찬가지로 수신에서도 그림 3.8에서와 같이 12배 Decimation 필터와 2048 포인트 FFT를 통하여 복잡도를 줄여 구현할 수 있다. Decimation 된 수신 신호를 2048 FFT 변환을 수행하고 중심 주파수 영역에서 893개의 수신 프리앰블을 추출한다.

자세한 내용은 구현에 관련된 문제이므로 여기에서는 생략하기로 한다.

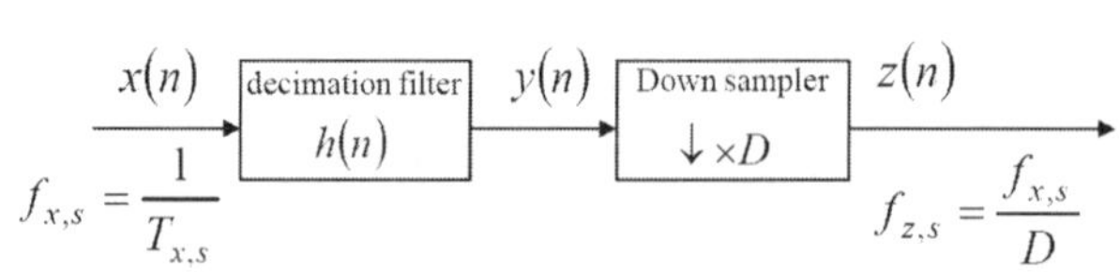

▸▸ 그림 3.8 Decimation 구조

3.2 FFT 설계 이론

퓨리어 변환(Fourier Transform)은 신호처리에 있어 아주 유용한 기법으로 시간영역의 신호 함수를 주파수에 관한 신호 함수로 변환시킨다. 유사하게 주파수 영역에서 주어진 신호 함수를 역 퓨리어 변환을 통해 등가적인 시간영역의 함수로 역변환할 수 있다. 시간 영역과 주파수 영역에서의 정의는 다음과 같이 표시된다.

$$s(t) \leftrightarrow S(w) \qquad \text{식 (3.1)}$$

이러한 퓨리어 변환의 편리한 특성으로 특정 신호의 주파수 스펙트럼을 생성할 수 있다. 신호는 시간과 주파수 어느 영역에서건 간에 신호처리가 가능하지만, 두 영역 중 한 영역에서 신호처리 연산이 보다 효율적인 경우가 많다. 예를 들어 필터를 통과한 신호는 식 (3.2)와 같이 입력신호 함수 s와 필터의 응답함수 f의 콘볼루션(convolution)에 의해 주어진다. 필터의 계수가 n이고 데이터가 n 포인트 블록 신호인 경우의 계산량은 총 n^2의 곱셈이 필요하다.

$$h(t) = s(t) * f(t) \qquad \text{식 (3.2)}$$

그러나 주파수 영역에서 이와 등가적인 연산은 곱셈형태로 나타난다. 따라서 시간영역에서 콘볼루션 연산을 수행하는 대신 식 (3.3)과 같이 신호의 퓨리어 변환과 주파수 응답을 곱하면 된다. 이러한 연산은 단지 n개의 곱셈이 필요하다.

$$H(w) = S(w) \cdot F(w) \qquad \text{식 (3.3)}$$

비록 신호의 스펙트럼 요소를 측정하는 것은 퓨리어 변환의 주요한 기능 중 하나일 뿐이지만, 이렇게 특정한 신호처리 연산의 복잡도는 퓨리어 변환을 통해 간소화시킬 수 있다. 퓨리어 변환에는 아날로그와 디지털 영역에서 각각 신호를 분석할 수 있는 연속신호와 이산신호에 대한 변환 방식이 있다.

연속신호 함수 s가 특정한 간격동안 시간 t에 대해 정의되어 있는 아날로그 신호의 전형적인 예제가 그림 3.9에 묘사되어 있다.

아날로그 신호의 스펙트럼을 계산하려면, 시간간격 $-\infty < t < \infty$ 에서 검증해야 한다. 연속시간 신호 $f(t)$의 퓨리어 변환은 식 (3.4)와 같다.

$$F(w) = \int_{-\infty}^{\infty} f(t) e^{-jwt} dt \qquad \text{식 (3.4)}$$

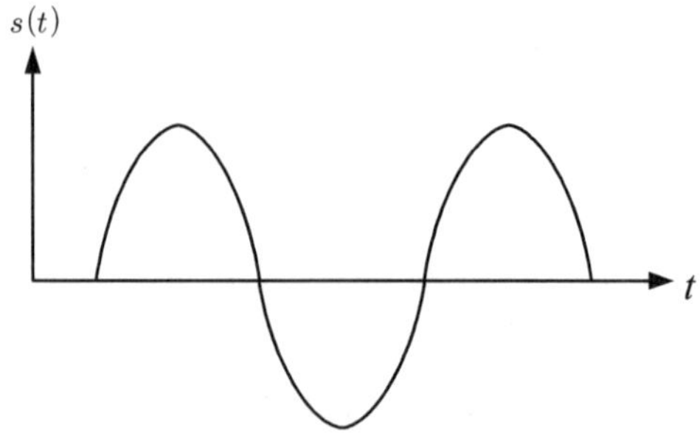

▶▶ 그림 3.9 주기적 연속 시간 신호

디지털 시스템에서는 샘플링 주파수 f_s에 의한 주기적인 샘플 값을 처리한다. 시간영역에서 주기적인 간격으로 얻어진 신호는 샘플 값의 집합을 생성한다. 예제를 그림 3.10에 보인다. 각 점들은 시간영역에서의 샘플들을 가리킨다. DFT(이산 퓨리어 변환)은 디지털 시스템의 이산 샘플 신호의 퓨리어 변환을 처리하기 위해 사용된다. DFT는 식 (3.5)과 같이 정의한다. 여기에서 N은 이산 샘플값의 개수이다.

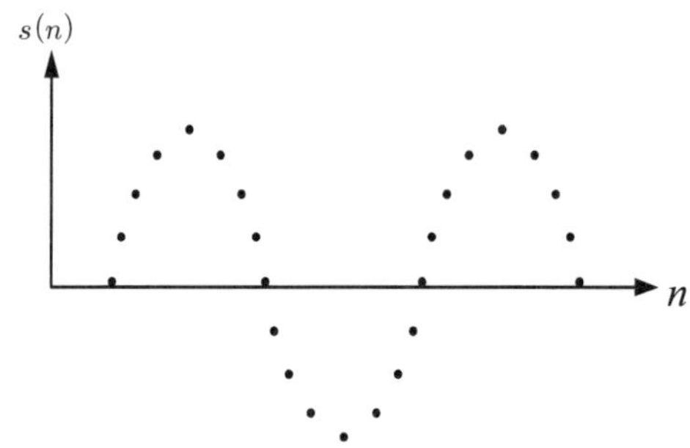

▶▶ 그림 3.10 주기적 이산 시간 신호

N개의 유한 길이의 샘플 시퀀스에 대한 DFT 정의는 식 (3.5)와 같다.

$$X[k] = \sum_{n=0}^{N-1} x[n]\, W_N^{kn}, \qquad k = 0, 1, \cdots N-1 \qquad \text{식 (3.5)}$$

식 (3.5)에서 $x[n]$과 $X[k]$는 복소수이다. 회전인자(twiddle factor)라고 불리는 계수의 정의는 식 (3.6)과 같다. DFT의 덧셈 계산량은 N개의 항을 포함하며, 이에 대한 계산량은 (N-1)의 복소 덧셈이 필요하다.

$$W_N^{kn} = e^{-j2\pi \frac{kn}{N}} \qquad \text{식 (3.6)}$$

또한 각 덧셈의 각 항은 한 번의 복소 곱셈을 요구한다. 결국 N 포인트 시퀀스의 DFT를 직접 구현하는 계산량은 N(N−1)의 복소 덧셈과 N^2의 복소 곱셈연산이 필요하다. 예를 들어 8 포인트 DFT인 경우 $X(k)$는 다음 식 (3.7)과 같이 표현된다.

$$X(k) = \sum_{n=0}^{7} x(n)e^{-j2\pi kn/8},\ k = 0,\cdots,7 \qquad \text{식 (3.7)}$$

이때 $2\pi k/8 = K$라고 하고 식 (3.7)을 확장하면 다음 식 (3.8)과 같다.

$$X(k) = x(0)e^{-j0K} + x(1)e^{-j1K} + x(2)e^{-j2K} + \cdots + x(7)e^{-j7K} \qquad \text{식 (3.8)}$$

8개의 항을 가지기 때문에 8개의 복소 곱셈과 7개의 복소 덧셈이 계산된다. 또한 여기에는 $k = 0,\cdots,7$에 대한 고조항(harmonic components)이 존재한다. 이는 N 포인트 DFT인 경우에는 N개의 고조항이 있음을 알 수 있다. 따라서 만일 N=1024일 경우 거의 백만 개의 복소 곱셈기와 백만 개의 덧셈기가 필요하게 된다. 만일 식 (3.5)를 실수 연산식으로 표현했을 때에 다음 식 (3.9)와 같은 결과를 얻는다.

$$X[k] = \sum_{n=0}^{N-1} \Big[\big(\mathrm{Re}\{x[n]\}\mathrm{Re}\{W_N^{kn}\} - \mathrm{Im}\{x[n]\}\mathrm{Re}\{W_N^{kn}\}\big) + j\big(\mathrm{Re}\{x[n]\}\mathrm{Im}\{W_N^{kn}\} + \mathrm{Im}\{x[n]\}\mathrm{Re}\{W_N^{kn}\}\big)\Big] \qquad \text{식 (3.9)}$$

식 (3.9)를 통해 각 복소 곱셈을 위해 4개의 실수 곱셈기와 2개의 실수 덧셈기가 필요함을 알 수 있다. 그리고 각 복소 덧셈은 두 개의 실수 덧셈을 필요로 한다. 따라서 k값을 갖는 $X[k]$를 계산하기 위한 실수 계산량은 4N 실수 곱셈기와 2N+2(N−1)의 실수 덧셈기이다. 따라서 N개의 서로 다른 k에 따른 $x[n]$의 DFT를 직접 계산하기 위한 계산량은 표 3.1과 같이 $4N^2$개의 실수 곱셈기와 N(4N−2)개의 실수 덧셈기가 필요하다.

▸▸ 표 3.3 DFT 계산량

연산 / 종류	Multiply	Add
실수	$4N^2$	N(4N−2)
복소수	N^2	N(N−1)

DFT의 디지털 계산을 위해서는 이런 곱셈기와 덧셈기뿐만 아니라 범용 디지털 컴퓨터이건 특수 목적의 어떤 하드웨어 이건 간에 N개의 복소 입력 시퀀스 $x[n]$과 복소 회전인자 W_N^{kn}을 저장하고 불러오는 장치가 필요하다. 이렇게 N^2에 비례하는 큰 계산량과 또한 이에 따른 계산 시간 때문에 N 크기가 큰 경우의 DFT의 산술 연산을 직접 계산하는 방법은 무척 어려워진다. 그러나 여기에는 많은 H/W를 줄일 수 있는 여지가 있다.

예를 들어 $k=1$이고, $n=2$일 때, $e^{-j2\pi nk/8}=e^{-j\pi/2}$이고, $k=2$이고, $n=1$인 경우에도 $e^{-j2\pi nk/8}=e^{-j\pi/2}$이다.

따라서 대부분의 DFT 계산의 효율성을 증가시키기 위해 회전인자 W_N^{kn}의 이러한 대칭적이고 주기적인 성질을 이용한다.

$$W_N^{k[N-n]}=W_N^{-kn}=(W_N^{kn})^*\text{(complex conjugate symmetry)}$$

$$W_N^{k[N-n]}=W_N^{-kn}=(W_N^{kn})^*\text{(periodicity in } n \text{ and } k)$$

1965년 Cooley와 Tukey는 이러한 $X[k]$를 직접 계산하는 것보다 훨씬 빠르게 DFT를 계산할 수 있는 알고리즘을 발표하였다. 이것은 DFT의 계산을 위한 빠른 알고리즘을 발전시킨 돌파구의 역할을 하게 되었다. 이러한 알고리즘은 변환은 아니지만, 이것의 이름을 FFT라 명명하였다. 후에 많은 FFT 알고리즘을 발전시켰고, 현재 Good-Thomas 알고리즘, Cooley-Tukey 알고리즘, Rader 알고리즘, Chirp z 알고리즘, mixed-radix 알고리즘, Winograd 알고리즘, Rader-Brenner 알고리즘, prime factor 알고리즘, Brunn algorithm, radix-3 알고리즘, Walsh 알고리즘, Preuss 알고리즘, 동적 프로그래밍 기반 알고리즘, recursive cyclotomic factorization 알고리즘, split-radix algorithm, radix-12 알고리즘 등 많은 알고리즘들이 제안되었다. [18]

3.2.1 Cooley-Tukey 알고리즘

이전 장에서 논의한 바와 같이 N-point DFT 연산의 집적계산은 N^2 복소 곱셈과 N(N-1)의 복소 덧셈을 요구한다. 그러나 큰 크기의 N일 경우 그 계산량이 방대하여 구현의 어려움과 계산 시간이 비례적으로 커지게 된다. 그래서 계산량을 줄여 간소화하고 계산 속도를 개선하는 방법을 가리켜서 FFT라 하였다. 여러 FFT 기법이 있지만 그 중에 FFT 설계에 가장 큰 효율을 가져다준 방식이 Cooley와 Tukey가 제안한 Cooley-Turkey 알고리즘이라고 할 수 있다. 이 알고리즘은 만일 N이 합성수일 경우 훨씬 적은 곱셈과 덧셈만을 갖는 형태로 바꿀 수 있음을 보였다. 이러한 기법에는 입력시퀀스를 재배치하는 DIT(Decimation in Time : 이하 DIT) 구조와 출력 시퀀스를 재배치하는 DIF(Decimation in Frequency : 이하 DIF) 구조가 있다.

3.2.1.1 DIT 구조

Cooley-Tukey의 DIT 구조의 FFT 공식을 전개하기에 앞서, $N=N_1N_2$로 표현할 수 있으며, 수식 (3.5)의 n와 k의 인덱스를 2차원으로 식 (3.10)과 같이 표현한다.

$$n=n_2N_1+n_1,\quad (n_1=0,1,\ldots N_1-1,\ n_2=0,1,\ldots N_2-1) \qquad \text{식 (3.10)}$$

$$k=k_1N_2+k_2,\quad (k_1=0,1,\ldots N_1-1,\ k_2=0,1,\ldots N_2-1)$$

전개한 수식은 다음과 같다.

$$X[k_1N_2+k_2]=\sum_{n_1=0}^{N_1-1}\sum_{n_2=0}^{N_2-1}x[n_2N_1+n_1]\,W_N^{(k_1N_2+k_2)(n_2N_1+n_1)} \qquad \text{식 (3.11)}$$

여기에서, 회전인자는 다음과 같이 전개 된다.

$$\begin{aligned} W_N^{(k_1N_2+k_2)(n_2N_1+n_1)} &= W_N^{k_1n_2N_2N_1}\times W_N^{k_2n_2N_1}\times W_N^{k_2n_1}\times W_N^{k_1n_1N_2} \\ &= W_{N_2}^{k_2n_2}\times W_N^{k_2n_1}\times W_{N_1}^{k_1n_1} \end{aligned} \qquad \text{식 (3.12)}$$

식 (3.12)을 식 (3.11)에 대입하여 전개하면, 식 (3.13)과 같다.

$$X[k_1N_2+k_2]=\sum_{n_1=0}^{N_1-1}\left[\left(\sum_{n_2=0}^{N_2-1}x[n_2N_1+n_1]\,W_{N_2}^{k_2n_2}\right)W_N^{k_2n_1}\right]W_{N_1}^{k_1n_1} \qquad \text{식 (3.13)}$$

이 수식으로부터 DFT 식은 n_1을 고정시키고 N_2 포인트에 대한 DFT의 내합연산과 k_2를 고정시키고 N_1 포인트에 대한 DFT의 외합연산으로 변형되고 내합연산에는 각 k_2와 n_1을 고정시킨 회전인자 $W_N^{k_2n}$의 곱셈연산이 있는 것을 확인할 수 있다. 식 (3.13)의 계산량을 이해하기 위하여, 계산과정을 다음의 다섯 단계로 구분한다.

- 1 단계 :

$$x[n]=\left(x[n_2N_1],x[n_2N_1+1],x[n_2N_1+2],\cdots,x[n_2N_1+N_1-1]\right),\quad 0\le n_2\le N_2-1 \qquad \text{식 (3.14)}$$

- 2 단계 :

$$X[n_1,k_2]=\sum_{n_2=0}^{N_2-1}x[n_2N_1+n_1]\,W_{N_2}^{k_2n_2},\ 0\le k_2\le N_2-1, 0\le n_1\le N_1-1 \qquad \text{식 (3.15)}$$

- 3 단계 :

$$X'[n_1,k_2]=X[n_1,k_2]\,W_N^{k_2n_1},\ 0\le k_2\le N_2-1,\ 0\le n_1\le N_1-1 \qquad \text{식 (3.16)}$$

- 4 단계 :

$$X[k_1N_2+k_2]=\sum_{n_1=0}^{N_1-1}X'[n_1,k_2]\,W_{N_1}^{k_1n_1},\ 0\le k_1\le N_1-1,\ 0\le k_2\le N_2-1 \qquad \text{식 (3.17)}$$

- 5 단계 :

$$X[k_1N_2+k_2]=\left(X[k_2],X[N_2+k_2],X[2N_2+k_2],\cdots,X[(N_1-1)N_2+k_2]\right),\quad 0\le k_2\le N_2-1 \qquad \text{식 (3.18)}$$

이 과정은 그림 3.11에 도식화 하였다. 먼저 1 단계에서 입력데이터 시퀀스를 재배치 한다. 입력 시퀀스 $x[n]$은 N_2의 길이로 N_1개로 나뉘어 재배치된다. 새롭게 생성된 시퀀스는 원래의 시퀀스 $x[n]$과는 다른 순차를 갖게 될 것이다. 두 번째 단계에서 각 재배치된 시퀀스에 N_2 포인트 DFT를 수행한 즉, N_2 포인트 DFT가 N_1번 수행된다. 세 번째 단계에서 회전인자 N개의 복소 곱셈을 수행한다. 네 번째 단계에서 식 (3.17)에서 보인 것과 같이 N_1 포인트 DFT를 N_2번 수행한다. 마지막 단계에서의 출력은 입력 시퀀스 $x[n]$에 DFT를 수행한 결과의 정상적인 순서와 동일하게 출력된다.

만일 여기서 첫 번째 단계에서 필요한 데이터의 재배치에 소요되는 계산을 무시한다면 식 (3.13)에서 필요한 계산량은 N_2 포인트 DFT가 N_1번 수행한 것과 N_1 포인트 DFT를 N_2번 수행한 것을 합한 것과 같다. 그리고 N_1 포인트 DFT와 N_2 포인트 DFT를 직접 계산 하였다면, 필요한 복소 곱셈의 개수 $M_c(N)$와 필요한 복소 덧셈의 개수 $A_c(N)$는 다음 식 (3.19)와 같다.

$$M_c(N) = N_1(N_2^2) + N_1N_2 + N_2(N_1^2) = N_1N_2(N_1 + N_2 + 1) = N(N_1 + N_2 + 1)$$

식 (3.19)

$$\begin{aligned} A_c(N) &= N_1[N_2(N_2 - 1)] + N_2[N_1(N_1 - 1)] = N_1N_2(N_1 + N_2 - 1) \\ &= N(N_1 + N_2 - 2) \end{aligned}$$

이러한 결과는 $N > 6$ 경우에는 $M_c(N)$가 N^2보다 작고, $A_c(N)$이 $N(N-1)$보다 적음을 알 수 있다. 따라서 식 (3.13)에 의한 알고리즘이 DFT를 직접 계산하는 것 보다 효율적인 방법임을 알 수 있다. 또한 N_1 또는 N_2가 혹은 두 수 모두 두 수의 곱이라면 이것 또한 더 작은 DFT의 항으로 분리할 수 있으며, 이렇게 된다면 필요한 계산량도 더욱 감소하게 될 것이다. 이렇게 필요한 계산량의 감소는 Cooley-Tukey 알고리즘에 의해 더 이상 작은 값으로 분리될 수 없을 때까지 작은 포인트로 계속적으로 분리된다.

예를 들어, 만일 $N = N_1N_2N_3, \cdots, N_n$ 이라면 Cooley-Tukey 알고리즘에 의한 N 포인트 DFT는 길이 $N_1, N_2, N_3, \cdots, N_n$에 의한 결합된 DFT에 의해 계산한다. 이렇게 하면 필요한 복소 곱셈과 덧셈의 개수는 거의 $N(N_1 + N_2 + N_3 + \cdots + N_n)$이 되고, 이것은 큰 N일 경우 N^2라는 계산량보다 훨씬 작은 계산량이 된다. 만일 $N_j = N_{j1}N_{j2}$ $(N_{j1}, N_{j2} > 1)$인 경우, $N_j = N_{j1} + N_{j2}(N_{j1} = N_{j2} = 2)$일 때를 제외한 모든 경우에서 $N_{j1} + N_{j2} < N_j$라는 것을 통해 그 효율을 쉽게 알 수 있다.

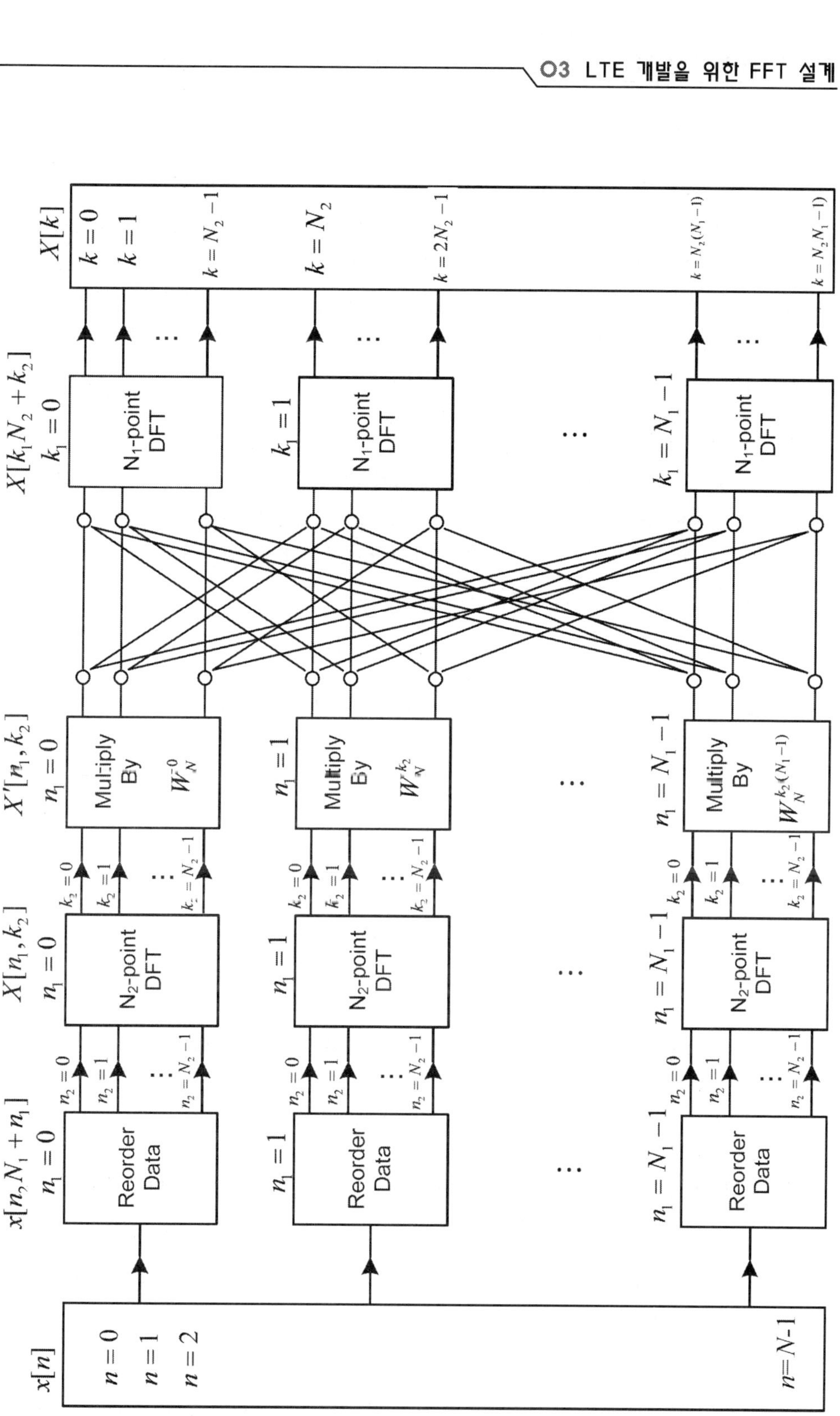

▸▸ 그림 3.11 DIT FFT구조의 단계별 계산 과정

이러한 논지에 의해 Cooley-Tukey 알고리즘은 N이 크고 N_j가 모두 소수(prime number)에 의한 복합수인 경우에 가장 효율적임을 알 수 있다. 게다가 모든 N_j 팩터가 서로 같을 경우에는 계산 구조가 규칙적으로 형성되기 때문에 설계가 매우 간단해지는 장점을 가지고 있다. 이러한 Cooley-Tukey 알고리즘의 여러 다른 버전 중에서 radix-2 알고리즘 ($N_j = 2$)과 radix-4 알고리즘($N_j = 4$)이 가장 널리 사용되는 구조이다.[18]

3.2.1.2 DIF 구조

DIF 구조는 DIT 구조와 많은 점에 있어서 유사하지만, 입력시퀀스 $x[n]$이 재배치되지 않고, 출력시퀀스 $X[k]$가 재배치되는 특징이 있다. DIF 구조의 FFT 공식을 전개하는 방식도 DIT 구조와 유사하다. $N = N_1N_2$로 표현할 수 있는 합성수 일 때 식 (3.5)의 n와 k의 인덱스를 다음과 같이 표현한다.

$$n = N_2n_1 + n_2, \quad (n_1 = 0,1,...N_1 - 1,\ n_2 = 0,1,...N_2 - 1) \qquad \text{식 (3.20)}$$

$$k = k_1 + N_1k_2, \quad (k_1 = 0,1,...N_1 - 1,\ k_2 = 0,1,...N_2 - 1)$$

전개한 수식은 다음과 같다.

$$X[k_1 + N_1k_2] = \sum_{n_2=0}^{N_2-1}\sum_{n_1=0}^{N_1-1} x[N_2n_1 + n_2]\, W_N^{(k_1+N_1k_2)(N_2n_2+n_2)} \qquad \text{식 (3.21)}$$

여기에서, 회전인자는 다음과 같이 전개된다.

$$\begin{aligned} W_N^{(k_1+N_1k_2)(N_2n_1+n_2)} &= W_N^{k_1n_1N_2} \times W_N^{k_1n_2} \times W_N^{N_1N_2k_2n_2} \times W_N^{k_2n_2N_1} \\ &= W_{N_1}^{k_1n_1} \times W_N^{k_1n_2} \times W_{N_2}^{k_2n_2} \end{aligned} \qquad \text{식 (3.22)}$$

식 (3.22)을 식 (3.21)에 대입하여 전개하면 식 (4.14)와 같다.

$$X[k_1 + N_1k_2] = \sum_{n_2=0}^{N_2-1}\left[\left(\sum_{n_1=0}^{N_1-1} x[N_2n_1 + n_2]\, W_{N_1}^{k_1n_1}\right) W_N^{k_1n_2}\right] W_{N_2}^{k_2n_2} \qquad \text{식 (3.23)}$$

이 식으로부터 DFT 식은 n_2를 고정시키고 N_1 포인트 DFT의 내합연산과 k_1를 고정시킨 N_2 포인트 DFT의 외합연산으로 변형되고, 내합연산에는 각 k_1과 n_2의 고정시킨 회전인자 $W_N^{k_1n_2}$의 곱셈연산이 있는 것을 확인할 수 있다. 식 (3.23)의 계산량을 이해하기 위하여, 계산과정을 다음의 다섯 단계로 구분한다.

- 1 단계 :

$$x[n] = (x[N_2n_1], x[N_2n_1 + 1], x[N_2n_1 + 2], \cdots, x[N_2n_1 + N_2 - 1]), \quad 0 \le n_1 \le N_1 - 1 \qquad \text{식 (3.24)}$$

- 2 단계 :

$$X[n_2,k_1] = \sum_{n_1=0}^{N_1-1} x[N_2n_1+n_2]\, W_{N_1}^{k_1n_1}, 0 \le k_1 \le N_1-1, 0 \le n_2 \le N_2-1 \quad \text{식 (3.25)}$$

- 3 단계 :

$$X'[n_2,k_1] = X[n_2,k_1]\, W_N^{k_1n_2}, 0 \le k_1 \le N_1-1, 0 \le n_2 \le N_2-1 \quad \text{식 (3.26)}$$

- 4 단계 :

$$X[k_1+N_1k_2] = \sum_{n_2=0}^{N_2-1} X'[n_2,k_1]\, W_{N_2}^{k_2n_2}, 0 \le k_1 \le N_1-1, 0 \le k_2 \le N_2-1 \quad \text{식 (3.27)}$$

- 5 단계 :

$$X[k_1+N_1k_2] = \left(X[k_1], X[k_1+N_1], X[k_1+2N_1], \cdots, X[k_1+(N_2-1)N_1]\right), \quad 0 \le k_1 \le N_1-1 \quad \text{식 (3.28)}$$

이 과정은 그림 3.12에 도식화 하였다. 그림과 같이 DIT 구조와 DIF 구조는 근본적으로 동일하며 계산량에 있어서도 일치한다. 이후에는 FFT 알고리즘의 전개를 명확히 하기 위하여 DIF 구조를 사용한다. 모든 FFT 알고리즘의 DIT 구조는 DIF를 통해서 쉽게 구할 수 있다.

3.2.1.3 비트리버스(Bit-reverse) 순서

DIT 구조나 DIF 구조에서 반드시 수행해야 할 것이 비트리버스(Bit-reverse)이며 이것은 radix-2 알고리즘인 경우 입력시퀀스 순서의 이진표기를 통해 쉽게 비트리버스 순서를 도출해 낼 수 있다. 아래 표 3.4의 첫 번째 열은 첫 번째 스테이지의 8 포인트 DIT FFT 구조의 입력 데이터의 순서를 보여준다. DIF FFT 구조는 이와 역구조이다.

▸▸ 표 3.4 비트리버스 순서

입력시퀀스	이진수표기	Bit-reverse	출력시퀀스
x_0	000	000	X_0
x_4	100	001	X_1
x_2	010	010	X_2
x_6	110	011	X_3
x_1	001	100	X_4
x_5	101	101	X_5
x_3	011	110	X_6
x_7	111	111	X_7

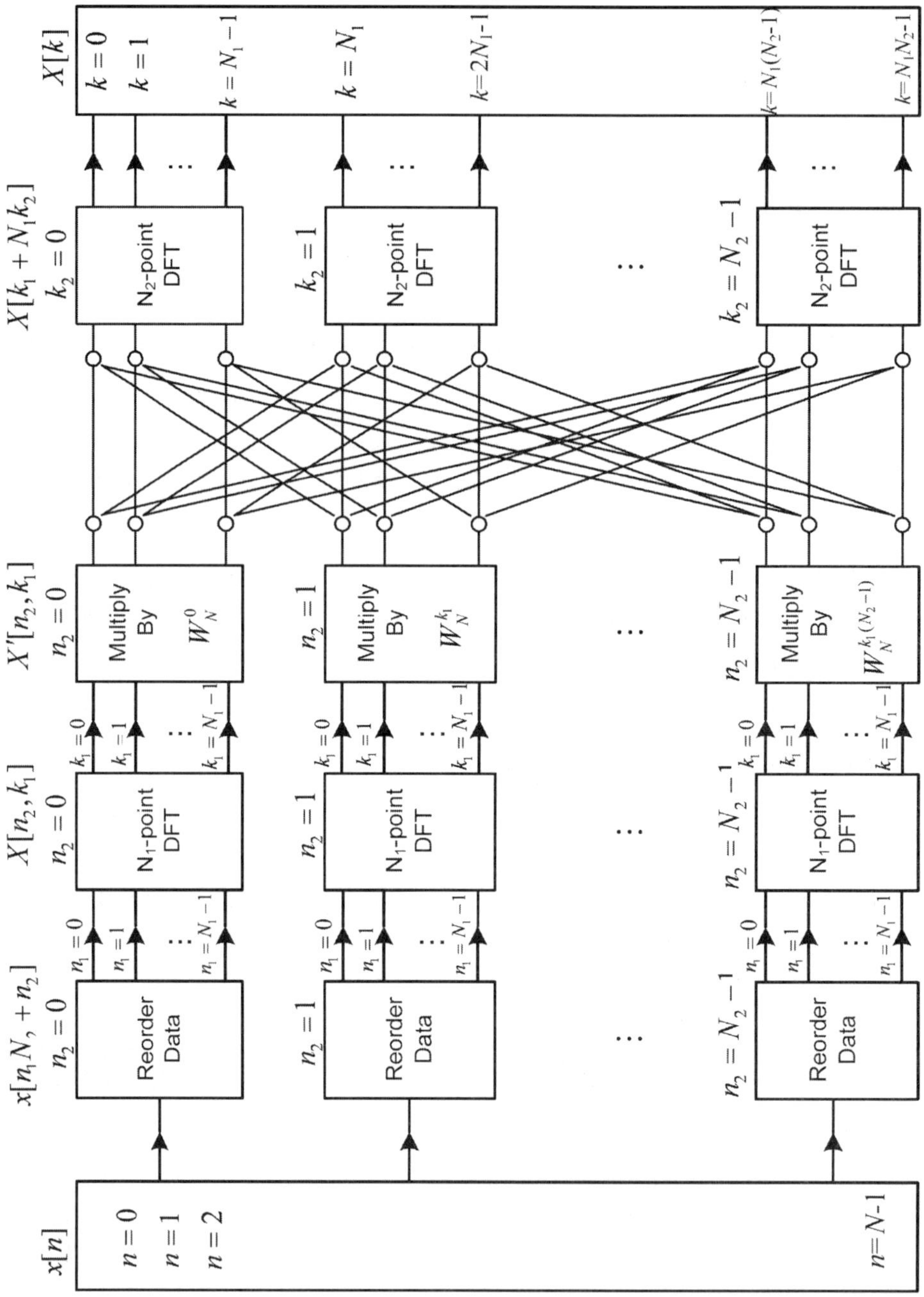

▶▶ 그림 3.12 DIF FFT구조의 단계별 계산 과정

각각의 값은 이진 메모리의 주소 번지에 기억되어 있다고 가정하면 이 주소들의 이진수 표기는 표 3.4의 두 번째 열에서 보여준다. 세 번째 열에서는 이 주소 번지의 비트리버스된 것으로 이 주소 값이 원래의 데이터 입력시퀀스의 주소 번지임을 알 수 있다. 따라서 필요로 하는 데이터의 주소는 원래의 데이터 주소를 이진비트를 역순으로 읽음으로써 얻을 수 있다. 그 밖에 radix 구조에서도 유사한 형태로 비트리버스 순서를 얻을 수 있다.[17]

3.2.2 FFT와 IFFT의 상관성

FFT와 IFFT는 실수부와 허수부를 갖는 복소수 연산을 수행한다. 이를 하드웨어로 구현할 때에는 실수부와 허수부를 분리하여 입출력하게 되는데, 이 두 구조의 설계는 서로 유사하여 FFT와 IFFT는 하나의 프로세서만을 이용하여 FFT와 IFFT 연산을 모두 할 수 있음을 알 수 있다. 먼저 FFT의 입력 $x[n]$을 실수부 $a[n]$과 $b[n]$으로 표현하면 식 (3.29)와 같다.

$$x[n] = a[n] + jb[n] \qquad \text{식 (3.29)}$$

출력 $X[k]$도 식 (3.30)과 같이 $A[k]$와 $B[k]$로 표현할 수 있다.

$$X[k] = A[k] + jB[k] \qquad \text{식 (3.30)}$$

이것을 DFT 일반식 식 (3.5)에 대입하여 정리하면,

$$X[k] = \sum_{n=0}^{N-1} x[n] e^{-j\frac{2\pi}{N}kn} \qquad \text{식 (3.31)}$$

$$\begin{aligned} A[k] + jB[k] &= \sum_{n=0}^{N-1} \{a[n] + jb[n]\} \left\{ \cos\left(j\frac{2\pi}{N}kn\right) - j\sin\left(j\frac{2\pi}{N}kn\right) \right\} \\ &= \sum_{n=0}^{N-1} \{a[n]\cos\theta_{kn} + b[n]\sin\theta_{kn}\} + j\{-a[n]\sin\theta_{kn} + b[n]\cos\theta_{kn}\} \end{aligned}$$

따라서 $A[k]$와 $B[k]$는 다음 식 (3.32)와 같다. 여기에서 $\theta_{kn} = j\frac{2\pi}{N}kn$이다.

$$A[k] = \sum_{n=0}^{N-1} \{a[n]\cos\theta_{kn} + b[n]\sin\theta_{kn}\} \qquad \text{식 (3.32)}$$

$$B[k] = \sum_{n=0}^{N-1} \{-a[n]\sin\theta_{kn} + b[n]\cos\theta_{kn}\}$$

반면에 IDFT 일반식을 대입하여 정리하면,

$$x[n] = \frac{1}{N}\sum_{k=0}^{N-1} X[k] e^{j\frac{2\pi}{N}kn} \qquad \text{식 (3.33)}$$

$$\begin{aligned} a[n] + jb[n] &= \frac{1}{N}\sum_{k=0}^{N-1}\{A[k] + jB[k]\}\left\{\cos\left(j\frac{2\pi}{N}kn\right) + j\sin\left(j\frac{2\pi}{N}kn\right)\right\} \\ &= \frac{1}{N}\sum_{n=0}^{N-1}\{A[n]\cos\theta_{kn} - B[n]\sin\theta_{kn}\} + j\{A[n]\sin\theta_{kn} + B[n]\cos\theta_{kn}\} \end{aligned}$$

따라서 $a[n]$와 $b[n]$는 다음 식 (3.34)와 같다.

$$\begin{aligned} a[n] &= \frac{1}{N}\sum_{k=0}^{N-1}\{A[k]\cos\theta_{kn} - B[k]\sin\theta_{kn}\} \qquad \text{식 (3.34)} \\ &= \frac{1}{N}\sum_{k=0}^{N-1}\{-B[k]\sin\theta_{kn} + A[k]\cos\theta_{kn}\} \\ b[n] &= \frac{1}{N}\sum_{k=0}^{N-1}\{A[k]\sin\theta_{kn} + B[k]\cos\theta_{kn}\} \\ &= \frac{1}{N}\sum_{n=0}^{N-1}\{B[k]\cos\theta_{kn} + A[k]\sin\theta_{kn}\} \end{aligned}$$

여기에서 FFT의 출력 $A[k]$에 IFFT의 출력 $b[n]$으로, $B[k]$에 $a[n]$으로 바꾸고 FFT의 입력 $a[n]$에 IFFT의 입력 $B[k]$, $b[n]$에 $A[k]$로 바꾸게 되면 $\frac{1}{N}$을 제외하고 두 식이 일치하게 되는 것을 알 수 있다. 따라서 FFT 프로세서를 통해 IFFT 연산을 수행할 수 있다. OFDM 시스템에서는 변조부에 IFFT 프로세서를 복조부에 FFT 프로세서를 사용하므로 다음 그림 3.13과 같이 OFDM 변복조를 구현할 수 있다.

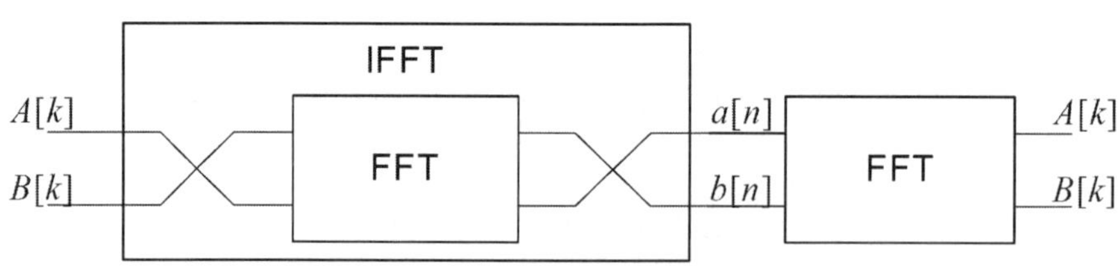

▶▶ 그림 3.13 IFFT를 FFT로 대체한 OFDM 시스템

3.2.3 FFT 양자화 효과

3장에서 논의한 바와 같이 DFT는 많은 디지털 신호 처리 응용분야에 중요한 역할을 하고 있다. 각 응용분야에서 적합하게 사용하기 위해서는 DFT 수행 시에 발생하는 양자화 오류의 효과에 대하여 분석할 필요가 있다. 아날로그 신호를 디지털 신호로 변환하여 FFT를 수행할 때 다음과 같은 3개의 양자화 효과가 발생하게 된다. [17]

- 라운드 오프(Round-off) 오차
  회전인자 곱셈과정에서 발생하는 절사(Truncation)로 인해 발생하는 오차이다.
- 스케일링(Scaling) 오차
  덧셈과정 중 오버플로우(Overflow)나 언더플로우(Underflow)를 막기 위해 스케일링(Scaling)을 하는 과정에서 발생하는 오차이다.
- 회전계수 오차
  회전인자를 발생하는 코사인(Cosine)과 사인(Sine)의 디지털 데이터의 부정확성 때문에 발생하는 오차이다.

먼저 양자화 오류는 곱셈연산 시 고정 소수점 연산으로 인한 라운드 오프(round-off) 에러와 스케일링의 효과를 고려해 보자. 다음 절에서 직접 DFT를 계산할 때 발생하게 될 라운드 오프 에러를 분석하기 위해 통계적 분석방법을 사용하였다.

3.2.3.1 DFT 수행 시 양자화 에러

유한 구간 시퀀스 $x(n), 0 \le n \le N-1$이 주어질 때, $x(n)$의 DFT는 식 (3.5)와 같다. 여기에서 $x(n)$과 W_N^{kn}의 실수부와 허수부가 각각 b 비트로 표현된다고 가정한다. $x(n)W_N^{kn}$의 복소 곱셈은 네 개가 실수 곱셈기를 필요로 하고, 각 실수 곱셈은 2b 비트에서 b 비트로 라운딩(Rounding)한다. DFT의 직접 계산에서는 DFT 각 포인트에 대해 N번의 복소 곱셈이 수행되기 때문에 하나의 포인트에 대한 실수 곱셈의 계산량은 총 4N이 된다. 따라서 4N번의 양자화 에러가 발생한다.

DFT의 계산 시 고정 소수점 양자화 에러의 분산(variance)을 측정하기 위하여 먼저 양자화 오류에 대한 통계적 특성을 몇 가지 가정한다.

- 라운딩에 의한 양자화 에러는$(-\Delta/2, \Delta/2), \Delta = 2^{-b}$의 범위 안의 균일 분포(Uniformly distributed) 랜덤 변수이다.
- 4N번의 양자화 에러는 서로의 상관값이 없다. (Uncorrelated)
- 4N번의 양자화 에러는 시퀀스 $x(n)$과 상관값이 없다. (Uncorrelated)

유한 비트 표현에 의한 DFT 계산 결과는 식 (3.36)과 같다.

$$X'[k] = X[k] + F[k] \qquad \text{식 (3.35)}$$

여기에서 $F[k]$는 식 (3.36)과 같은 k번째 계산시 발생한 에러를 표현한 것이다.

$$F[k] = \sum_{n=0}^{N-1} \varepsilon[n,k] \qquad \text{식 (3.36)}$$

따라서 $x(n)W_N^{kn}$에 대한 양자화 에러는 식 (3.37)과 같다.

$$\begin{aligned} Q\left[x[n]\,W_N^{kn}\right] &= Re\{x[n]\}\cos\theta_{kn} + \varepsilon_1[n,k] + Im\{x[n]\}\sin\theta_{kn} + \varepsilon_2[n,k] \\ &\quad + j\big(Im\{x[n]\}\cos\theta_{kn} + \varepsilon_3[n,k]\big) - j\big(Re\{x[n]\}\sin\theta_{kn} + \varepsilon_4[n,k]\big) \end{aligned} \qquad \text{식 (3.37)}$$

양자화 에러는 다음 식 (3.38)의 분산을 갖는다.

$$\sigma_\varepsilon = \int_{-(1/2)2^{-b}}^{(1/2)2^{-b}} \varepsilon^2 P(\varepsilon)d\varepsilon = \frac{1}{2^{-b}}\int_0^{2^{-b}} \varepsilon^2 d\varepsilon = \frac{2^{-2b}}{12} \qquad \text{식 (3.38)}$$

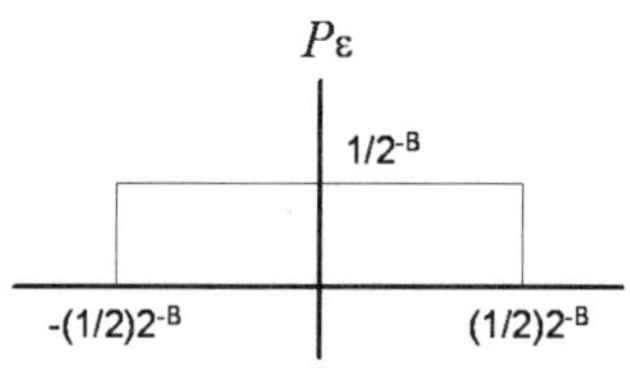

▸▸ 그림 3.14 b+1 비트 균일 에러 분포

4N의 곱셈에 대한 양자화 에러의 분산은 다음과 같다.

$$\sigma_q^2 = 4N\sigma_\varepsilon^2 = \frac{N}{3}\cdot 2^{-2b} \qquad \text{식 (3.39)}$$

식 (3.39)와 같이 양자화 에러에 의한 출력 신호의 잡음은 N의 크기에 비례함을 알 수 있다. N이 2의 승수로 결정된다는 것을 고려하면 분산은 다음과 같이 표현할 수 있다.

$$\sigma_q^2 = \frac{2^{-2(b-v/2)}}{3} \qquad \text{식 (3.40)}$$

식 (3.40)의 의미는 같은 양자화 에러의 분산크기를 가지려면 N이 네 배 증가할 때 b 비트의 추가적인 1비트가 늘어야 한다는 것이다.

다음으로 DFT 계산시 오버플로우를 막기 위한 스케일링이 요구된다. 스케일링은 식 (3.41)와 같이 증명할 수 있다. $|X(k)|$의 Upper bound는 다음과 같다.

$$|X(k)| \le \sum_{n=0}^{N-1} |x(n)| \qquad \text{식 (3.41)}$$

만일 덧셈연산 시 동적 범위가 $|X(k)| < 1$라면, 이것은 다음 식 (3.42)를 만족한다.

$$\sum_{n=0}^{N-1} |x(n)| < 1 \qquad \text{식 (3.42)}$$

만일 $|x(n)| < 1$이 만족하면, 최악의 경우(Worst case) 오버플로우를 막기 위해 초기에 입력값을 N으로 나누어야 한다. 이러한 영향은 아주 심각한 영향을 입힌다. 결국 각 $|x(n)|$시퀀스의 값은 $(-1/N, 1/N)$사이에 균일한 분포를 가질 것이다. 그때 신호 시퀀스의 분산은 다음과 같다.

$$\sigma_x^2 = \frac{(2/N)^2}{12} = \frac{1}{3N^2} \qquad \text{식 (3.43)}$$

DFT 출력 $|X(k)|$의 분산은 다음과 같다.

$$\sigma_X^2 = N\sigma_x^2 = \frac{1}{3N} \qquad \text{식 (3.44)}$$

따라서, 신호 대 잡음의 전력비(SNR)는

$$\frac{\sigma_X^2}{\upsilon_q^2} = \frac{2^{2b}}{N^2} \qquad \text{식 (3.45)}$$

식 (3.45)에서 N에 의한 입력 스케일링과 양자화 에러에 의한 총 SQNR의 감소는 N^2에 비례하는 결과를 초래하게 된다. 따라서 입력 시퀀스의 오버플로우를 막기 위해 입력 신호를 N으로 나누는 입력 스케일링 방식은 DFT의 출력 SQNR에 막대한 영향을 줌을 알 수 있다.

예를 들어 30dB의 SNR을 갖는 1024 포인트 DFT 계산에 필요한 비트 수를 결정해 보자 시퀀스의 사이즈는 $N = 2^{10}$이다. 따라서 SNR은

$$10\log_{10}\frac{\sigma_X^2}{\sigma_q^2} = 10\log_{10}\left(2^{2b-20}\right) \qquad \text{식 (3.46)}$$

SNR이 30dB인 경우는

$$2^{(2b-20)} = 10^3 \\ b = 15\text{bits} \qquad \text{식 (3.47)}$$

곱셈과 덧셈에 있어서 모두 15비트의 정밀도가 필요하다.

3.2.3.2 FFT 수행 시 양자화 에러

이전 절에서 보인 것처럼 FFT 알고리즘은 직접 DFT를 수행하는 것 보다 훨씬 적은 곱셈만 필요로 한다. 이런 관점에서 보면 FFT 알고리즘에 의한 계산은 더 작은 양자화

에러를 갖는다고 말할 수 있다. 다음 장에서 설명될 radix-2 FFT 알고리즘에 의한 계산 시 고정 소수점 연산을 고려해 보자. 그림 3.15와 같이 N 이 8인 radix-2 DIT 알고리즘을 생각해보자.

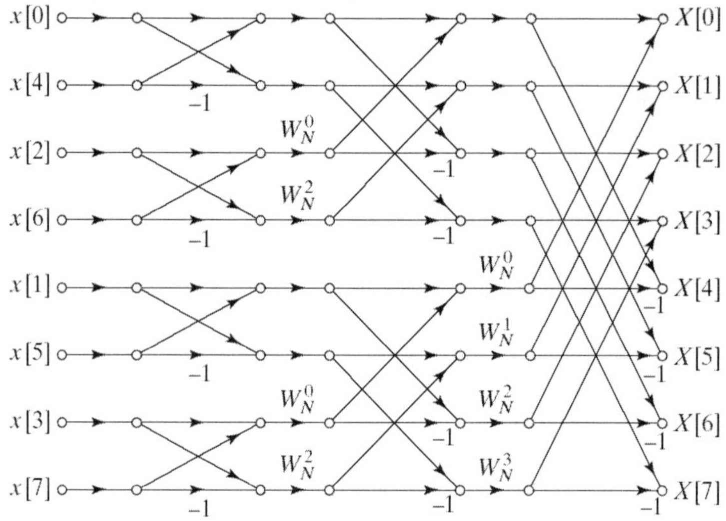

▸▸ 그림 3.15 8 포인트 DIT FFT 신호 흐름도

각 버터플라이 연산은 그림 3.16과 같이 네 개의 실수 곱셈에 해당하는 하나의 복소 곱셈기를 포함한다. 만일 DFT의 한 포인트에 대한 계산에 영향을 주는 버터플라이를 고려한다면, 여기에는 첫 번째 스테이지에서 $\frac{N}{2}$개 두 번째 스테이지에서 $\frac{N}{4}$ 세 번째 스테이지에서 $\frac{N}{8}$개 등등 계속해서 결국 마지막 스테이지에서는 단 하나가 존재한다. 결국 다음과 같은 식으로 나타낼 수 있다.

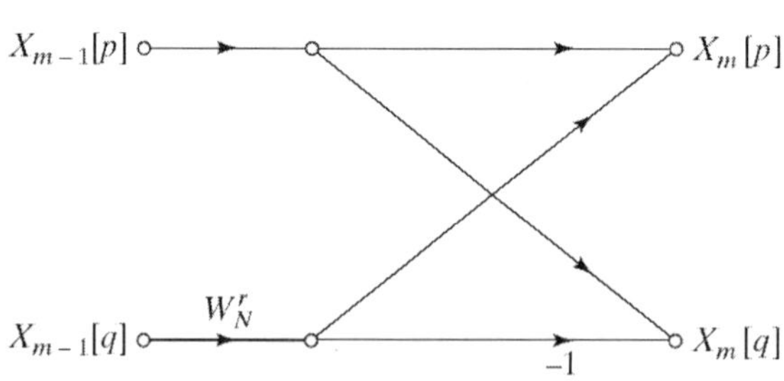

▸▸ 그림 3.16 radix-2 버터플라이 연산

$$2^{v-1}+2^{v-2}+\cdots+2+1=2^{v-1}\left[1+\left(\frac{1}{2}\right)+\cdots+\left(\frac{1}{2}\right)^{v-1}\right] \quad \text{식 (3.48)}$$
$$=2^{v}\left[1-\left(\frac{1}{2}\right)^{v}\right]=N-1$$

예를 들어 8 포인트 FFT 인 경우 X(0), X(2) 계산에 영향을 주는 버터플라이는 그림 3.17과 같다. 양자화 에러는 각 버터플라이에 인가되어 출력값에 전파된다. 따라서 첫 번째 스테이지에 인가된 양자화 에러는 $(v-1)$ 스테이지만큼 전파된다. 그리고 두 번째 스테이지에 인가된 양자화 에러는 $(v-2)$만큼 전파되고, 그 다음도 마찬가지 방식으로 전파된다. 그리고 이런 양자화 에러는 W_N^{kn}에 의해 위상변이가 일어난다. 그러나 이러한 위상변이는 양자화 에러의 통계적 특성을 변화시키지는 않기 때문에 각 양자화 에러의 분산은 스테이지를 지날 때 변화하지 않는다.

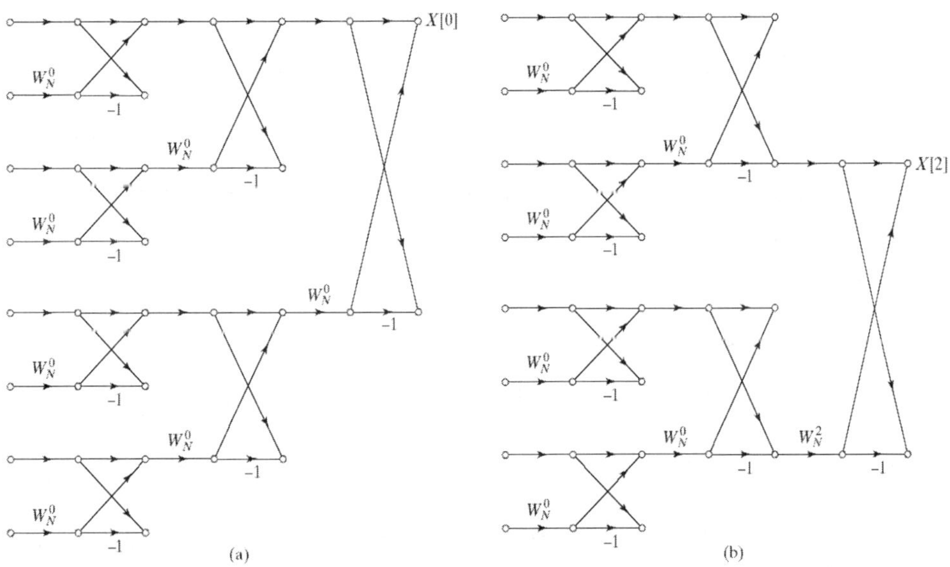

▸▸ 그림 3.17 X[0]와 X[2]에 영향을 주는 버터플라이 연산

만일 각 버터플라이에 인가된 양자화 에러가 다른 버터플라이 간에 서로 상관값이 없다면 결국 FFT 출력단에서 각 포인트에 인가된 에러는 $4(N-1)$개가 된다. 결과적으로 출력단에서 총 양자화 에러의 분산은 다음과 같다.

$$\sigma_q^2=4(N-1)\frac{\Delta^2}{12}\simeq\frac{N\Delta^2}{3} \quad \text{식 (3.49)}$$

여기에서 $\Delta=2^{-b}$이다. 이러한 결과는 DFT를 직접 계산할 때 얻는 값과 동일한 값이다. 이런 결과가 나오는 이유는 FFT 알고리즘이 DFT 한 포인트의 계산에 필요한 곱셈의 숫자를 줄인 것은 아니기 때문이다. 오히려 W_N^{kn}의 주기성을 이용하여 전체 N 포인트 DFT 블록의 계산의 곱셈 숫자를 줄인 것이다.

DFT의 직접계산 시 오버플로우를 막기 위해 입력 시퀀스의 스케일을 조정하였던 것과 같이 FFT 알고리즘에서도 일치하는 SQNR을 얻을 수 있다. 그러나 FFT 알고리즘은 일련의 스테이지로 구성되어 있고 각 스테이지는 포인트의 쌍을 포함하고 있기 때문에 입력 신호를 N으로 나누는 것과 다른 스케일링 접근 방법이 적용할 수 있다. 이것은 각 스테이지에서의 $|X(k)|$ 이 계산되는 중간 값을 처리하는 스케일링 방법이다.

$$\max\{|X_{n+1}(k)|,|X_{n+1}(l)|\} \geq \max\{|X_n(k)|,|X_n(l)|\} \qquad \text{식 (3.50)}$$

$$\max\{|X_{n+1}(k)|,|X_{n+1}(l)|\} \leq 2\max\{|X_n(k)|,|X_n(l)|\}$$

식 (3.50)의 관점에서 보면, FFT 알고리즘의 각 스테이지 내에 $\frac{1}{N}$이라는 스케일링을 분산시킬 수 있다. 만일 $|x(n)| < 1$이라는 조건이 만족한다면 첫 번째 스테이지에서 $\frac{1}{2}$에 의한 스케일링은 $|x(n)| < \frac{1}{2}$를 만족하게 한다. 이때 FFT 알고리즘의 각 스테이지의 출력은 $\frac{1}{2}$로 스케일링 된다. 그래서 총 v 스테이지가 지난 후에 $\left(\frac{1}{2}\right)^v = \frac{1}{N}$라는 전체 스케일 팩터가 성립된다. 따라서 전체 FFT 수행 후 오버플로우에 의한 영향은 막을 수 있다. 이러한 스케일링 방식을 안전한 스케일링(Safety scaling)이라고 부른다. 안전한 스케일링 절차는 FFT 알고리즘의 출력단에서 신호레벨에 영향을 미치지 않고, 출력단의 양자화 에러의 분산을 크게 낮추는 효과가 있다. $\left(\frac{1}{2}\right)$에 의한 스케일 팩터는 양자화 에러의 분산에 $\left(\frac{1}{4}\right)$의 팩터로 작용한다. 따라서 첫 번째 스테이지의 $4\left(\frac{N}{2}\right)$에 의한 양자화 에러는 $\left(\frac{1}{4}\right)^{v-1}$ 에 의한 분산으로 감소되고 두 번째 스테이지의 $4\left(\frac{N}{4}\right)$에 의한 양자화 에러는 $\left(\frac{1}{4}\right)^{v-2}$이고, 다른 스테이지의 영향도 이와 같은 식으로 나타나게 된다. 결과적으로 FFT 알고리즘의 출력단에서의 총 양자화 에러의 분산은 다음 식 (3.51)과 같다.

$$\sigma_q^2 = \frac{\Delta^2}{12}\left\{4\left(\frac{N}{2}\right)\left(\frac{1}{4}\right)^{v-1} + 4\left(\frac{N}{4}\right)\left(\frac{1}{4}\right)^{v-2} + 4\left(\frac{N}{8}\right)\left(\frac{1}{4}\right)^{v-3} + \cdots + 4\right\} \qquad \text{식 (3.51)}$$

$$= \frac{\Delta^2}{3}\left\{\left(\frac{1}{2}\right)^{v-1} + \left(\frac{1}{2}\right)^{v-2} + \cdots + \frac{1}{2} + 1\right\}$$

$$= \frac{2\Delta^2}{3}\left\{1 - \left(\frac{1}{2}\right)^v\right\} \approx \frac{2}{3} \cdot 2^{-2b}$$

여기에서 $\left(\frac{1}{2}\right)^v$은 무시할 만 하다고 간주하였다.

식 (3.51)과 같이 양자화 오류는 N에 더 이상 비례하지 않는다. 반면에 신호는 $\sigma_X^2 = 1/3N$의 분산을 갖는다. 따라서 SNR은 다음 식 (3.52)와 같다.

$$\frac{\sigma_X^2}{\sigma_q^2} = \frac{1}{2N} \cdot 2^{2b} = 2^{2b-v-1} \qquad \text{식 (3.52)}$$

따라서 안전한 스케일링은 N^2 대신 N의 역수에 비례하는 SNR을 얻을 수 있다.

예를 들어 30dB의 SNR을 갖는 1024 포인트 DFT 계산에 필요한 비트 수를 결정해 보자. 시퀀스의 사이즈는 $N = 2^{10}$이다. 따라서 SNR은

$$10\log_{10} 2^{2b-v-1} = 30 \qquad \text{식 (3.53)}$$

$$2^{(2b-11)} = 10^3$$

$$b = \frac{21}{2}(11bits)$$

이러한 결과는 첫 번째 스테이지에서 N으로 스케일링하여 얻어진 결과 15비트와 비교하면 큰 차이임을 알 수 있다. 그림 3.18은 DFT의 초기입력에 $\frac{1}{N}$ 스케일링하는 방식과 FFT에 안전한 스케일링 방식을 N의 크기에 따라 잡음 대 신호 전력비를 나타낸 그래프이다. N의 크기에 비례하여 안전한 스케일링 방식이 훨씬 오차가 적음을 알 수 있다.

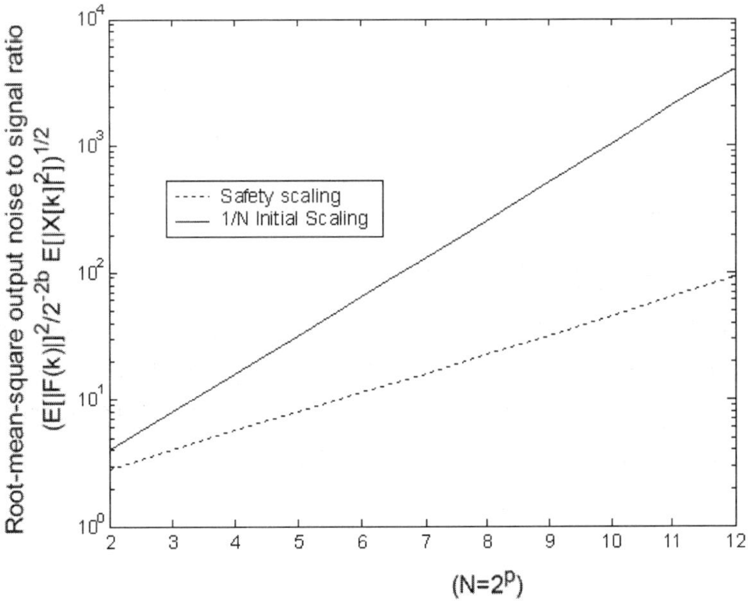

▸▸ 그림 3.18 FFT 스케일링 방법에 따른 잡음대 신호 전력비

3.2.4 소수점 표현 방식

FFT 프로세서의 구현에 있어, 널리 이용되는 수 체계로는 고정소수점(Fixed point)방식, 부동 소수점(Floating point) 방식과 블록 부동소수점(Block floating point) 방식이 있다. 이들 간의 선택은 FFT 프로세서의 정확도와 복잡도에 큰 영향을 미치므로 신중한 선택이 요구된다.

3.2.4.1 고정 소수점 표현 방식

디지털 신호를 표현하는 2진수 체계에서 보편적으로 2의 보수 표현법을 사용하고 있다. 2의 보수 표현식에는 정수부 표현식과 소수부 표현식 두 종류가 있다.[27]

N 비트의 길이를 갖는 2의 보수 정수부 표현식은 다음 식 (3.54)와 같다.

$$X = x_{N-1}, x_{N-2}, \cdots x_1, x_0 = -x_{N-1}2^{N-1} + \sum_{i=0}^{N-2} x_i 2^i \qquad \text{식 (3.54)}$$

N 비트의 길이를 갖는 2의 보수 소수부 표현식은 다음 식 (3.55)와 같다.

$$X = x_{N-1}, x_{N-2}, \cdots x_1, x_0 = -x_{N-1} + \sum_{i=1}^{N-1} x_{N-1-i} 2^{-i} \qquad \text{식 (3.55)}$$

고정 소수점 표현 방식은 비교적 설계가 용이한 장점은 있으나 곱셈 연산 시 양자화 오류를 크게 겪게 된다. 일반적인 N비트 곱하기 N 비트의 곱셈기 출력은 $(2N-1)$비트이며 이는 다음 연산을 위하여 N비트로 양자화를 한다면 $(N-1)$비트의 LSB를 절사(truncation)해야 하기 때문이다. FFT 연산은 버터플라이 연산 후 복소 곱셈으로 구성되는 중첩된 연산 단계를 거치기 때문에 내부의 비트 수를 불가피하게 내부 비트 수로 제한해야 한다. 이렇게 각 연산 단계의 중간 결과값을 단순하게 절사하는 방법은 부가 하드웨어가 필요치 않다는 장점이 있으나, FFT의 출력의 정밀도가 떨어져 SQNR이 낮아지는 단점이 있다.

3.2.4.2 부동 소수점 표현 방식

부동 소수점 수를 표현 방식에는 32비트인 단정밀도(Single precision) 형식과 64비트인 배정밀도(double precision) 형식이 있다. 단정밀도의 형식은 1비트의 부호 비트, 8비트의 지수부, 23 비트의 분수부로 되어있다. 배정밀도의 형식은 1비트의 부호비트, 11비트의 지수부, 52 비트의 분수부로 되어있다.

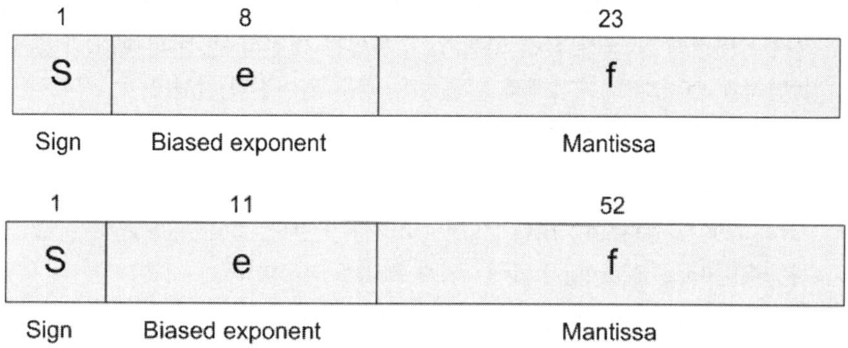

▸▸ 그림 3.20 단정밀도와 배정밀도 부동 소수점 표현 방식

피연산자 A는 다음과 같이 표현된다.

$$A = (-1)^s \times 1.f \times 2^{e-bias} \qquad \text{식 (3.56)}$$

$$s: sign,\ f: fraction, e: exponent$$

s는 분수부에 대한 부호 비트이며, f는 절대치 형태의 분수부이며, e는 바이어스 형태의 지수부이다. 부동 소수점 표현 형식은 신호의 표현범위가 넓어 정밀도를 높일 수 있으나 연산이 복잡하고, 면적과 전력소모 관점에 비중이 커지는 단점이 있다. 이를 개선하기 위해 고정 소수점 표현과 부동 소수점 표현을 혼합한 블록 부동 소수점(Block Floating Point : 이하 BFP) 표현기법이 제안되었다.

3.2.4.3 블록 부동 소수점 표현 방식

BFP 스케일링 기법은 각 연산 단계의 중간 결과 데이터 전체를 버퍼 메모리에 저장한 후, 이들 중에서 가장 큰 값을 기준으로 데이터를 스케일링하여 내부 비트수를 제한하는 방법이다. 그러나 이 방법은 이전 연산단계의 출력 데이터 전체가 메모리에 저장되어야 하므로 파이프라인 방식의 FFT 프로세서에는 적용이 불가능하며, 또한 FFT 길이에 비례하는 큰 버퍼 메모리를 필요로 하여 면적과 전력소모가 N 크기에 비례하여 커지는 단점을 갖는다.

3.2.4.4 CBFP 방식

CBFP(Convergent Block Floating Point : 이하 CBFP)는 파이프라인 구조의 FFT에 BFP를 적용한 기법으로 FFT 연산 과정에서 다음 단계의 입력이 그 이전 단계의 N/4 (radix-4 알고리즘) 또는 N/2(radix-2)의 출력에만 관계되는 성질을 이용하여 각 데이터 블록의 연산이 종료된 직후 이 중에서 가장 큰 값을 기준으로 데이터를 스케일링하여 내부 비트수를 제한하는 방법이다. 따라서 각 연산 단계에서 블록 크기에 비례하는 버퍼 메모리만을 사용하므로 BFP 방법에 비하여 스케일링을 위한 메모리를 크게 줄일 수 있다. 그러나 여전히 N 크기가 큰 FFT 인 경우에는 여전히 큰 버퍼 메모리를 필요로 하므로 칩 면적과 전력소모 관점에서 실용성이 매우 떨어진다. [4][21][25][41]

CBFP의 과정은 다음과 같다.

- 한 블록 내의 각각의 데이터에서 부호비트와 동일하면서 연속된 '0' 또는 '1'의 NLB (Number of Leading Bits :이하 NLB)를 구한다. 그 중 가장 작은 값을 CBFP 계수 BSI(Block Scaling Index :이하 BSI)로 지정한다.
- 블록내의 모든 데이터를 BSI 만큼 왼쪽 시프트 한 후에 나머지 비트는 절사한다.
- 얻어진 BSI는 데이터 연산 시간과 동일하게 지연되어, 다음 단계의 BSI들과 합하여, 최종 출력단에서 시프트된 데이터들을 보상한다.

그림 3.20은 일반적인 CBFP 스케일링 방법의 메커니즘을 나타내는 블록도이다. 설명의 편의를 위하여 데이터 블록의 크기는 B=128이고 연산단계의 중간결과 값을 $m=25$ 비트에서 $d=12$ 비트로 스케일링하는 경우를 예로 들었다. 그러나 블록의 크기(B)나 중간결과 데이터의 비트 수(m) 및 내부 비트수(d)에 제한 받지 않고 일반적으로 적용이 가능하다. 버터플라이 연산과 복소 곱셈을 거쳐 CBFP 처리부에 입력되는 25비트 데이터의 실수부와 허수부에서 NLB를 찾는다. 이를 BSI 레지스터 값과 비교하여 작은 값을 BSI 레지스터로 갱신하고 25비트 데이터는 순차적으로 버퍼 메모리에 임시 저장한다. 블록 내의 모든 데이터에 대해 상기 과정을 반복하면 BSI 레지스터에는 가장 작은 NLB

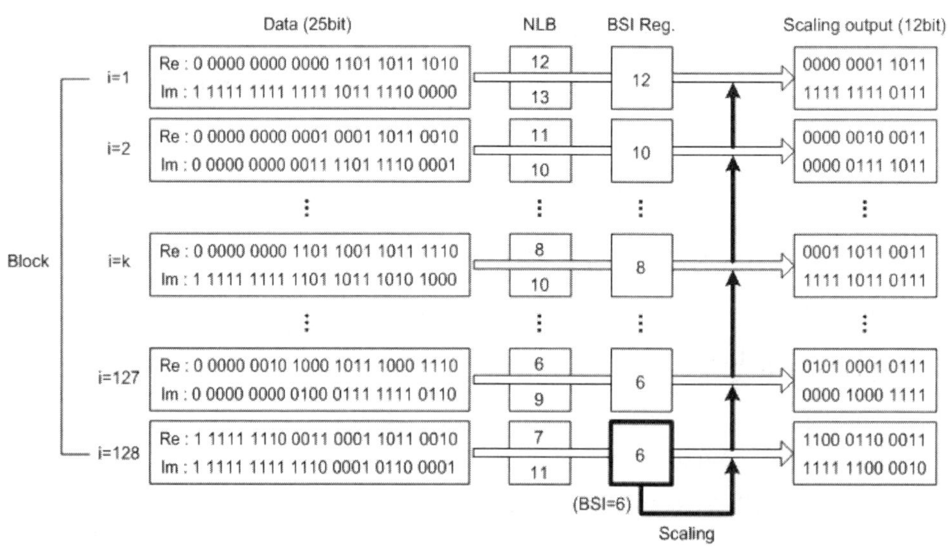

▸▸ 그림 3.20 CBFP 스케일링 방법의 메커니즘

값이 저장되고, 이 값을 이용하여 버퍼 메모리에 저장된 25비트 데이터를 순차적으로 꺼내어 12비트로 스케일링하여 다음 연산단계로 넘겨준다. 이와 같은 CBFP 스케일링 과정이 각 연산단계의 모든 데이터 블록들에 대해 반복 수행되며, 각 연산단계에서 얻어진 BSI 값은 연산단계마다 누적 가산된다. 마지막 연산단계에는 누적 가산된 CBFP 지수를 이용하여 최종 FFT 출력에 대한 CBFP 디코딩 과정이 수행된다.

그림 3.21은 그림 3.20의 메커니즘을 기반으로 하는 CBFP 스케일링 처리부의 구성도이다. 계수/비교기(CNT_CMP)는 CBFP 처리부에 입력되는 m 비트 데이터의 NLB 값을 구하고, 이 값을 BSI 레지스터에 저장된 값과 비교하여 작은 값을 BSI 레지스터에 갱신한다. 데이터 블록 내의 모든 데이터에 대한 계수/비교 과정이 완료되어야만 해당 데이터 블록의 스케일링 지수가 찾아지므로, 데이터 블록 내의 모든 m 비트 데이터는 버퍼 메모리에 임시저장되어야 한다. 따라서 버퍼 메모리는 B×$2m$비트의 저장공간이 필요하다. 또한 각 연산단계마다 BSI 값을 구하는 시간만큼 출력이 지연되므로 FFT 프로세서의 출력 latency가 길어져서 N 포인트 크기가 큰 FFT인 경우에 실용성이 떨어지는 단점이 있다. 그림 3.22는 CBFP 방식을 적용한 2048 포인트 FFT 블록도를 보인다. 처음 스테이지를 제외한 모든 스테이지에 CBFP 처리 블록이 있으며 BSI를 마지막 스테이지까지 지연하는 지연 블록이 있다.

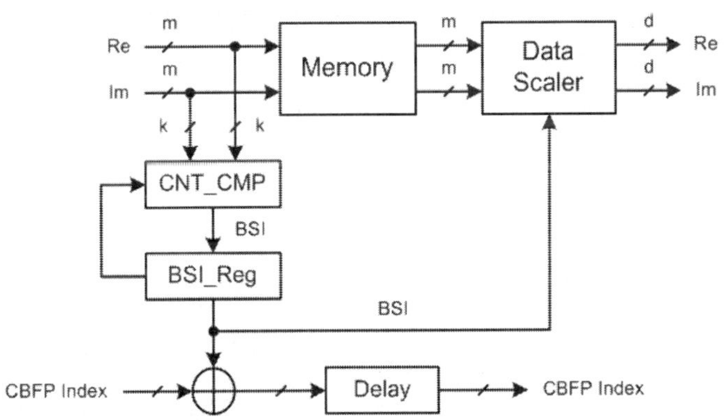

►► 그림 3.21 CBFP 처리 블록

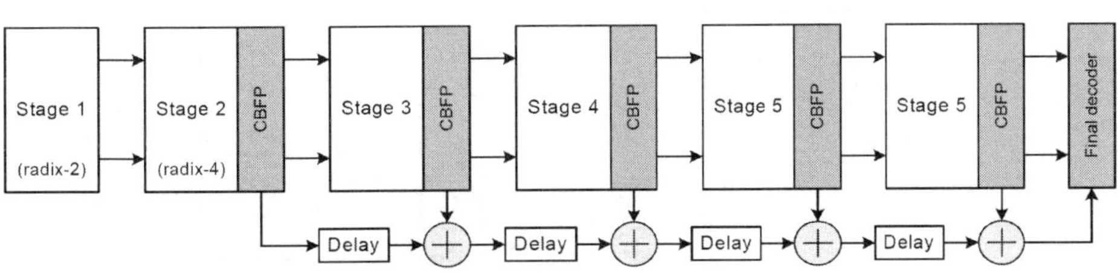

►► 그림 3.22 CBFP를 적용한 파이프라인 2,048 포인트 FFT

3.2.4.5 TS-CBFP 방식

CBFP 방식의 큰 메모리 용량에 대한 단점을 개선하기 위해 TS-CBFP(Two step-CBFP : 이하 TS-CBFP)가 제안되었다.[4] 2단계의 동작을 통해 저장 공간에 효율을 얻는 구조이다. CBFP 처리부에 입력되는 25비트 데이터의 실수부와 허수부에서 NLB를 찾아 이를 예비 스케일링 지수(Pre Scaling Index : PSI) 레지스터값과 비교하여 작은 값을 PSI 레지스터에 저장하고, 이를 이용하여 해당 데이터의 실수부와 허수부를 12비트로 예비 스케일링을 한 후 PSI 값과 함께 지연 변환기에 저장한다. 블록 내의 모든 데이터에 대해 이와 같은 예비 스케일링 과정이 완료되면 최종 BSI 값을 결정하고, 지연 변환기 메모리에 저장된 데이터와 해당 PSI 값을 순차적으로 꺼내서 BSI 값과의 차이만큼 스케일링 보정을 행한다. 이와 같은 CBFP 스케일링 과정이 각 연산단계의 모든 데이터 블록들에 대해 반복 수행하며, 각 연산단계에서 얻어진 BSI 값은 연산단계마다 누적 가산되어 최종 출력에 대해 CBFP 디코딩 과정에서 사용한다.

그림 3.23은 TS-CBFP 예비 스케일링 처리부의 블록도이다. 복소 곱셈기로부터 입력되는 m비트 데이터는 레지스터에 저장됨과 동시에 CNT_CMP에서 NLB 값을 구하여 각 데이터의 PSI 값을 결정한다. 레지스터에 임시 저장된 m 비트 데이터는 예비 스케일러에 의해 해당 PSI 값만큼 예비 스케일링된 d-비트로 변환되어 스케일링 보정을 갖는 지연 변환기로 입력된다. 블록 내의 모든 데이터에 대한 처리가 완료되면, PSI 레지스터의 최종값이 해당 데이터 블록의 BSI 값으로 결정되어 BSI 레지스터에 저장된 후, 스케일링 보정 지연 변환기로 입력된다. 현재 연산단계의 BSI 값은 이전 연산 단계에서 입력되는 CBFP 지수와 가산된 후, 다음 연산단계의 CBFP 예비 스케일링 처리부로 보내진다. 그림 3.24는 이러한 절차를 보여준다.

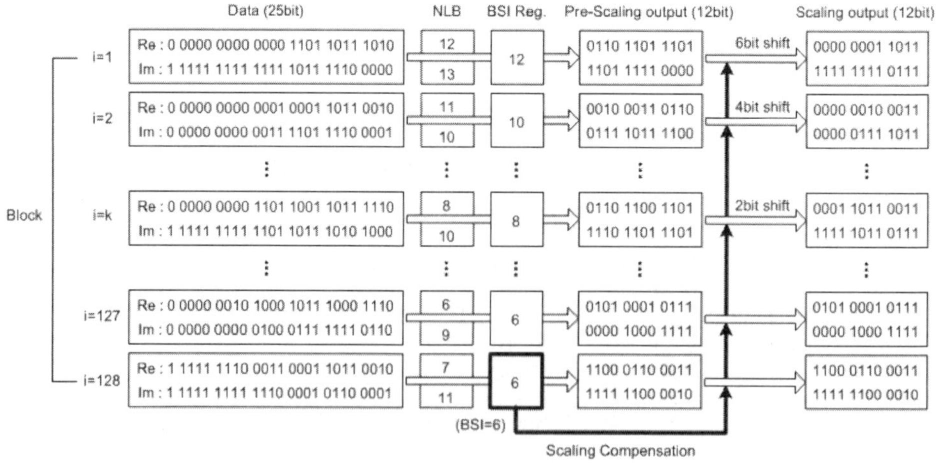

▶▶ 그림 3.23 TS-CBFP 스케일링 방법의 메커니즘

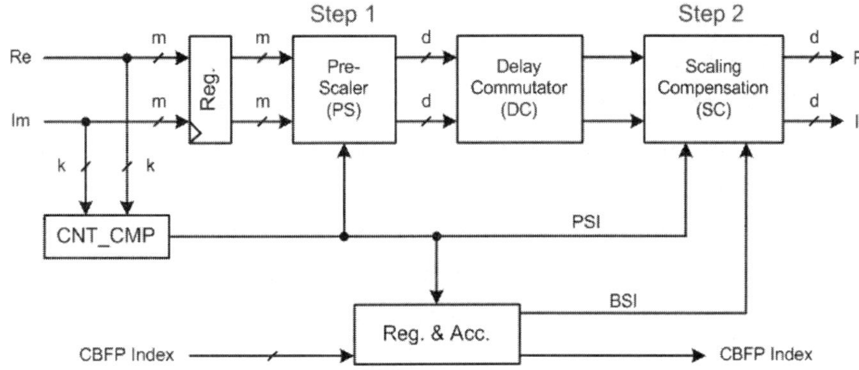

▸▸ 그림 3.24 TS-CBFP 처리 블록

3.2.4.6 NDS 방식

NDS(Novel Data Scaling) 방식은 CBFP 방식의 큰 메모리 사용을 줄이고, latency를 줄일 수 있는 구조이다.[20] 각 스테이지의 버터플라이 연산 후 결과는 부동 소수점 연산처럼 지수부와 가수부로 정규화(Normalization)되는 과정을 수행한다. 정규화된 결과는 지연없이 다음 스테이지 버터플라이로 전달된다. 따라서 각 버터플라이에서는 입력신호의 자릿수를 조정하는 블록이 필요하다. 이 방식은 부동 소수점 표현 방식과 유사하다고 말할 수 있으나, 여러 가지 면에서 BFP 방식에 근접하다. 먼저 지수부는 실수부와 허수부에 대해 공통 지수부를 사용함으로써 곱셈기 블록의 부동소수 연산으로 인한 복잡도를 크게 줄일 수 있다. 그리고 지수부는 단지 음수의 스케일링만을 사용하므로 써 일반 적인 부동 소수점 방식과 동작이 다르다. 또한 입력단에서는 지수부를 사용하지 않기 때문에 첫 번째 스테이지에서는 메모리에 대한 오버헤드를 줄일 수 있다.

3.2.4.6.1 NDS 부동 소수점 표현

연산되는 데이터 패스의 복소 2진 표현 방식은 식 (3.57)과 같은 2의 보수 표현한 NDS 부동 소수점 방식이다. 부동 소수점 표현은 가수(Fraction 또는 Mantissa : F)와 지수(Exponent : E)를 사용한다. 따라서 $N = F \times 2^{-E}$로 표현된다. 가수부는 2의 보수 형식으로 표현하고, 지수부는 음의 지수만을 사용한다.

$$z(x) = 2^{-s(x)}(a(x) + jb(x)) \qquad \text{식 (3.57)}$$

지수부는 음의 지수만을 사용함으로 $s(x)$는 unsigned 2의 보수 표현 방식을 사용한다. 예제를 단순하고 간단히 표현하기 위해, 4비트 가수 그리고 4비트 지수를 사용하여 덧셈방식과 곱셈방식을 설명하기로 한다. 그러나 표현된 개념들은 더 많은 비트로 쉽게 확장할 수 있다. 4비트 가수와 4비트 지수들을 사용한 부동 소수점수들의 예는 식 (3.58)과 같다.

$$F=0.101 \qquad E=0101 \qquad N=5/8\times 2^{-5} \qquad \text{식 (3.58)}$$

F에서 모든 비트를 활용하고 최대한의 유효숫자를 가지고 있기 위하여, F의 절대값이 가능한 한 크도록 정규화되어야 한다. 만약 F가 정규화되어 있지 않으면, NLB만큼 왼쪽으로 시프트 시켜 F를 정규화할 수 있다. F를 왼쪽으로 시프트하는 것은 2를 곱하는 것과 동일하다. 따라서 매번 시프트시킬 때마다, N이 동일한 값을 유지하기 위하여 E를 1만큼 증가시켜야 한다. 정규화된 상태에서는 더 이상 시프트하는 것은 부호 비트를 바꾸게 된다. 다음 예에서 F는 초기상태에서 비정규화되었다. 그러나 왼쪽 방향 쉬프트에 의해서 정규화되는 과정을 보여주고 있다.

- 비정규화 상태 :

  $F=0.0101 \qquad E=0011 \qquad N=5/16\times 2^{-3}=5/(16\times 8)$

- 정규화 상태

  $F=0.1010 \qquad E=0100 \qquad N=5/8\times 2^{-4}=5/(8\times 16)$

0은 정규화될 수 없다. 그래서 $F=0.000$일 때 $N=0$이다. 이 때는 지수는 어떤 값도 사용될 수 있다. 그러나 표준화된 '0'의 표현을 가지는 것이 좋다.

3.2.4.6.2 NDS 부동 소수점 곱셈

예제를 위해 2의 보수 표현으로 4비트 가수부와 4비트 지수부를 사용한다. 주어진 부동 소수점수에 대해서, 그 곱은 식 (3.59)와 같다.

$$\left(F_1\times 2^{-E_1}\right)\times\left(F_2\times 2^{-E_2}\right)=\left(F_1\times F_2\right)\times 2^{-(E_1+E_2)} \qquad \text{식 (3.59)}$$

곱의 결과 가수부는 각 가수들의 곱이고, 그리고 곱의 지수부는 각 지수들의 합이다. F_1과 F_2가 적절히 정규화된 상태에서 시작하는 것으로 가정한다. 그리고 최종 결과 또한 정규화되어야 한다.

기본적으로 해야 할 것은 가수들을 곱하고 지수들을 더하는 것이다. 이러한 연산은 입력되는 값이 복소수일 때 4번의 실수 곱셈과 2번의 실수 덧셈을 수행해야 하므로 지수부의 자리값을 조정해고 추가적인 덧셈기가 크게 증가하게 된다. 그러나 NDS에서는 지수부와 가수부에 대해 공통 지수부를 부과하여 그러한 부과적인 회로를 줄일 수 있다. 그러나 몇몇의 특수한 경우들을 고려할 필요가 있다. 첫 번째는, 만약 F가 0인 경우, (0000)으로 지수 E를 설정하여야 한다. 두 번째는, 만약 –1과 –1을 곱하면 그 결과는 +1이어야 한다. 그러나 2의 보수 표현방식으로 가수 $+1$을 표현할 수 없기 때문에, 이 특별한 케이스를 가수 오버플로우라고 간주한다. 이 상황을 막기 위하여, 만일 이러한 상황이 발생하면 $F=1/2(0.100)$을 설정하고 그리고 E에서 1을 감해야 할 것이다. 이것은 $1\times 2^{-E}=1/2\times 2^{-(E-1)}$이기 때문에 가능하다. 1을 감할 수 없는 특별한 상황도 발생할 수도 있다. 이것은 전형적인 오버플로우로 $N=1$이 되는 상황이다. 이러한 상황은 발생하지 않도록 미리 스케일링을 스테이지마다 수행해야 한다. 가수들을 곱할 결과는 비정규화된 값을 갖게 된다. 예를 들면 다음 식과 같다.

$$\left(0.1\times2^{-E_1}\right)\times\left(0.1\times2^{-E_2}\right)=0.01\times2^{-(E_1+E_2)}=0.1\times2^{-(E_1+E_2+1)} \quad \text{식 (3.60)}$$

그림 3.25에 부동 소수점 곱셈기의 순서도를 표현하였다. 가수 곱셈이 완료된 후에 모든 특수한 경우들을 검사하게 된다. 또한 지수들이 더해질 때, 오버플로우가 일어날 수 있다. 만약 E_1과 E_2의 합이 15를 넘는다면 그 결과는 지수 오버플로우이다. 그러나 이 오버플로우는 정규화 과정이나 가수 오버플로우 정정 과정에서 E에 1을 감하여 해결할 수 있다.

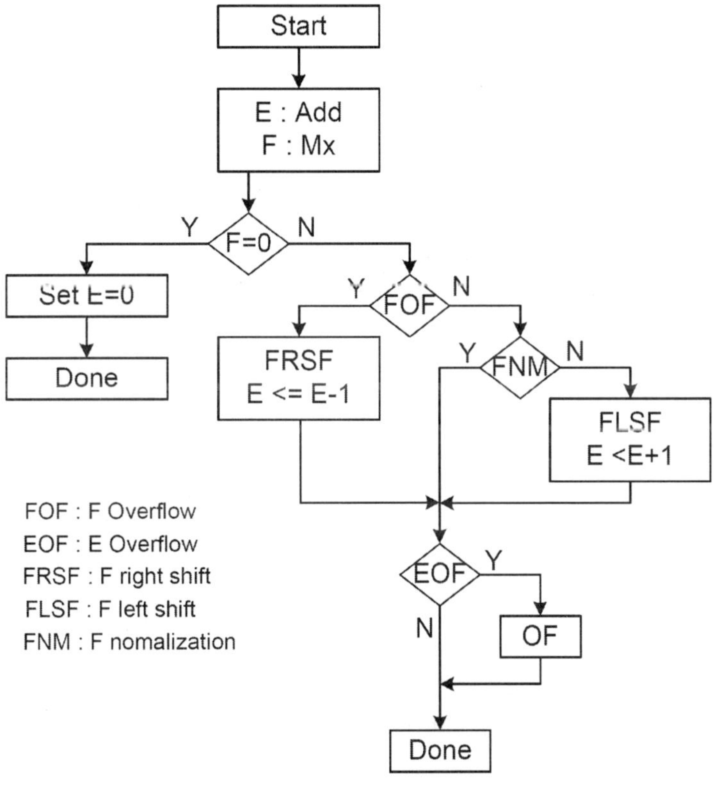

▸▸ 그림 3.25 NDS 부동 소수점 곱셈 순서도

3.2.4.6.3 NDS 부동 소수점 덧셈

부동 소수형 덧셈 연산 시 두 입력신호끼리 자리수를 맞추어야 한다. 즉 덧셈기에 입력되는 두 입력 사이에 지수부의 크기가 다르다면 더 작은 수를 기준으로 하여 지수부를 맞춘 다음 가수부끼리 덧셈연산을 수행한다. 다음 예제를 보자.

$$F \times 2^{-E} = 0.0101 \times 2^{-3} + 0.0010 \times 2^{-3} =$$

$$\begin{array}{lll} F_1 = 0.0101 & E_1 = 0011 & N_1 = 5/16 \times 2^{-3} \\ F_2 = 0.1010 & E_2 = 0101 & N_2 = 5/8 \times 2^{-5} \\ \quad = 0.0010 & E_2 = 0011 & \end{array} \qquad \text{식 (3.61)}$$

$$F \times 2^{-E} = 0.0101 \times 2^{-3} + 0.0010 \times 2^{-3} = 0.0111 \times 2^{-3}$$

3.3 FFT 설계 방식

3.3.1 FFT 설계 알고리즘

3.3.1.1 Radix-2 FFT 알고리즘

만일 N의 크기가 2의 승수일 때, N 포인트 Cooley-Tukey 알고리즘은 radix-2 알고리즘으로 전개할 수 있다. N은 $2 \times 2 \times 2 \times 2 \times \cdots \times 2$로 인수분해되어진다. radix-2 알고리즘 구현방식의 이해하기 위해 처음 N은 $2 \times N/2$로 분해한다. 따라서 $N_1 = 2$이고, $N_2 = N/2$이다. 수식 (3.20)과 수식 (3.23)은 다음과 같이 변경된다.

$$n = \frac{N}{2}n_1 + n_2, \quad (n_1 = 0,1,\ n_2 = 0,1,\ldots \frac{N}{2} - 1) \qquad \text{식 (3.62)}$$

$$k = k_1 + 2k_2, \quad (k_1 = 0,1,\ k_2 = 0,1,\ldots \frac{N}{2} - 1)$$

$$\begin{aligned} X[k_1 + 2k_2] &= \sum_{n_2=0}^{N/2-1}\left[\left(\sum_{n_1=0}^{1} x[\frac{N}{2}n_1 + n_2]\, W_2^{k_1 n_1}\right) W_N^{k_1 n_2}\right] W_{N/2}^{k_2 n_2} \qquad \text{식 (3.63)} \\ &= \sum_{n_2=0}^{N/2-1}\left[\left(x[n_2] + W_2^{k_1} x\left[n_2 + \frac{N}{2}\right]\right) W_N^{k_1 n_2}\right] W_{N/2}^{k_2 n_2} \\ &= \sum_{n_2=0}^{N/2-1} \widetilde{B_{\frac{N}{2}}^{k_1}}[n_2]\, W_{N/2}^{k_2 n_2} \end{aligned}$$

여기에서 $\widetilde{B_{N/2}^{k_1}}[n_2]$는 식 (3.64)와 같다. $B_{N/2}^{k_1}[n_2]$는 N_2 개수만큼의 2 포인트 DFT 연산을 의미한다. 그림 3.26와 같이 2 포인트 DFT 연산을 radix-2 버터플라이 연산이라고 부른다. DIF구조에서 버터플라이 구조는 복소 덧셈/뺄셈 뒤에 회전인자의 곱셈이 수행된다. 하드웨어로 구현 시 M번째 stage에서 출력 시퀀스는 버터플라이 연산을 수행한 후 입력 시퀀스의 메모리로 다시 저장하는 구조를 가질 수 있다(In-place 구조). 이렇게 하면 버터플라이 연산에서 계산된 결과를 입력이 있던 메모리에 저장함으로서 부가적인 메모리를 줄일 수 있다.

$$\widetilde{B_{\frac{N}{2}}^{k_1}}[n_2] = B_{\frac{N}{2}}^{k_1}[n_2]\, W_N^{k_1 n_2}, \qquad \begin{cases} 0 \le k_1 \le 1 \\ 0 \le n_2 \le N/2-1 \end{cases} \qquad \text{식 (3.64)}$$

$$B_{\frac{N}{2}}^{k_1}[n_2] = x[n_2] + (-1)^{k_1} x\left[n_2 + \frac{N}{2}\right], \qquad \begin{cases} 0 \le k_1 \le 1 \\ 0 \le n_2 \le N/2-1 \end{cases} \qquad \text{식 (3.65)}$$

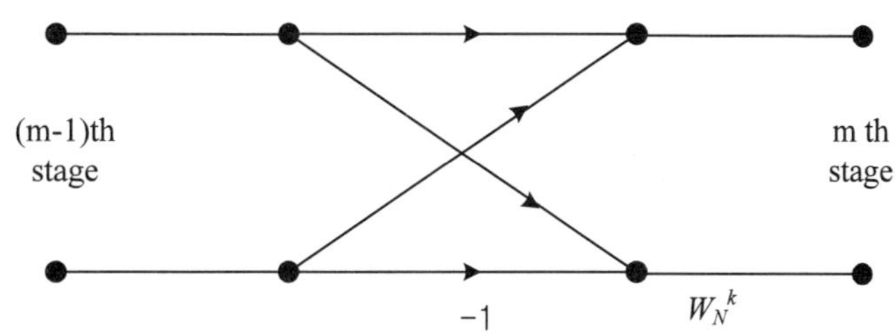

▸▸ 그림 3.26 radix-2 버터플라이 연산구조

다음 표 3.5와 같이 입력 신호를 2차원배열로 표현할 수 있다.

▸▸ 표 3.5 radix-2 입력 신호의 2차원 배열

n_2 \ n_1	0	1
0	$x[0]$	$x[N/2]$
1	$x[1]$	$x[N/2+1]$
⋮	⋮	⋮
$N/2-1$	$x[N/2-1]$	$x[N-1]$

배열의 첫 번째 열($n_1=0$)은 입력시퀀스의 처음의 절반이고 두 번째 열($n_1=1$)은 입력시퀀스의 나중의 절반이다. 첫 번 버터플라이 연산은 식 (3.65)와 같이 $\frac{N}{2}$의 거리를 갖는 두 입력 시퀀스 간에 radix-2 버터플라이 연산을 한다. 이를 2차원 배열로 나타내면 표 3.6과 같다.

▶▶ 표 3.6 첫 번째 버터플라이 연산결과 2차원 배열

n_2 \ k_1	0	1
0	$B^0[0]$	$B^1[0]$
1	$B^0[1]$	$B^1[1]$
⋮	⋮	⋮
$N/2-1$	$B^0[N/2-1]$	$B^1[N/2-1]$

표 3.7와 같이 첫 번째 버터플라이 연산 후 회전인자의 배열과 곱한다.

▶▶ 표 3.7 첫 번째 스테이지 연산결과 2차원 배열

n_2 \ k_1	0	1
0	$\widetilde{B^0}[0]$	$\widetilde{B^1}[0]$
1	$\widetilde{B^0}[1]$	$\widetilde{B^1}[1]$
⋮	⋮	⋮
$N/2-1$	$\widetilde{B^0}[N/2-1]$	$\widetilde{B^1}[N/2-1]$

결국 표 3.7에서 각 열의 $N/2$ 포인트 변환을 수행하여 표 3.8과 같이 출력 시퀀스를 얻게 된다. 그림 3.27에 이를 도식화 하였다. $N/2$ 포인트 변환 역시 radix-2 알고리즘 반복적인 처리를 통해 최종적으로 2 포인트 변환만 남을 때까지 수행하게 된다.

▶▶ 표 3.8 출력신호 2차원 배열

k_2 \ k_1	0	1
0	$X[0]$	$X[1]$
1	$X[2]$	$X[3]$
⋮	⋮	⋮
$N/2-1$	$X[N-2]$	$X[N-1]$

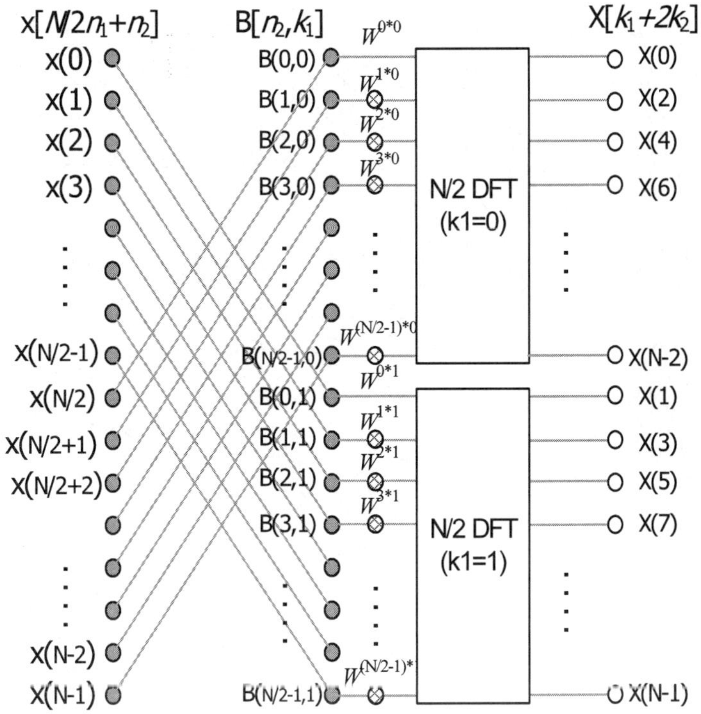

▸▸ 그림 3.27 N 포인트 DFT를 두 개의 $\frac{N}{2}$ 포인트로 분리한 신호 흐름도

그림 3.28은 완성된 radix-2 DIF 32 포인트 FFT 신호 흐름도를 보인다. 총 버터플라이 스테이지의 개수는 $5=\log_2 N$이며, 모든 스테이지마다 N개의 복소 덧셈이 필요하다. 그리고 마지막 스테이지 제외한 모든 스테이지에는 $\frac{N}{2}$개의 회전인자의 계수를 위한 복소 곱셈이 필요하다. 따라서 복소 곱셈기의 총 개수는 $\frac{N}{2}(\log_2 N-1)$이다. Radix-2 FFT 알고리즘의 총 계산량은 식 (3.66)과 같다.

$$M_c(N)=\frac{N}{2}(\log_2 N-1) \quad \text{식 (3.66)}$$

$$A_c(N)=N\log_2 N$$

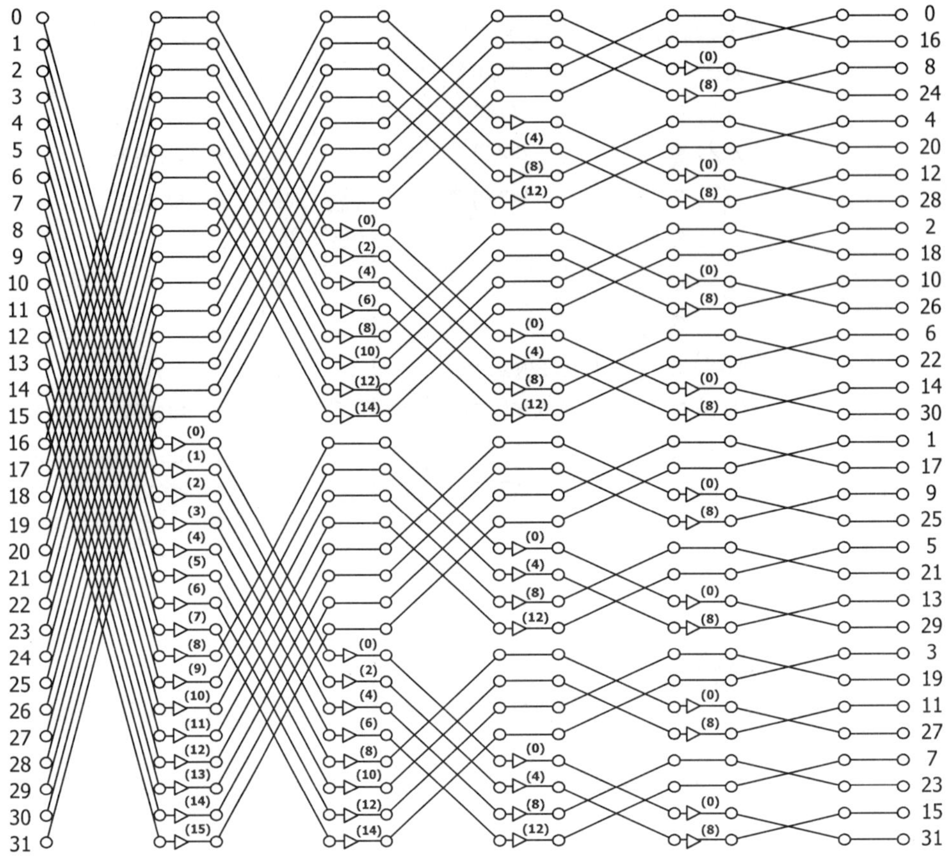

▸▸ 그림 3.28 radix-2 32 포인트 FFT 신호 흐름도

3.3.1.2 Radix-4 FFT 알고리즘

만일 N의 크기가 4의 승수일 때, N 포인트 Cooley-Tukey 알고리즘은 radix-4 알고리즘으로 전개할 수 있다. N은 $4\times4\times4\times\cdots\times4$로 인수분해 된다. 처음 스테이지에서 N은 $4\times N/4$로 인수분해 한다. 따라서 $N_1=4$이며 $N_2=N/4$이다. 식 (3.20)과 식 (3.23)은 다음과 같이 전개된다.

$$n=\frac{N}{4}n_1+n_2,\quad (n_1=0,1,\cdots,3,\ n_2=0,1,\ldots\frac{N}{4}-1) \qquad \text{식 (3.67)}$$

$$k=k_1+4k_2,\qquad (k_1=0,1,\cdots,3,\ k_2=0,1,\ldots\frac{N}{4}-1)$$

$$X[k_1+4k_2] \qquad \text{식 (3.68)}$$

$$= \sum_{n_2=0}^{N/4-1}\left[\left(\sum_{n_1=0}^{3} x[\frac{N}{4}n_1+n_2]\,W_4^{k_1n_1}\right)W_N^{k_1n_2}\right]W_{N/4}^{k_2n_2}$$

$$= \sum_{n_2=0}^{N/4-1}\left[\left(x[n_2]+W_4^{k_1}x\left[n_2+\frac{N}{4}\right]+W_2^{k_1}x\left[n_2+\frac{N}{2}\right]+W_4^{3k_1}x\left[n_2+\frac{3N}{4}\right]\right)W_N^{k_1n_2}\right]W_{N/4}^{k_2n_2}$$

$$= \sum_{n_2=0}^{N/4-1}\widetilde{B_{\frac{N}{4}}^{k_1}}[n_2]\,W_{N/4}^{k_2n_2}$$

여기에서 $\widetilde{B_{N/4}^{k_1}}[n_2]$는 식 (3.69)와 같다. $B_{N/4}^{k_1}[n_2]$는 N_2 개수만큼의 4 포인트 DFT 연산을 의미한다. 그림 3.29와 같이 4 포인트 DFT 연산을 radix-4 버터플라이 연산이라고 부른다. radix-4 버터플라이에는 4개의 노드에서 각각 4개의 복소 덧셈연산을 해야 하므로 총 12개의 복소 덧셈기가 필요하다.

$$\widetilde{B_{\frac{N}{4}}^{k_1}}[n_2]=B_{\frac{N}{4}}^{k_1}[n_2]\,W_N^{k_1n_2}, \qquad \begin{cases}0\le k_1\le 3\\ 0\le n_2\le N/4-1\end{cases} \qquad \text{식 (3.69)}$$

$$B_{\frac{N}{4}}^{k_1}[n_2]=x[n_2]+(-j)^{k_1}x\left[n_2+\frac{N}{4}\right]+(-1)^{k_1}x\left[n_2+\frac{N}{2}\right]+(j)^{k_1}x\left[n_2+\frac{3N}{4}\right]$$

$$\begin{cases}0\le k_1\le 3\\ 0\le n_2\le N/4-1\end{cases} \qquad \text{식 (3.70)}$$

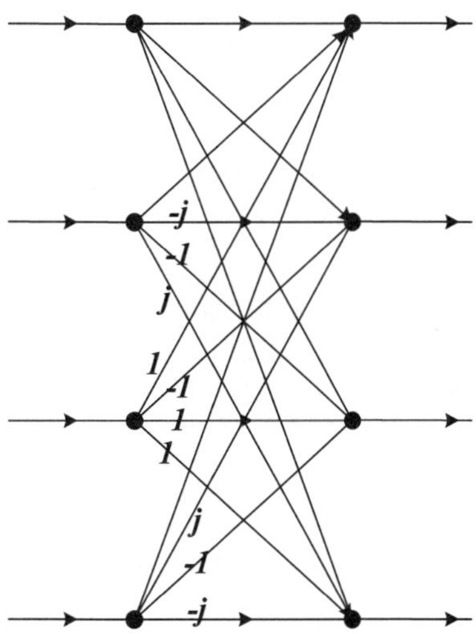

▶▶ 그림 3.29 radix-4 버터플라이 구조

그림 3.30과 같이 구조를 변경하면 8개의 덧셈기로 구현할 수 있다.

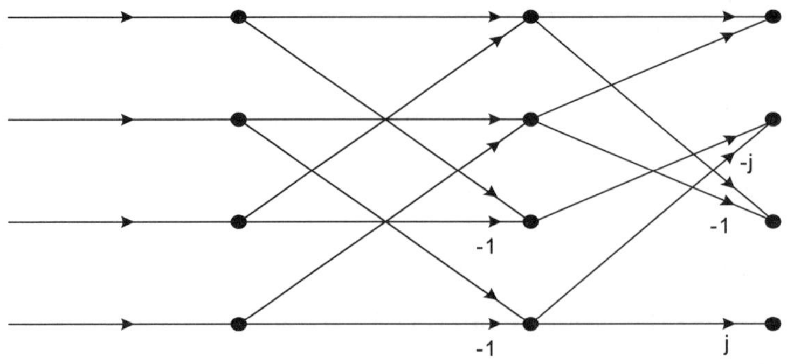

▸▸ 그림 3.30 radix-4 버터플라이 최적 구조

다음 표 3.9와 같이 입력 신호를 2차원배열로 표현할 수 있다.

▸▸ 표 3.9 radix-4 입력 신호의 2차원 배열

n_2 \ n_1	0	1	2	3
0	$x[0]$	$x[N/4]$	$x[N/2]$	$x[3N/4]$
1	$x[1]$	$x[N/4+1]$	$x[N/2+1]$	$x[3N/4+1]$
⋮	⋮	⋮	⋮	⋮
$N/4-1$	$x[N/4-1]$	$x[N/2-1]$	$x[3N/4-1]$	$x[N-1]$

배열의 열(n_1)은 입력 시퀀스에서 4번째 마다 선택한 입력으로 구성되어 있다. 첫 번째 버터플라이 연산은 행의 $N/4$의 거리를 갖는 인접한 4개의 원소 간에 radix-4 버터플라이 연산을 한다.

▸▸ 표 3.10 첫 번째 버터플라이 연산결과 2차원 배열

n_2 \ k_1	0	1	2	3
0	$B^0[0]$	$B^1[0]$	$B^2[0]$	$B^3[0]$
1	$B^0[1]$	$B^1[1]$	$B^2[1]$	$B^3[1]$
⋮	⋮	⋮	⋮	⋮
$N/4-1$	$B^0[N/4-1]$	$B^1[N/4-1]$	$B^2[N/4-1]$	$B^3[N/4-1]$

표 3.11과 같이 첫 번째 버터플라이 연산 후 회전인자의 배열과 곱한다.

▸▸ 표 3.11 첫 번째 스테이지 연산결과 2차원 배열

n_2 \ k_1	0	1	2	3
0	$\widetilde{B}^0[0]$	$\widetilde{B}^1[0]$	$\widetilde{B}^2[0]$	$\widetilde{B}^3[0]$
1	$\widetilde{B}^0[1]$	$\widetilde{B}^1[1]$	$\widetilde{B}^2[1]$	$\widetilde{B}^3[1]$
⋮	⋮	⋮	⋮	⋮
$N/4-1$	$\widetilde{B}^0[N/4-1]$	$\widetilde{B}^1[N/4-1]$	$\widetilde{B}^2[N/4-1]$	$\widetilde{B}^3[N/2-1]$

▸▸ 표 3.12 출력신호 2차원 배열

k_2 \ k_1	0	1	2	3
0	$X[0]$	$X[1]$	$X[2]$	$X[3]$
1	$X[4]$	$X[5]$	$X[6]$	$X[7]$
2	$X[8]$	$X[9]$	$X[10]$	$X[11]$
⋮	⋮	⋮	⋮	⋮

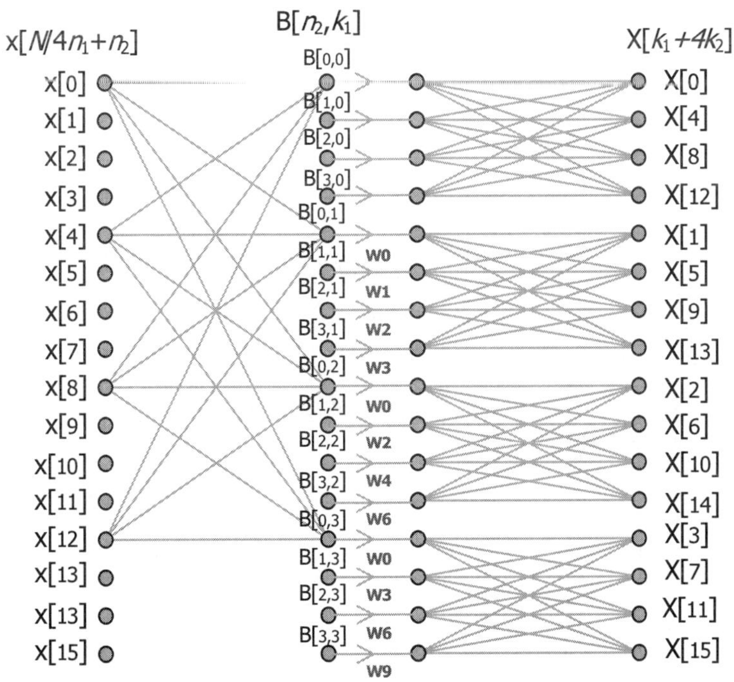

▸▸ 그림 3.31 radix-4 16 포인트 FFT 신호 흐름도

그림 3.31은 radix-4 16포인트 FFT 구조이다. 회전계수 Wi는 W_N^i를 의미한다. 그림 3.32는 radix-4 64 포인트 FFT 신호 흐름도를 보인다. 총 스테이지의 개수는 $3 = \log_4 N$이며, 각 스테이지마다 $N/4$개의 radix-4 버터플라이를 가진다. 따라서 스테이지마다 $2N$개의 복소 덧셈이 필요하며 마지막 스테이지 제외한 모든 스테이지에는 $3N/4$개의 회전인자의 계수를 위한 복소 곱셈이 필요하다. 따라서 radix-4 FFT 알고리즘의 총 계산량은 식 (3.71)과 같다.

$$M_c(N) = \frac{3N}{4}(\log_4 N - 1) \qquad \text{식 (3.71)}$$

$$A_c(N) = 2N\log_4 N = N\log_2 N$$

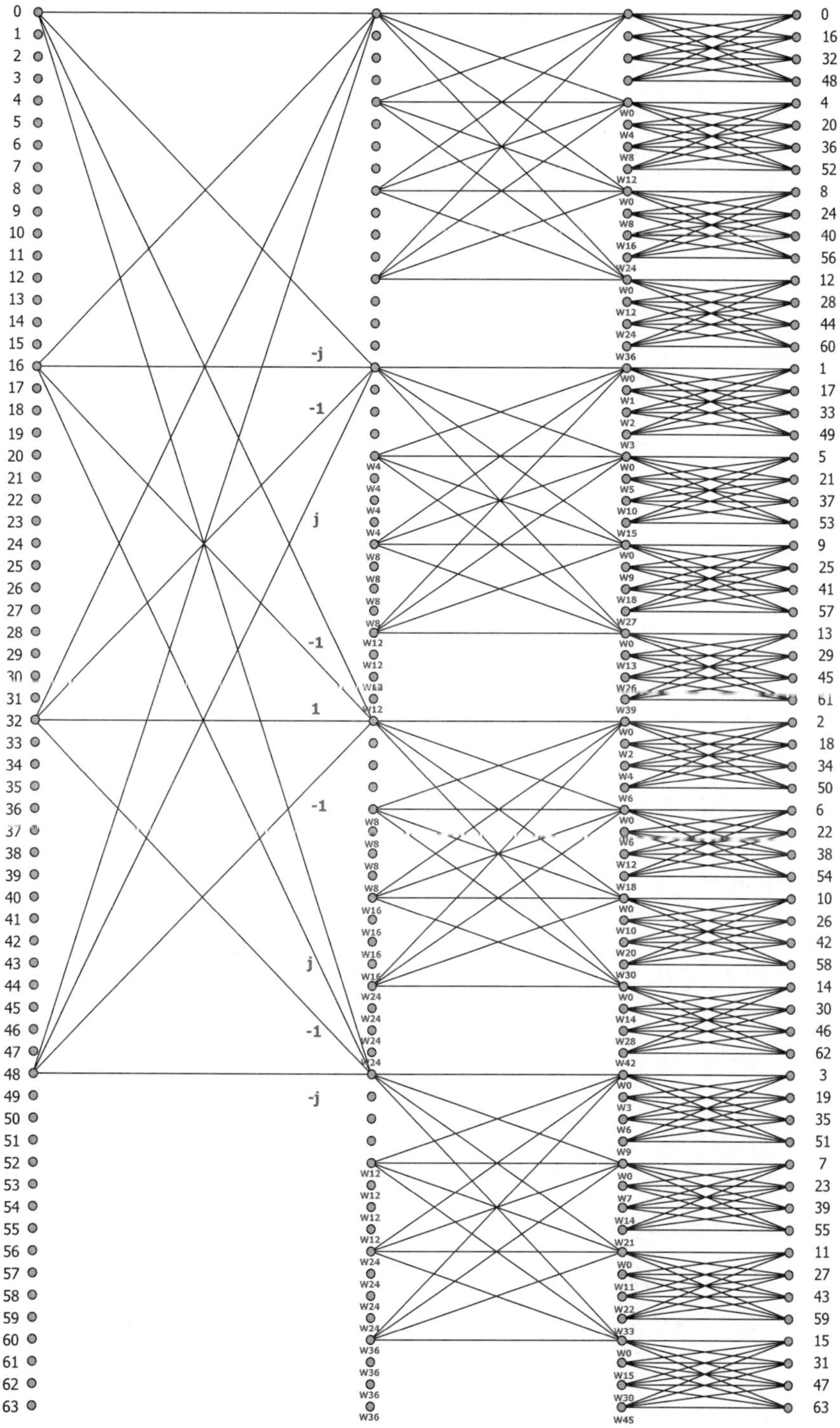

▸▸ 그림 3.32 radix-4 64 포인트 FFT 신호 흐름도

3.3.1.3 Radix-2^2 FFT 알고리즘

radix-2^2 FFT알고리즘과 radix-2^3 FFT알고리즘은 1998년 He와 Torkeson이 제안하였다.[22] radix-2^2 FFT알고리즘은 기존의 radix-2 알고리즘의 구조를 개량한 것으로 파이프라인 구조를 적용할 경우 radix-4 구조의 곱셈량과 radix-2 구조의 간단한 연산구조를 복합 수용함으로써 곱셈기의 개수를 효과적으로 줄이고, 제어를 쉽게 만든 구조이다. radix-2^2 알고리즘을 전개하기 위하여 3차원 인덱스 맵을 이용한다. 식 (3.5)의 n과 k를 3차원 인덱스로 분해하면 다음 식 (3.72)와 같다.

$$n = \frac{N}{2}n_1 + \frac{N}{4}n_2 + n_3, \quad (n_1, n_2 = 0,1,\ n_3 = 0,1,\ldots \frac{N}{4} - 1) \qquad \text{식 (3.72)}$$

$$k = k_1 + 2k_2 + 4k_3, \quad (k_1, k_2 = 0,1,\ k_3 = 0,1,\ldots \frac{N}{4} - 1)$$

식 (3.5)에 식 (3.72)를 대입하여 n_1에 관하여 인수를 분해하면 다음과 같다.

$$X(k_1 + 2k_2 + 4k_3) \qquad \text{식 (3.73)}$$

$$= \sum_{n_3=0}^{N/4-1} \sum_{n_2}^{1} \sum_{n_1}^{1} x\left(\frac{N}{2}n_1 + \frac{N}{4}n_2 + n_3\right) W_N^{\left(\frac{N}{2}n_1 + \frac{N}{4}n_2 + n_3\right)(k_1 + 2k_2 + 4k_3)}$$

$$= \sum_{n_3=0}^{N/4-1} \sum_{n_2}^{1} \left\{ B_{\frac{N}{2}}^{k_1}\left(\frac{N}{4}n_2 + n_3\right) W_N^{\left(\frac{N}{4}n_2 + n_3\right)k_1} \right\} W_N^{\left(\frac{N}{4}n_2 + n_3\right)(2k_2 + 4k_3)}$$

여기에서 $B_{N/2}^{k_1}\left[\frac{N}{4}n_2 + n_3\right]$는 다음 식 (3.74)와 같다.

$$B_{\frac{N}{2}}^{k_1}\left[\frac{N}{4}n_2 + n_3\right] = x\left[\frac{N}{4}n_2 + n_3\right] + (-1)^{k_1} x\left[\frac{N}{4}n_2 + n_3 + \frac{N}{2}\right] \qquad \text{식 (3.74)}$$

$$\begin{cases} 0 \le k_1 \le 1 \\ 0 \le n_2 \le 1 \\ 0 \le n_3 \le N/4 - 1 \end{cases}$$

이는 radix-2 DIF 버터플라이 연산자이며, $W_N^{\left(\frac{N}{4}n_2 + n_3\right)}$는 첫 번째 스테이지의 회전인자에 해당한다. 식 (3.63)처럼 이 회전인자를 승산한 뒤 n_2에 관한 분해 과정을 진행한다면 이는 일반적인 Cooley-Tukey radix-2 FFT 알고리즘과 같다. radix-2^2알고리즘은 식 (3.73)에서 회전인자를 바로 연산하지 않고, 이 연산을 다음 분해과정 즉, n_2의 연산에서 수행하게 함으로써 radix-2와 같은 버터플라이 구조를 가지면서 radix-4와 같은 수의 복소 승산기를 가질 수 있도록 변경한 것이다.

식 (3.73)의 회전인자를 종합하여 다시 정리하면 다음과 같다.

$$W_N^{\left(\frac{N}{4}n_2+n_3\right)(k_1+2k_2+4k_3)} = (-j)^{n_2(k_1+2k_2)}\, W_N^{n_3(k_1+2k_2)}\, W_{N/4}^{n_3k_3} \qquad \text{식 (3.75)}$$

이를 식 (3.73)에 대입하여 n_2에 관하여 정리하면,

$$X(k_1+2k_2+4k_3) \qquad \text{식 (3.76)}$$

$$= \sum_{n_3=0}^{N/4-1}\left\{B_{\frac{N}{2}}^{k_1}(n_3)+(-j)^{(k_1+2k_2)}B_{\frac{N}{2}}^{k_1}\left(n_3+\frac{N}{4}\right)\right\} W_N^{n_3(k_1+2k_2)}\, W_{N/4}^{n_3k_3}$$

$$= \sum_{n_3=0}^{N/4-1} H_{\frac{N}{4}}^{k_1k_2}(n_3)\, W_N^{n_3(k_1+2k_2)}\, W_{N/4}^{n_3k_3}$$

여기에서 $H_{\frac{N}{4}}^{k_1k_2}(n_3)$는 두 번째 스테이지의 버터플라이 연산자로서 다음 식 (3.77)과 같이 정의된다.

$$H_{\frac{N}{4}}^{k_1k_2}(n_3) = B_{\frac{N}{2}}^{k_1}(n_3)+(-j)^{(k_1+2k_2)}B_{\frac{N}{2}}^{k_1}\left(n_3+\frac{N}{4}\right) \qquad \text{식 (3.77)}$$

$$= \overbrace{\underbrace{\left\{x(n_3)+(-1)^{k_1}x\left(n_3+\frac{N}{2}\right)\right\}}_{BFI}+(-j)^{(k_1+2k_2)}\underbrace{\left\{x\left(n_3+\frac{N}{4}\right)+(-1)^{k_1}x\left(n_3+\frac{3N}{4}\right)\right\}}_{BFI}}^{BFII}$$

식 (3.77)은 두 개의 버터플라이 연산으로 이루어져 있다. 따라서 종합적으로 본다면 radix-2^2 알고리즘은 두 단계의 radix-2 버터플라이 연산과 $N/4$ 포인트 DFT로 나타낼 수 있다. 그림 3.33은 이러한 과정을 설명하는 radix-2^2 16 포인트 FFT 신호 흐름도를 보인다.

처음 버터플라이 연산(BFI) 후 두 번째 버터플라이 연산으로 입력되기 전에 $(-j)^{(k_1+2k_2)}$의 회전인자 연산을 거치는데 이것은 식 (3.78)과 같이 두 번째 버터플라이 연산의 radix-2 연산자와 첫 번째 스테이지의 회전인자로 분리하여 나타낼 수 있다.

$$-j^{(k_1+2k_2)} = \underbrace{(-1^{k_2})}_{\text{Radix}-2\text{BF}}\ \overbrace{(-j)^{k_1}}^{\text{회전인자}} \qquad \text{식 (3.78)}$$

그림 3.33의 신호 흐름도를 보면 첫 번째 스테이지의 회전인자가 단순곱셈인 $-j$로 교체됨으로써 첫 번째 스테이지의 비단순 복소 곱셈기의 회전인자가 두 번째 스테이지로 이동하였음을 알 수 있다. 따라서 radix-2^2 알고리즘 구조는 radix-4 알고리즘과 같은 복소 곱셈구조 형태를 갖는다.

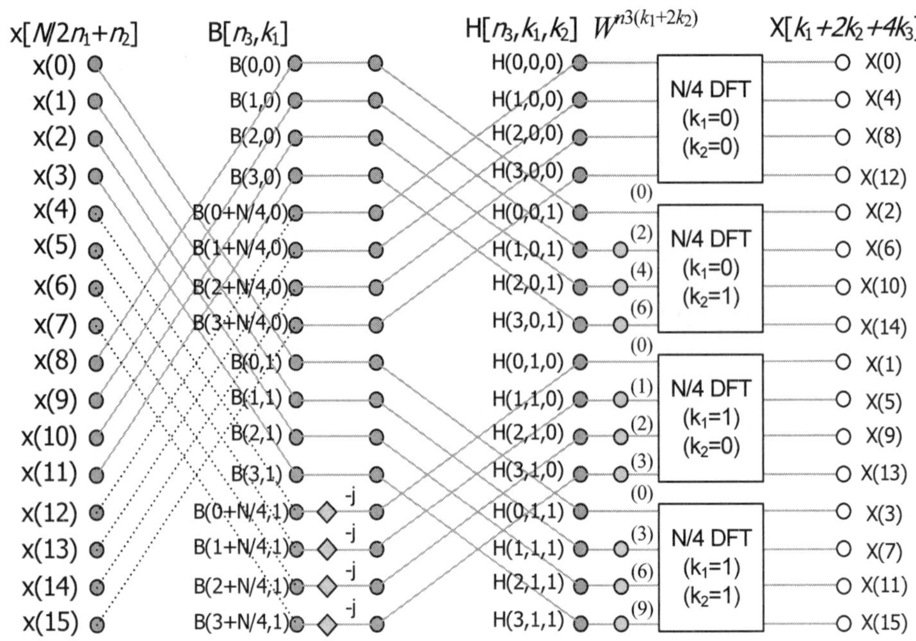

▶▶ 그림 3.33 radix-2^2 두 번째 스테이지까지 전개한 신호 흐름도

$(-j)$에 의한 단순 곱셈 구조는 실제로 복소 곱셈 연산을 수행하는 것이 아니고 식 (3.79)에서 보는 것과 같이 입력 신호의 실수부와 허수부를 교환하는 스위치역할로 구현할 수 있어서 비단순 복소 곱셈연산에 비교하여 크게 면적을 줄일 수 있다. 이에 비하여 비단순 복소 곱셈연산은 식 (3.80)과 같이 4번의 실수 곱셈과 2의 실수 덧셈을 수행한다. 그림 3.34에 하나의 복소곱셈기를 보여준다.

$$(Re\{x[n]\}+jIm\{x[n]\})(-j)=Im\{x[n]\}-jRe\{x[n]\} \qquad \text{식 (3.79)}$$

$$(a+jb)(c+jd)=(ac-bd)+j(ad+bc) \qquad \text{식 (3.80)}$$

비단순 복소 곱셈의 구조를 그림 3.35과 같이 수정하여 3번의 실수 곱셈과 4번의 실수 덧셈으로 줄일 수 있으나 그다지 큰 효율을 얻을 수 없고, 처리시간이 길어지는 단점이 있다. 따라서 복소 곱셈기의 수를 줄이는 것이 하드웨어 크기를 줄이는데 큰 역할을 한다. 두 번째 스테이지의 회전인자는 $W_N^{n_3(k_1+2k_2)}$에 의한 비단순 복소곱셈 구조로 설계해야 한다. 그림 3.36은 radix-2^2 32 포인트 FFT 신호 흐름도를 보여준다.

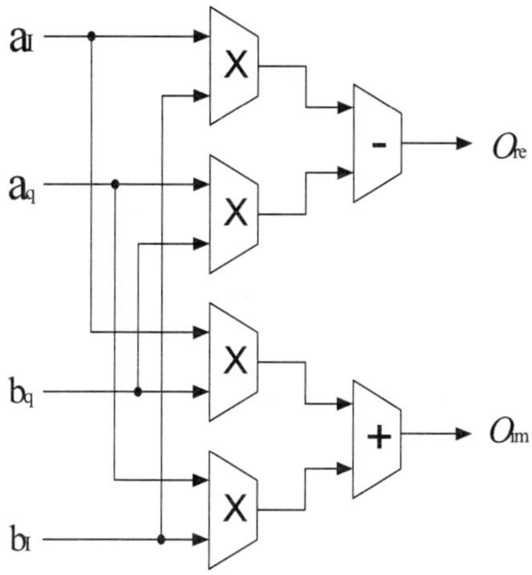

▸▸ 그림 3.34 일반적인 복소 곱셈기

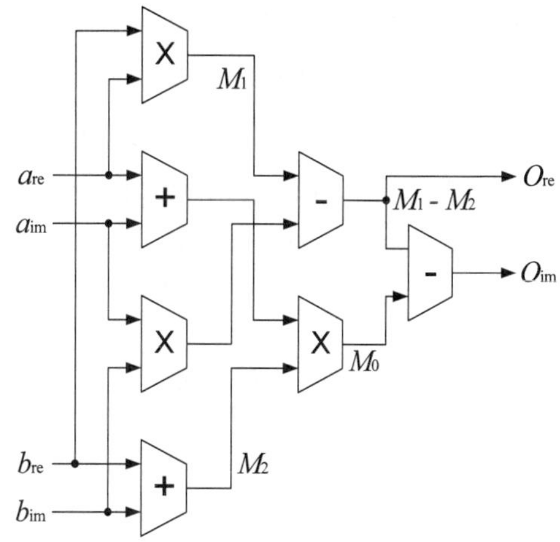

▸▸ 그림 3.35 면적효율적인 복소 곱셈기

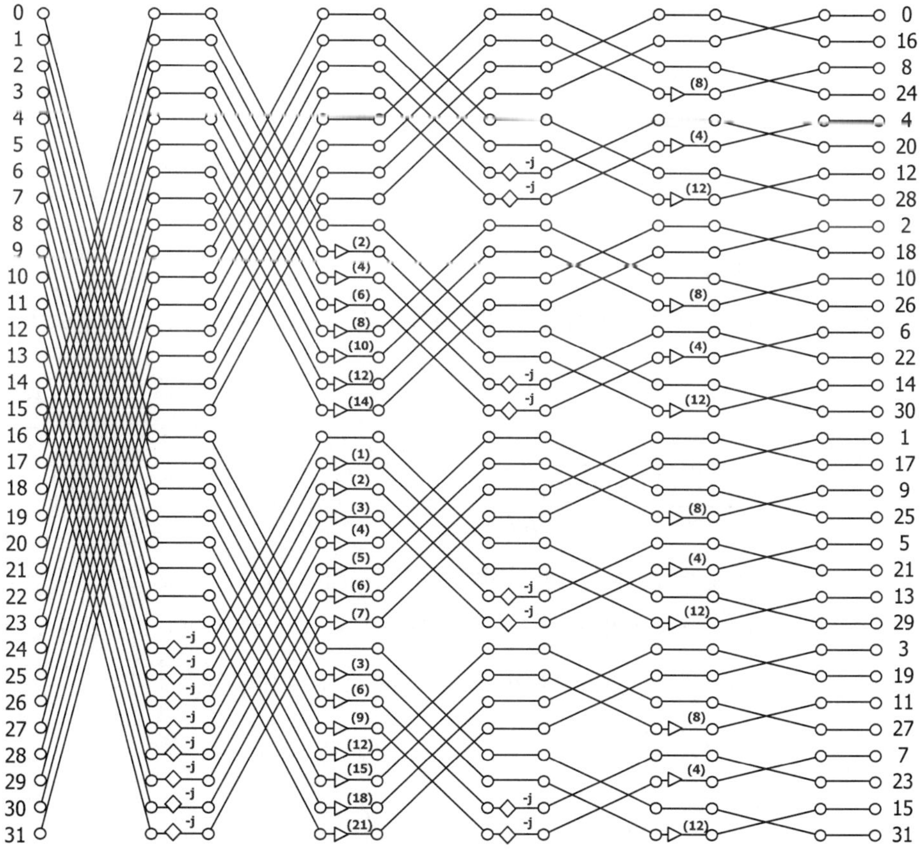

▸▸ 그림 3.36 radix-2^2 32 포인트 FFT 신호 흐름도

3.3.1.4 Radix-2^3 FFT 알고리즘

radix-2^3 FFT알고리즘은 radix-2^2 FFT 알고리즘보다 한 단계의 분해과정을 더 진행함으로써 구현한다. radix-2^3 알고리즘을 전개하기 위하여 4차원 인덱스 맵을 이용한다. n과 k를 4차원 인덱스로 분해하면 다음 식 (3.81)과 같다.

$$n = \frac{N}{2}n_1 + \frac{N}{4}n_2 + \frac{N}{8}n_3 + n_4, \quad (n_1, n_2, n_3 = 0, 1,\ n_4 = 0, 1, \ldots \frac{N}{8} - 1) \quad \text{식 (3.81)}$$

$$k = k_1 + 2k_2 + 4k_3 + 8k_4, \qquad (k_1, k_2, k_3 = 0, 1,\ k_4 = 0, 1, \ldots \frac{N}{8} - 1)$$

식 (3.5)에 식 (3.81)를 대입하면 다음과 같다.

$$X(k_1 + 2k_2 + 4k_3 + 8k_4) = \sum_{n_4=0}^{N/8-1} \sum_{n_3}^{1} \sum_{n_2}^{1} \sum_{n_1}^{1} x\left(\frac{N}{2}n_1 + \frac{N}{4}n_2 + \frac{N}{8}n_3 + n_4\right) W_N^{kn} \quad \text{식 (3.82)}$$

회전인자는 식 (3.83)과 같이 분해되는데 이것은 각 스테이지의 버터플라이 연산자와 그에 해당하는 회전인자로 나누어진다.

$$W_N^{\left(\frac{N}{2}n_1 + \frac{N}{4}n_2 + \frac{N}{8}n_3 + n_4\right)(k_1 + 2k_2 + 4k_3 + 8k_4)} \quad \text{식 (3.83)}$$

$$= W_N^{\left(\frac{N}{2}n_1k_1\right)} W_N^{\frac{N}{4}n_2(k_1 + 2k_2)} W_N^{\frac{N}{8}n_3(k_1 + 2k_2 + 4k_3)} W_N^{n_4(k_1 + 2k_2 + 4k_3 + 8k_4)}$$

$$= (-1)^{n_1k_1}(-j)^{n_2(k_1 + 2k_2)} W_8^{n_3(k_1 + 2k_2 + 4k_3)} W_N^{n_4(k_1 + 2k_2 + 4k_3 + 8k_4)}$$

더 자세히 각 스테이지 포함될 회전인자를 나누어 분석하면 다음 식 (3.84)와 같다.

$$W_N^{\left(\frac{N}{2}n_1 + \frac{N}{4}n_2 + \frac{N}{8}n_3 + n_4\right)(k_1 + 2k_2 + 4k_3 + 8k_4)} \quad \text{식 (3.84)}$$

$$= \underbrace{(-1)^{n_1k_1}}_{BFI} \overbrace{(-j)^{n_2k_1}}^{1\text{st } tw} \underbrace{(-1)^{n_2k_2}}_{BFII} \overbrace{W_8^{n_3(k_1 + 2k_2)}}^{2\text{nd } tw} \underbrace{(-1)^{n_3k_3}}_{BFIII} \overbrace{W_N^{n_4(k_1 + 2k_2 + 4k_3)}}^{3\text{rd } tw} W_{\frac{N}{8}}^{n_4k_4}$$

1st tw는 첫 번째 스테이지의 회전인자를 나타내고 다른 기호도 같은 의미이다. 식 (3.84)와 같이 세 번째까지의 버터플라이 연산자와 각 스테이지의 회전인자를 얻을 수 있다. 먼저 n_1에 관하여 정리하면 첫 번째 버터플라이 연산자 $B_{N/2}^{k_1}\left[\frac{N}{4}n_2 + \frac{N}{8}n_3 + n_4\right]$는 다음 식 (3.85)와 같다.

$$B_{\frac{N}{2}}^{k_1}\left[\frac{N}{4}n_2+\frac{N}{8}n_3+n_4\right] \qquad \text{식 (3.85)}$$

$$=x\left[\frac{N}{4}n_2+\frac{N}{8}n_3+n_4\right]+(-1)^{k_1}x\left[\frac{N}{4}n_2+\frac{N}{8}n_3+n_4+\frac{N}{2}\right]$$

$$\begin{cases}0\le k_1\le 1\\0\le n_2,n_3\le 1\\0\le n_3\le N/8-1\end{cases}$$

$B_{N/2}^{k_1}\left[\frac{N}{4}n_2+\frac{N}{8}n_3+n_4\right]$는 radix-2 DIF 버터플라이 연산자이다. 다시 n_2에 관하여 분해한 뒤 정리하면 식 (3.86)과 같이 첫 번째 스테이지의 회전인자와 두 번째 버터플라이 연산자를 구할 수 있다.

$$H_{\frac{N}{4}}^{k_1k_2}\left(\frac{N}{8}n_3+n_4\right)=B_{\frac{N}{2}}^{k_1}\left(\frac{N}{8}n_3+n_4\right)+(-1)^{k_2}(-j)^{k_1}B_{\frac{N}{2}}^{k_1}\left(\frac{N}{8}n_3+n_4+\frac{N}{4}\right) \qquad \text{식 (3.86)}$$

식 (3.86)에서 $(-1)^{k_2}$는 두 번째 버터플라이 연산구조를 나타내고 $(-j)^{k_1}$은 첫 번째 스테이지의 회전인자를 나타낸다. 다시 n_3에 관하여 분해한 뒤 정리하면 식 (3.87)과 같이 두 번째 스테이지의 회전인자와 세 번째 버터플라이 연산자를 구할 수 있다.

$$T_{\frac{N}{8}}^{k_1k_2k_3}(n_4)=H_{\frac{N}{4}}^{k_1k_1}(n_4)+(-1)^{k_3}W_8^{(k_1+2k_2)}H_{\frac{N}{4}}^{k_1k_2}\left(n_4+\frac{N}{8}\right) \qquad \text{식 (3.87)}$$

마찬가지 $(-1)^{k_3}$는 세 번째 버터플라이 연산구조를 나타내고 $W_8^{(k_1+2k_2)}$는 두 번째 스테이지의 회전인자를 나타낸다. 그러나 $W_8^{(k_1+2k_2)}$는 $(-j)$연산과 같은 비단순 복소 곱셈이라고는 볼 수 없다. 왜냐하면 일정한 비트수를 갖는 계수의 의한 곱셈이 필요하기 때문이다. $W_8^{(k_1+2k_2)}$의 복소 곱셈은 다음 식 (3.88)과 같다.

$$(x[n]_{re}+jx[n]_{im})W_8^1=(x[n]_{re}+jx[n]_{im})\cdot\left(\cos\frac{\pi}{4}-j\sin\frac{\pi}{4}\right) \qquad \text{식 (3.88)}$$

$$=(x[n]_{re}+jx[n]_{im})\cdot\frac{1}{\sqrt{2}}(1-j)$$

$$=\frac{1}{\sqrt{2}}\{(x[n]_{re}+x[n]_{im})+j(x[n]_{im}-x[n]_{re})\}$$

$$=\left\{\frac{(x[n]_{re}+x[n]_{im})}{\sqrt{2}}\right\}+j\left\{\frac{(x[n]_{re}+x[n]_{im})}{\sqrt{2}}\right\}$$

만일 $\frac{1}{\sqrt{2}} = 0.70710678$를 2의 보수 8비트로 표현하면, 01011010이다.

이에 대한 복소 곱셈의 Type I을 그림 3.37에 도식화 하였다. 이와 등가적인 모델 그림 3.38에 Type II를 도식화 하였다. 같은 연산을 하는 구조이지만 곱셈기를 거치면 비트가 확장된다는 사실을 염두에 두어야 한다.

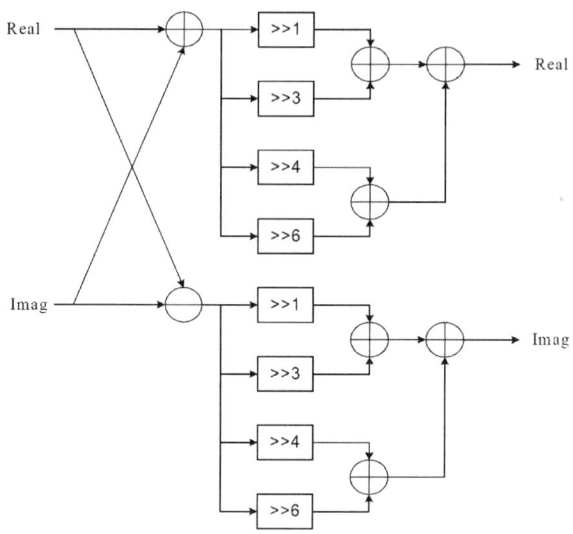

▶▶ 그림 3.37 W_8^1 복소 곱셈기 Type I

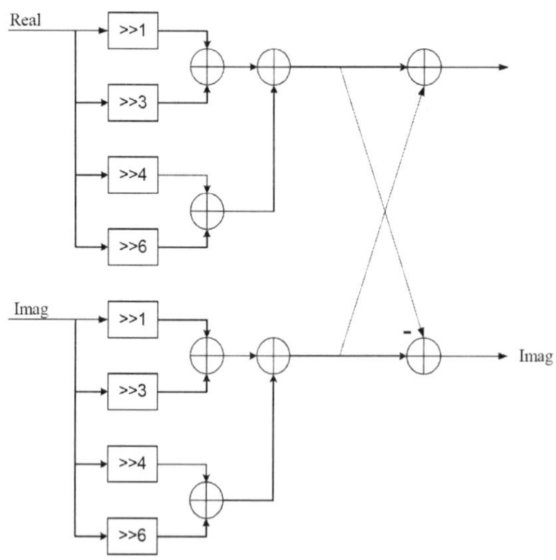

▶▶ 그림 3.38 W_8^1 복소 곱셈기 Type II

$W_8^{(k_1+2k_2)}$의 복소 곱셈은 그림 3.37과 3.38에서 설명한 바와 같이 계수가 고정되어 복소 상수 곱셈기로 구현할 수 있어 시프트 연산과 덧셈기로 구현하게 된다. 따라서 프로그래머블 복소 곱셈기를 사용하는 것보다 면적을 줄일 수 있는 장점이 있다. 세 번째 버터플라이 연산 후 복소 곱셈은 $W_N^{n_4(k_1+2k_2+4k_3)}$의 비단순 복소 곱셈을 수행한다. 이렇게 해서 세 번째 스테이지까지 정리된 후 남은 $N/8$ 포인트 DFT연산을 이와 반복적인 방법을 통해 구할 수 있다. 세 번째 스테이지까지 정리된 수식은 식 (3.89)와 같다.

$$X(k_1+2k_2+4k_3+8k_4)=\sum_{n_4=0}^{N/8-1}\left\{T_{\frac{N}{8}}^{k_1k_2k_3}(n_4)\,W_N^{n_4(k_1+2k_2+4k_3)}\right\}W_{N/8}^{n_4k_4} \qquad \text{식 (3.89)}$$

그림 3.39는 radix-2^3 32 포인트 FFT 신호 흐름도를 보인다.

처음 버터플라이 연산(BF I)후 $(-j)$에 의한 단순 복소 곱셈이 있고, 두 번째 버터플라이 연산 후에는 $W_8^{(k_1+2k_2)}$에 의한 비단순 복소 곱셈이 있으며, 세 번째 버터플라이 후에 $W_N^{n_4(k_1+2k_2+4k_3)}$에 의한 비단순 복소 곱셈이 있다.

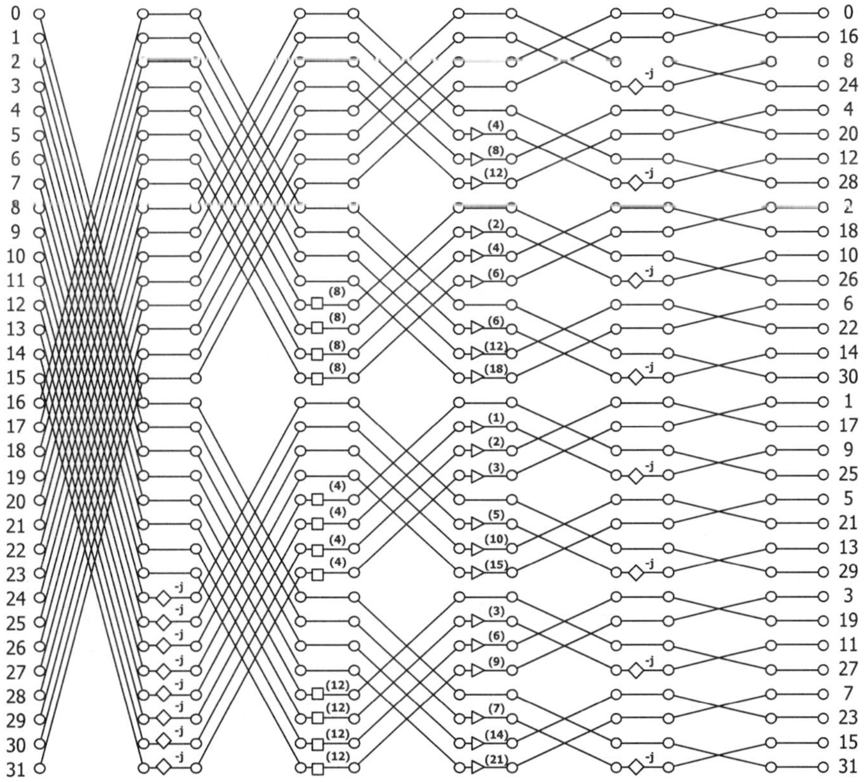

►► 그림 3.39 radix-2^3 32 포인트 FFT 신호 흐름도

3.3.1.5 Radix-4/2 FFT 알고리즘

Raidix-2^2과 같이 3차원 인덱스 맵에 의해 분해 과정을 수행하지만 radix-4와 radix-2의 순으로 선택한다. [2]

$$n=\frac{N}{4}n_1+\frac{N}{8}n_2+n_3,\quad (0\le n_1\le 3, 0\le n_2\le 1,\ 0\le n_3=\frac{N}{8}-1) \quad \text{식 (3.90)}$$

$$k=k_1+4k_2+8k_3,\qquad (0\le k_1\le 3, 0\le k_2\le 1,\ 0\le k_3=\frac{N}{8}-1)$$

식 (3.5)에 식 (3.90)을 대입하여 n_1에 관하여 정리하면,

$$X[k]=X(k_1+4k_2+8k_3) \quad \text{식 (3.91)}$$

$$=\sum_{n_3=0}^{N/8-1}\sum_{n_2}^{1}\sum_{n_1}^{3}x\left(\frac{N}{4}n_1+\frac{N}{8}n_2+n_3\right)W_N^{\left(\frac{N}{4}n_1+\frac{N}{8}n_2+n_3\right)(k_1+4k_2+8k_3)}$$

$$=\sum_{n_3=0}^{N/8-1}\sum_{n_2}^{1}\left\{B_{\frac{N}{4}}^{k_1}\left(\frac{N}{8}n_2+n_3\right)\right\}W_N^{\left(\frac{N}{8}n_2+n_3\right)(k_1+4k_2+8k_3)}$$

첫 번째 버터플라이 연산구조는 radix-4구조와 같다.

$$B_{\frac{N}{4}}^{k_1}\left[\frac{N}{8}n_2+n_3\right]=x\left[\frac{N}{4}n_2+n_3\right]+(-j)^{k_1}x\left[\frac{N}{4}n_2+n_3+\frac{N}{4}\right] \quad \text{식 (3.92)}$$
$$+(-1)^{k_1}x\left[\frac{N}{4}n_2+n_3+\frac{N}{2}\right]+(j)^{k_1}x\left[\frac{N}{4}n_2+n_3+\frac{3N}{4}\right]$$
$$\begin{cases}0\le k_1\le 3\\ 0\le n_2\le 1\\ 0\le n_3\le N/8-1\end{cases}$$

회전인자를 정리하면 각 스테이지에 형성될 회전인자를 구할 수 있다.

$$W_N^{\left(\frac{N}{4}n_1+\frac{N}{8}n_2+n_3\right)(k_1+4k_2+8k_3)}=W_4^{n_1k_1}W_8^{n_2(k_1+4k_2)}W_N^{n_3(k_1+4k_2+8k_3)} \quad \text{식 (3.93)}$$

$$=\underbrace{(-j)^{n_1k_1}}_{\text{BF I}}\overbrace{W_8^{n_2k_1}}^{\text{1st tw}}\underbrace{(-1)^{n_2k_2}}_{\text{BF II}}\overbrace{W_N^{n_3(k_1+4k_2)}}^{\text{2nd tw}}W_{\frac{N}{8}}^{n_3k_3}$$

식 (3.93)에서 알 수 있듯이 첫 번째 버터플라이 구조는 radix-4 구조를 가지고 있고 두 번째 버터플라이 구조는 radix-2 구조를 가지고 있다. 첫 번째 스테이지의 회전인자는 $W_8^{k_1}$에 의한 비단순 복소 곱셈이지만 상수 곱셈기로 설계가 가능하고 두 번째 스테이지의 회전인자는 $W_N^{n_3(k_1+4k_2)}$에 의한 비단순 복소 곱셈으로 프로그래머블 복소 곱셈기로 설계해야 한다.

두 번째 스테이지까지 정리하면 식 (3.94)과 같다.

$$X(k_1 + 4k_2 + 8k_3) = \sum_{n_8 = 0}^{N/8-1} \left\{ H_{\frac{N}{8}}^{k_1 k_2}(n_3)\, W_N^{n_3(k_1 + 4k_2)} \right\} W_{N/8}^{n_3 k_3} \quad \text{식 (3.94)}$$

식 (3.94)을 보면 근본적으로 식 (3.89)의 radix-2^3 알고리즘과 유사하며, radix-2^3 구조에서 처음 두 스테이지를 radix-4 버터플라이 구조로 변경한 차이만 가지고 있다. 그림 3.40은 radix-4/2 64 포인트 FFT 신호 흐름도를 보인다. 회전인자의 $8(i)$는 W_8^i를 가리키고 회전인자(i)는 W_{64}^i를 가리킨다. $W_8^2 = (-j)$이고 $W_8^3 = (-j)\,W_8^1$이기 때문에 첫 번째 스테이지의 회전인자는 모두 W_8^1 구조로 설계할 수 있다.

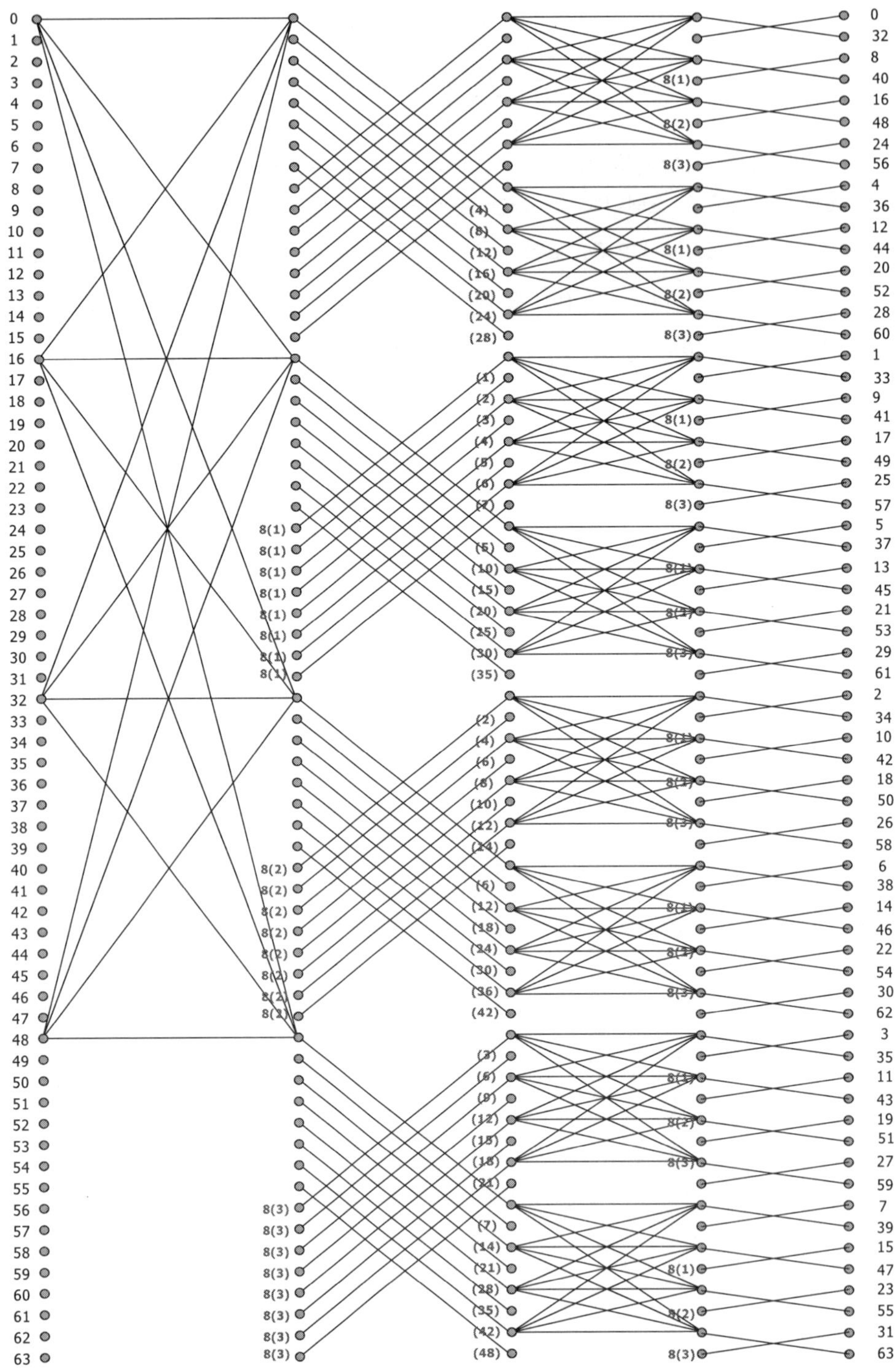

►► 그림 3.40 Radix-4/2 64 포인트 FFT 신호 흐름도

3.3.1.6 수정된 Radix-2^4 FFT 알고리즘

수정된 Radix-2^4 FFT 알고리즘은 먼저 radix-2^4 FFT 알고리즘을 전개한 후 수정된 radix-2^4 FFT 알고리즘을 유도할 수 있다. radix-2^4 알고리즘은 식 (3.95)과 같이 5차원 인덱스 맵을 적용하면 얻을 수 있다.

$$n=\frac{N}{2}n_1+\frac{N}{4}n_2+\frac{N}{8}n_3+\frac{N}{16}n_5, \quad (n_1,n_2,n_3,n_4=0,1,\ n_5=0,1,\ldots\frac{N}{16}-1) \qquad \text{식 (3.95)}$$

$$k=k_1+2k_2+4k_3+8k_4+16k_5, \qquad (k_1,k_2,k_3,k_4=0,1,\ k_5=0,1,\ldots\frac{N}{16}-1)$$

먼저 5차원 인덱스에 대한 회전인자를 분해 해보자.

$$W_N^{\left(\frac{N}{2}n_1+\frac{N}{4}n_2+\frac{N}{8}n_3+\frac{N}{16}n_4+n_5\right)(k_1+2k_2+4k_3+8k_4+16k_5)}$$

$$=(-1)^{n_1k_1}(-j)^{n_2(k_1+2k_2)}\,W_8^{n_3(k_1+2k_2+4k_3)}\,W_{16}^{n_4(k_1+2k_2+4k_3+8k_4)}\,W_N^{n_5(k_1+2k_2+4k_3+8k_4+16k_5)}$$

$$=\underbrace{(-1)^{n_1k_1}}_{\text{BF I}}\overbrace{(-j)^{n_2k_1}}^{\text{1st tw}}\underbrace{(-1)^{n_2k_2}}_{\text{BF II}}\overbrace{W_8^{n_3(k_1+2k_2)}}^{\text{2nd tw}}\underbrace{(-1)^{n_3k_3}}_{\text{BF III}}\bullet \qquad \text{식 (3.96)}$$

$$\overbrace{W_{16}^{n_4(k_1+2k_2+4k_3)}}^{\text{3rd tw}}\underbrace{(-1)^{n_4k_4}}_{\text{BF IV}}\overbrace{W_N^{n_5(k_1+2k_2+4k_3+8k_4)}}^{\text{4th tw}}\,W_{N/16}^{n_5k_5}$$

식 (3.96)와 같이 네 번째 스테이지의 비디플라이 연산자와 각 스테이지의 회전인자를 얻을 수 있다. 첫 번째와 두 번째 스테이지의 회전인자는 radix-2^3 알고리즘의 복소 곱셈기 유형과 같고 세 번째 스테이지의 회전인자는 $W_{16}^{(k_1+2k_2+4k_3)}$의 비단순 복소 곱셈이다. $W_{16}^{(k_1+2k_2+4k_3)}$는 $(-j)^{k_3}W_{16}^{(k_1+2k_2)}(0\le k_1,k_2\le 1)$으로 분리되어 결국 W_{16}^0, W_{16}^1, W_{16}^2, W_{16}^3 의 계수를 갖게 된다. 이 중 W_{16}^0 은 결과가 1이고, 남은 계수는 다음 표 3.13과 같다. 모든 회전인자는 $\cos(\pi/8)$, $\sin(\pi/8)$, $\cos(\pi/4)$에 해당하는 계수만으로 축소된다.

▶▶ 표 3.13 회전인자 W_{16}^i 의 계수

계 수	실수부	허수부
W_{16}^1	$\cos(\pi/8)$	$-\sin(\pi/8)$
W_{16}^2	$\cos(\pi/4)$	$-\sin(\pi/4)$
W_{16}^3	$\sin(\pi/8)$	$-\cos(\pi/8)$

그러나 이런 radix-2^4 알고리즘은 radix-2^2 FFT 알고리즘보다 효율적이지 못하다. 그 이유는 첫 번째 스테이지를 제외한 두 번째, 세 번째, 네 번째 스테이지 모두 비단순 복소 곱셈을 가지게 되므로 복소 곱셈기 관점에서 이득을 얻을 수 없게 된다. 수정된 radix-2^4 알고리즘에서는 회전인자의 위치를 변경시켜 radix-2^4 알고리즘 형태를 radix-2^2 알고리즘 구조 형태로 변경시킨 것이다. 수정된 radix-2^4 알고리즘의 회전인자는 다음과 같다.

$$W_N^{\left(\frac{N}{2}n_1+\frac{N}{4}n_2+\frac{N}{8}n_3+\frac{N}{16}n_4+n_5\right)(k_1+2k_2+4k_3+8k_4+16k_5)}$$

$$= \underbrace{(-1)^{n_1k_1}(-j)^{n_2k_1}}_{stage\,1}\overbrace{(-1)^{n_2k_2}W_{16}^{(2n_3+n_4)(k_1+2k_2)}}^{stage\,2} \qquad \text{식 (3.97)}$$

$$\cdot \underbrace{(-1)^{n_3k_3}(-j)^{n_4k_3}}_{stage3}\overbrace{(-1)^{n_4k_4}W_N^{n_5(k_1+2k_2+4k_3+8k_4)}}^{stage\,4}W_{N/16}^{n_5k_5}$$

식 (3.97)과 같이 두 번째 스테이지의 회전인자가 $W_{16}^{(2n_3+n_4)(k_1+2k_2)}(0 \le n_3,\ n_4 \le 1,\ 0 \le k_1,\ k_2 \le 1)$의 비단순 곱셈을 바뀌고, 대신 세 번째 스테이지 회전인자가 $(-j)^{k_3}$ 단순 곱셈으로 변경되었다. 그렇다면 회전인자 $W_{16}^{(2n_3+n_4)(k_1+2k_2)}$은 어떠한 값일까? 그 종류를 표 3.14에 나타내었다. 표 3.14에 나타난 바와 같이 $W_{16}^1, W_{16}^2, W_{16}^3$에 대한 회전인자로 축소되므로 결국 $\cos(\pi/8)$, $\sin(\pi/8)$, $\cos(\pi/4)$에 해당하는 계수만 가지고 회전인자의 곱셈을 수행할 수 있다. 이와 같이 두 번째 스테이지에 해당하는 회전인자의 곱셈은 항상 일정한 계수값을 갖게된다.

▶▶ 표 3.14 $W_{16}^{(2n_3+n_4)(k_1+2k_2)}$의 계수 형태

(n_3,n_4) \ (k_1,k_2)	(0,0)	(0,1)	(1,0)	(1,1)
(0,0)	W_{16}^0	W_{16}^0	W_{16}^0	W_{16}^0
(0,1)	W_{16}^0	W_{16}^2	W_{16}^1	W_{16}^3
(1,0)	W_{16}^0	$W_{16}^4=-j$	W_{16}^2	$W_{16}^6=-jW_{16}^2$
(1,1)	W_{16}^0	$W_{16}^6=-jW_{16}^2$	W_{16}^3	$W_{16}^9=-W_{16}^1$

식 (3.95)와 식 (3.97)을 DFT 일반식 식 (3.5)에 대입하고 n_1을 전개하면 식 (3.98)과 같은 첫 번째 버터플라이의 연산식을 구할 수 있다.

$$B_{\frac{N}{2}}^{k_1}\left(\frac{N}{4}n_2+\frac{N}{8}n_3+\frac{N}{16}n_4+n_5\right)= \quad \text{식 (3.98)}$$

$$x\left(\frac{N}{4}n_2+\frac{N}{8}n_3+\frac{N}{16}n_4+n_5\right)+(-1)^{k_1}x\left(\frac{N}{4}n_2+\frac{N}{8}n_3+\frac{N}{16}n_4+n_5+\frac{N}{2}\right)$$

첫 번째 버터플라이 연산은 단순한 N/2개의 연속적인 radix-2 버터플라이 연산을 한 번 수행한 것이다. 두 번째 버터플라이 연산식과 회전인자를 구하기 위해 n_2에 관해 전개하면 식 (3.99)와 같은 두 번째 버터플라이 연산식을 구할 수 있다. 두 번째 버터플라이 구조는 첫 번째 버터플라이 연산값에 첫 번째 스테이지의 회전인자 $(-j)^{k_1}$을 곱한 뒤 N/4개의 연속적인 radix-2 버터플라이 연산을 두 번 수행한 것이다.

$$H_{\frac{N}{4}}^{k_1k_2}\left(\frac{N}{8}n_3+\frac{N}{16}n_4+n_5\right)= \quad \text{식 (3.99)}$$

$$B_{\frac{N}{2}}^{k_1}\left(\frac{N}{8}n_3+\frac{N}{16}n_4+n_5\right)+(-1)^{k_2}(-j)^{k_1}B_{\frac{N}{2}}^{k_1}\left(\frac{N}{8}n_3+\frac{N}{16}n_4+n_5+\frac{N}{4}\right)$$

세 번째 버터플라이 연산식과 회전인자를 구하기 위해 n_3에 관해 전개하면 식 (3.101)과 같은 세 번째 버터플라이 연산식을 구할 수 있다. 세 번째 버터플라이 구조는 두 번째 버터플라이 연산값에 두 번째 스테이지의 회전인자 $W_{16}^{i(k_1+2k_2)}(i=0,1,\cdots,3)$을 곱한 뒤 N/8개의 연속적인 radix-2 버터플라이 연산을 네 번 수행한 것이다.

$$T_{\frac{N}{8}}^{k_1k_2k_3}\left(\frac{N}{16}n_4+n_5\right)= \quad \text{식 (3.100)}$$

$$W_{16}^{n_4(k_1+2k_2)}H_{\frac{N}{4}}^{k_1k_2}\left(\frac{N}{16}n_4+n_5\right)+(-1)^{k_3}W_{16}^{(2+n_4)(k_1+2k_2)}H_{\frac{N}{4}}^{k_1k_2}\left(\frac{N}{16}n_4+n_5+\frac{N}{8}\right)$$

식 (3.100)에서 확인할 수 있듯이 다른 버터플라이 연산 구조와 다르게 회전인자 곱셈이 양쪽 모두에 있어 버터플라이 구조가 변경되었다

네 번째 버터플라이 연산식과 회전인자를 구하기 위해 n_4에 관해 전개하면 식 (3.101)과 같은 네 번째 버터플라이 연산식을 구할 수 있다. 네 번째 버터플라이 구조는 세 번째 버터플라이 연산값에 세 번째 스테이지의 회전인자 $(-j)^{k_3}$를 곱한 뒤 N/16개의 연속적인 radix-2 버터플라이 연산을 8번 수행한 것이다.

$$G_{\frac{N}{16}}^{k_1k_2k_3k_4}(n_5)=T_{\frac{N}{8}}^{k_1k_2k_3}(n_5)+(-1)^{k_4}(-j)^{k_3}T_{\frac{N}{8}}^{k_1k_2k_3}\left(n_5+\frac{N}{16}\right) \quad \text{식 (3.101)}$$

radix-2^4 알고리즘의 특징은 세 번째 스테이지의 회전인자가 두 번째 스테이지의 회전인자와 결합하여 세 번째 스테이지의 회전인자를 제거하고 두 번째 스테이지의 회전인자의 사용율을 증가시킬 수 있었다.

네 번째 스테이지까지 정리된 식은 다음과 같다.

$$X[k_1+2k_2+4k_3+8k_4+16k_5]=\sum_{n_5=0}^{N/16-1}\left(G_{\frac{N}{16}}^{k_1k_2k_3k_4}[n_5]\,W_N^{n_5(k_1+2k_2+4k_3+8k_4)}\right)W_{N/16}^{n_5k_5} \qquad \text{식 (3.102)}$$

그림 3.41은 radix-2^4 32 포인트 FFT 신호 흐름도를 보인다. 첫 번째 스테이지에는 $(-j)$에 의한 단순 복소 곱셈이 있고, 두 번째 스테이지에는 표 3.14와 같이 $W_{16}^{i(k_1+2k_2)}$에 의한 비단순 복소 곱셈이 있다. 여기에서 16(i)는 W_{16}^i를 의미하고, (i)는 W_N^i를 의미한다. 세 번째 스테이지에는 역시 $(-j)$에 의한 단순 복소 곱셈이 있고, 네 번째 스테이지에 $W_N^{n_5(k_1+2k_2+4k_3+8k_4)}$에 의한 비단순 복소 곱셈이 있다. 곱셈기의 배열 형태가 radix-2^2 구조와 동일하기 때문에 radix-2^2 구조에 비교하여 이득이 없는 것처럼 보일 수 있으나 두 번째 스테이지의 비단순 복소 곱셈기가 일정하게 W_{16}^i 형태로 나타나기 때문에 상수 곱셈기로 대체할 수 있는 장점이 있어서 일반적인 프로그래머블 복소 곱셈기를 사용하는 비단순 복소 곱셈기보다 곱셈기의 복잡도를 줄일 수 있다. 그리고 삼각함수의 일반적인 공식을 적용하여 상수 곱셈기의 곱셈량을 1개의 복소 상수 곱셈기의 크기 정도로 줄일 수 있다. 이에 대해서는 다음 절에 상세히 설명하도록 한다.

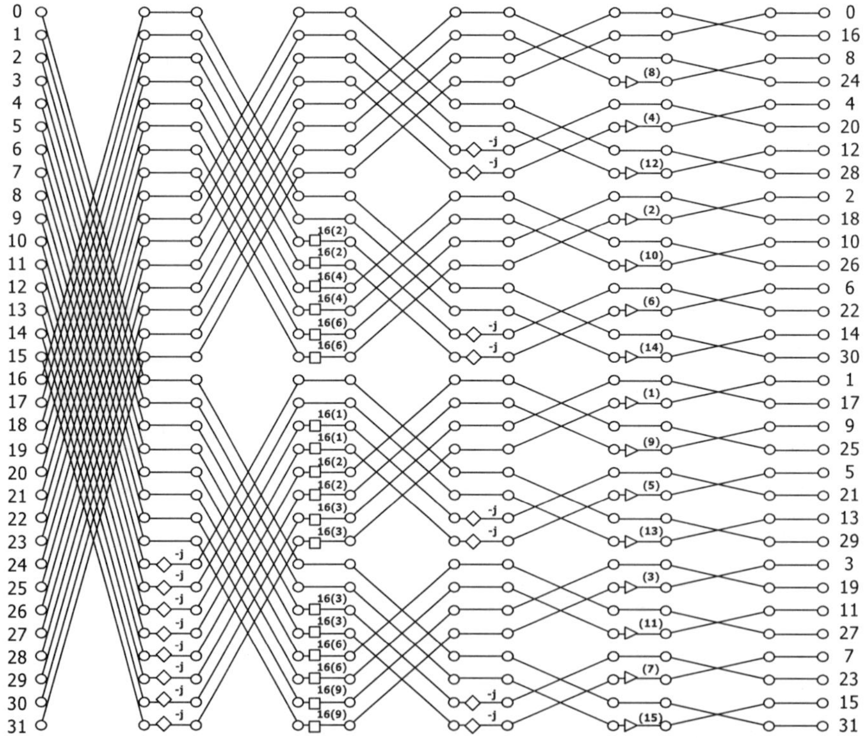

▸▸ 그림 3.41 radix-2^4 32 포인트 FFT 신호 흐름도

3.3.1.7 Radix-4^2 FFT 알고리즘

radix-4^2 FFT 알고리즘은 radix-2^2 FFT 알고리즘과 같은 방법으로 분해과정을 진행하되 radix를 4로 선택하면 radix-4^2 알고리즘을 전개할 수 있다. n과 k를 3차원 인덱스로 분해하면 다음 식 (3.103)과 같다.

$$n = \frac{N}{4}n_1 + \frac{N}{16}n_2 + n_3, \quad (0 \le n_1, n_2 \le 3, 0 \le n_3 \le \frac{N}{16} - 1) \qquad \text{식 (3.103)}$$

$$k = k_1 + 4k_2 + 16k_3, \quad (0 \le k_1, k_2 \le 3, 0 \le k_3 \le \frac{N}{16} - 1)$$

식 (3.103)에 식 (3.5)를 대입하여 n_1에 관하여 인수를 분해하면 다음과 같다.

$$X(k_1 + 4k_2 + 16k_3) \qquad \text{식 (3.104)}$$

$$= \sum_{n_3=0}^{N/16-1} \sum_{n_2}^{3} \sum_{n_1}^{3} x\left(\frac{N}{4}n_1 + \frac{N}{16}n_2 + n_3\right) W_N^{\left(\frac{N}{4}n_1 + \frac{N}{16}n_2 + n_3\right)(k_1 + 4k_2 + 16k_3)}$$

$$= \sum_{n_3=0}^{N/16-1} \sum_{n_2}^{3} \left\{ B_{\frac{N}{4}}^{k_1}\left(\frac{N}{16}n_2 + n_3\right) W_{16}^{n2(k_1 + 4k_2)} \right\} W_N^{n_3(k_1 + 4k_2)} W_{N/16}^{n_3k_3}$$

$$= \sum_{n_3=0}^{N/16-1} H_{\frac{N}{16}}^{k_1k_2}(n_3) W_N^{n_3(k_1 + 4k_2)} W_{N/16}^{n_3k_3}$$

radix-4^2 알고리즘의 회전인자는 다음과 같다.

$$W_N^{\left(\frac{N}{4}n_1 + \frac{N}{16}n_2 + n_3\right)(k_1 + 4k_2 + 16k_3)} = \underbrace{(-j)^{n_1k_1} W_{16}^{n_2k_1}}_{stage\,1} \overbrace{(-j)^{n_2k_2} W_N^{n_3(k_1 + 4k_2)}}^{stage\,2} W_{N/16}^{n_3k_3} \qquad \text{식 (3.105)}$$

여기에서 $B_{N/4}^{k_1}\left[\frac{N}{16}n_2 + n_3\right]$는 다음 식 (6.12)와 같다.

$$B_{\frac{N}{4}}^{k_1}\left[\frac{N}{16}n_2 + n_3\right] = x\left[\frac{N}{16}n_2 + n_3\right] + (-j)^{k_1} x\left[\frac{N}{16}n_2 + n_3 + \frac{N}{4}\right] \qquad \text{식 (3.106)}$$

$$+ (-1)^{k_1} x\left[\frac{N}{16}n_2 + n_3 + \frac{N}{2}\right] + j^{k_1} x\left[\frac{N}{16}n_2 + n_3 + \frac{3N}{4}\right]$$

$$\begin{cases} 0 \le k_1 \le 3 \\ 0 \le n_2 \le 3 \\ 0 \le n_3 \le N/16 - 1 \end{cases}$$

이는 radix-4 버터플라이 연산자이며, n_2에 관한 분해과정을 진행하면 세 번째 버터플라이 연산자 $H_{\frac{N}{16}}^{k_1k_2}(n_3)$와 회전인자 $W_{16}^{ik_1}(i = 0, 1, \cdots 3)$를 얻을 수 있다.

$$H_{\frac{N}{16}}^{k_1k_2}(n_3) = B_{\frac{N}{4}}^{k_1}(n_3) + (-j)^{k_2} W_{16}^{k_1} B_{\frac{N}{4}}^{k_1}\left(n_3 + \frac{N}{16}\right) + (-1)^{k_2} W_{16}^{2k_1} B_{\frac{N}{4}}^{k_1}\left(n_3 + \frac{2N}{16}\right) + (j)^{k_2} W_{16}^{3k_1} B_{\frac{N}{4}}^{k_1}\left(n_3 + \frac{3N}{16}\right) \quad \text{식 (3.107)}$$

radix-2^2알고리즘과 유사하게 두 개의 연속적인 radix-4 버터플라이 연산자로 구성됨을 알 수 있다. 그러나 radix-2^2 알고리즘과는 다르게 첫 번째 스테이지의 회전인자가 $W_{16}^{ik_1}(i=0,1,\cdots 3)$의 비단순 복소 곱셈이며, 두 번째 스테이지 회전인자는 $W_N^{n_3(k_1+4k_2)}$에 대한 비단순 복소 곱셈이다. 첫 번째 스테이지의 회전인자는 수정된 radix-2^4 FFT 알고리즘과 마찬가지로 상수 복소 곱셈기로 구현이 가능하여 곱셈기의 복잡도를 줄일 수 있다.

그림 3.42는 radix-4^2 64 포인트 FFT 신호 흐름도를 보인다. 회전인자 $16(i)$는 W_{16}^i를 가리킨다.

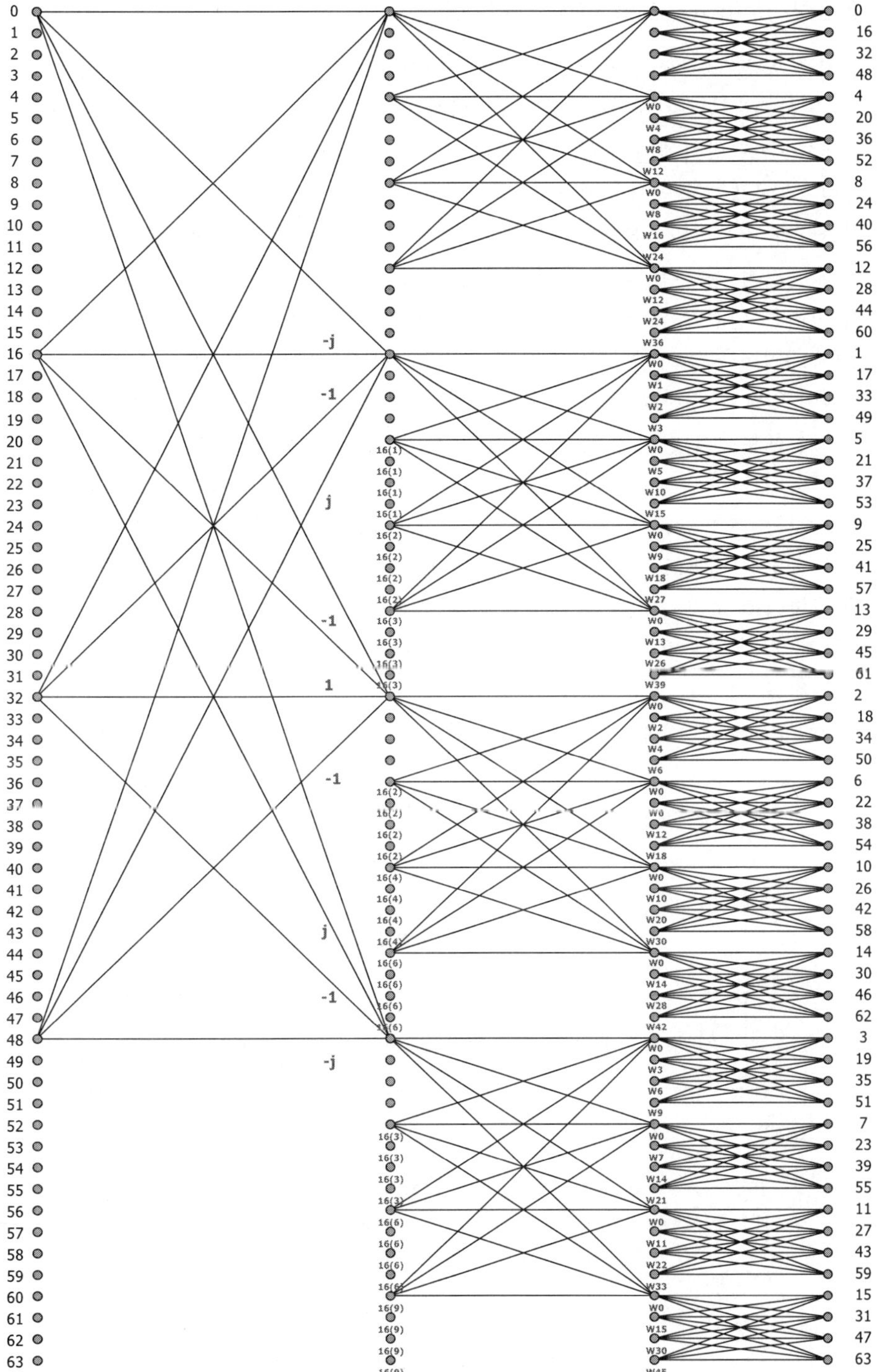

►► 그림 3.42 radix-4^2 64 포인트 FFT 신호 흐름도

3.3.2 파이프라인 FFT 프로세서

최근 무선 OFDM 응용분야의 FFT 프로세서는 큰 크기의 포인트가 요구되어지고 있고, 또한 고성능 및 저전력 FFT 프로세서에 대한 요구가 증가하고 있다. 종래의 FFT 프로세서 구현 방식에는 크게 단일 메모리 구조와 이중 메모리 구조, 병렬 처리 프로세서 방식, 파이프라인 방식을 이용한 구현으로 나눌 수 있다. 단일 메모리 구조는 하나의 버터플라이 연산자와 하나의 메모리 뱅크 구조를 이용하여 구현하는 방식으로 하드웨어 비중은 가장 적으나, 높은 동작 주파수가 요구되고 연속처리가 어렵고 메모리 어드레싱이 어려운 단점이 있다. 이중 메모리 구조는 이중 메모리 뱅크를 이용하여 한 메모리로부터 데이터를 읽고 연산을 수행한 후 다른 메모리에 저장하여 연속처리가 용이하다는 장점이 있으나 역시 높은 동작 주파수가 요구되어 고속 연산에는 부적합하다. 그리고 병렬처리 프로세서 방식은 병렬처리를 통해 한 번에 연산할 수 있는 수율을 증대할 수 있어 고속의 연산이 가능하지만, 이에 따른 하드웨어와 전력소모가 크기 때문에 고차 포인트를 갖는 FFT 프로세서 설계에는 적합하지 않다. 고속의 처리가 가능하면서 OFDM과 같은 송수신 변복조의 특징인 연속적인 처리가 가능하고, 면적 대 수율의 관계를 적절하게 만족시켜 고차의 FFT 프로세서 설계에 용이한 구조가 파이프라인 구조이다. 또한 파이프라인 구조는 비교적 제어가 간단하며 구조가 규칙적이어서 VLSI 설계에 아주 유리한 장점을 가지고 있다. [19][10][23]

그림 3.43에 주요한 FFT 프로세서의 구조적 측면의 설계 방식을 보인다.

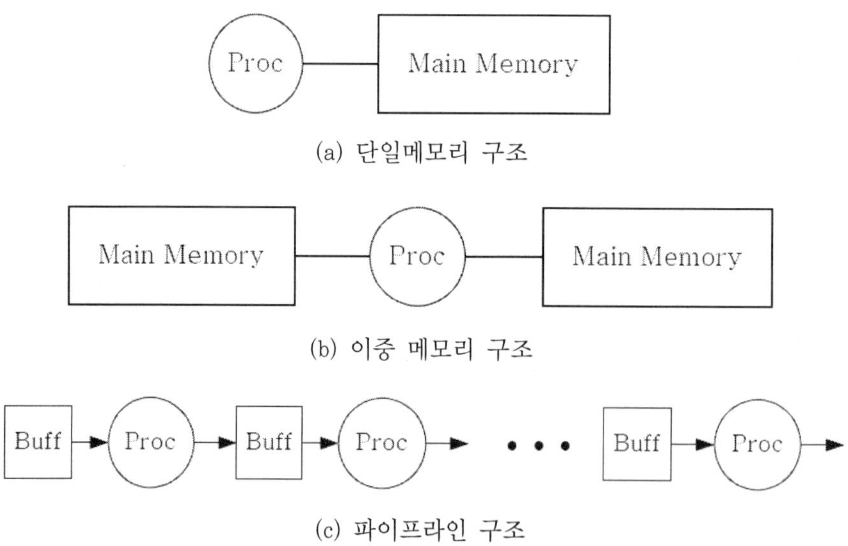

▸▸ 그림 3.43 FFT 구현 방식에 따른 비교

파이프라인 구조는 $\log_r N$만큼의 버터플라이 연산자를 가지고 있다. 여기서 r은 radix의 크기를 의미한다. $r=2$인 radix-2 버터플라인 경우 첫 번째 스테이지 버터플라이는 입력데이터가 $N/2$만큼 들어왔을 때 계산되기 시작하고, 두 번째 스테이지 버터플라이는 첫 번째 스테이지의 계산된 값이 $N/4$만큼 들어왔을 때 계산되기 시작한다. 이러한 연산방식은 마지막 스테이지까지 반복하는 구조로 되어있다. 그림 3.44는 파이프라인 FFT구조의 타이밍 다이어그램을 보여준다.

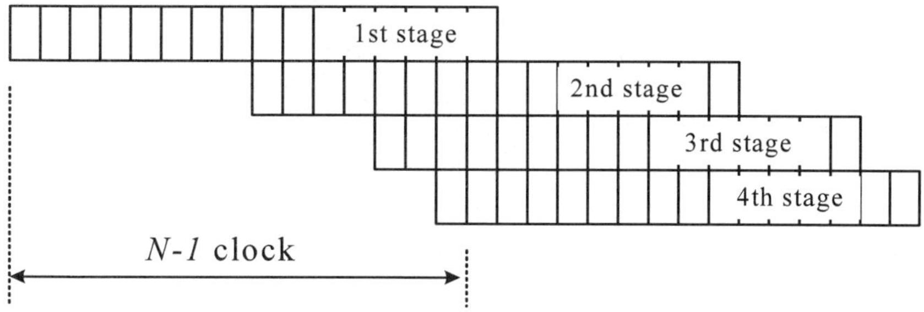

▸▸ 그림 3.44 파이프라인 FFT 구조의 타이밍 다이어그램

그림 3.44와 같이 만일 입력된 데이터가 다른 조건에 의한 지연이 전혀 없다면 파이프라인 구조 FFT 출력은 데이터는 N-1(r=2 인 경우)의 클럭지연을 갖게 된다.

3.3.2.1 파이프라인 방식의 종류

파이프라인 구조에서 각 스테이지의 버터플라이는 FFT 알고리즘의 SFG(Signal Flow Graph)의 각 스테이지에 해당하는 모든 버터플라이를 대표한다. 대표적으로 기존의 파이프라인 구조는 다음과 같이 크게 6가지의 파이프라인 FFT의 구조가 있다. 다음 절에는 이러한 파이프라인 구조와 추가적인 FFT 알고리즘을 적용한 변형된 파이프라인 구조를 보다 상세하게 설명한다.

- Radix-2 Multipath Delay Commutator (R2MDC)
- Radix-2 Single-Path Delay Feedback (R2SDF)
- Radix-4 Multipath Delay Commutator (R4MDC)
- Radix-4 Single-Path Delay Feedback (R4SDF)
- Radix-4 Single-Path Delay Commutator (R4SDC)
- Radix-2^2 Single-Path Delay Feedback (R2^2SDF)

3.3.2.2 R2MDC 구조

R2MDC FFT 구조는 파이프라인 구조를 사용하여 radix-2 알고리즘을 구현하는 가장 기본적인 방법이다. 다음 그림 3.45에서 R2MDC 16 포인트 FFT를 보인다. 먼저 구조를 보면 지연블록은 이전 스테이지 지연블록의 절반으로 구성되어져 있다. 그리고 각 스테이지의 스위치 블록은 이전 스테이지 스위치보다 두 배 빠르게 스위칭을 수행한다. MDC라고 불리는 다중경로 지연블록은 그림5.3과 같이 다중경로와 지연블록, 스위치블록을 가지고 있다.[44]

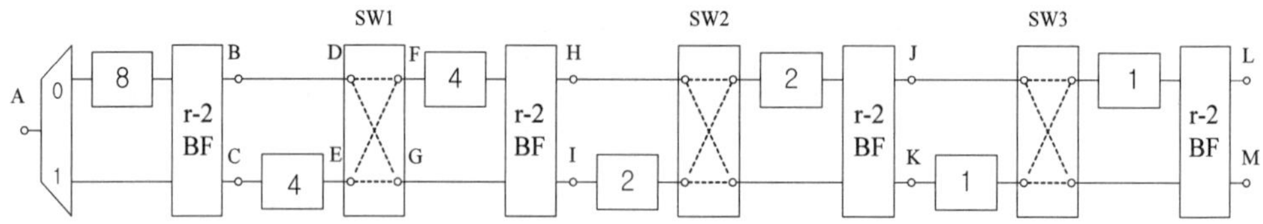

▸▸ 그림 3.45 R2MDC 16 포인트 FFT 구조

수행 절차는 입력데이터가 순차적으로 들어오면 먼저 두 개의 열로 나눈다. 처음 8개의 데이터는 $x(0), x(1), \cdots, x(7)$은 위 쪽의 지연블록으로 들어가고 나머지 8개의 데이터는 아래쪽 경로를 통해 첫 번째 버터플라이로 입력된다.

그림 3.46은 이러한 절차에 따른 신호의 계산 과정을 보여준다.

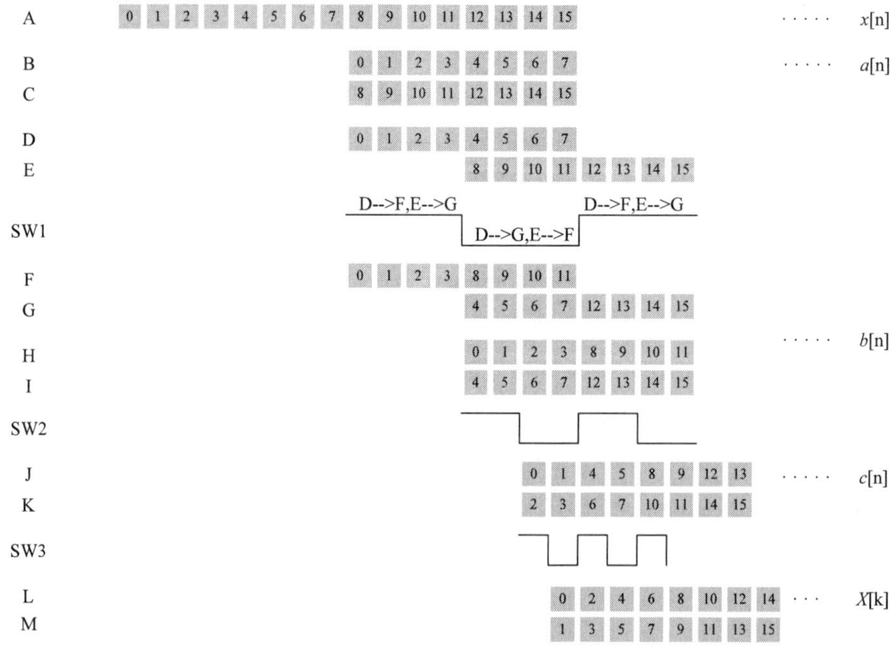

▸▸ 그림 3.46 R2MDC 16 포인트 FFT 구조의 연산과정

그러면 첫 번째 버터플라이 연산자에서 $x(0)$와 $x(8)$이 동시에 입력이 된다. 연산된 결과는 첫 번째 MDC에 입력이 된다. MDC는 하나의 스테이지에서 나온 결과를 다음 스테이지의 입력에 맞게 데이터를 재배열하는 역할을 한다.

하나의 입력열만을 처리한다면 R2MDC 구조는 50%의 하드웨어 이용도를 보인다. 100%의 하드웨어 이용도를 얻기 위해서는 두 개의 입력이 동시에 들어와야 한다. 그림 3.47은 이러한 그림을 보여준다.

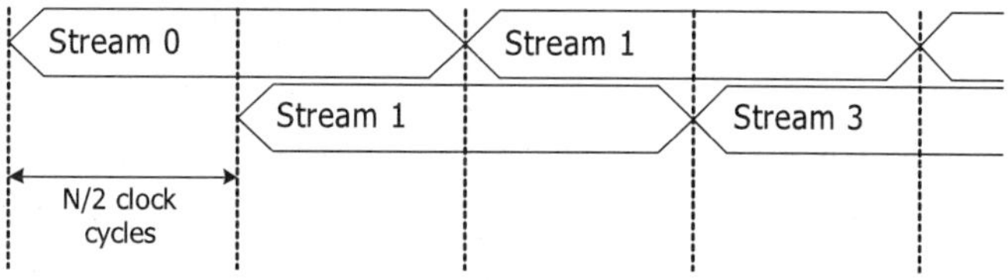

►► 그림 3.47 R2MDC의 수율증대를 위한 입력 모델

R2MDC의 경우에는 $\log_2 N-2$개의 회전인자 곱셈기와 $3/2N-2$개의 데이터 패스만큼의 지연소자를 필요로 한다. MDC 방식은 다중경로를 갖는 특징으로 인해 SDF 구조보다 수율(버터플라이 처리속도)이 큰 장점이 있으나 구현을 위한 곱셈기의 개수를 많이 요구하므로 전력과 면적 관점에서 효율이 떨어진다.

3.3.2.3 R2SDF 구조

만약 하나의 입력 열만을 받아서 처리할 경우에는 R2SDF 구조가 훨씬 더 효율적이다. R2SDF에서 요구되는 메모리는 N-1이다. 그림 3.48은 R2SDF 16 포인트 FFT에 대한 구조와 기본 버터플라이 구조를 보여 주고 있다.[10]

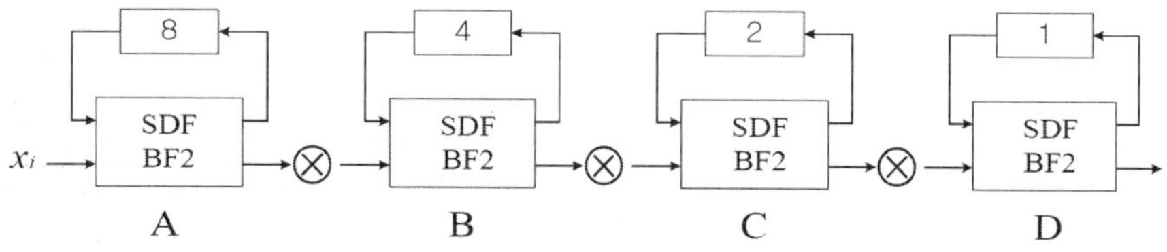

►► 그림 3.48 R2SDF 16 포인트 FFT 구조

각 스테이지는 하나의 경로로 연결되어 있으며 새로운 데이터나 중간 결과값을 저장하기 위해 피드백 지연블록이 사용된다. R2SDF의 버터플라이구조는 그림 3.49와 같이 R2MDC 구조의 버터플라이 구조에 두 개의 MUX를 추가하여 외부 제어신호에 의해 출력 값이 제어되는 구조이다. 제어신호가 '0'이면 지연피드백 블록은 입력 데이터로 채워지고 동시에 이전 변환으로부터 나온 결과는 빠져나간다. 제어신호가 '1'인 경우에는

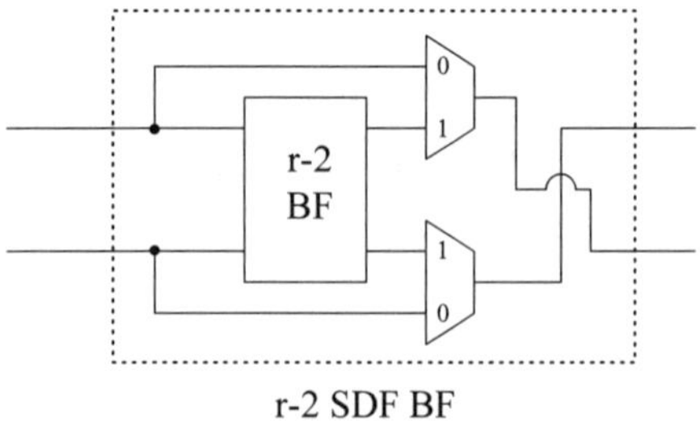

▶▶ 그림 3.49 R2SDF 버터플라이 구조

계산이 수행되기 위하여 지연피드백 블록으로부터 버터플라이 연산기로 데이터가 들어가고 나머지 절반의 입력 데이터는 입력단에서 바로 버터플라이 연산기로 들어간다. 버터플라이 연산기 상부에서의 출력은 다음 스테이지로 넘어가고 하부에서 나온 출력은 지연피드백 블록에 다시 저장된다. 각 스테이지의 회전인자의 이용율은 50%이다. 지연피드백 블록은 FIFO(First In First Out)로 구현할 수 있다. 첫째 단에서는 매 N/2 클럭마다 MUX신호가 스위칭되고, 그 다음 스테이지에서는 N/4마다 스위칭된다.

다음 그림 3.50은 16 포인트 R2SDF FFT의 동작 과정을 보여주고 있다.

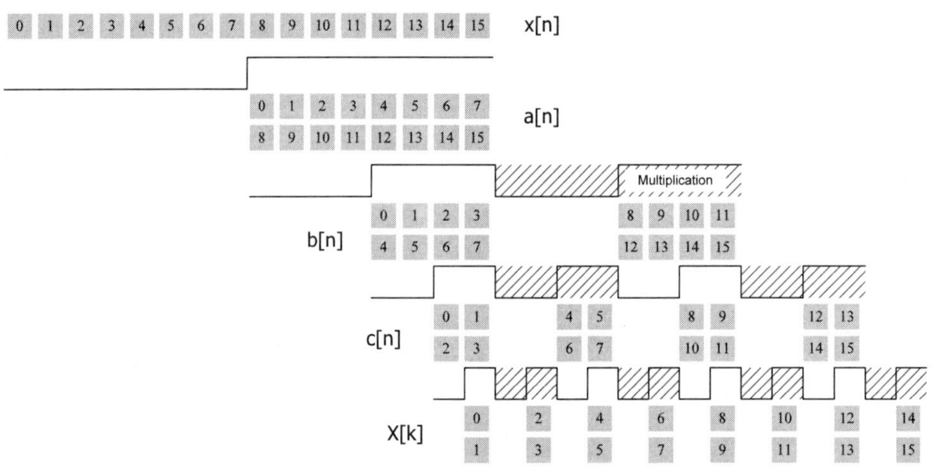

▶▶ 그림 3.50 R2SDF 16 포인트 FFT 연산과정

3.3.2.4 R4MDC 구조

R4MDC 구조는 R2MDC 구조의 radix-2를 radix-4 구조로 바꾸어준 구조이다. 그 원리는 R2MDC구조와 동일한 원리이지만, radix-4 버터플라이를 사용하므로 복소 곱셈기의 수가 많아진다. radix-4 버터플라이 연산자는 8개의 복소 가산기를 필요로 하고, 그 뒤에 3개의 복소 곱셈기가 첨가된다. 수율 관점에서 데이터의 입력 및 출력 속도를 R이라 가정하면 radix-2 버터플라이 연산자는 2개의 데이터를 한 번에 처리하므로 프로세서의 수율은 최대 2가 된다. 반면에 radix-4 버터플라이 연산자는 4개의 데이터를 한 번에 처리하므로 수율은 4R이 되어 그만큼 빠른 속도를 얻을 수 있다. [45]

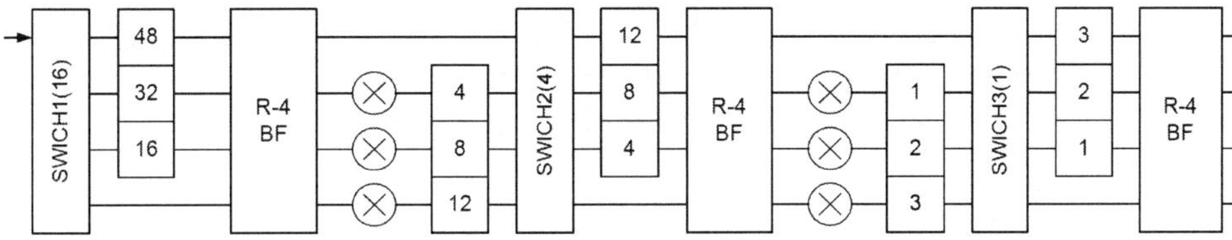

►► 그림 3.51 R4MDC 64 포인트 FFT 구조

3.3.2.5 R4SDF 구조

이 구조는 R4MDC 구조에 비해 적은 메모리를 사용한다. 그리고 R4SDF에서 사용되는 다중화기는 R2SDF에 비해서 복잡하지만 적은 복소 곱셈기를 갖는 장점을 갖고 있다.[43]

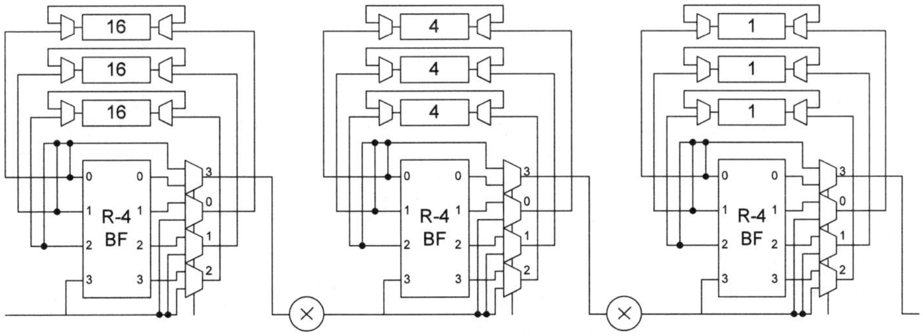

►► 그림 3.52 R4SDF 64 포인트 FFT 구조

3.3.2.6 R4SDC 구조

R4SDC 구조는 4개의 입력을 받아 4개의 출력을 발생하는 radix-4 알고리즘을 변형한 구조로서 한번에 하나의 FFT 출력을 내보내는 구조이다. 따라서 복소곱셈기의 수를 줄일 수 있으며 버터플라이 구조가 일반적 radix-4 구조보다 간단하고 R4SDF 구조보다 제어가 간단하다. 그러나 수율은 radix-2 알고리즘 구조와 같게 된다.[42]

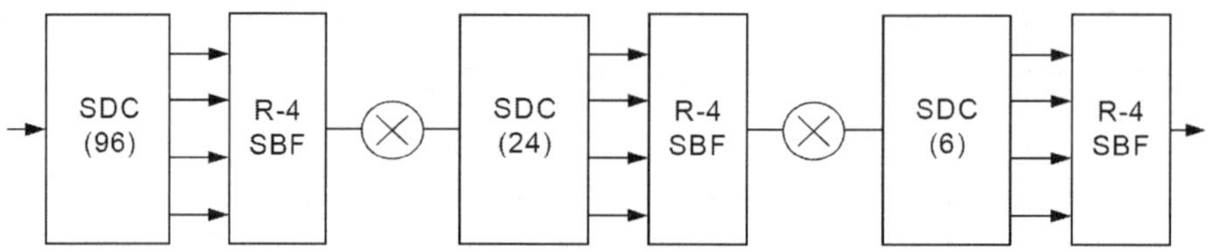

▸▸ 그림 3.53 R4SDC 64 포인트 FFT 구조

R4SDC 구조는 다음 $R4^2$SDC 구조에서 상세하게 설명하기로 한다.

3.3.2.7 $R2^2$SDF 구조

$R2^2$SDF 구조는 radix-2^2 알고리즘을 기반으로 SDF구조에 적용한 방식이다. 이 방식의 특징은 radix-2 알고리즘의 버터플라이 구조를 가지면서 복소 곱셈기의 수는 R4SDF 구조와 같은 개수로 설계할 수 있다. 따라서 제어가 쉬우면서도 복소 곱셈기의 개수를 효과적으로 줄일 수 있는 구조이다. 그림 3.54는 $R2^2$SDF 64포인트 FFT 구조를 보인다.[22]

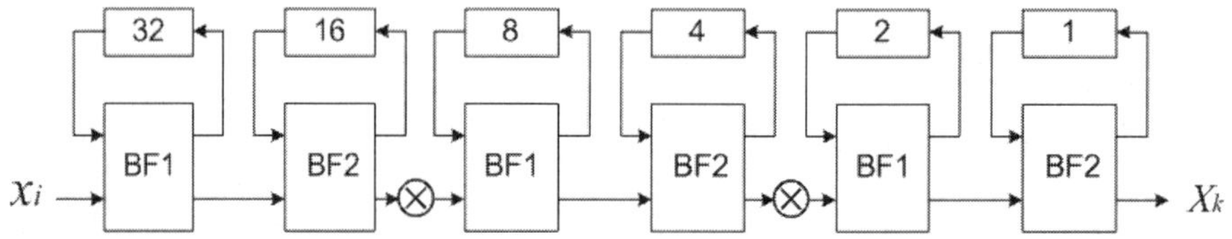

▸▸ 그림 3.54 $R2^2$SDF 64 포인트 FFT 구조

radix-2^2 알고리즘에서 첫 번째 스테이지의 회전인자는 $-j$에 해당하는 단순 복소 곱셈이다. 이러한 연산을 할 수 있도록 두 종류의 radix-2 버터플라이 구조를 사용한다. 그림 3.55(a)는 R2SDF에서 사용하는 Radix-2 버터플라이 연산구조이고, 그림 3.55(b)의 버터플라이 type Ⅱ 구조는 입력 단에 스위치를 두어 $-j$에 해당하는 연산을 가능하게 한다. 짝수 번째 스테이지의 회전인자 곱셈기는 R2SDF 구조보다 높은 75%의 이용율을 가진다. 그 밖에 다른 제어는 R2SDF 구조와 동일하다.

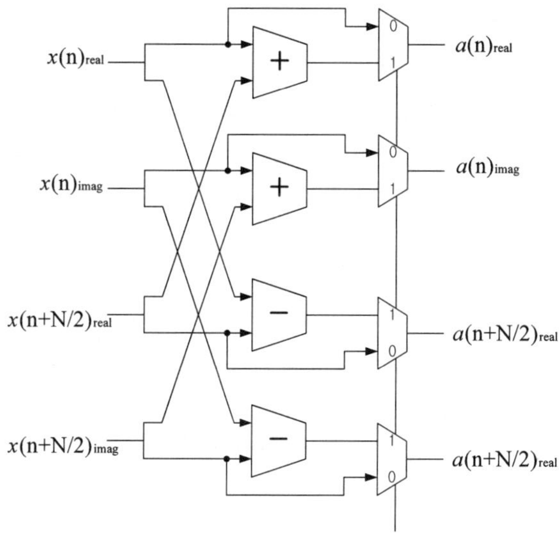

(a) radix-2 버터플라이 Type I

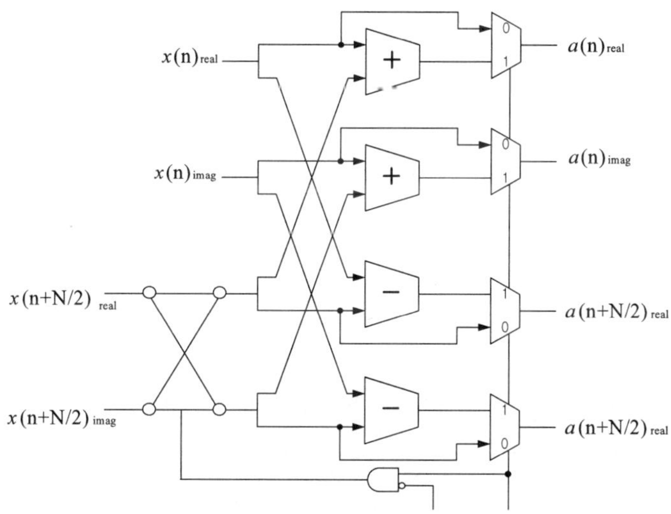

(b) radix-2 버터플라이 Type II

▸▸ 그림 3.55 $R2^2SDF$ 버터플라이 구조

3.3.2.8 R2³SDF 구조

R2³SDF 구조는 radix-2^3 알고리즘을 기반으로 SDF 구조에 적용한 방식이다. 이 방식의 특징은 W_8^i 에 해당하는 복소 상수 곱셈기를 사용함으로 복소 곱셈기의 복잡도를 줄여 약간의 이득을 얻을 수 있다. 그러나 곱셈기의 개수가 많아져 정밀도 관점에서 R2²SDF보다 낮아진다. 그림 3.56은 R2³SDF 64포인트 FFT 구조를 보인다.[22]

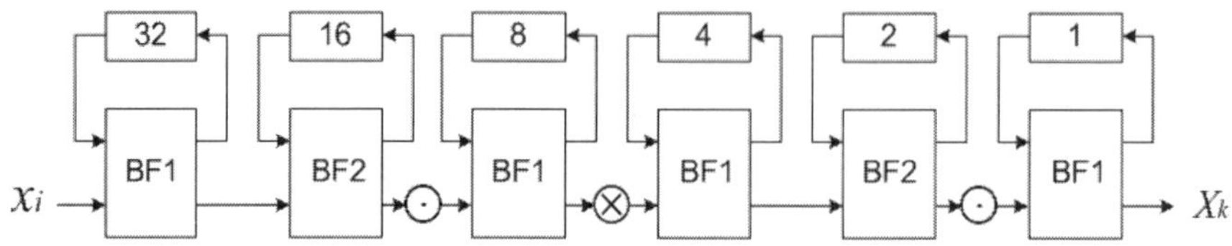

▸▸ 그림 3.56 R2³SDF 64 포인트 FFT 구조

⊙는 복소 상수 곱셈기를 의미하고, ⊗는 프로그래머블 복소 곱셈기를 의미한다.

3.3.2.9 R4/2SDF 구조

R4/2SDF 구조는 radix-4/2 알고리즘을 기반으로 SDF구조에 적용한 방식이다. 복소 곱셈기 관점에서 R2³SDF 방식과 똑같을 뿐더러, 오히려 덧셈기가 R2³SDF보다 더 많이 소요되므로 이득을 얻을 수 없다. 그림 3.57은 R4/2SDF 64포인트 FFT 구조를 보인다. [2]

이러한 R2²SDF 구조에 수정된 radix-2^4 FFT 알고리즘을 적용할 수 있다. 이 구조를 R2⁴SDF 구조라고 지칭한다.

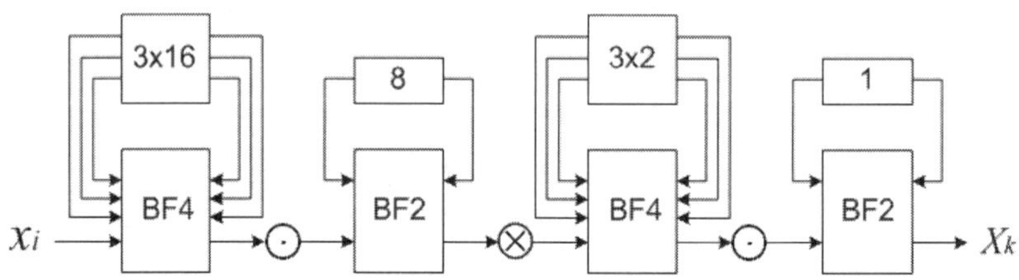

▸▸ 그림 3.57 R4/2SDF 64 포인트 FFT 구조

3.3.2.10 R2⁴SDF 구조

R2²SDF 구조는 radix-2^2 FFT 알고리즘을 기반으로 하여 radix-4 알고리즘의 곱셈 구조와 radix-2 구조의 버터플라이 구조를 복합 수용하여 복소 곱셈기의 양을 효과적으로 줄인 구조이다. 이 구조는 R2²SDF 구조를 개량하여 전체 프로그래머블 복소 곱셈기의 절반에 해당하는 복소 곱셈기의 개수를 CSD(Canonic Signed Digit) 표현 방식을 이용한 복소 상수 곱셈기로 대체할 수 있다. 그림 3.58은 256 포인트 R2²SDF, R2³SDF,

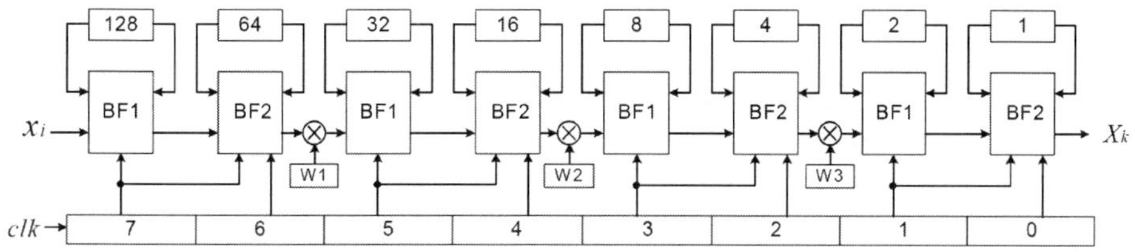

(a) R2^{2}SDF 256 포인트 FFT 구조

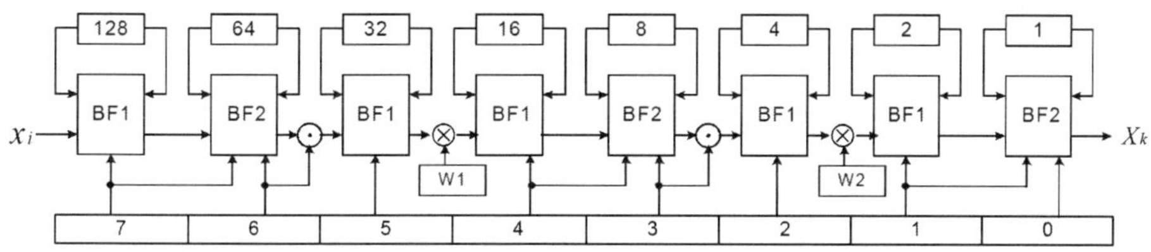

(b) R2^{3}SDF 256 포인트 FFT 구조

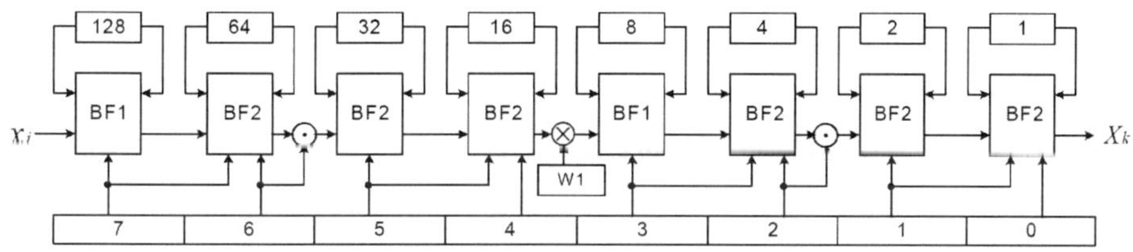

(c) R2^{4}SDF 256 포인트 FFT 구조

▶▶ 그림 3.58 R2^{i}SDF FFT 구조의 비교

R2^{4}SDF 블록도를 비교한 것이다. R2^{2}SDF 구조는 총 세 개의 프로그래머블 복소 곱셈기를 갖고 있고, R2^{3}SDF 구조는 두 개의 프로그래머블 복소 곱셈기와 두 개의 복소 상수 곱셈기를 가지고 있다. 그러나 R2^{4}SDF 구조는 총 1개의 프로그래머블 복소 곱셈기와 두 개의 복소 상수 곱셈기만을 가진다. 그림 3.58에서 ⊙는 복소 상수 곱셈기이고 ⊗는 프로그래머블 복소 곱셈기이다.

R2^{3}SDF 구조의 복소 상수 곱셈기 계수는 $W_8^1(\cos\frac{\pi}{4} - j\sin\frac{\pi}{4})$이다. 그리고, R2^{4}SDF 구조의 복소 상수 곱셈기 계수는 $W_{16}^1\left(\cos\frac{\pi}{8} - j\sin\frac{\pi}{8}\right)$, $W_{16}^2\left(\cos\frac{\pi}{4} - j\sin\frac{\pi}{4}\right)$, $W_{16}^3\left(\sin\frac{\pi}{8} - j\cos\frac{\pi}{8}\right)$에 해당하는 값이다. 표 3.15에 $\cos(\pi/8)$, $\sin(\pi/8)$, $\cos(\pi/4)$에 대한 계수의 이진 표현을 보여준다. 상수 곱셈기에서 면적은 '1'의 비트수에 비례한다. 따라서 '1'에 해당하는 비트를 줄이는 것은 아주 중요하다. CSD의 표현방식을 적용하면

▸▸ 표 3.15 회전인자 W_{16}^{i} 의 계수 2진 표현

계 수	십진값	12 비트 2의 보수	12비트 CSD
$\cos(\pi/8)$	0.9239	$(011101100100)_2$	$(1000\bar{1}0\bar{1}00100)_2$
$\cos(\pi/4)$	0.7071	$(010110101000)_2$	$(10\bar{1}0\bar{1}0101000)_2$
$\sin(\pi/8)$	0.3826	$(001100001111)_2$	$(010\bar{1}0001000\bar{1})_2$

최소한의 '1'의 개수로 계수를 표현할 수 있기 때문에 면적과 전력소모에서 일반 상수 곱셈기보다 평균 33%의 효율을 얻을 수 있다. [26][27][28]

그림 3.59와 같이 실수 상수 곱셈기 $\cos(\pi/8)$, $\sin(\pi/8)$, $\cos(\pi/4)$는 일반 프로그래머블 곱셈기 보다 28%, 16%, 35% 정도의 면적을 갖고 또한 latency 또한 67% 이하이다.[3] 만일 복소 상수 곱셈기를 구현한다면 그림 3.60과 같다. $W_8^1(\cos\frac{\pi}{4} - j\sin\frac{\pi}{4})$곱셈기는 일반 프로그래머블 복소 곱셈기의 면적 17%와 latency 56%이고, $W_{16}^1\left(\cos\frac{\pi}{8} - j\sin\frac{\pi}{8}\right)$ 곱셈기는 면적 21%와 latency 67% 정도로 구현된다. $\cos\frac{\pi}{8}$와 $\sin\frac{\pi}{8}$곱셈기가 $\cos\frac{\pi}{4}$곱셈기보다 면적이 적음에도 불구하고 W_{16}^1곱셈기가 W_8^1 곱셈기보다 면적이 큰 이유는 W_8^1는 두 개의 실수 곱셈기로 구현되지만, W_{16}^1은 네 개의 실수 곱셈기로 구현되기 때문이다. 즉, $\cos(\pi/8)$에 대한 두 개의 곱셈기와 $\sin(\pi/8)$에 대한 두 개의 곱셈기이다.

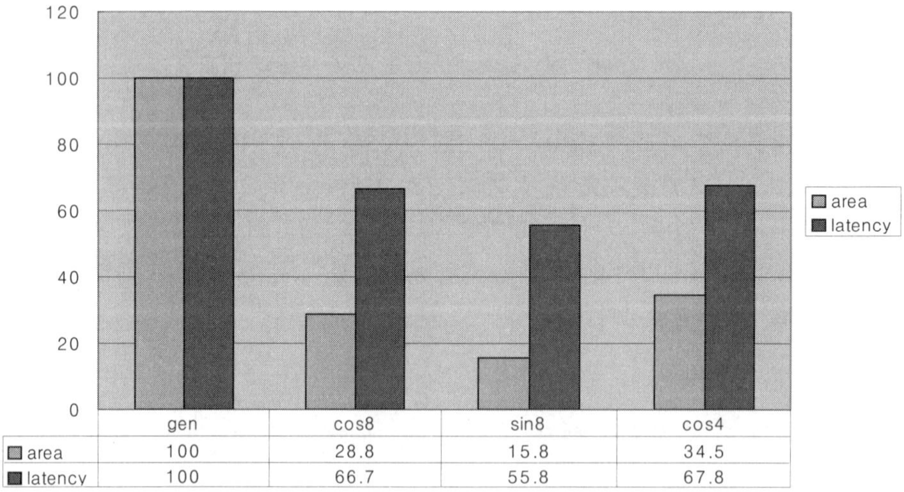

▸▸ 그림 3.59 실수 곱셈기의 면적과 속도비교

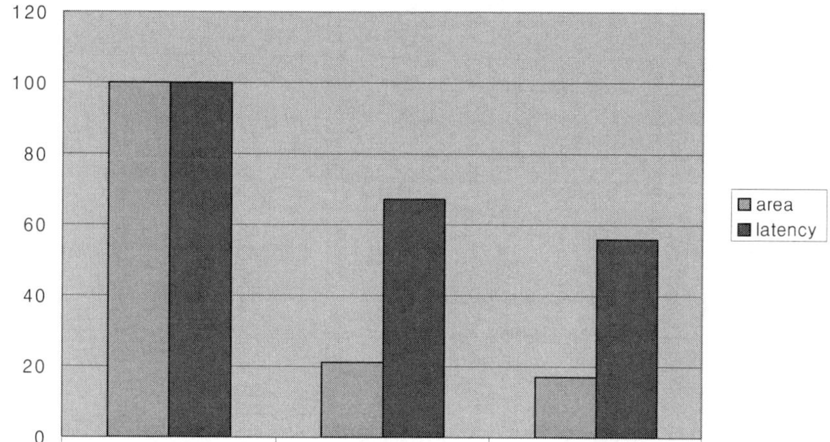

	gen	W16	W8
area	100	21	17
latency	100	67	56

►► 그림 3.60 복소 곱셈기의 면적과 속도비교

그림 3 61은 $W_{16}^{i}(i=0,1,2,3)$을 연산하기 위한 일반 복소 상수 곱셈기이다. 제어신호 s(1), s(0)에 의해 입력신호$(x+jy)$는 $W_{16}^{0}, W_{16}^{1}, W_{16}^{2}, W_{16}^{3}$의 연산을 수행할 수 있다. 제어신호 $s[1:0]$가 '00'일 때는 출력값은 $(x+jy)W_{16}^{1}$이고, s가 '01'일 때는 출력값 $(x+jy)W_{16}^{2}$을 구할 수 있고, s가 '10'일 때는 최종 덧셈기의 입력 값을 교환하여 계수 W_{16}^{3}에 대한 출력값 $(x+jy)W_{16}^{3}$을 구할 수 있다. 이것은 식 (3.108)과 같이 설명할 수 있다.

$$(x+jy)W_{16}^{1}=(x+jy)\left(\cos\frac{\pi}{8}-j\sin\frac{\pi}{8}\right)=\left(x\cos\frac{\pi}{8}+y\sin\frac{\pi}{8}\right)+j\left(y\cos\frac{\pi}{8}-x\sin\frac{\pi}{8}\right) \quad \text{식 (3.108)}$$
$$(x+jy)W_{16}^{3}=(x+jy)\left(\sin\frac{\pi}{8}-j\cos\frac{\pi}{8}\right)=\left(x\sin\frac{\pi}{8}+y\cos\frac{\pi}{8}\right)+j\left(y\sin\frac{\pi}{8}-x\cos\frac{\pi}{8}\right)$$

그림 3.61의 일반 복소 상수 곱셈기는 실수 곱셈기가 6개 필요하므로 복잡도가 큰 단점이 있으나 Latency 면에서는 일반 프로그래머블 복소 곱셈기보다 20%이상 줄일 수 있다.

$R2^4$SDF 구조의 두 번째 스테이지에서 사용되는 복소 상수 곱셈기를 W_{16}^{1}에 해당하는 계수와 약간의 제어회로를 첨가하여 $W_{16}^{1}, W_{16}^{2}, W_{16}^{3}$에 대한 계산 결과를 얻을 수 있는 특수 복소 상수 곱셈기가 적용된다. 적용된 제안하는 특수 복소 상수 곱셈기는 일반 복소 곱셈기와 같은 역할을 수행하면서 복잡도를 크게 줄일 수 있다.

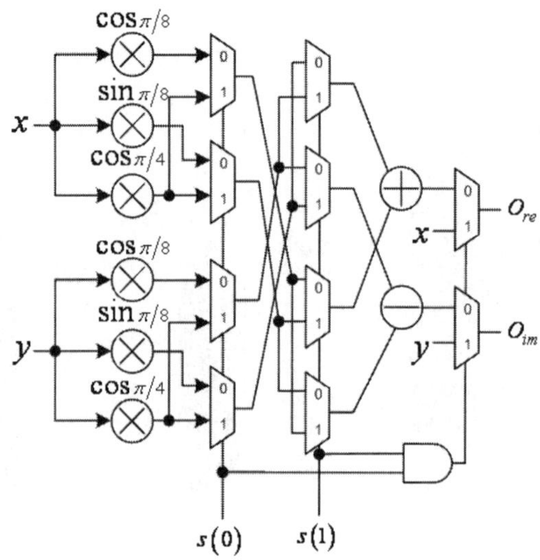

►► 그림 3.61 $W_{16}^{i}(i=0,1,2,3)$ 일반 복소 상수 곱셈기

그림 3.62는 그림 3.61을 변형한 특수 복소 상수 곱셈기의 구조도이다. $\cos\frac{\pi}{4}$에 대한 실수 곱셈기를 제거하고, 대신 MUX의 위치를 변경하여 일반 복소 상수 곱셈기와 같은 연산을 수행할 수 있다.

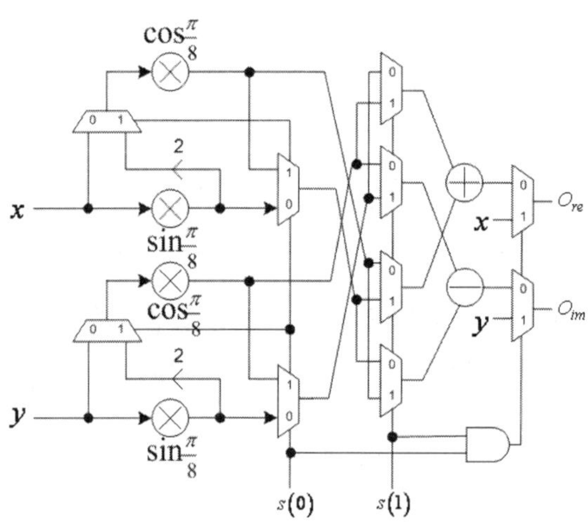

►► 그림 3.62 $W_{16}^{i}(i=0,1,2,3)$ 특수 복소 상수 곱셈기

표 3.16에서 입력신호가 $x+jy$일 때, 계수 W_{16}^{1}, W_{16}^{2}, W_{16}^{3}에 대한 3가지 종류의 곱셈연산을 보인다.

▶▶ 표 3.16 특수 복소 상수 곱셈기의 동작

$s(1)$	$s(0)$	O_1	O_2	O_3	O_4	최종출력
0	0	xm_0	xm_1	ym_0	ym_1	$(O_1+O_4)+j(O_3-O_2)$
0	1	$2xm_0m_1$	$2xm_0m_1$	$2ym_0m_1$	$2ym_0m_1$	$(O_1+O_4)+j(O_3-O_2)$
1	0	xm_0	xm_1	ym_0	ym_1	$(O_2+O_3)+j(O_4-O_1)$
1	1	bypass mode				$x+jy$

여기에서 $m_0=\cos\frac{\pi}{8}$이며, $m_1=\sin\frac{\pi}{8}$이다. 제어신호 $s[1:0]$가 '00'일 때는 출력값은 $(x+jy)W_{16}^{1}$이고, s가 '01'일 때는 다음 식 (3.109)의 삼각함수공식을 이용하면 회전계수 W_{16}^{2}에 대한 출력값 $(x+jy)W_{16}^{2}$을 구할 수 있다.

$$\cos\frac{\pi}{4}=\sin\frac{\pi}{4}=2\sin\frac{\pi}{8}\cos\frac{\pi}{8} \qquad \text{식 (3.109)}$$

s가 '10'일 때는 최종 덧셈기의 입력값을 교환하여 계수 W_{16}^{3}에 대한 출력값 $(x+jy)W_{16}^{3}$을 구할 수 있다.

수정된 radix-2^4 알고리즘에서 프로그래머블 복소 곱셈기는 네 번째 스테이지 이후에 분해된 회전인자 $W_N^{(k_1+2k_2+4k_3+8k_4)}$를 적용하기 위해 사용된다. 따라서 이와 같이 R2^4SDF 방식의 네 번째 스테이지의 곱셈기는 프로그래머블 복소 곱셈기로 구현한다. 위와 같은 절차를 반복하여 전체 N의 크기 R2^4SDF에 대한 전체 구조를 얻을 수 있다.

특수 복소 곱셈기와 프로그래머블 복소 곱셈기를 면적과 전력 그리고 latency 관점에서 비교하기 위하여 실수부와 허수부 각각 12비트 길이를 갖는 두 종류의 복소 곱셈기를 구현하여 비교한다. 하나는 프로그래머블 복소 곱셈기의 예제로 부분곱을 줄여 면적효율적인 구조에 적합한 저오차 고정길이 Modified Booth 복소 곱셈기이고, 다른 하나는 저오차 고정길이 CSD 특수 복소 상수 곱셈기이다.

FFT 프로세서뿐만 아니라 많은 DSP 응용에서 출력결과 비트수의 증가를 막기 위해 입력과 출력 데이터 길이가 같은 고정 길이 곱셈기를 사용하고 있다. 저오차 고정길이 곱셈기는 $N\times N$비트 곱셈 후 $(2N-1)$비트 곱셈결과에서 $(N-1)$비트의 LSB를 절사(truncation)시 최적의 양자화 에러 보상 바이어스를 통해 양자화 에러를 줄인 면적효율적인 곱셈기이다. 구현한 곱셈기들은 출력 비트수를 입력 비트수와 동일하게 고정했을 때 발생하는 양자화 오류를 최소화하는 구조로서 기존의 곱셈기보다 약 50%에 가까이 면적효율을 갖는다. [27][28][29]

3.3.2.10.1 저오차 고정길이 CSD 특수 복소 상수 곱셈기

구현된 CSD 고정길이 복소 상수 곱셈기는 입력신호 X가 입력되었을 때 다음의 계수의 곱셈을 수행한다. m_0와 m_1은 표 3.16에 설명된 계수이다. [28]

$$P_{m_0} = X \times \cos(\pi/8) = X \times m_0 \\ = x_{11} \cdot x_{10} x_9 x_8 x_7 x_6 x_5 x_4 x_3 x_2 x_1 x_0 \times 1000\bar{1}0\bar{1}00100 \qquad \text{식 (3.110)}$$

$$P_{m_1} = X \times \sin(\pi/8) = X \times m_1 \\ = x_{11} \cdot x_{10} x_9 x_8 x_7 x_6 x_5 x_4 x_3 x_2 x_1 x_0 \times 010\bar{1}0001000\bar{1} \qquad \text{식 (3.111)}$$

저오차 고정길이 CSD 곱셈기에서는 곱셈연산 후 양자화 오류를 최소화하기 위해 에러 보상 바이어스를 결과벡터에 더하여 이를 보상한다. P_{m_0}과 P_{m_1}에 대한 에러보상 바이어스 σ_p는 각각 수식 (3.112)과 수식 (3.113)에 보인다.

$$\sigma_{m_0} = 1 + c_1 \qquad \text{식 (3.112)}$$

$$c_1 = \overline{x_3} x_8 + \overline{x_5} x_8 + \overline{x_3}\,\overline{x_5}$$

$$\sigma_{m_1} = 1 + c_1 + c_2 \qquad \text{식 (3.113)}$$

$$c_1 = x_6 \overline{x_{10}} + x_0 \overline{x_2} + \left(\overline{x_{10}} + x_6\right)\left(x_0 + \overline{x_2}\right)$$

$$c_2 = x_0 \overline{x_2} x_6 \overline{x_{10}}$$

식 (3.110)에 따른 저오차 고정길이 상수 곱셈기의 최적화한 구조는 그림 3.63(a)와 같다. 그림상의 H블록은 반가산기 블록이고, F블록은 전가산기 블록이다. 곱셈결과의 LSB에 더해질 에러 보상 바이어스 회로는 그림 3.63(b)와 같다. 식 (3.111)에 따른 저오차 고정길이 상수 곱셈기의 최적화한 구조와 에러 보상 바이어스 회로는 그림 3.64에 보인다.

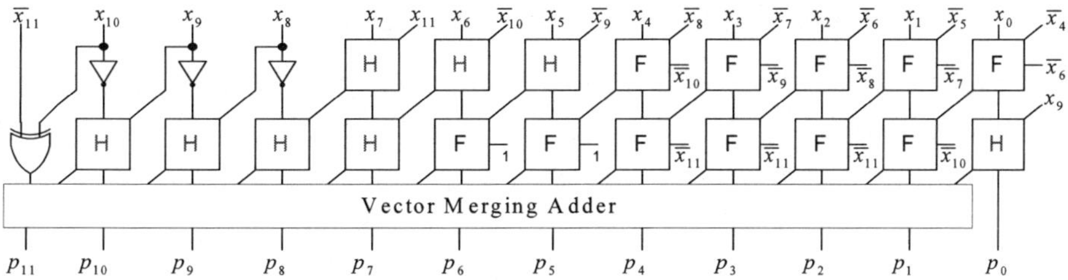

(a) 최적화된 P_{m_0} 구조 (H:반가산기, F:전가산기)

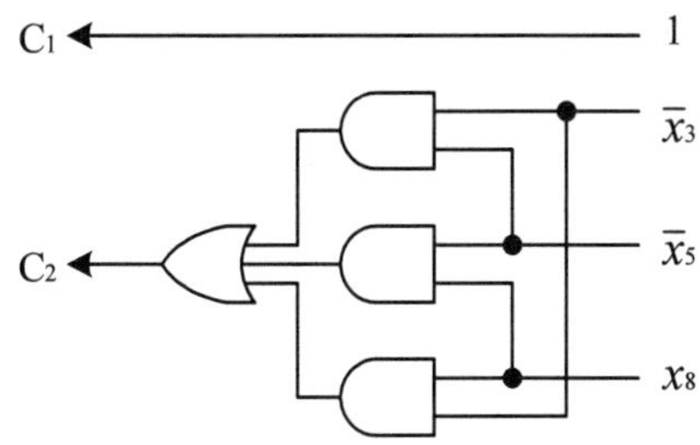

(b) P_{m_0}의 에러 바이어스 회로(σ_{m_0})

▸▸ 그림 3.63 최적화된 P_{m_0}와 σ_{m_0}의 구조

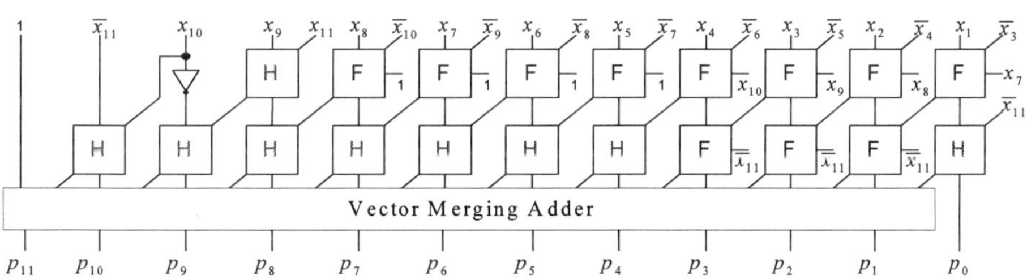

(a) 최적화된 P_{m_1} 구조

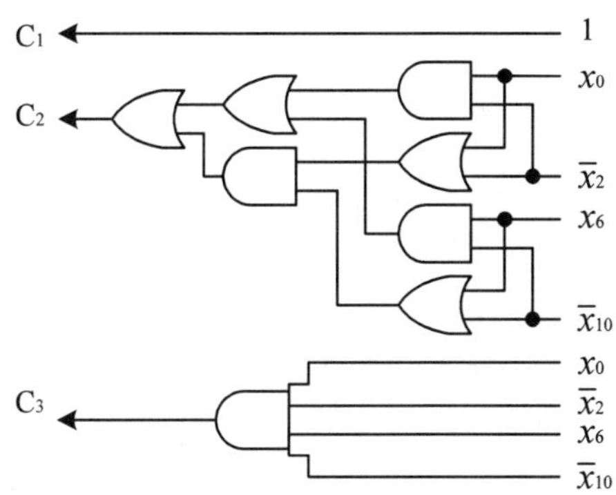

(b) P_{m_1}의 에러 바이어스 회로(σ_{m_1})

▸▸ 그림 3.64 최적화된 P_{m_1}와 σ_{m_1}의 구조

3.3.2.10.2 저오차 고정길이 Modified Booth 곱셈기

구현된 12×12 저오차 고정길이 Modified Booth 곱셈기는 앞서 설명했듯이 곱셈기 설계 시에 CSD와 더불어 부분곱을 줄이는 대표적인 알고리즘인 Modified Booth 알고리즘을 바탕으로 출력비트수를 입력비트수로 고정시킨 곱셈기이다.[29]

이 구조는 기존의 Modified Booth 곱셈기보다 30% 이상 면적효율이 있다. Modified Booth 곱셈기의 구조는 그림 3.65에 나타나 있다. 곱셈연산 후에 생성된 부분곱들을 전파되는 부분(MP)과 버려지는 부분(LP)으로 분리한 후 에러 보상 바이어스 회로를 구현하기 위해 LP_{major}과 LP_{minor}을 정의한 것을 보여준다.

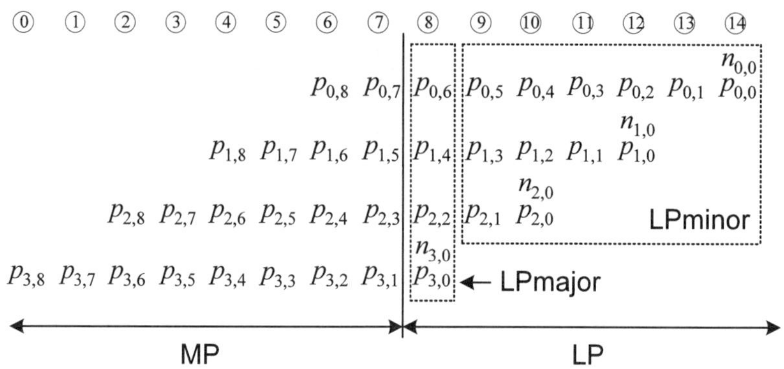

►► 그림 3.65 Modified Booth 곱셈기의 부분곱

MP 부분으로 전파되는 캐리에 영향을 미치는 정도에 따라 비중이 큰 부분이 LP_{major}이고, 비중이 적은 부분이 LP_{minor}이다. 저오차 고정길이 Modified Booth 곱셈기에서는 식 (3.114)과 같이 에러 보상 바이어스(σ_{prop})를 정의한다.

$$\sigma_{prop} = c + f(S, LP_{minor}) \qquad \text{식 (3.114)}$$

여기에서 c는 LP_{major}부분의 부분곱들을 더함으로써 생성되는 캐리를 나타내고, S는 LP_{major}부분의 부분곱들을 더함으로써 생성되는 합을 나타내며, 함수 f는 S와 LP_{minor}에서 LP_{major}으로 전파되는 캐리에 대한 확률적 추정치를 반올림한 값을 더하여 생성되는 캐리를 나타낸다.

위의 설명과 같이 에러 보상 바이어스는 LP_{major} 부분에서 생성되어 MP 부분으로 전파되는 캐리와 LP_{major}에서 생성되는 S과 식 (3.115)의 $round_1$, $round_2$, $round_3$가 생성하는 캐리가 된다.

$$round_1 = y_4 + y_3 + y_2 + y_1 + y_0 \qquad \text{식 (3.115)}$$
$$round_2 = y_4(y_3y_2 + y_1y_0 + (y_3 + y_2)(y_1 + y_0)) + y_3y_2(y_1 + y_0) + y_1y_0(y_3 + y_2)$$
$$round_3 = y_4y_3y_2y_1y_0$$

3.3.2.10.3 특수 복소 상수 곱셈기 구현 결과 비교

삼성 0.35um CMOS 표준 공정을 이용한 합성 시뮬레이션 결과를 정리하면 표 3.17과 같다. 그림 3.66과 같이 저오차 고정길이 특수 복소 상수 곱셈기는 저오차 고정길이 Modified Booth 곱셈기와 비교하여 면적과 전력 관점에서 약 60%정도의 이득을 보였다. 그러나 특수 복소 상수 곱셈기는 부과적인 회로를 연산하기 때문에 프로그래머블 복소 곱셈기보다 지연시간이 길어졌다. 응용분야에 따라 속도를 향상하기 위해서는 $\cos\left(\frac{\pi}{4}\right)$항에 대한 곱셈기를 추가 배치하여 면적과 속도 대한 이득을 적절하게 조절할 수 있다.

▸▸ 표 3.17 12×12 복소 곱셈기 구현 결과 비교

	면적(Cell)	전력(mW)	Latency(nS)
저오차 고정길이 Modified Booth 복소 곱셈기	2771 (100%)	364.6 (100%)	8.4
저오차 고정길이 특수 복소 상수 곱셈기	1249 (45%)	141.9 (39%)	9.91

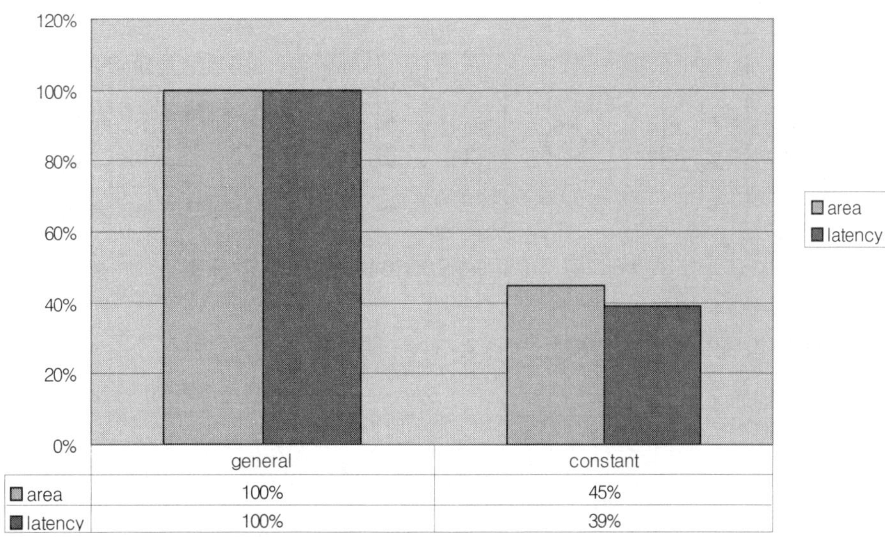

▸▸ 그림 3.66 복소 곱셈기 구현 결과 비교

3.3.2.11 R4²SDC 구조

radix-4^2 FFT 알고리즘을 R4SDC 방식에 적용할 수 있다. 그림 3.67과 같이 일반적인 신호 흐름은 R4SDC 구조와 일치한다. 그러나 복소 곱셈기의 구조에 있어서 첫 번째 스테이지의 회전인자는 $W_{16}^{i}(i=0,1,\cdots 3)$에 대한 비단순 복소 곱셈이다. 이것은 $R2^4$SDF 방식의 두 번째 스테이지의 회전인자와 같이 특수 복소 상수 곱셈기로 구현할 수 있다. $R4^2$SDC 방식의 두 번째 스테이지 회전인자는 $W_N^{n_3(k_1+4k_2)}$에 대한 비단순 복소 곱셈으로 일반적인 프로그래머블 복소 곱셈기를 사용한다. 이와 같이 두 스테이지마다 하나의 복소 상수 곱셈기를 이용함으로 곱셈기의 복잡도를 줄이고, 회전인자를 저장하는 메모리 공간에 효율을 얻을 수 있다.

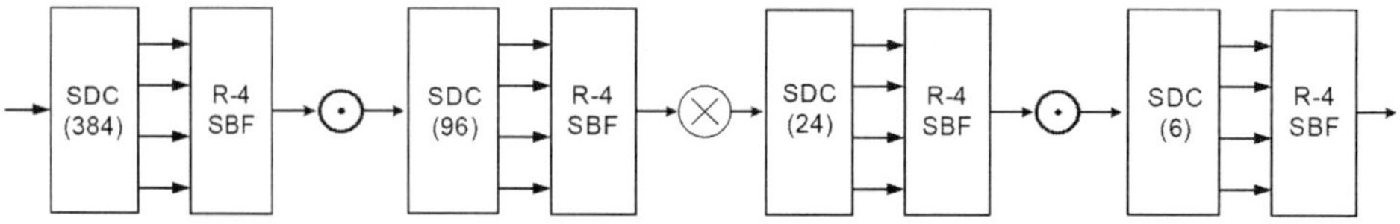

►► 그림 3.68 R4²SDC 256 포인트 FFT 구조

3.3.2.11.1 R4²SDC FFT 동작

$R4^2$SDC 구조를 설명하기 위하여 $R4^2$SDC 64 포인트 FFT 구조를 설명한다. 그림 3.68와 같이 64 포인트 $R4^2$SDC FFT 구조는 세 개의 스테이지로 구분된다. 복소 상수 곱셈기 1개와 프로그래머블 복소 곱셈기 1개가 소요된다.

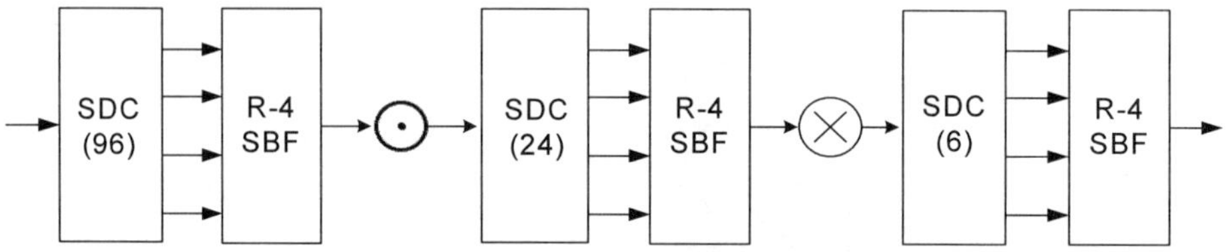

►► 그림 3.68 R4²SDC 64 포인트 FFT 구조

첫 번째 스테이지에서 SDC는 아래와 같은 형태를 가지게 된다.

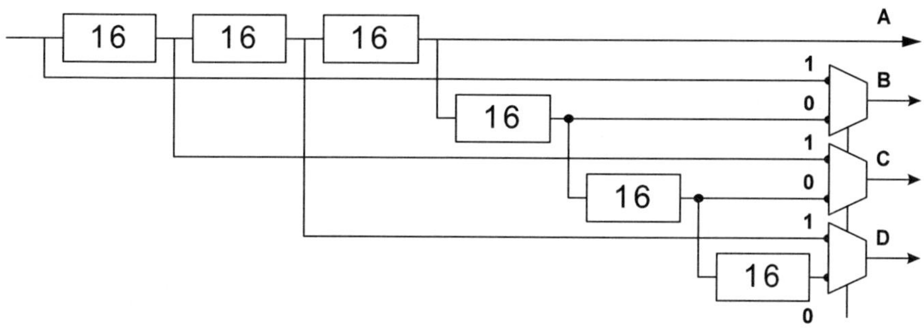

▶▶ 그림 3.69 첫 번째 스테이지 SDC 구조

입력신호가 SDC에 입력되기 시작하면 우선 16개의 메모리 소자들의 묶임으로 이루어진 3 단락 즉, 전체 48 클럭만큼 지연시간이 지난 후 SDC의 스위칭 역할이 시작된다. 메모리 소자가 16클럭 단위로 묶여있는 이유는 첫 번째 스테이지에서는 radix-4의 버터플라이 입력신호의 연산 거리가 16개의 신호만큼 거리를 가지고 있기 때문이다. SDC의 스위칭 부분은 전체 3부분으로 나누어져 있다. 'A'는 입력신호 차례에 따라 순서적으로 전달하게 되고 B, C, D로의 입력차례는 아래 표 3.18에서 나와 있는 제어신호의 변화에 따라 달라진다. 우선 제어신호가 '0 ~ 15' 클럭 까지는 전체 입력 64개의 시퀀스를 16개씩 4등분하여 A로는 첫 번째 시퀀스 16개의 입력이 들어가고 B로는 마지막 시퀀스 16개, C는 세 번째 시퀀스 16개의 입력, D로는 두 번째 시퀀스 16개가 전달되어진다. 두 번째 '16 ~ 31' 클럭 동안은 B로는 이전 단계에서 A로 입력되어진 시퀀스 16개가 입력되어지고 A는 이전 단계에서 D로 입력되어진 시퀀스가 전달되며 C로는 이전 단계에서 B의 시퀀스가, D는 C의 시퀀스가 전달된다. 나머지 제어신호에서도 위와 같은 방식으로 전달되어져 전체 64클럭의 사이클을 가지게 된다. 아래 표 3.18은 위에서 설명한 제어를 전체적으로 보여주고 있다.

▶▶ 표 3.18 첫 번째 스테이지 제어

	A	B	C	D
0 - 15	1	1	1	1
16 - 31	1	0	1	1
32 - 47	1	0	0	1
48 - 63	1	0	0	0

두 번째 스테이지 SDC의 형태는 아래 그림 3.70과 같다.

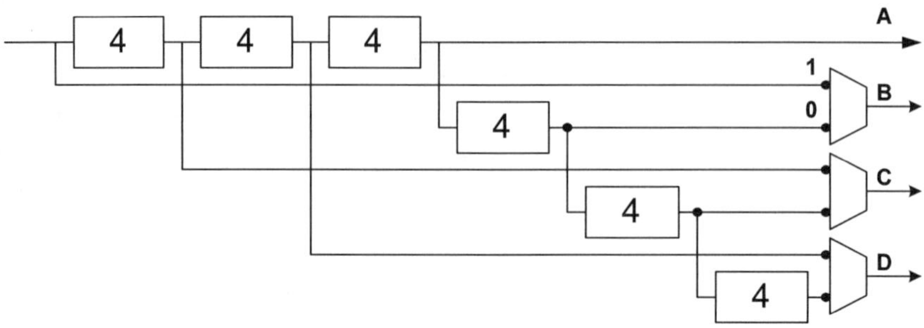

▸▸ 그림 3.70 두 번째 스테이지 SDC 구조

두 번째 스테이지에서는 초기 지연을 12클럭만큼 지난 후 SDC 스위칭 기능을 수행한다. 두 번째 스테이지에서는 4클럭의 입력 시퀀스를 최소 주기로 하여 16클럭의 전체 주기 시퀀스를 버터플라이로 전달한다. 표 3.19의 스위칭 변화를 다음 그림 3.71를 통해 쉽게 이해할 수 있다.

▸▸ 표 3.19 두 번째 스테이지 제어

	A	B	C	D
0 – 3	1	1	1	1
4 – 7	1	0	1	1
8 – 11	1	0	0	1
12 – 15	1	0	0	0

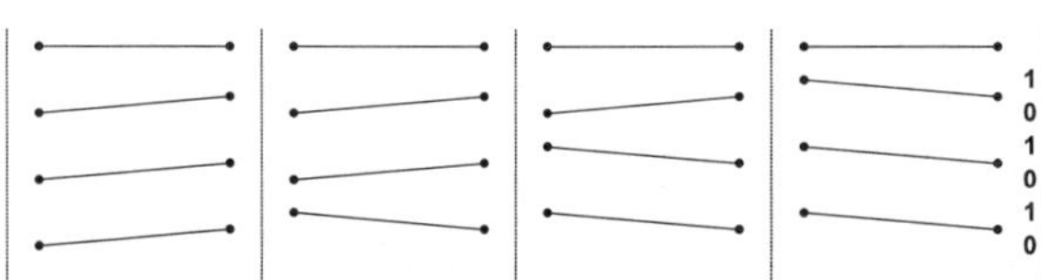

15 14 13 12	11 10 9 8	7 6 5 4	3 2 1 0
11 10 9 8	7 6 5 4	3 2 1 0	15 14 13 12
7 6 5 4	3 2 1 0	15 14 13 12	11 10 9 8
3 2 1 0	15 14 13 12	11 10 9 8	7 6 5 4

▸▸ 그림 3.71 두 번째 스테이지 동작 설명

세 번째 스테이지의 SDC 구조는 아래 그림 3.72와 같다.

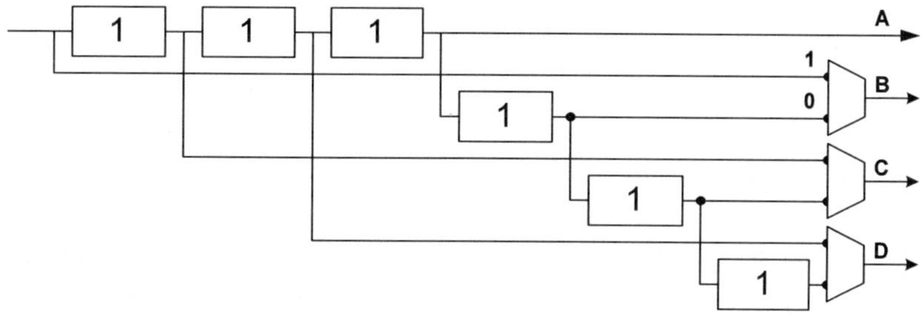

▸▸ 그림 3.72 세 번째 스테이지 SDC 구조

세 번째 스테이지에서 SDC는 3클럭의 초기 지연을 지난 후 스위칭 기능을 수행한다. 1클럭 시퀀스와 전체 4클럭의 주기로 스위칭하여 다음 단계인 버터플라이로 입력 시퀀스들이 전달된다.

▸▸ 표 3.20 세 번째 스테이지 제어

	A	B	C	D
0	1	1	1	1
1	1	0	1	1
2	1	0	0	1
3	1	0	0	0

radix-4에서의 버터플라이 연산은 입력이 (a_0+jb_0), (a_1+jb_1), (a_2+jb_2), (a_3+jb_3)일 경우 다음과 같이 전개할 수 있다.

$$X(0) = (a_0+jb_0)+(a_1+jb_1)+(a_2+jb_2)+(a_3+jb_3) \qquad \text{식 (3.116)}$$

$$X(1) = (a_0+jb_0)-j(a_1+jb_1)-(a_2+jb_2)+j(a_3+jb_3)$$

$$X(2) = (a_0+jb_0)-(a_1+jb_1)+(a_2+jb_2)-(a_3+jb_3)$$

$$X(3) = (a_0+jb_0)+j(a_1+jb_1)-(a_2+jb_2)-j(a_3+jb_3)$$

식 (3.116)을 실수부와 허수부로 나누어 생각하면 아래 식과 같이 될 것이다.

$$X_r(0) = a_0 + a_1 + a_2 + a_3,\ X_i(0) = b_0 + b_1 + b_2 + b_3 \qquad \text{식 (3.117)}$$

$$X_r(1) = a_0 + b_1 - a_2 - b_3,\ X_i(1) = b_0 - a_1 - b_2 + a_3$$

$$X_r(2) = a_0 - a_1 + a_2 - a_3,\ X_i(2) = b_0 - b_1 + b_2 - b_3$$

$$X_r(3) = a_0 - b_1 - a_2 + b_3,\ X_i(3) = b_0 + a_1 - b_2 - a_3$$

식 3.117을 보면 입력되는 실수부와 허수부가 서로 교환되어 연산된다. 다른 radix-4 알고리즘의 파이프 구조는 FFT 버터플라이는 실수부와 허수부의 두 개의 연산을 수행하는 블록을 따로 두지만 R4SDC는 하나의 버터플라이에서 두 항의 값을 동시에 연산 수행할 수 있다. 그림 3.73은 radix-4 SBF 구조를 나타내고 있다.

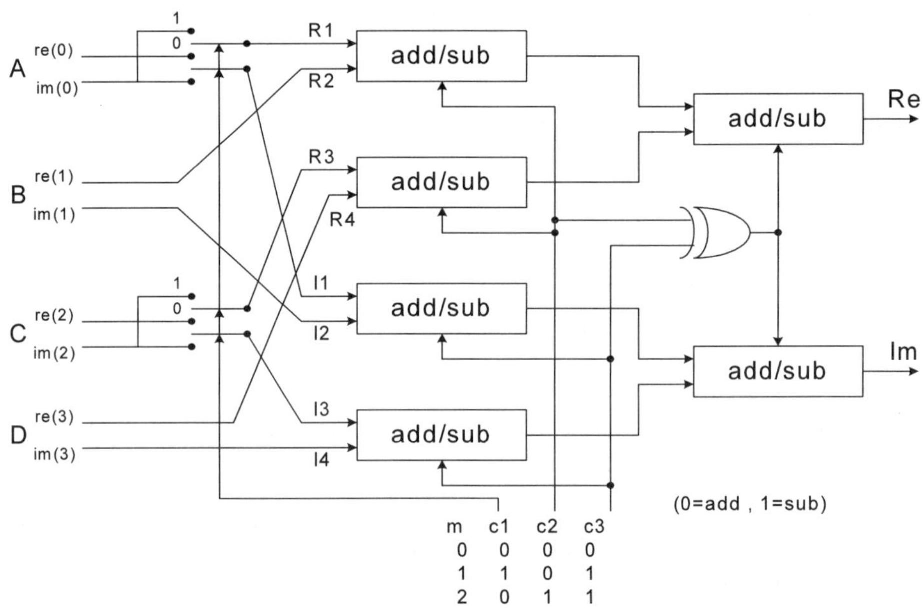

►► 그림 3.73 R4SDC 방식의 radix-4 SBF 구조

그림 3.73의 버터플라이는 SDC의 A와 C 포인트에서는 입력되는 실수부와 허수부의 신호를 일정한 주기에 그 값들을 교환하여 입력받게 한다. 또한 내부에서는 4개의 항을 연산하기 위해 각각의 입력들은 2번의 덧셈기를 통과하게 된다. 그림 3.73의 구조에 맞추어 식 (3.117)를 변형하면 다음과 같은 식 (3.118)으로 나타낼 수 있다.

$$X_r(0)=\{a_0+a_3\}+\{a_2+a_1\},\ X_i(0)=\{b_0+b_3\}+\{b_2+b_1\} \qquad \text{식 (3.118)}$$

$$X_r(1)=\{b_1+a_0\}-\{b_3+a_2\},\ X_i(1)=-\{a_1-b_0\}+\{a_3-b_2\}$$

$$X_r(2)=\{a_2-a_1\}+\{a_3-a_0\},\ X_i(2)=\{b_2-b_1\}+\{b_3-b_0\}$$

$$X_r(3)=\{b_3-a_2\}-\{b_1-a_0\},\ X_i(3)=-\{a_3+b_2\}+\{a_1+b_0\}$$

버터플라이의 앞 단인 SDC와 연관하여 생각하면 버터플라이 입력은 각각 SDC에서 일정주기의 값들을 묶어서 전달한다. 이 값들은 식 (3.118)에서처럼 두 번의 연산을 하게 된다. 첫 번째 스테이지에서는 64개의 입력 시퀀스를 16개씩 분할하여 맨 앞의 16개는 입력 A로, 그 다음 16개는 D로, 다음부턴 C 와 B의 순서로 입력된다. 이 때 연산되는 X(0)의 값은 우선 A와 B, C와 D에서 입력끼리 덧셈 연산을 한 후 그 결과들을 서로 덧셈 연산하여 구해진다는 것을 알 수 있다.

첫 번째 스테이지의 복소 상수 곱셈기는 구조적으로 그림 3.62의 $R2^4$SDF 방식에서 사용하는 복소 상수 곱셈기와 일치한다. 그림 3.74는 복소 상수 곱셈기의 동작을 보여준다. 제어신호를 통해 입력신호가 $x_{re}+jx_{im}$일 때, 계수 W_{16}^1, W_{16}^2, W_{16}^3에 대한 3가지 종류의 곱셈연산을 보인다.

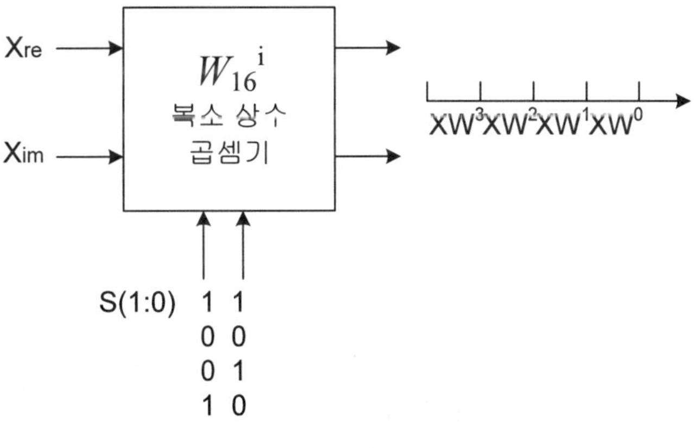

▶▶ 그림 3.74 복소 상수 곱셈기의 동작

그림 3.75는 일반적인 복소 곱셈기에 2의 보수 연산과 $-j$연산을 수행할 수 있는 기능을 첨가한 구조를 보인다. 여기서 A, B, C, D는 제어신호에 의해 보수를 취하는 회로를 나타내고 있다. 이렇게 하는 이유는 회전인자의 반복성을 이용하여 저장되는 회전인자의 개수를 각 스테이지에서 필요로 하는 계수의 1/4로 줄일 수 있다.

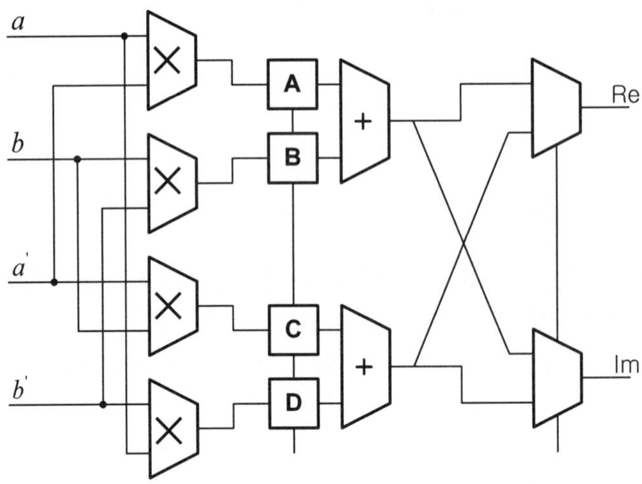

▸▸ 그림 3.75 보수연산과 $(-j)$ 연산 첨가된 복소 곱셈기

3.3.3 파이프라인 방식별 비교

종래의 FFT 파이프라인 구조방식을 비교해 보면 다음 표 3.21과 같다. SDF 구조가 그에 대응하는 MDC 구조보다 복소 곱셈기 측면이나 메모리 부분에서 효율적인 구조임을 알 수 있다. 그러나 MDC 구조는 수율 측면에서 SDF 구조보다 우수하기 때문에, 만일 빠른 처리 속도를 요구할 때 MDC 구조가 적합할 것이다.

복소 곱셈기와 복소 덧셈기의 관점에서 보면 R4SDC 구조가 가장 효율적이다. 그러나 R4SDC 구조는 $R2^2$SDF 구조보다 메모리가 두 배 크고, 제어가 복잡한 단점이 있다. 따라서 고차 FFT 일수록 메모리의 비중이 커지므로 효율이 떨어지는 단점이 있다. 따라서 종합적인 견지에서 보면 고차 FFT를 설계할 때 복소 곱셈기와 메모리 관점에서 효율적인 $R2^2$SDF 구조가 최적의 파이프라인 구조임을 알 수 있다. $R2^2$SDF 구조는 복소 곱셈기 관점에서 R4SDC 구조와 같고 메모리는 두 배 가까이 적게 소요된다.

그 밖에도 $R2^3$SDF 구조와 R4/2SDF 구조도 있는데 $R2^3$SDF 구조는 복소 곱셈기의 일부를 상수 곱셈기로 설계할 수 있어 복잡도를 줄일 수는 있으나, 곱셈기의 개수가 많아져 정밀도가 $R2^2$SDF 보다 낮고, R4/2SDF 구조는 곱셈기관 점에서는 $R2^3$SDF와 같고, 덧셈기 관점에서 $R2^3$SDF 보다도 효율적이지 않다. 따라서 높은 포인트를 갖는 FFT를 설계할 때 가장 효율적인 파이프라인 구조는 $R2^2$SDF이고, 포인트 수가 낮은 경우에는 R4SDC 구조가 가장 효율적인 구조임을 알 수 있다.

▶▶ 표 3.21 파이프라인 FFT 구조 비교

파이프라인구조	복소곱셈기	복소덧셈기	메모리	제어
R2MDC	$2(\log_4 N-1)$	$4\log_4 N$	3N/2−1	simple
R2SDF	$2(\log_4 N-1)$	$4\log_4 N$	N−1	simple
R4MDC	$3(\log_4 N-1)$	$8\log_4 N$	5N/2−4	simple
R4SDF	$\log_4 N-1$	$8\log_4 N$	N−1	medium
R4SDC	$\log_4 N-1$	$3\log_4 N$	2N−2	complex
$R2^2SDF$	$\log_4 N-1$	$4\log_4 N$	N−1	simple
$R2^3SDF$	$\frac{4}{3}\log_4 N-1$	$4\log_4 N$	N−1	simple
R4/2SDF	$\frac{4}{3}\log_4 N-1$	$\frac{20}{3}\log_4 N$	N−1	medium

$R2^4SDF$ 구조와 다른 파이프라인 구조의 복소 곱셈기 복잡도를 비교하기 위해 일반 프로그래머블 복소 곱셈기의 면적을 1로 간주하면, 특수 복소 상수 곱셈기는 0.4로 간주할 수 있다. 표 3.22와 같이 $R2^4SDF$ 구조를 $R2^2SDF$ 구조에 비교하면 두 개의 복소 곱셈기 중 하나를 특수 복소 상수 곱셈기로 대체함으로써 30% 이상 복소 곱셈기의 복잡도를 줄일 수 있다. $R2^3SDF$ 구조도 $R2^2SDF$ 구조보다 복소 곱셈기 복잡도 면에서 약간의 이득이 있으나, 3개의 스테이지당 두 개의 복소 곱셈이 있기 때문에 곱셈연산 후 발생하는 비트 절사(truncation)에 의한 양자화 오류가 증가하여 정밀도 관점에서 $R2^2SDF$ 구조보다 성능이 악화되는 단점이 있다. 또한 메모리 관점에서도 프로그래머블 복소 곱셈기는 회전인자를 저장하는 메모리가 필요하다. 이러한 크기는 해당하는 스테이지마다 다르지만, 크게는 N/2의 크기에 데이터 비트길이 만큼의 N에 비례하는 저장공간을 가져야 한다. 그러나 $R2^4SDF$ 구조는 이러한 회전인자를 위한 저장 메모리가 복소 상수 곱셈기에는 필요하지 않기 때문에 전체적으로 회전인자의 메모리를 절반으로 줄일 수 있어 메모리에 효율을 갖는다. 이러한 효율은 N의 크기가 클수록 이득이 높아진다.

▶▶ 표 3.22 종래의 파이프라인 방식과 $R2^4SDF$ 방식의 비교

	복소곱셈기 복잡도	$N=2^6$	2^8	2^{10}	2^{12}	2^{14}
$R2^2SDF$	$\log_4 N-1$	2	3	4	5	6
$R2^3SDF$	$\simeq 0.95\times(\log_4 N-1)$	1.8	2.8	4.2	4.6	5.6
$R2^4SDF$	$\approx 0.67\times(\log_4 N-1)$	1.4	1.8	2.8	3.2	4.2

다음 표 3.23은 $R4^2SDC$ 방식과 종래 방식의 복소 곱셈기의 복잡도를 비교한 것이다. 결과적으로 $R2^4SDF$ 방식과 $R4^2SDC$ 방식은 복소 곱셈기의 복잡도 면에서 일치함을 알 수 있다. 종합적인 견지에서 보면 $R4^2SDC$ 방식은 덧셈기의 복잡도 면에서 $R2^4SDF$보다 25% 면적 효율이 있으나, 메모리가 $R2^4SDF$ 방식보다 두 배 가까이 소요되므로 고차 크기의 FFT인 경우 그 효율이 떨어지는 단점이 있다.

▸▸ 표 3.23 종래의 파이프라인 방식과 $R4^2SDC$ 방식의 비교

	복소곱셈기 복잡도	$N=4^3$	4^4	4^5	4^6	2^7
$R2^2SDF$	$\log_4 N-1$	2	3	4	5	6
R4SDC	$\log_4 N-1$	2	3	4	5	6
$R2^4SDF$	$\approx 0.67\times(\log_4 N-1)$	1.4	1.8	2.8	3.2	4.2

수정된 radix-2^4 FFT 알고리즘의 양자화 효과는 다음과 같이 분석할 수 있다.

만일 $|x(n)|<1$이라는 조건이 만족한다면 각 스테이지 마다 스케일링을 분산 시키는 방법을 3.2.3.2절에서 안전한 스케일링이라고 하였다. $\frac{1}{2}$에 의한 스케일 팩터는 양자화 에러의 분산에 $\frac{1}{4}$의 팩터로 작용한다. 따라서 첫 번째 스테이지는 곱셈연산이 없으므로 양자화 에러가 발생하지 않고, 두 번째 스테이지의 $4(N/4)$에 의한 양자화 에러는 $\left(\frac{1}{4}\right)^{v-2}$이고, 세 번째 스테이지도 영향이 없으며, 네 번째 스테이지의 $4(N/16)$에 의한 양자화 에러는 $\left(\frac{1}{4}\right)^{v-4}$이며, 다른 스테이지의 영향도 이와 같은 식으로 나타나게 된다. 결과적으로 FFT 알고리즘의 출력단에서의 총 양자화 에러의 분산은 다음 식 (3.119)와 같다.

$$\sigma_q^2=\frac{\Delta^2}{12}\left\{4\left(\frac{N}{4}\right)\left(\frac{1}{4}\right)^{v-2}+4\left(\frac{N}{16}\right)\left(\frac{1}{4}\right)^{v-4}+4\left(\frac{N}{64}\right)\left(\frac{1}{4}\right)^{v-6}+\cdots+4\right\} \quad \text{식 (3.119)}$$

$$=\frac{\Delta^2}{3}\left\{\left(\frac{1}{2}\right)^{v-2}+\left(\frac{1}{2}\right)^{v-4}+\cdots+1\right\}$$

$$=\frac{4\Delta^2}{9}\left\{1-\left(\frac{1}{2}\right)^{v}\right\}\approx\frac{4}{9}\cdot 2^{-2b}$$

여기에서 $\left(\frac{1}{2}\right)^{v}$은 무시할 만하다고 간주하였다.

반면에 신호는 $\sigma_X^2=1/3N$의 분산을 갖는다. 따라서 SNR은 다음 식 (3.120)과 같다.

$$\frac{\sigma_X^2}{\sigma_q^2} = \frac{1}{3N} \cdot \frac{9}{4} \cdot 2^{2b} = 3 \cdot 2^{2b-v-2} = 1.5 \times 2^{2b-v-1} \qquad \text{식 (3.120)}$$

식 (3.52)와 비교하여 따라서 radix-2^4 알고리즘은 radix-2 알고리즘보다 안전한 스케일링에 있어서 1.5배 SQNR(Signal-to-Quantization-Noise Ratio : 이후 SQNR)에 향상을 볼 수 있다.

예를 들어 30dB의 SNR을 갖는 radix-2^4 1024 포인트 DFT 계산에 필요한 비트 수를 결정해보자. 시퀀스의 사이즈는 $N = 2^{10}$이다. 따라서 SNR은 식 (3.121)과 같다.

$$10\log_{10}\left(1.5 \times 2^{2b-v-1}\right) = 30 \qquad \text{식 (3.121)}$$

$$1.5 \times 2^{(2b-11)} = 10^3$$

$$b = \frac{20.4}{2}(10.2\,bits)$$

이러한 결과는 식 (3.53)과 비교하여 약 0.8비트의 효율을 얻을 수 있음을 보여준다. radix-4^2 알고리즘 구조도 같은 곱셈기 효율을 가지므로 동일한 SQNR을 얻을 수 있다.

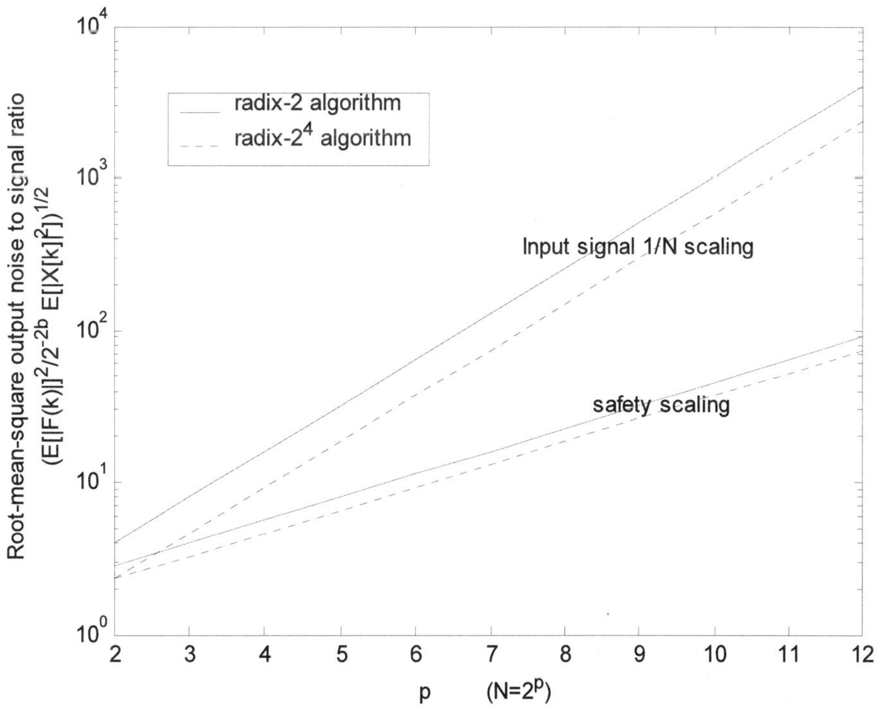

▸▸ 그림 3.76 radix-2 알고리즘과 비교한 radix-2^4 알고리즘의 SQNR

3.3.4 Very Large FFT 설계

매우 큰 사이즈의 DFT 또는 FFT 연산이 필요한 경우, 일반적인 FFT 설계 알고리즘을 사용하면 곱셈계수가 많아져 복잡해지게 된다. 이럴 때 사용할 수 있는 방법이 큰 사이즈의 FFT 계산을 작은 사이즈를 갖는 FFT 계산으로 분할하는 방식이다.

큰 사이즈의 N인 경우 다음과 같이 보다 작은 사이즈의 DFT로 분리할 수 있다.

$$\begin{aligned} &N = N_1 \times N_2 \\ &n_1 = 0,\dots,N_1-1, \qquad k_1 = 0,\dots,N_1-1, \\ &n_2 = 0,\dots,N_2-1, \qquad k_2 = 0,\dots,N_2-1, \\ &n = n_1 N_2 + n_2 \qquad\qquad k = k_2 N_1 + k_1 \end{aligned} \quad \text{식 (3.122)}$$

이렇게 하여 Cooley-Tukey 알고리즘에 적용하면 다음과 같이 전개된다.

$$y(k) = \sum_{n_1=0}^{N_1-1}\sum_{n_2=0}^{N_2-1} x(n_1N_2+n_2)e^{-j\frac{2\pi}{N_1N_2}k(n_1N_2+n_2)} \quad \text{식 (3.123)}$$

이는 두 번의 중첩된 DFT 형식으로 다시 분리될 수 있다.

$$\begin{aligned} y(k) &= \left\{\sum_{n_2=0}^{N_2-1}\left(\sum_{n_1=0}^{N_1-1} x(n_1N_2+n_2)e^{-j\frac{2\pi}{N_1}kn_1}\right)e^{-j\frac{2\pi}{N_1N_2}kn_2}\right\}e^{-j\frac{2\pi}{N_2}k_2n_2} \\ &= \sum_{n_2=0}^{N_2-1}\left(DFT_{N_1}(k_1,n_2)e^{-j\frac{2\pi}{N_1N_2}kn_2}\right)e^{-j\frac{2\pi}{N_2}k_2n_2} \end{aligned} \quad \text{식 (3.124)}$$

$$\begin{aligned} y(k_2N_1+k_1) &= \sum_{n_2=0}^{N_2-1}\left(DFT_{N_1}(k_1,n_2)e^{-j\frac{2\pi}{N_1N_2}kn_2}\right)e^{-j\frac{2\pi}{N_2}k_2n_2} \\ &= \sum_{n_2=0}^{N_2-1} A(k_1,n_2)e^{-j\frac{2\pi}{N_2}k_2n_2} \\ &k_1 = 0,\dots,N_1-1, \\ &k_2 = 0,\dots,N_2-1, \end{aligned} \quad \text{식 (3.125)}$$

따라서, 매우 큰 사이즈의 DFT를 두 개의 DFT 연산으로 분리하기 위한 절차는 다음과 같다.

① 입력신호를 $N_1 \times N_2$ 타입의 행렬로 변환한다.

② $N_1 \times N_2$ 행렬을 $N_2 \times N_1$의 전치행렬로 변환한다.

③ N_2 사이즈의 FFT를 N_1번 수행한다. 수행결과에 회전인자를 곱한다.

④ $N_2 \times N_1$ 행렬을 $N_1 \times N_2$의 전치행렬로 변환한다.

⑤ N_1 사이즈의 FFT를 N_2번 수행한다.

3.4 LTE용 FFT 개발 Trend

최근 Texas Instrument나 Freescal Semiconductor사와 같은 반도체 제조업체에서는 고성능 DSP 부문에서 LTE 및 LTE-Advanced, WiMAX와 같은 Multi-standard 무선 기지국 솔루션을 가능케하는 Multi-Core DSP SoC 구조의 제품군을 출시하였다. 고속의 DSP 코어의 다수 개를 내장하여 병렬처리를 통해 수행속도를 크게 줄였으며, 수행속도로 크게 소요되는 모듈들을 하드웨어 IP로 내장하는 방식을 통해 4G 이동통신 시장의 소형 기지국 솔루션에 획기적인 기술을 선보였다. [50][51]

TI사는 고성능의 다중 DSP core, 하드웨어 가속연산을 지원하는 Coprocessor, Multi-Core Navigator, TeraNet, MSMC(Multi-core Shared Memory Controller), HyperLink 등의 구조를 갖는 KeyStone 아키텍쳐의 Multi-Core DSP 시리즈를 출시하였다.

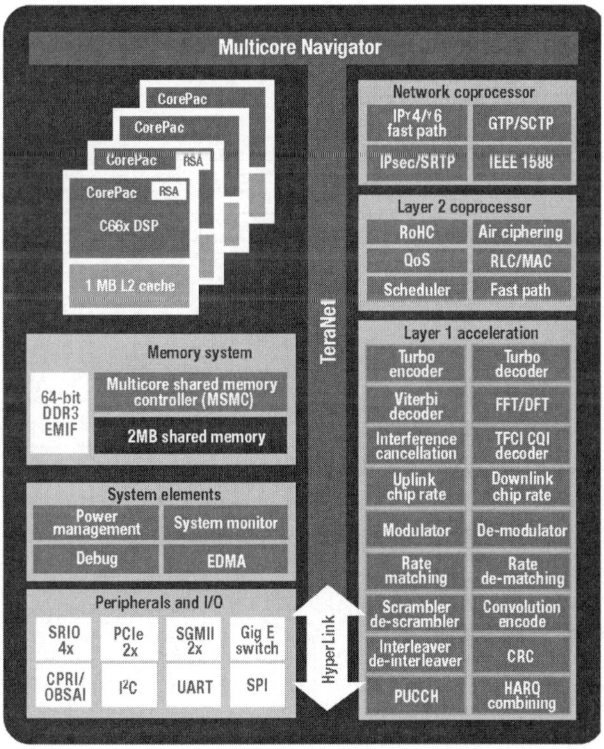

▶▶ 그림 3.77 KeyStone 구조를 갖는 TMS320TCI6618 구조

Freescale에서 제공하는 이동통신용 무선 기지국을 위한 솔루션에는 DSP Solution과 SoC Solution으로 나누어진다. DSP solution은 MSC81xx를 사용하는 Multi-Core DSP

칩셋과 e500 Power Architecture Processor인 P10xx, P20xx, P30xx, P40xx, P50xx 등의 QorIQ Processor로 칩셋으로 구성되어지며, SoC Solution은 이 두 개의 칩을 하나의 칩으로 구현된 PSC91xx라는 QorIQ Qonverge Family를 의미한다. QorIQ Qonverge 제품은 "Basestation-on-a-chip"이라는 개념으로 MPU와 DSP, accelerator 등이 하나의 칩으로 구현되어 있다. 원칩 솔루션을 통해 보다 더 저전력 및 저비용, 고효율이 가능하다는 장점이 있다. 현재까지 Freescale에서는 적은 용량(Femto/Pico Cell)을 위한 기지국 솔루션을 제시하고 있지만, 추후 대 용량(Macro/Metro cell)의 칩셋 개발에 대한 로드맵이 제시되고 있다. 그림 3.77은 QorIQ Qonverge인 PSC9130/9131과 PSC9132에 대한 전체 구조이며, 표 3.24는 각각에 대한 사양을 소개한 것이다. PSC9130/9131/9132는 2011년 45nm 공정으로 제작되었으며, 이는 Femtocell 기반 기지국을 겨냥하여 출시되었다. PSC9130/31 원칩 솔루션은 LTE(Rel.9) 규격의 20MHz single sector의 하향 링크 100 Mbps와 상향 링크 50Mbps 급을 구현할 수 있는 것으로 보고되었다. PSC9132 Picocell 솔루션은 LTE 규격의 20MHz Single sector의 하향 링크 150Mbps와 상향 링크 75Mbps급을 구현할 수 있는 것으로 보고되었다. [50][51]

▸▸ 표 3.24 Freescale QorIQ Qonverge 비교

	PSC9130	PSC9131	PSC9132
sample		Aug. 2011	Oct. 2011
Cell	Home Femto	SMB Femto	Pico/Enterprise-Femto
Users	8	16	32~64
MPU (e500v2)	1		2
DSP (sc3850)	1		2
Core Clock	800MHz	1GHz	1~1.2GHz
Accelerator	MAPLE-B2F		MAPLE-B2P
	Turbo/Viterbi decoder Turbo Encoder with rate match Fourier transform acceleration Chip rate acceleration		
	–		MIMO equalizer
LTE Throughputs		DL 100Mbps/ UL 50 Mbps (2X2)	DL 150Mbps/ UL 75 Mbps (2X4)
Interfaces	USB 2.0 JESD207 2 Ethernets		USB 2.0 JESD207 2 Ethernets
	–		PCIe CPRI 4.1

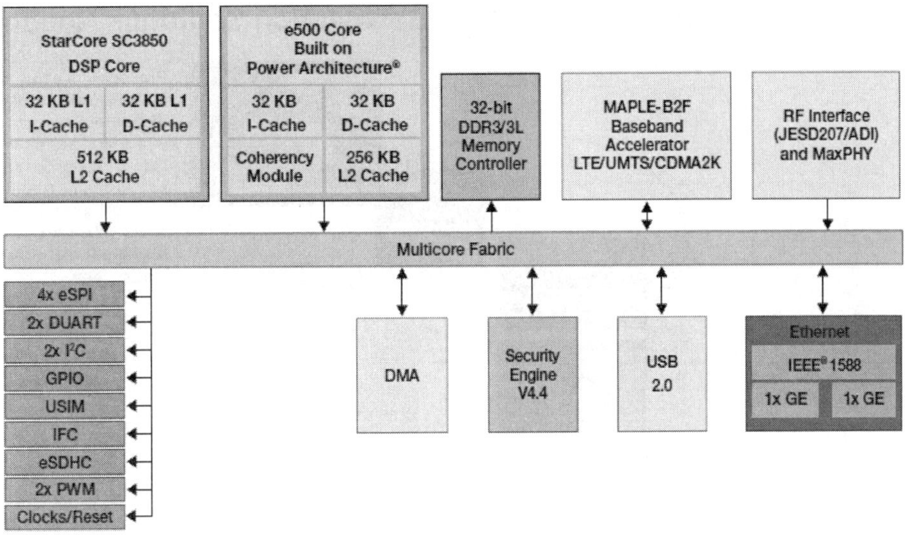

▸▸ 그림 3.78 PSC9131 구조도

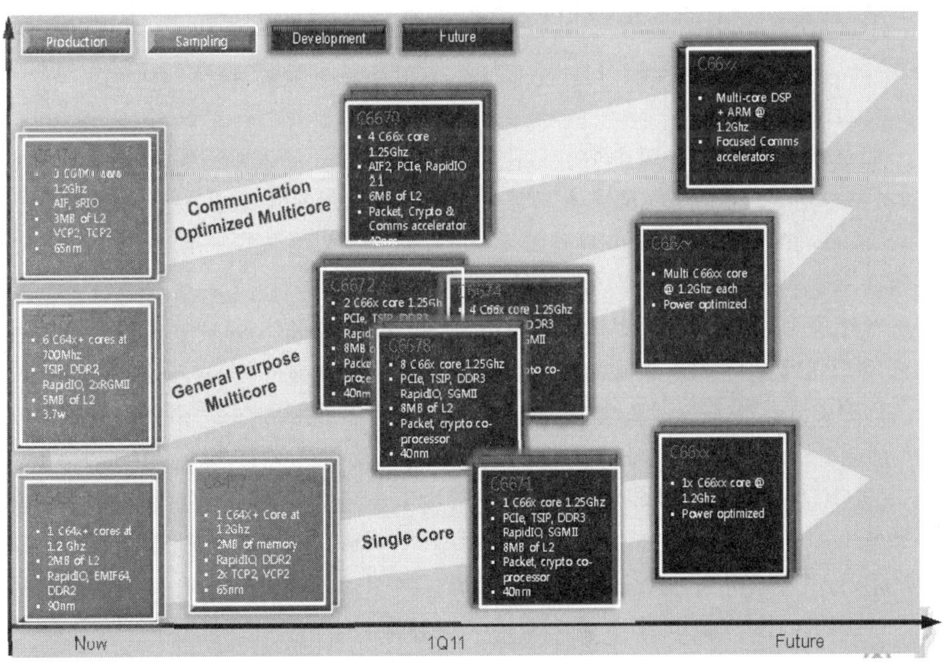

▸▸ 그림 3.79 TI C6000 Multi-Core DSP 시리즈 개발 로드맵

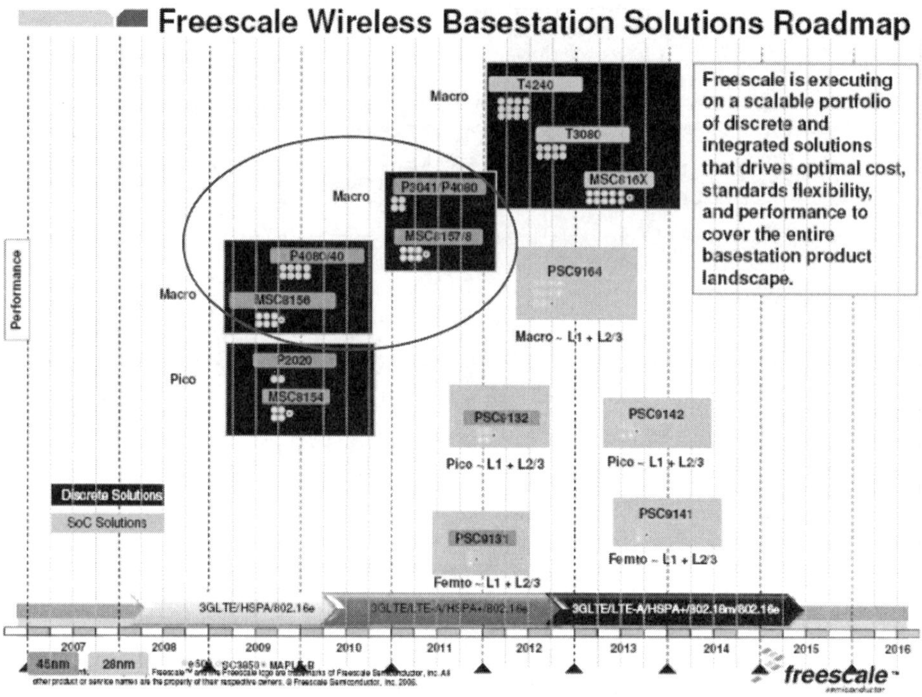

►► 그림 3.80 Freescale Wireless Basestation 솔루션 로드맵

Multi-Core DSP를 이용하여 LTE 기저대역 모뎀을 구현하기 위해서는 각 모뎀 모듈들을 DSP에서 수행되는 모듈과 모뎀 하드웨어 가속기에서 수행하는 모듈로 나눌 수 있다. 하드웨어 가속기는 하드웨어 Core 형태로 내장되어 있으므로 DSP에 로드를 주지 않고 독립적으로 수행할 수 있다. 하드웨어 가속기를 동작시키는 위해서는 하드웨어 가속기의 동작을 위한 각 서브모듈의 해당 레지스터를 설정한 후 해당 모듈이 끝나는 시점에 하드웨어 인터럽트 형태로 모듈의 수행 완료를 DSP에서 인지하도록 구현할 수 있다.

DSP Core 간에는 서로 별개의 수행코드로 독립성을 부여할 수 있으며, 이들 DSP Core들을 효율적으로 이용하여 기저대역 모뎀의 송신부 기능 및 수신부 기능을 구현할 수 있다. Multi-Core DSP의 메모리는 각각의 Core들이 독립적으로 고속의 처리가 가능한 Local Memory와 다수의 DSP Core들이 서로 공용으로 사용할 수 있는 Shared Memory로 구성된다. 제조사에 따라 그 명칭은 서로 상이하지만 비슷한 기능을 하고 있으며 DDR 외부 메모리를 통해 확장이 가능하다.

▶▶ 그림 3.81 TI C6670으로 개발된 AMC-2C6670 채널 카드

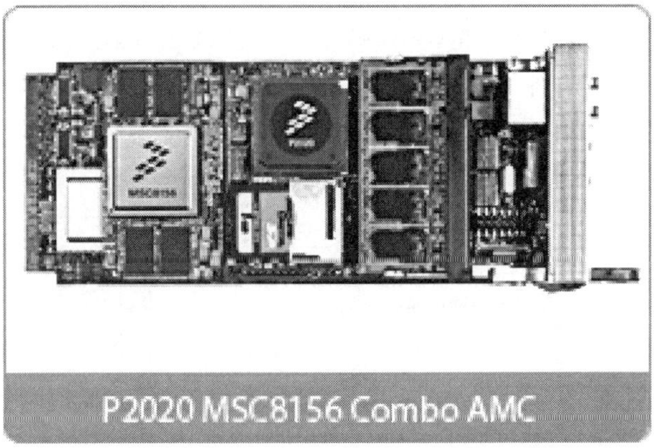

▶▶ 그림 3.82 Freescale P2020와 MSC8156 결합으로 개발된 AMC 채널 카드

▶▶ 그림 3.83 그림 3개의 MSC8156 탑재한 AMC 채널 카드

그림 3.81부터 3.83은 무선 소형 기지국 개발용으로 출시된 Multi-Core DSP들을 내장한 AMC 플랫폼을 보인다. 그림 3.81의 AMC-2C6670는 2개의 TI TMS320C6670 DSP를 내장하였고 한 개의 Xilinx Virtex-6 FPGA를 내장하였다. 20Gbp s급의 Gen2 RapidIO 인터페이스를 갖으며, CPRI나 OBSAI 규격을 지원하는 3개의 SFP 타입의 안테나 인터페이스를 갖는다. 그림 3.82 AMC 카드는 P2020과 MSC8156을 결합하여 구현한 플랫폼이다. 그림 3.83의 MSC8156 AMC 카드는 3개의 MSC8156 Multi-Core DSP를 결합하였다. [50][51]

3.4.1 TI사의 Multi-Core DSP 프로세서

TI사의 Multi-Core DSP인 TMS320C6670은 LTE 물리계층 모뎀개발을 위한 솔루션을 제공한다. 1.2GHz DSP Core를 4개 내장하고 있으며 LTE 물리계층을 위한 하드웨어 Coprocessor들을 내장하고 있다. 그중에서 BCP Coprocessor는 물리계층의 bit-rate-processing을 현격하게 개선함으로써 DSP 비트 레벨 연산의 문제를 해결하였다. 또한 Fixed point 연산 및 Floating point 연산을 모두 수용하고 있어서 개발 효율을 높일 수 있다. [50]

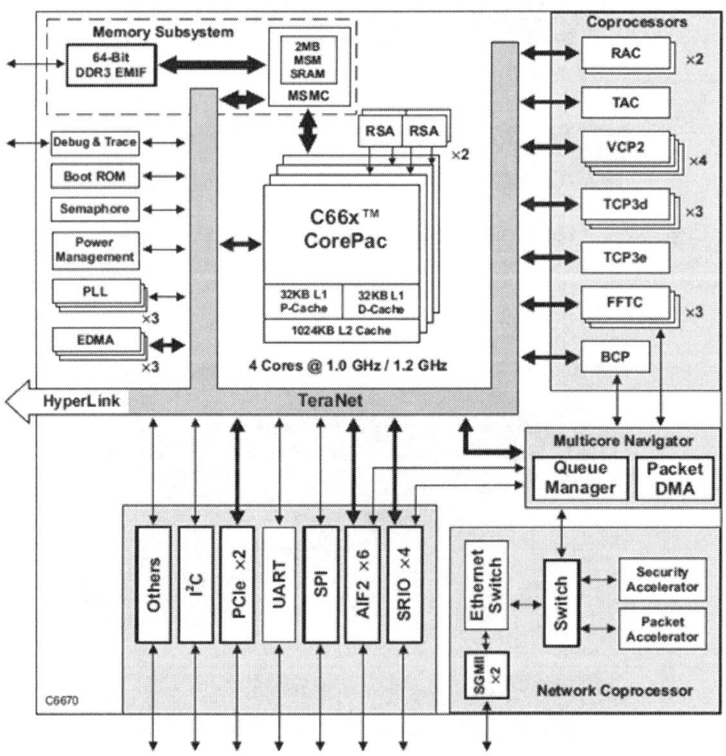

▶▶ 그림 3.84 TMS320C6670의 내부 블록도

TMS320C6670에서 내장하고 있는 Coprocessor의 종류와 기능은 다음과 같다.

- BCP(bit rate coprocessor) : Modulation/Demodulation, Rate matching/De-matching, Interleaving/ De-interleaving Decoding of control information, Turbo and convolution encoding
- TCP3d(Turbo Decoder Coprocessor)
- TCP3e(Turbo Encoder Coprocessor)
- FFTC(FFT Coprocessor) : FFT/IFFT 수행을 통해 기저대역 모뎀 전단부에서 OFDM 심볼 생성 및 복조, CP 생성 및 제거와 주파수 시프트, DFT/IDFT 수행을 통해 채널 추정 신호 생성 및 검출, DFT/IDFT 수행을 통해 주파수 옵셋 추정 및 보상, DFT/IDFT 수행을 통해 Random Access 프로세싱, DFT/IDFT 수행을 통해 수신 간섭 측정 및 제거 프로세싱
- AIF2 안테나 인터페이스 기능

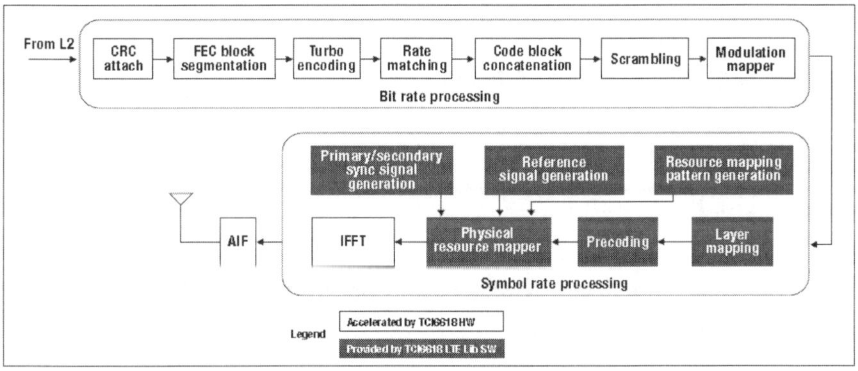

▸▸ 그림 3.85 TI Multi-core DSP를 이용한 PDSCH 프로세싱 구현예

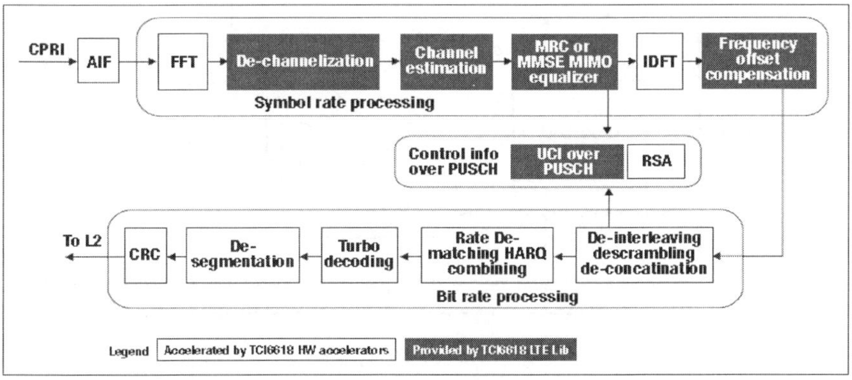

▸▸ 그림 3.86 TI Multi-core DSP를 이용한 PUSCH 프로세싱 구현예

TI Multi-Core DSP인 TMS320C6670의 FFTC Coprocessor 기능과 동작은 다음과 같다. [52]

■ 기능 규격

- FFT/IFFT 사이즈 : 최대 8,192
- DFT/IDFT 사이즈 : $12 \times 2^a \times 3^b \times 5^c (12 \sim 1296)$
- LTE 7.5kHz frequency shift
- 16 비트 복소 입력 및 출력
  - 444 Msubcarriers/sec throughput
  - 77dB SNR
  - Dyna 또는 프로그래머블 scaling modes
  - Block exponent를 반환하는 Dynamic scaling mode
  - 입력신호의 절반을 중심으로 왼쪽/오른쪽 플립(flip) 기능
  - Cyclic Prefix의 addition 및 removal 기능
  - Ping/Pong 입력 및 출력 버퍼링 기능
  - 입력 비트 시스트를 통한 data scaling 기능
  - Output data scaling 기능

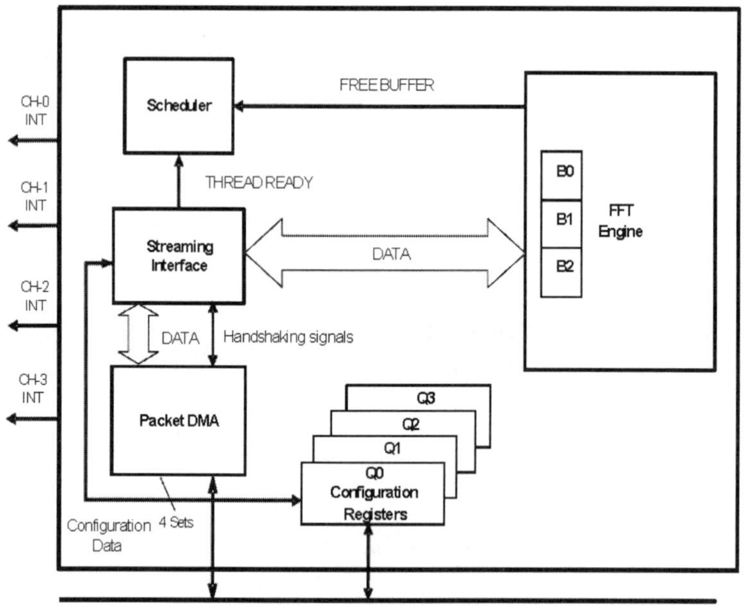

▸▸ 그림 3.87 FFTC Coprocessor 구조

FFT Coprocessor는 다음의 기능 블록들로 구성된다.

- Configuration Registers
- FFT Engine
- Packet DMA
- FFTC Streaming Interface
- FFTC Scheduler

3.4.1.1 TI FFTC Coprocessor 기능

Configuration Register에 4개 (Q1~ Q3) 세트를 정의하고 있으며 5개 레지스터로 구성된다. 각 세트는 PKTDMA 데이터를 FFTC로 전달하는 Tx Queue에 대응하며 해당 큐에 적용하는 특성을 정의한다. [52]

- Clipping Detection
- Destination Queue for the RX PKTDMA data packet
- Scaling & Shifting parameters
- Cyclic Prefix parameters
- LTE frequency shift parameters

FFTC로 입력되는 데이터 샘플의 DFT 또는 IDFT를 수행한다. DIF 방식의 FFT 알고리즘을 사용하며, 동작 클럭마다 2개의 radix-4, 2개의 radix-3, 4개의 radix-2 또는 1개의 radix-5 버터플라이를 계산할 수 있다. FFT Engine에 3개의 메모리 뱅크가 있고 각 메모리 뱅크는 4096 FFT의 16비트를 수용할 수 있다. FFT 복소수 입력 샘플은 16 비트 실수부와 16 비트 허수부로 구성된다. FFT 크기가 4096 이하인 경우에는 한 뱅크에서 데이터를 입력하면서 동시에 또 다른 뱅크에 데이터를 쓰면서 세번째 뱅크에서 FFT를 수행할 수 있다. 그러나 FFT 크기나 6144, 8096이면 2개의 뱅크에서 FFT를 수행하면서 데이터 읽기, 쓰기를 동시에 수행할 수는 없다.

- FFT Left-Right shift 기능

  FFTC 입력과 출력 샘플을 왼쪽과 오른쪽을 서로 플립(Flip)시키는 기능을 수행한다. 결국 N/2만큼 천이하는 것과 같은 동작이라고 할 수 있다. 만일 입력 시퀀스가 $\{x(0),\ldots,x(N-1)\}$라고 입력된다면 Cyclic 동작을 통해 $\{x(N/2),\ldots,x(N-1), 0,\ldots,x(N/2-1)\}$과 같이 변환되어진다.

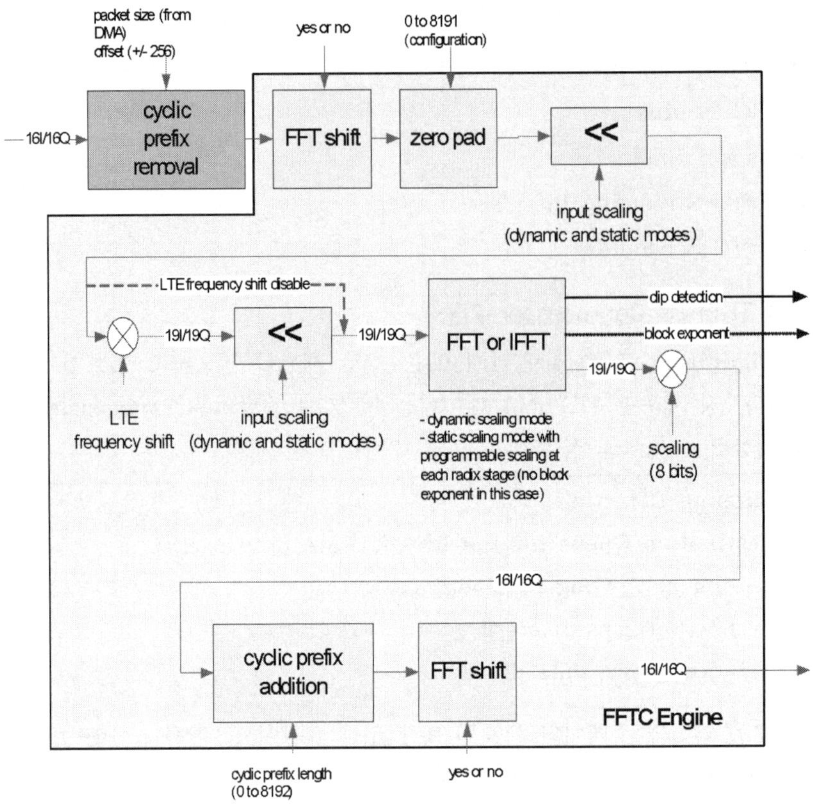

▸▸ 그림 3.88 FFTC 내의 FFT 엔진

■ Zero Padding 기능

Guard Band 형성을 위해 Zero padding을 수행한다. 이때 입력되는 데이터의 길이는 다음과 같이 zero pad되는 길이를 뺀 크기를 갖는다.

Data length = FFT size - zero pad value

■ FFT variable shift 기능

입력 데이터는 DC 반송파를 중심으로 배치되게 되어지는 반면 FFTC는 데이터 패킷의 처음에 위치한 데이터가 DC subcarrier로 간주한다. Variable shift 기능은 그러한 경우에 사용할 수 있다. 이 기능을 통해 입력 샘플은 2*variable_shift_value 사이즈 만큼 shift rotation을 통해 오른쪽으로 이동한다.

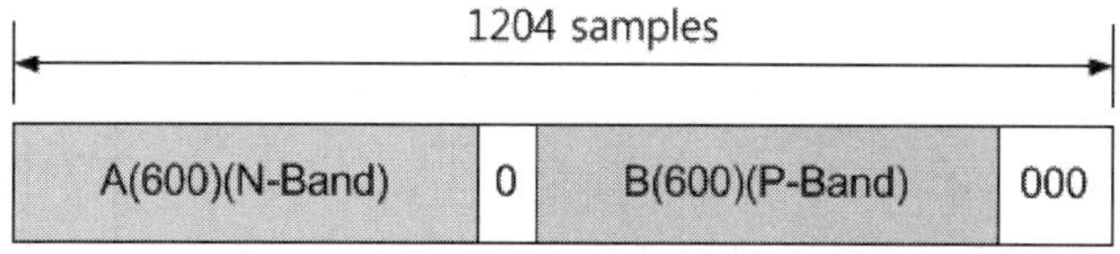

▶▶ 그림 3.89 X DC를 중앙에 배치한 입력 시퀀스 예

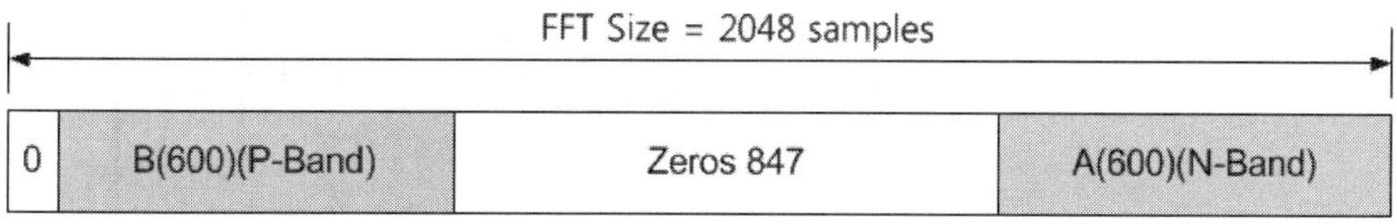

▶▶ 그림 3.90 X FFTC Variable shift 를 통해 재조정된 입력 시퀀스

- LTE Frequency shift 기능

  입력 데이터에 대해 다음 식의 시퀀스를 곱하여 주파수 천이를 수행한다.

$$H(n) = e^{\pm j2\pi(n+4n_0)a/M}$$

  여기에서 n은 샘플 인덱스, n_0는 Phase offset (SHIFT_PHASE), a는 곱셈인자 ($2^{SHIFTFACTOR}$), M은 Reference size로 16,384 또는 12,288이다.

- Scaling 기능

  스케일링은 입력 블록 단위로 각 Radix stage의 이전이나 이후에 실행된다. 이 뜻은 블록 내의 모든 복소 데이터에 동일한 스케일링이 적용된다는 말이다. 스케일링은 FFTC 엔진 내부의 각 radix 스테이지 출력에 포화가 일어나지 않도록 0,1,2, 3의 오른쪽 shift 연산을 통해 수행된다(즉, 1,2,4,8로 각각 나누는 효과를 얻는다). 각 스테이지에 적용된 스케일링 팩터는 최종적으로 Block Exponent 값으로 연산 후 보고된다. FFTC 엔진의 내부 비트 해상도는 22/19 비트이다. 처음 입력 샘플은 6비트 왼쪽 시프트를 통해 22비트로 스케일되고 그 후 22 비트 중 shift factor에 따라 19비트를 선택하여 수행한다. 만일 shift 인자가 0인 경우에는 LSB 19 비트를 선택하는 것을 뜻한다.

  추가적으로 출력에 8비트 출력 스케일링을 제공할 수 있다. 출력 스케일링에 프로그램되는 Unsigned 값으로 0x80 = 1이며, 마지막 스테이지에서 출력 신호와 곱해진다. FFT radix stage마다 scaling 할 수 있는 기능이며 scaling 값을 미리 프로그래밍 할 수 있는 Static Scaling 모드와 신호의 정규화 값을 기반으로 동적으로 Scaling을 조정하는 Dynamic Scaling mode가 있다. Static scaling은 사용자가 레지스터를 통해 직접 설정하거나 PKTDMA 데이터 패킷 descriptor의 protocol-specific 영역에 직접 설정하여 동작하게 할 수도 있다.

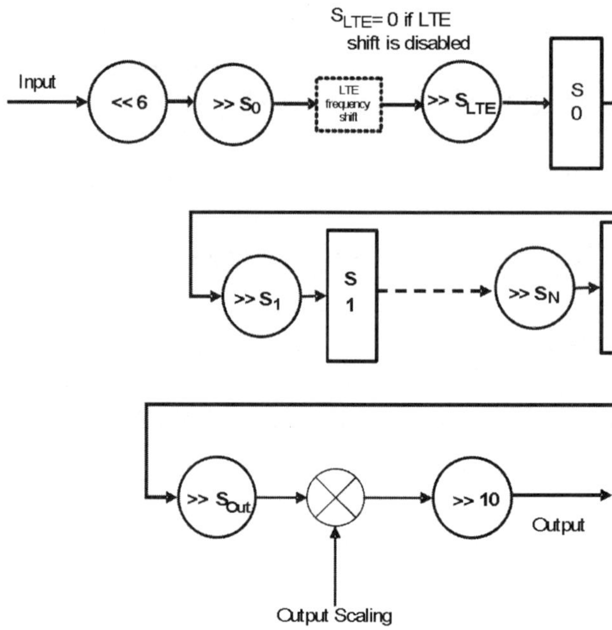

▸▸ 그림 3.91 X FFTC Scaling 구조

■ FFT/IFFT 기능

FFTC 엔진은 다음 표와 같은 블록 사이즈의 FFT/IFFT 연산을 수행할 수 있다.

▸▸ 표 3.25 FFTC에서 지원하는 블록 사이즈

Classification	Supported Sizes
Power of 2	4, 8, 16, 32, 64, 128, 256, 512, 1024, 2048, 4096, 8192
LTE	12, 24, 36, 48, 60, 72, 96, 108, 120, 144, 180, 192, 216, 240, 288, 300, 324, 360, 384, 432, 480, 540, 576, 600, 648, 720, 768, 864, 900, 960, 972, 1080, 1152, 1200, 1296
Other	1536, 3072, 6144

FFT/IFFT는 $2^p (p= 2,3,...,13)$ DFT/IDFT는 $12 \times 2^a \times 3^b \times 5^c$ a, b, c는 사이즈 1296까지의 가용한 모든 정수이다. 총 50의 FFT/IFFT의 블록 사이즈를 지원한다. 블록 사이즈에 해당하는 설정 레지스터는 PKTDMA 데이터 패킷에 정의된 *FFTC_QUEUE_X_CONTROL_REGISTER* 이다. 블록 사이즈에 대한 Radix 인덱스는 표 3.26과 같다.

▶▶표 3.26 FFT 블록 사이즈에 대한 각 스테이지별 인덱스 (다음 페이지 계속)

Index	FFT Size	Number of Stages	Radix of each stage						
			0	1	2	3	4	5	6
0	4	1	4						
1	8	2	2	4					
2	16	2	4	4					
3	32	3	4	2	4				
4	64	3	4	4	4				
5	128	4	4	4	2	4			
6	256	4	4	4	4	4			
7	512	5	4	4	4	2	4		
8	1024	5	4	4	4	4	4		
9	2048	6	4	4	4	4	2	4	
10	4096	6	4	4	4	4	4	4	
11	8192	7	4	4	4	4	4	2	4
12	12	2	3	4					
13	24	3	3	2	4				
14	48	3	4	3	4				
15	96	4	4	3	2	4			
16	192	4	4	4	3	4			
17	384	5	4	4	3	2	4		
18	768	5	4	4	4	3	4		
19	1536	6	4	4	3	4	2	4	
20	3072	6	4	4	4	3	4	4	
21	6144	7	4	3	4	4	4	2	4
22	36	3	3	3	4				
23	72	4	3	3	2	4			
24	144	4	4	3	3	4			
25	288	5	4	3	3	2	4		
26	576	5	4	4	3	3	4		
27	1152	6	4	4	3	3	2	4	
28	108	4	3	3	3	4			
29	216	5	3	3	3	2	4		
30	432	5	4	3	3	3	4		
31	864	6	4	3	3	3	2	4	
32	324	5	3	3	3	3	4		
33	648	6	3	3	3	3	2	4	
34	1296	6	4	3	3	3	3	4	

35	972	6	3	3	3	3	3	4	
36	60	3	5	3	4				
37	120	4	5	3	2	4			
38	240	4	5	3	4	4			
39	480	5	5	4	3	2	4		
40	960	5	5	4	4	3	4		
41	180	4	5	3	3	4			
42	360	5	5	3	3	2	4		
43	720	5	5	4	3	3	4		
44	540	5	5	3	3	3	4		
45	1080	6	5	3	3	3	2	4	
46	300	4	5	5	3	4			
47	600	5	5	5	3	2	4		
48	900	5	5	5	3	3	4		
49	1200	5	5	5	4	3	4		

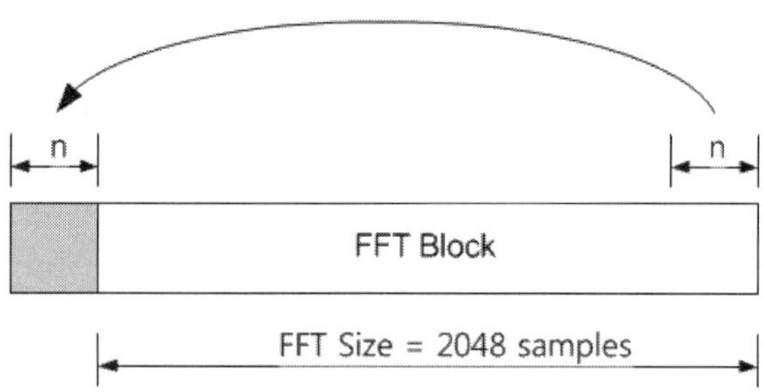

▸▸ 그림 3.92 Cyclic Prefix Addition

■ Cyclic Prefix Addition 기능

FFT 블록의 마지막 n 샘플을 CP로 추가하는 기능이다.

■ Packet DMA

FFTC는 입력데이터를 수신하고 출력 결과를 전달하기 위해 Multi-Core Navigator를 사용한다.

PKTDMA는 하드웨어 큐와 연동하여 CPU의 부하없이 데이터를 이동할 수 있다. 하드웨어 큐는 Queue Manager가 관리하고 패킷 정보(소스 주소, 길이 등)를 기록하는 descriptor를 가지고 있다. FFTC는 4개의 입력 하드웨어 큐를 지원하며 PKTDMA는 1개 이상의 FFT 블록을 저장할 수 있다.

- FFTC Streaming Interface

PKTDMA를 FFT engine에 연결시켜주는 인터페이스로서 PKTDMA에 핸드쉐이킹 신호를 제공하며 FFT engine과 PKTDMA의 상태를 추적하여 데이터 흐름을 관리한다.

- PKTDMA로부터 Protocol-Specific 패킷을 디코딩하고 FFTC configuration register를 업데이트 한다.
- Endian 모드 관리와 정확한 포맷의 데이터 전송
- Cyclic Prefix 제거 기능도 담당한다.

CP 제거 수행시 처음의 k 샘플만큼 FFT 엔진으로 들어오지 않도록 할 수 있는데 여기에서 k 란 패킷 길이와 블록 사이즈의 차이를 의미한다. 이렇게 하면 별도의 CPU 간섭없이 AIF와 FFTC 간에 부드러운 연동이 가능하다. 추가적으로 FFT의 시작 위치를 앞서게 정의할 수 있다. 다음 그림 3.93은 이러한 것을 설명해 준다.

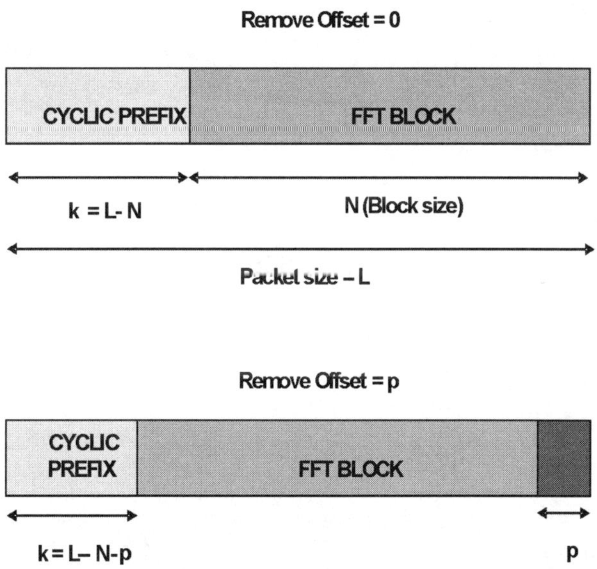

▶▶ 그림 3.93 Cyclic Prefix 제거 기능

- FFTC Scheduler

Scheduler는 입력 메시지 큐가 streaming interface에서 우선순위에 따른 서비스를 결정한다. round-robin 방식에 따라 프로그램 되어진 큐의 우선순위를 고려하여 FFTC에 들어가 될 동작 큐를 결정한다. 블록 경계에서는 현재 동작상태의 큐가 보다 높은 우선순위를 갖는 큐에 의해 중단될 수 있다. 즉 FFT 블록이 수행하는 동안에 높은 우선순위의 큐는 동작상태로 전환된다.

3.4.2 Freescale 사의 Multi-Core DSP 프로세서

Freescale의 Multi-Core DSP 제품 중에는 다수 개의 DSP Core(Multi-Core DSP)와 이동통신 모뎀의 복잡한 연산이 요구되는 기능들을 위한 전용의 하드웨어를 내장하고 있다. MSC81xx series 중 MSC8156/8157은 6개의 SC3850 DSP core를 내장하였으며 MAPLE-B/B2라는 무선 모뎀용 고속 가속기(Accelerator)가 내장되어 있다. DSP Core는 1GHz /8GMAC 연산기능으로 6개를 내장하였으므로 1GHz 클럭 동작으로 48 GMAC 연산능력을 가진다. [51][53]

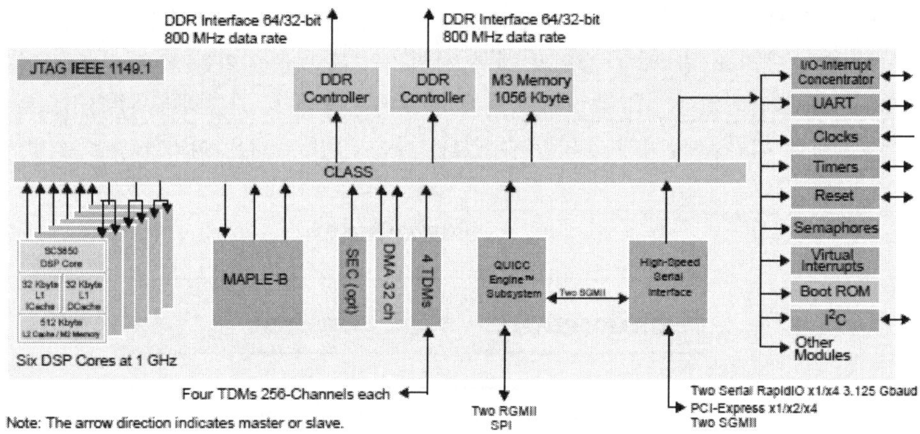

▶▶ 그림 3.94 MSC8156(E) 전체 구조도

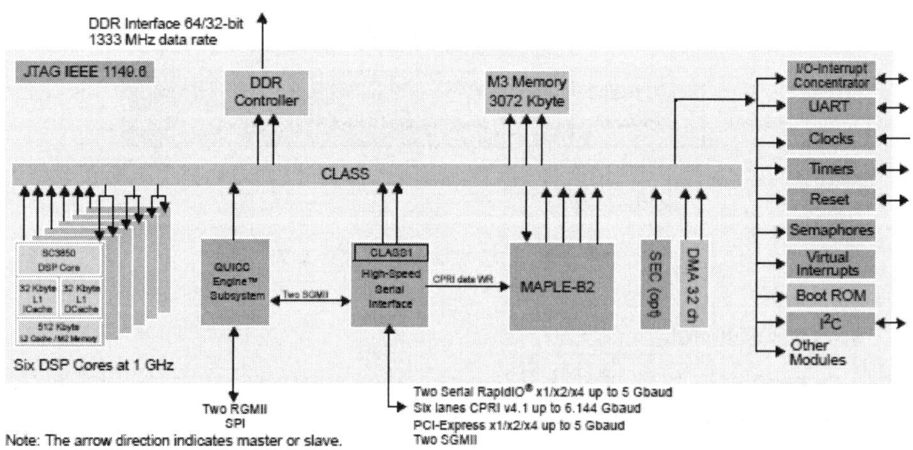

▶▶ 그림 3.95 MSC8157(E) 전체 구조도

MSC8156과 MSC8157은 DSP Core와 Core의 수가 같지만 메모리의 용량증대와 내부 Bus Clock 속도, 모뎀 하드웨어 가속기인 MAPLE의 성능 향상 및 기능을 추가하였고, 외부 인터페이스인 CPRI 및 기타 기능을 향상하였다.

Features		MSC8156	MSC8157
Air Interfaces	(throughput)	10MHz 3G-LTE	20MHz 3G-LTE
M3 Memory		1 Mbyte (500 MHz)	3 Mbyte (667MHz)
Accelerator (MAPLE-B/B2)	Turbo Decoder/ Viterbi Decoder	160 Mbps/ 100 Mbps	350 Mbps/ 150Mbps
	FFT/DFT	280Msps/175Msps	1500Msps/900Msps
	CRC	10 Gbps	
	Turbo Encoder	X	900 Mbps
	MIMO(MMSE-SIC & Matrix Inversion)	X	4X2 : 90Mscps 4X4 : 30Mscps
	UMTS Chiprate	X	512 users
HSSI	# of lane	8	10
	CPRI 4.1	X	6 lanes at up to 6.144G
	sRIO	Dual x4/x1 @3.125G (v1.2)	Dual x4/x2/x1 @5G (v2.0)
	PCIe	Single x1/x2/x4@2.5G (v1.a)	Single x1/x2/x4@5G (v2.0)

MSC815x에 내장되어 있는 기저대역 모뎀 가속기로서 MAPLE-B/B2는 Multi-Core DSP인 MSC81xx 및 QorIQ Qonverge인 PSC91xx에 내장되어 있다. 그림 3.95은 MSC8157에 내장된 MAPLE-B2이며, "New block"으로 표기된 부분은 MSC8156에 내장된 MAPLE-B에서 추가된 블록이다. 900Mbps 급의 Turbo 부호 및 330Mbps의 복호, 200Mbps 급의 Viterbi 복호기, Rate matching, MIMO MMSE, IRC, ML 등화, Matrix Inversion, CRC 삽입 및 체크, 630Msps 급의 DFT/iDFT, 960Msps 급의 FFT/iFFT 기능을 수행할 수 있다.

- eTVPE : Turbo/Viterbi PE
- EQPE : Equalization Processing PE
- CRCPE : CRC PE
- eFTPE : Fourier Transform PE
- DEPE : Dowlink Encoding PE
- PE : Processing Element/ Processing Engine

기저대역 모뎀의 물리채널 신호를 생성을 위해 기지국 송신부는 Maple-B/B2의 eFTPE 기능의 IFFT 변환을 거쳐 CP를 붙여 OFDM 신호를 생성한다. 기지국 기저대역 수신부에서도 SC-FDMA 신호 수신을 위해 Maple-B/B2의 eFTPE 기능의 FFT 변환 및 IDFT decoding을 수행한다.

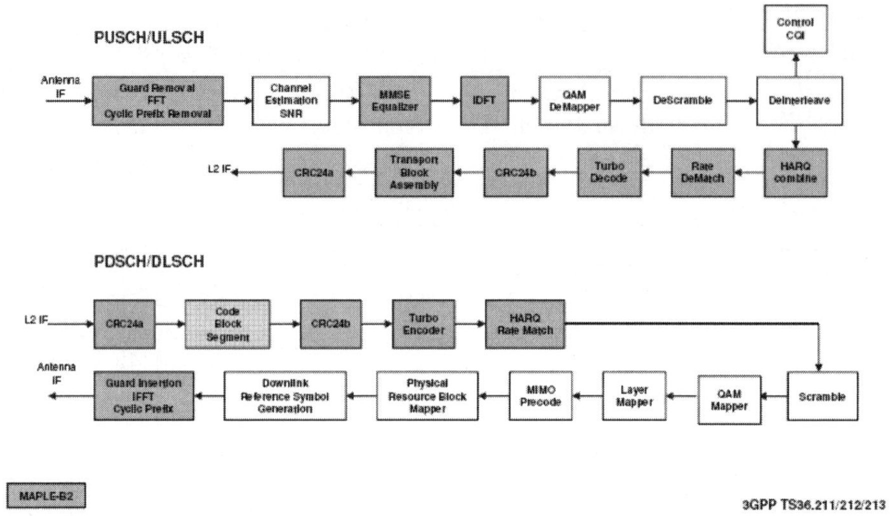

▶▶ 그림 3.96 Freescale Multi-core DSP를 이용한 PDSCH/PUSCH 프로세싱 구현예

3.4.2.1 Freescale MSC8157 Maple-B2 기능

기저대역 하드웨어 가속기인 MAPLE-B/B2는 사용자가 내부의 기능을 접근할 수 없는 상태로 제공되므로, 입출력 및 파라메터 설정을 통하여 사용하여야 한다.

Maple-B/B2에서 지원하는 eFTPE에서 지원하는 기능은 아래와 같다.

- FFT / IFFT, DFT/IDFT Processing
- Radix 3, 4, 5, 8 지원
- 128, 256, 512, 1024, 1536, 2048 point FFT / IFFT
- LTE 상향 링크에서 필요한 DFT/IDFT point (12, 24, 36, ~~, 1080, 1152, 1200)
- IFFT/FFT 수행시 보호대역 삽입 및 DC 삽입/제거
- CP 삽입/제거
- Pre/Post 프로그래머블한 복소 곱셈
- 정규화를 위한 Post Scalar value 곱셈
- 입력신호의 Zero padding

- 입력 또는 출력 신호의 위상회전
- Advanced Scaling method (Adaptive scale/User scale/Overall scale)

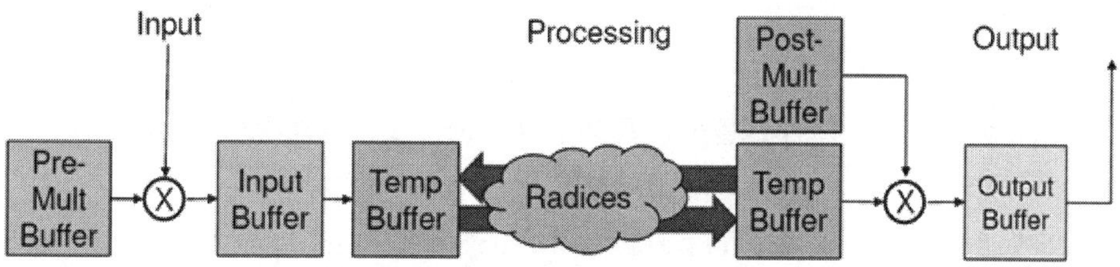

▸▸ 그림 3.97 FFT Coprocessor 구조

eFTPE는 IFFT 의 일반적인 입력패턴 [0 ~ 2π]을 지원하며 OFDM 변조를 위한 입력패턴인 [$-\pi$ ~ π] 입력도 가능하다. 입력되는 수신신호의 Guard band 제거한 후 FFT 수행할 수 있도록 설정할 수 있다. 또한 IFFT 수행후 CP 삽입을 수행할 수 있다.

Pre/Post 프로그래머블 복소 곱셈 기능은 입력 혹은 출력에 특정 벡터를 곱해주는 기능을 수행할 수 있다. Pre 프로그래머블 복소 곱셈은 입력데이터에 각 샘플마다 복소 샘플 벡터를 곱해줄 수 있고, Post 프로그래머블 복소 곱셈은 FFT 수행 후 복소 샘플 벡터를 곱하여 출력 버퍼에 저장하게 된다.

상향 링크의 SC-FDMA 변조에서는 심볼을 7.5 kHz 주파수 시프트하여 전송하게 되므로, 기지국 수신에서는 FFT 를 수행하기 전에 -7.5 kHz 주파수 시프트를 수행해야 한다. 이를 Pre 프로그래머블 복소 곱셈 기능을 통해 수행할 수 있다.

정규화 기능은 FFT/IFFT 수행 후 $1/\sqrt{N}$ 곱하여 정규화를 수행한다. Maple-B2 eFTPE에서 수행 후 포화상태를 방지하거나 줄이기 위해 Scaling을 지원한다. Adaptive Scaling과 사용자 정의 Scaling이 있으며 Adaptive Scaling은 출력 결과에 Scaling 결과를 알려주는 방법이며, 사용자 정의 Scaling은 각 FFT stage마다 scale 계수를 사용자가 정의할 수 있도록 설정할 수 있다.

3장 참고문헌

[1] TTAS.KO-06.0064R1, 2.3GHz 휴대인터넷 표준(물리계층), 한국정보통신기술협회, Dec. 2004

[2] 정윤호, "고속및 면적 효율적인 특징을 갖는 FFT 알고리즘 개발 및 하드웨어 구현", 석사학위논문, 연세대학교 대학원, 2000

[3] 문상철, "An Area-efficient 8K/4K/2K-point Pipeline FFT Processor", 석사학위논문, KAIST, 2002

[4] 이승기, 양대성, 신경욱, "2단계 수렴 블록 부동점 스케일링 기법을 이용한 8192점 파이프라인 FFT/IFFT 프로세서", 한국통신학회논문지, Vol.27, No.10C, 2002

[5] J. W. Cooley, J. W. Tukey, "An Algorithm for the Machine Calculation of Complex Fouier Series", Math. Comp, Vol.19, pp.297-301, April 1965

[6] S. B. Weinstein, P. M. Ebert, "Data Transmission by Frequency Division Multiplexing Using the Discrete Fourier Transform", IEEE Transaction on Communication Technology, Vol. COM-19, No.5, Oct. 1971

[7] Richard E, "Fast Algorithm for Digital Signal Processing", Addison-Wesley Pub., pp.131-133, 1985

[8] S. Winograd, "On Computing the Discrete Fourier Transform", Proc. Nat. Acad. Sci., U.S. Vol.73, pp.1005-1006, Apr. 1976

[9] C. M. Rader, N. M. Brenner, "A New Principle for Fast Fourier Transform", IEEE Trans. Acoust., Speech, Signal Processing, Vol. ASSP-24, pp.264-266, Apr. 1969

[10] E. H. Wold, A. M. Despain, "Pipeline and Parallel Pipeline FFT Processors for VLSI Implementation", IEEE Trans. Comput., C-33(5), pp.414-426, May 1984

[11] H. Stone, "Parallel Processing with the Perfect Shuffle", IEEE Trans. Comput., pp.156-161, Feb. 1971

[12] E. E. Swartzlander, "VLSI Signal Processing Systems", Kluwer Academic Publishers, pp.125-133, 1986

[13] Ramjee Prasad, "Universal Wireless Personal Communications", Artech house, Boston London, 1998

[14] J. Proakis, "Digital Communications", Prentice-Hall, 3rd edition, 1995

[15] John A. C. Bingham, "Multicarrier Modulation for Data Trans- mission: An Idea Whose Time Has Come", IEEE Commun. Mag., Vol.28, no.5, pp 5~14, May 1990

[16] M. Alard and R. Lassalle, "Principles of modulation and channel coding for digital broadcasting for mobile receivers", European Broadcasting Union, pp 168~190, August 1988

[17] A. V. Oppenheim, R. W. Schafer, "Discrete-Time Signal Processing", Prentice Hall, 1999

[18] C. H. Chen,"Signal processing handbook", Dekker, 1988

[19] B. M. Baas, "A 9.5mW 330us 1024-point FFT Processor", IEEE Custom Integrated Circuits Conference, pp.127-130, 1998

[20] Thomas Lenart and Viktor Owall, "A Pipelined FFT Processor using Data Scaling with Reduced Memory Requirements", In Proc. NORCHIP, 2002

[21] E. Bidet, C. Joanblanq, P. Senn, "A fast single chip implementation of 8192 complex points FFT", IEEE 1994 Custom Integrated Circuits Conference, pp.207-210, 1994

[22] S. He and M. Torkelson, "Designing pipeline FFT processor for OFDM (de)Modulation", in Proc. IEEE URSI Int. Symp. Signals, Syst., Electron., pp. 257-262, 1998

[23] J. Melander, "Design of SIC FFT Architectures, Link ping Studies in Science and Technology", Thesis No. 618, Link ping University, Sweden, 1997

[24] W. C. Yeh, C. W. Jen,"High-Speed and Low-Power Split-Radix FFT", IEEE Trans. Sig. Proc., Vol.51, No.3, March 2003

[25] S. H. Park, D. H. Kim, D. S. Han, K. S. Lee, S. J. Park, J. R. Choi, "Sequential Design of a 8192 Complex point FFT in OFDM Receiver", IEEE AP-ASIC '99, 1999

[26] J. Y. Oh, J. S. Cha, S. K Kim, M. S. Lim, "Implementation of Orthogonal Frequency Division Multiplexing using radix-N Pipeline Fast Fourier Transform (FFT) Processor", Jpn. J. Appl. Phys. vol. 42, part 1, No. 4B, pp. 1-6, 2003

[27] K. K. Parhi, "VLSI digital signal processing systems", John Wiley & Sons, Inc., USA, pp. 505-511, 1999

[28] S. M. Kim, J. G. Chung, K. K. Parhi, "Design of low error CSD fixed-width multiplier", IEEE Inter. Symp. Cir., Syst., Vol.1, pp. I-69 - I-72, 2002

[29] K. J. Cho, K. C. Lee, J. G. Chung, K. K. Parhi, "Design of Low-Error Fixed-Width Modified Booth Multiplier", IEEE Trans. VLSI Syst., Vol. 12, No.5, 2004

[30] M. Hasan and T. Arslan, "Scheme for reducing size of coefficient memory in FFT processor", Electronics Letters, vol. 38, no. 4, pp. 163-4, 2002

[31] H. L. Groginsky and G. A.Works, "A pipelined fast Fourier transform", IEEE Transactions on Computers, vol. C-19, pp. 1015 - 1019, 1970.

[32] D. Cohen, "Simplified control of FFT hardware", IEEE Transactions on Acoustics, Speech, and Signal Processing, vol. ASSP-24, pp. 577 - 579, 1976

[33] B. Gold and T. Bially, "Parallelism in fast Fourier transform hardware", IEEE Transactions on Audio Electroacoustics, vol. AU-21, pp. 5 - 16, 1973

[34] D. L. Jones and H. V. Sorensen, "A bus-oriented multiprocessor fast Fourier transform", IEEE Transactions on Signal Processing, vol. 39, pp. 2547 - 52, 1991

[35] S. Yu and E. E. Swartzlander, Jr., "A pipelined architecture for the multidimensional DFT", IEEE Transactions on Signal Processing, vol. 49, pp. 2096-2102, 2001

[36] Y. Ma, "An effective memory addressing scheme for FFT processors", IEEE Transactions on Signal Processing, vol. 47, pp. 907-911, March 1999

[37] M. Hasan and T. Arslan, "Coefficient memory addressing scheme for high performance FFT processors", Electronics Letters, vol. 37, no. 22, pp. 1322-4, 2001

[38] Y. Ma and L. Wanhammar, "A hardware efficient control of memory addressing for high-performance FFT processors", IEEE Transactions on Signal Processing, vol. 48, pp. 917-21, March 2000

[39] S. M. Currie, P. R. Schumacher, B. K. Gilbert, E. E. Swartzlander, Jr., B. A. Randall, "Implementation of a single chip, pipelined, complex, onedimensional fast Fourier transform in 0.25mbulk CMOS", Proc. 2002 IEEE Inter. Conf. App.-Spec. Syst., Archi., Proc., San Jose, CA, pp. 335-343,July 17-19 2002

[40] T. Lenart and V. Owall, "A 2048 Complex Point FFT Processor Using a Novel Data Scaling Approach", in Proc. of IEEE Inter. Symp. on Circuits and Systems (ISCAS'03), pp. IV-45-48, Mar, 2003

[41] S. H. Part et al, "A 2048 complex point FFT architecture for digital audio broadcasting system", In Proc. of ISCAS, 2000

[42] G. Bi, E. V. Jones, "A pipelined FFT processor for word-sequential data", IEEE Trans. Acoust., Speech, Signal Proc., 37(12), pp. 1982-1985, Dec, 1989

[43] A. M. Despain, "Fourier transform computer using CORDIC iterations", IEEE Trans. Compt., C-23(10), pp 993-1001, Oct, 1974

[44] L. R. Rabiner and B. Gold, "Theory and Application of Digital Signal Processing", Prentice-Hall, Inc., 1975

[45] E. E. Swatzlander, W. K. W. Young, S. J. Joseph, "A radix-4 delay commutator for fast Fourier transform processor implementation", IEEE J. Solid-State Circuits, SC-19(5), pp. 702-709, Oct, 1984

[46] 3GPP TS 36.211, "Physical channels and modulation", v10.2.0.

[47] 3GPP TS 36.212, "Multiplexing and channel coding", v10.2.0.

[48] 3GPP TS 36.213, "Physical layer procedure", v10.2.0.

[49] 3GPP TS 36.214, "Physical layer - Measurements", v10.2.0.

[50] http://www.ti.com/

[51] http://www.freescale.com

[52] KeyStone Architecture Fast Fourier Transtorm Coprocessor(FFTC)

[53] LTE Layer1 Software on the MSC8156DSP Built on StarCore Technology, Freescale Technology Forum, Freescale, July 2009

[54] MAPLE Hardware Accelerator and SC3850 DSP Core, Freescale Technology Forum, July 2009

04 MIMO (Multi-Input Multi-Output)

4.1 시공간 채널의 특징

4.1.1 다중 경로 전파(multi-path propagation)

무선으로 송신된 신호는 그림 4.1에 나타난 바와 같이 수신안테나로 수신되기까지 다양한 장애물에 의하여 진행 경로가 바뀌면서 진행하게 된다. 이 때 무선전파의 특성상 송신된 신호는 모든 방향으로 송신되고 전파 진행 경로상의 장애물에 의하여 경로가 바뀐 신호들은 수신안테나로 수신될 때에는 무수히 많은 신호들이 중첩되어 수신되는 형태로 신호 수신이 이루어진다. 이렇게 다양한 진행 경로를 통하여 진행된 전파 신호들이 중첩되어 수신되는 과정을 다중 경로 전파(multi-path propagation)라고 하며 무선 채널의 특징으로 제시할 수 있다.

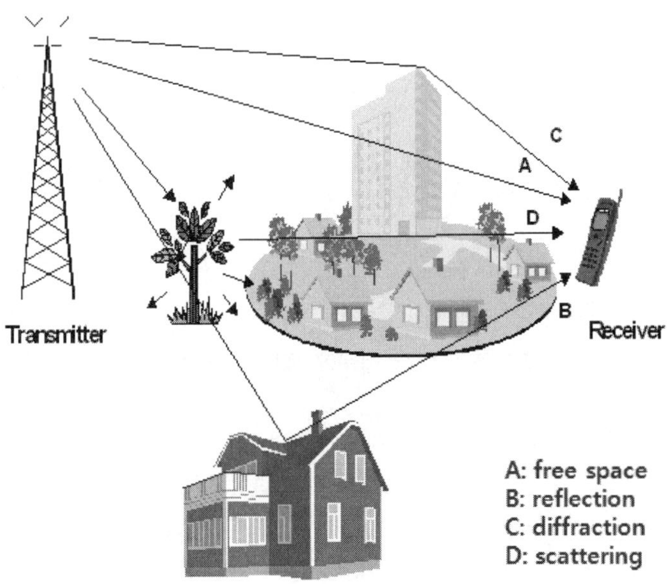

▸▸ 그림 4.1 무선신호의 전송 경로 특징(다중 경로 전파 전달)

다중 경로 전파 특성을 만들어 내는 장애물에 의한 경로 변경의 형태는 그림 4.1에 나타난 바와 같이 반사(reflection), 회절(diffraction), 난반사(scattering) 등이 있으며 이들과 송신기에서 수신기로 경로변경없이 직접 수신되는 자유공간전파(free space propagation) 신호가 합쳐져 중첩된 수신 신호를 형성하게 된다. 경로 변경 형태 중 반사는 진행하는 전파 신호가 매끈한 장애물의 표면에 입사할 때 입사각과 같은 크기의 반사각을 가지면서 진행 방향이 바뀌는 것을 의미하고 회절은 장애물의 모서리 부분으로 진행하는 전파신호가 모서리 부분에서 진행방향에 굴절을 일으키는 것을 말한다. 난반사는 거친 표면을 갖는 장애물에 입사한 전파신호가 거친 표면에 의하여 다양한 반사각으로 반사되면서 다양한 진행 방향으로 분산되어 반사되는 현상을 말한다.

4.1.2 무선 채널의 특징 : 페이딩(fading)

다양한 경로로 진행되어 온 전파들이 중첩되어 수신될 경우 각각의 경로를 통하여 수신된 신호들은 진행 경로 길이에 차이가 존재한다. 또한 장애물에 의하여 경로가 바뀌는 과정에서 신호의 위상에 변화가 발생하기도 한다. 진행 경로 길이의 차는 수신안테나로 수신되기까지의 시간 차이로 치환될 수 있으며, 이러한 시간 차이에 의해서도 각 경로별 신호에는 위상 차이가 발생한다. 따라서 수신안테나에 수신되는 중첩된 신호들은 각기 다른 위상을 갖는 다중 경로 신호들이 합쳐지는 형태가 되며 합쳐지는 신호들의 위상에 따라서 때로는 신호의 크기가 커지기도 하고 작아지기도 하는 신호 크기의 변화 현상을 보이게 된다.

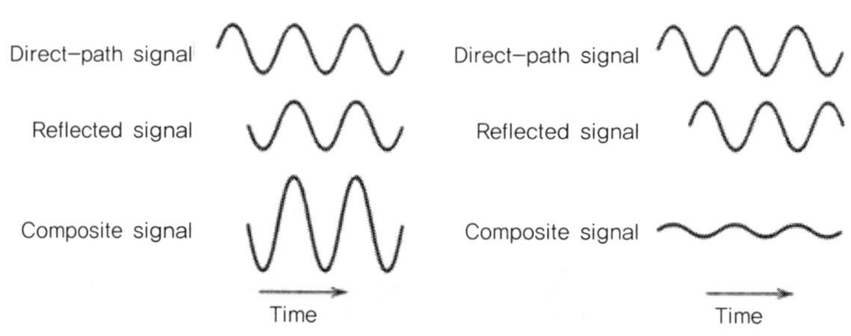

(a) 중첩신호의 크기가 커지는 경우　　(b) 중첩신호의 크기가 작아지는 경우

▶▶ 그림 4.2 다중 경로에 의한 중첩 신호의 크기 변화

그림 4.2는 두 개의 경로를 통하여 수신되는 신호가 중첩되는 경우의 예를 보인 것으로서 (a)는 중첩되는 두 신호의 위상이 같은 위상으로 수신되었을 경우, 합성된 신호의 크기가 커지는 것을 보이고 있다. (b)는 두 경로의 신호 위상이 서로 반대가 되어 합성된 신호의 크기가 작아지는 것을 보이고 있다. 이렇게 중첩되는 다중 경로 신호들의 위상에 의하여 신호 크기가 커지거나 작아지는 현상을 페이딩(fading)이라고 하며 다중 경

로 전파 특성을 갖는 무선 채널의 일반적인 특징이라고 할 수 있다. 이러한 페이딩 현상은 시간이 경과함에 따라서 신호 크기에 변화가 생기는 시간 선택적 페이딩(time selective fading), 주파수 영역에서 살펴보았을 때 신호 스펙트럼이 주파수에 따라 커지거나 작아지는 특징을 보이는 주파수 선택적 페이딩(frequency selective fading) 그리고 수신안테나의 위치에 따라 신호 크기에 변화가 생기는 공간 선택적 페이딩(space selective fading)으로 구분할 수 있으나 실제 신호 수신 환경에서는 세 가지 형태의 페이딩이 복합적으로 관찰된다고 할 수 있다.

4.1.2.1 시간 선택적 페이딩(Time selective fading)

페이딩 현상의 발생 모형 중 시간 선택적 페이딩의 발생은 송신기와 수신기 사이의 상대적인 이동에 그 원인이 있다고 할 수 있다. 그림 4.3에 나타난 바와 같이 송신기가 고정된 상황에서 수신기가 송신기로부터 멀어지는 방향으로 이동하면 수신기로 수신되는 다중 경로 신호들은 수신기의 이동에 따라 신호의 중심 주파수가 바뀌는 도플러 천이(Doppler shift) 현상을 겪게 된다. 이 때 수신기의 이동방향과 마주보는 방향에서 입사하는 신호는 주파수가 높아지고 반대 방향으로 입사하는 신호는 주파수가 낮아지는 특성을 보이게 된다. 이렇게 주파수가 다른 신호들이 섞이게 되면 신호가 섞이는 시간별로 다중 경로 신호들의 위상이 달라져 합성된 신호의 크기가 시간에 따라서 커지거나 작아지는 시간 선택적 페이딩 현상으로 나타난다.

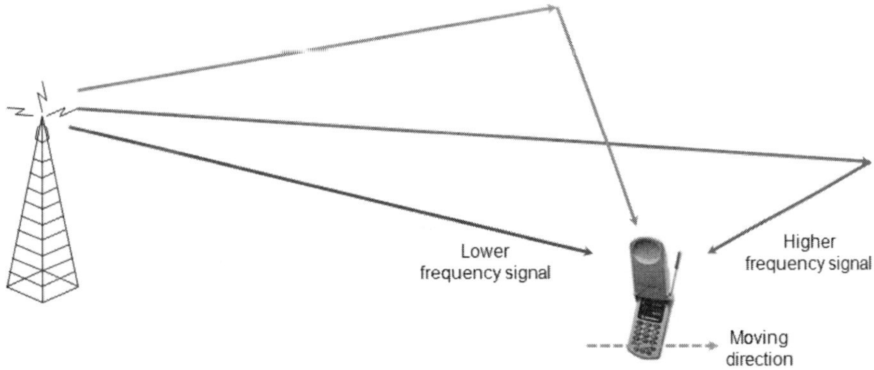

▸▸ 그림 4.3 수신기 이동 상황에서의 다중 경로 신호 수신 모델

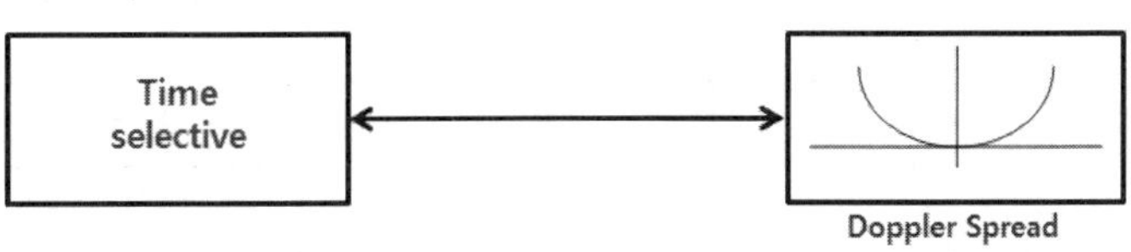

▸▸ 그림 4.4 도플러 확산(Doppler spread)과 시간 선택적 페이딩

이렇게 다중 경로 신호별로 도플러 천이에 의하여 다른 주파수를 갖는 신호를 주파수 영역에서 관찰해 보면 그림 4.4에 나타난 바와 같이 최대 도플러 주파수만큼 주파수 영역에서 확산된 신호를 관찰할 수 있으며 이러한 도플러 확산(Doppler spread)이 시간 영역에서의 선택적 페이딩 현상으로 연결됨을 확인할 수 있다.

일반적으로 도플러 확산 주파수의 크기와 시간 선택적 페이딩에서 신호 크기의 상관도가 일정한 크기 이상으로 유지되는 시간구간(coherence time)의 길이는 서로 반비례 관계에 있다고 알려져 있다. 즉, 도플러 확산 주파수의 값이 크면 coherence time이 줄어들어 신호 크기의 변동이 자주 나타나게 되고 반대로 도플러 확산 주파수의 값이 작으면 coherence time이 길어져 신호 크기의 변동이 천천히 나타나게 된다.

4.1.2.2 주파수 선택적 페이딩 (Frequency selective fading)

주파수 선택적 페이딩은 다중 경로 신호 전송에 의하여 수신 신호의 지연 확산(delay spread)이 나타나는 경우에 발생하게 된다. 그림 4.5는 송신기에서 송신한 신호가 주변 장애물들에 의하여 진행 경로가 바뀌어 수신기에 수신되는 과정에서 신호의 지연 확산이 발생한 경우를 보이고 있다. 그림에서 보는 바와 같이 송신기에서 송신한 임펄스 신호는 전송 채널에서의 지연 확산에 의하여 지연 확산의 모양을 그대로 따르는 임펄스 응답의 형태로 수신기에 수신된다.

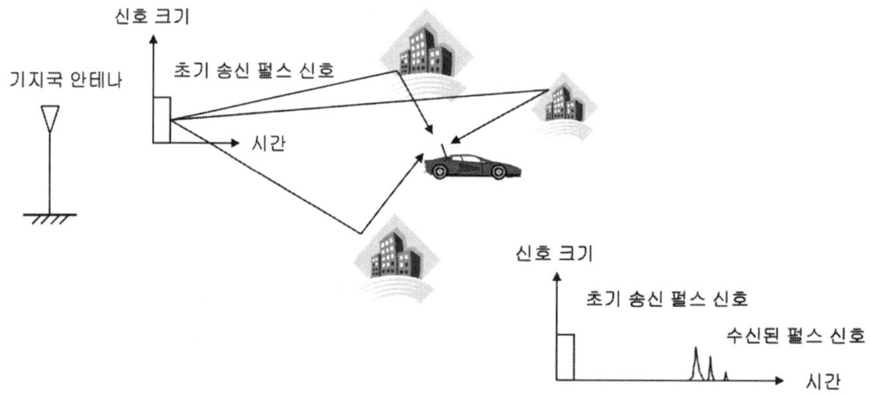

▶▶ 그림 4.5 지연 확산(delay spread)이 존재하는 다중 경로 신호 수신 모델

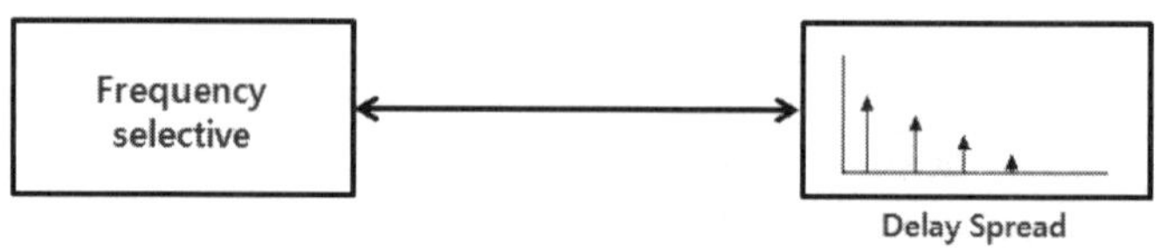

▶▶ 그림 4.6 지연 확산(delay spread)과 주파수 선택적 페이딩

이 때 서로 다른 시간만큼 지연되어 수신된 신호는 주파수 영역에서 살펴볼 때 서로 다른 기울기의 선형위상이 곱해진 형태로 나타나게 되고 이들이 합해지면 주파수에 따라 합쳐지는 신호의 위상에 변화가 생기게 되면서 주파수에 따른 신호 크기의 변화가 발생하게 된다. 이러한 현상이 주파수 선택적 페이딩이다.

일반적으로 무선통신 채널이 주파수 선택적 페이딩 채널이라고 특징 지어지기 위해서는 신호의 대역폭과 주파수 영역의 신호 크기가 일정 크기 이상의 상관도를 갖는 대역폭, 즉 coherence bandwidth 간의 관계가 일정 비율 이상이 되어야 한다. 즉, 신호가 송신되는 주파수 대역폭 내에서 주파수에 따른 신호 크기의 변화가 존재하는 경우를 주파수 선택적 페이딩이라고 하는 것이다. 이에 따라서 같은 무선통신 채널이라고 하더라도 신호의 대역폭이 좁은 경우에는 주파수 선택적 페이딩이 발생하지 않는다고도 할 수 있게 된다.

주파수 선택적 페이딩의 coherence bandwidth는 그림 4.6에 나타난 바와 같이 지연 확산의 크기에 따라 좌우되는데, 일반적으로 coherence bandwidth와 지연 확산의 크기는 반비례 관계를 갖는다고 알려져 있다.

4.1.2.3 공간 선택적 페이딩 (Space selective fading)

공간 선택적 페이딩은 수신기의 위치에 따라 신호 크기의 변화가 나타나는 현상을 말한다. 즉, 수신기의 위치가 다를 경우, 동일한 시간에 수신한 신호라도 그 크기가 달라지는 현상이다. 공간 선택적 페이딩이 발생하는 원인은 그림 4.7에 나타난 신호 수신 모형에 의하여 설명이 가능하다. 두 개의 수신기 위치가 다를 경우, 각각의 수신기에 입사하는 다중 경로 신호들의 입사각이 서로 달라지고 이는 각 수신기의 안테나에서 중첩되어 입력되는 다중 경로 신호들의 신호 합에 영향을 주게 된다. 이 때, 두 수신기 사이의 거리가 충분히 떨어져 있다면 두 수신기에서의 신호 크기는 서로 상관관계가 낮아지게 되며, 두 수신기가 인접하게 위치할 경우라면 신호크기의 상관도는 증가하게 된다. 이러한 수신기 거리와 수신되는 신호 크기 사이의 상관도에 영향을 주는 것이 수신기로 입사되는 신호들의 입사각이 얼마나 넓은 범위로 확산되어 있는가를 나타내는 입사각 확산(angle spread)이다. 입사각 확산이 클 경우에는 수신기 사이의 거리가 조금만 떨어지더라도 각 수신기로 입사하는 다중 경로 신호들의 위상 변화가 크게 나타나게 되어 수신기의 신호 크기 사이의 상관도가 빨리 감소하게 되고 입사각 확산이 작을 경우에는 두 수신기 사이의 거리에 따른 상관도 감소가 크게 나타나지 않게 된다.

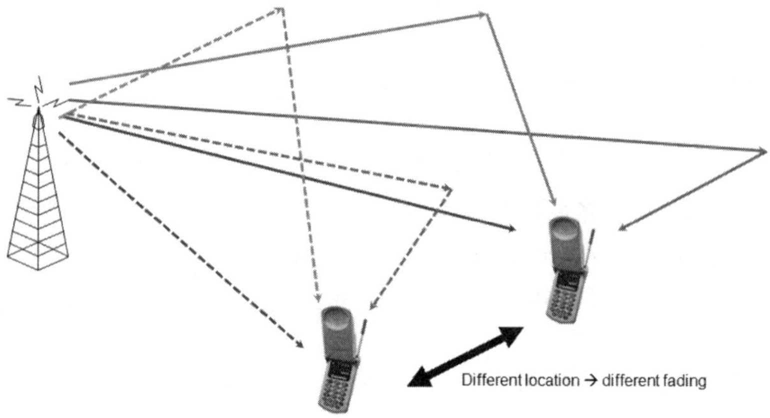

▸▸ 그림 4.7 신호 입사각 확산(angle spread)이 존재하는 다중 경로 신호 수신 모델

▸▸ 그림 4.8 입사각 확산(angle spread)과 공간 선택적 페이딩

그림 4.8은 입사각 확산에 따라 공간 선택적 페이딩이 발생할 수 있음을 보이고 있다. 공간 선택적 페이딩의 정도를 나타내는 척도로 두 수신기 사이의 신호 크기 상관도가 일정 값 이상을 갖는 거리, 즉 coherence distance를 들 수 있으며 일반적으로 이 값은 입사각 확산의 크기에 반비례 관계를 갖는다고 알려져 있다.

4.1.2.4 페이딩의 영향

이상에서 살펴본 바와 같이 페이딩은 수신된 신호의 크기를 변화시키는 현상으로 나타남을 알 수 있다. 따라서 페이딩 채널을 통과하여 수신된 신호를 기저대역 등가 모형으로 모델링하여 표현하면 일반적으로 다음 식과 같이 나타나게 된다.

$$y_x(t) = \sum_{l=0}^{L_x-1} h_{x,l}(t)s(t-\tau_{x,l}) + w_x(t) \qquad \text{식 (4.1)}$$

여기서 $s(t)$는 복소 기저대역 등가 송신신호(complex baseband equivalent transmit signal), $\tau_{x,l}$은 수신기 위치 x에서의 l 번째 다중 경로 신호의 지연 시간, $h_{x,l}(t)$는 수신기 위치 x에서의 l 번째 다중 경로 신호에 나타나는 페이딩의 영향으로서 복소 가우시안 분포(complex Gaussian distribution)를 갖는 랜덤 프로세스로 정의되며 $w_x(t)$는 수신기 위치 x에서 수신기에 입력되는 가산성 백색 가우시안 잡음(additive white Gaussian noise, AWGN)으로서 N_o의 전력스펙트럼밀도(power spectral density, PSD)를 갖는다고 가정한다. L_x는 수신기 위치 x에서 구분 가능한 다중 경로의 개수를 나타내고 $y_x(t)$는 수신기 위치 x에서 지연 확산을 갖는 다중 경로 채널을 통하여 수신된 복소 기저대역 등가 수신신호(complex baseband equivalent received signal)가 된다.

앞의 수신신호 식을 지연확산 없는 채널을 통과한 신호로 가정하고 수신기 위치에 관한 아래첨자를 제거하여 단순화하면 다음과 같은 식을 얻을 수 있다.

$$y(t) = h(t)s(t) + w(t) \qquad \text{식 (4.2)}$$

여기서 페이딩의 영향을 나타내는 $h(t)$는 거의 동일한 지연시간과 다양한 입사각을 갖는 다중 경로 신호들이 중첩되어 생성된 값으로서 시간에 따라 신호의 크기가 변화하는 시간 선택적 페이딩의 특성을 보이며 많은 다중 경로 신호들이 서로 다른 위상으로 합쳐진 값이기 때문에 중심극한정리(central limit theorem)에 따라 평균이 0인 복소 가우시안 분포를 갖는 랜덤 프로세스가 된다. 복소 가우시안 분포를 따르는 랜덤 변수의 경우, 랜덤 변수의 크기에 대한 분포는 레일리 분포(Rayleigh distribution)를 따르게 된다. 그림 4.9는 레일리분포를 갖는 랜덤 프로세스의 크기를 시간 축으로 도식화한 것으로서 시간 선택적 페이딩 채널의 크기 변화를 보이고 있다.

식 (4.2)와 그림 4.9로부터 페이딩 채널에 의하여 수신 신호의 신호부분의 크기가 급격히 커지거나 작아지는 현상을 관찰할 수 있다. 이러한 페이딩 채널에 의한 신호 크기의 변화는 AWGN이 더해져 있는 상황에서 수신 신호대잡음비(signal to noise ratio, SNR)가 시간에 따라 변하는 형태로 나타나게 된다. 즉, 페이딩에 의하여 신호 크기가 작아지는 시간 구간에서는 신호 전력이 작아지게 되어 수신 SNR이 낮아지고 신호 크기가 커지는 시간 구간에서는 신호 전력이 커지게 되어 수신 SNR이 높아지게 되는 것이다. 디지털 통신의 일반적인 지식으로부터 수신 SNR이 높으면 수신 검출기(detector)에서의 검출오류, 즉 심볼에러 또는 비트에러 발생률이 낮아지고 수신 SNR이 낮으면 에러 발생률이 급격히 높아진다는 것을 알 수 있다. 그런데 페이딩 채널의 경우 수신 SNR이 높아지거나 낮아지는 현상이 반복적으로 발생하게 되므로 수신기의 성능을 나타내는 지표인 수신 SNR 대 심볼에러 또는 비트에러율은 평균 수신 SNR 대 평균 에러율로 대치되어야 한다. 그림 4.9에서 볼 수 있는 것처럼 페이딩 채널의 평균값을 1로 정규화하고 생각하면 평균 수신 SNR은 페이딩에 의하여 변하지 않는다고 생각할 수 있다. 그러나 에러율의 경우는 평균보다 낮은 SNR에서의 에러발생 증가폭이 평균보다 높은 SNR에서의 에러발생 감소폭보다 현저히 커지기 때문에 평균 에러율은 페이딩의 영향을 받은 경우가 받지 않은 경우에 비하여 매우 높아지게 된다.

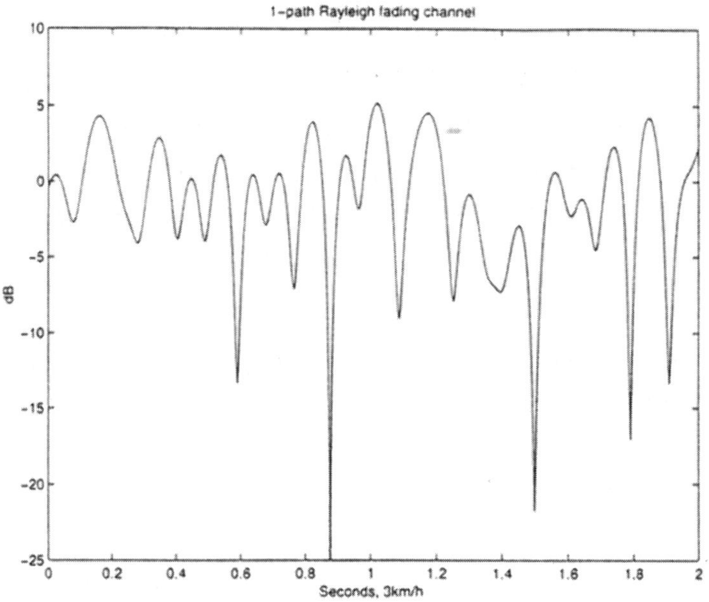

▶▶ 그림 4.9 레일리 분포를 갖는 시간 선택적 페이딩 채널의 크기 변화

이렇게 페이딩에 의하여 영향 받은 수신 신호는 채널의 크기가 작아지는 시간 구간에서(시간 선택적 페이딩 채널의 경우) 또는 주파수 구간에서(주파수 선택적 페이딩 채널의 경우) 또는 수신안테나 위치에서(공간 선택적 페이딩 채널의 경우) 급격한 에러율 증가가 나타나게 되고(신호 송수신이 어려울 정도로 성능이 나빠짐), 이러한 영향에 의하여 평균적인 성능도 저하되는 결과로 나타나게 된다.

4.1.3 페이딩에 의한 성능 열화의 극복

앞 절에서 설명한 바와 같이 무선 채널로 송신된 신호는 페이딩에 의하여 심각한 성능 열화를 겪게 된다. 따라서 이러한 성능 열화를 극복하기 위하여 여러 가지 방법이 사용되어야 한다. 이러한 방식들 중에서 대표적으로 많이 사용되는 방식이 오류 정정 부호의 사용과 다이버시티의 사용이다. 오류 정정 부호는 신호 수신 과정에서 발생한 에러를 전송신호에 포함되어 있는 리던던시를 이용하여 교정함으로써 성능 열화를 극복하는 방법이다. 오류 정정 부호는 리던던시의 생성 방식에 따라 컨벌루션 부호, 블록 부호, 터보 부호, LDPC(Low Density Parity Check) 부호 등이 있으며 다음에 설명할 다이버시티 기법과 연계하여 사용할 수 있다. 오류 정정 부호는 이 장의 서술 범위를 벗어나므로 더 이상의 상세한 설명은 생략하기로 한다.

다이버시티 기법은 페이딩의 통계적 특성을 이용하여 신호 수신 성능을 개선하는 방식이다. 앞 절에서 살펴본 바와 같이 페이딩의 특성은 신호의 크기가 크게 또는 작게 변화하는 것이다. 이러한 신호 크기의 변화는 시간 축, 주파수 축, 그리고 공간 축으로 연속성을 갖고 나타나게 되며 일정 시간 범위(시간 선택적 페이딩) 또는 일정 주파수 범위(주파수 선택적 페이딩) 또는 일정 거리 범위 이내의 수신기 위치(공간 선택적 페이딩)에서는 신호 크기의 변화가 크지 않은 것을 관찰 할 수 있다. 따라서 일정 범위를 벗어난 시간, 주파수, 거리에 따라 동일한 신호가 여러 번 송신된다면, 수신기에서 관측되는 신호는 확률적으로 한 번만 송신한 경우에 비하여 에러 발생 확률이 현저히 낮아지는 현상을 관찰할 수 있다. 즉, 동일한 신호를 여러 번 수신하게 되면 수신된 신호들 중 페이딩에 의하여 신호 크기가 작아진 것도 있고 커진 것도 존재할 수 있게 되므로 신호 수신에서의 에러 발생은 수신한 모든 신호의 크기가 작아지는 경우에만 발생하게 되므로 확률적으로 에러 발생 빈도가 줄어들게 되는 것이다.

4.1.3.1 다이버시티

이상에서 살펴본 바와 같이 다이버시티는 동일한 신호를 여러 번 송신하고 수신하여 신호의 크기가 작아지는 것을 확률적으로 줄이는 기법이기 때문에 동일한 신호를 여러 번 송신하는 방식에 따라 각각의 다이버시티를 구분할 수 있다. 우선 시간을 분산하여 신호를 송신하는 방식을 시간 다이버시티(time diversity)라고 하며 주파수의 경우를 주파수 다이버시티(frequency diversity)라고 한다. 여러 개의 송수신안테나 쌍을 이용하여 신호를 송신하게 될 경우 공간 위치에 따른 페이딩의 영향을 확률적으로 피할 수 있기 때문에 이러한 방식으로 신호를 송수신하는 다이버시티 기법을 공간 다이버시티(space diversity)라고 한다.

시간 다이버시티는 동일한 송신신호를 시간상으로 분산하여 송신하는 기법으로서 이들을 분산하기 위해서는 동일한 신호가 채널의 상관도가 특정 값 이상으로 유지되는 시간 범위, 즉 coherence time 구간 이상으로 신호를 분산하여 송신하여야 한다. 또한 동일 신호를 여러 번 송신하기 때문에 송신 회수에 반비례하여 시간 이용 효율이 떨어지게 된다. 즉, 두 번의 반복 전송을 사용한다면 전체 송신 시간의 절반만 유효한 신호가 송신되는 것이다. 이러한 상황은 수신 성능 개선을 위한 오류 정정 부호의 사용이 일반적이라고 생각한다면 문제가 되지 않게 된다. 오류 정정 부호는 신호 송수신 과정에서의 오류를 교정하기 위하여 송신신호와 송신신호로부터 생성한 리던던시 신호를 같이 송신하기 때문에 원신호와 리던던시 신호를 coherence time 범위 이상으로 분산하여 송신하고 이를 수신하여 오류 정정 복호를 수행하게 되면 오류 정정 부호에 의한 성능 이득과 시간 다이버시티에 의한 성능 이득을 동시에 얻을 수 있게 되는 것이다.

주파수 다이버시티는 직교주파수분할전송(Orthogonal Frequency Division Multiplexing, OFDM) 기법과 같이 주파수 영역 신호 송신 기법에서 일반화되어 사용되는 기법이라고 할 수 있다. 시간 다이버시티와 같이 동일 신호의 반복 전송을 주파수 상에서

할 때, 반복 전송간의 주파수 간격을 신호의 상관도가 일정 값 이상으로 유지되는 범위, 즉 coherence bandwidth 이상으로 분산하여 송신함으로써 확률적으로 에러 발생 가능성을 낮추게 된다. 주파수 다이버시티의 경우도 반복 전송 회수에 반비례하여 주파수 이용 효율이 감소하게 되나, 시간 다이버시티의 경우와 마찬가지로 오류 정정 부호의 사용에 의하여 이용효율의 감소가 문제로 작용하지 않게 된다.

공간 다이버시티는 동일한 신호를 서로 다른 위치의 송신안테나를 이용하여 동시에 송신하고 이를 서로 다른 위치의 수신안테나에서 수신함으로써 공간 상에서 발생하는 페이딩을 극복하는 방식이다. 이 방식은 시간 또는 주파수 축으로 동일 신호 또는 원신호의 리던던시 신호를 송신하는 것이 아니라 이를 서로 다른 위치에 있는 송신안테나로 송신하고 수신하는 것이므로 타 다이버시티 기법에서 나타나는 전송 자원 이용효율의 저하가 상대적으로 적게 나타난다고 할 수 있다. 다만, 여러 개의 송수신안테나를 사용함으로써 송신기와 수신기의 구현 복잡도가 증가하게 된다.

이렇게 다이버시티 기법은 통신 자원(시간, 주파수) 활용효율의 저하 또는 송수신기 구현 복잡도의 증가라는 비용을 지불함으로서 통신 성능을 개선하는 기법이라고 할 수 있으며 페이딩이라는 무선통신 채널의 특성으로 인하여 이러한 비용은 반드시 감수하고 지나가야 할 비용으로 인식되고 있어 무선통신 시스템 구현에 있어서 아무런 문제가 되지 않는 것이라고 할 수 있다.

이 장에서는 이러한 다이버시티 기법들 중에서 공간 다이버시티 기법에 대하여 상세히 설명하고자 한다.

4.2 MIMO 기술이란?

공간 다이버시티는 여러 개의 송신안테나로 신호를 송신하고 여러 개의 수신안테나로 신호를 수신하여 통신하는 방식이다. 따라서 무선통신 채널을 하나의 시스템으로 가정할 때 시스템, 즉 무선통신 채널에 여러 개의 입력(Multi-Input)이 인가되고 무선통신 채널로부터 여러 개의 출력(Multi-Output)이 얻어지는 것과 동일한 개념으로 접근할 수 있다. 이런 관점에서 공간 다이버시티를 얻기 위하여 구성하는 무선통신 시스템 기술을 MIMO 기술이라고 부른다.

4.2.1 다중 안테나 공간 다이버시티

MIMO 기술에 대하여 설명하기 위하여 우선 그림 4.10에 나타난 송신기, 채널, 수신기 사이의 관계와 이들 사이의 관계식을 설명하여야 한다. 그림 4.10에 나타난 것과 같이 송신기가 N_t개의 송신안테나로 신호를 송신하고 있고 수신기가 N_r개의 수신안테나로 신호를 수신할 경우, 송신기와 수신기 사이에는 다음과 같은 신호 송수신 관계식이 형성된다.

$$\begin{aligned} y_1 &= h_{11}x_1 + h_{12}x_2 + \dots + h_{1N_t}x_{N_t} + n_1 \\ y_2 &= h_{21}x_1 + h_{22}x_2 + \dots + h_{2N_t}x_{N_t} + n_2 \\ &\vdots \\ y_{N_r} &= h_{N_r1}x_1 + h_{N_r2}x_2 + \dots + h_{N_rN_t}x_{N_t} + n_{N_r} \end{aligned} \quad \text{식 (4.3)}$$

여기서 y_j는 j번째 수신안테나에 수신되는 신호로서 송신기의 N_t개의 송신안테나에서 송신한 신호가 모두 중첩되어 수신되는 신호이다. x_i는 i번째 송신안테나에서 송신되는 신호이다. h_{ji}는 i번째 송신안테나에서 송신된 신호가 j번째 수신안테나로 수신될 때 겪게 되는 페이딩 채널 계수로서 공간 선택적 페이딩 채널의 특성에 의하여 특징 지워지는 랜덤변수이다. n_j는 j번째 수신안테나 입력에서의 가산성 입력 잡음으로써 AWGN 특성을 갖는다.

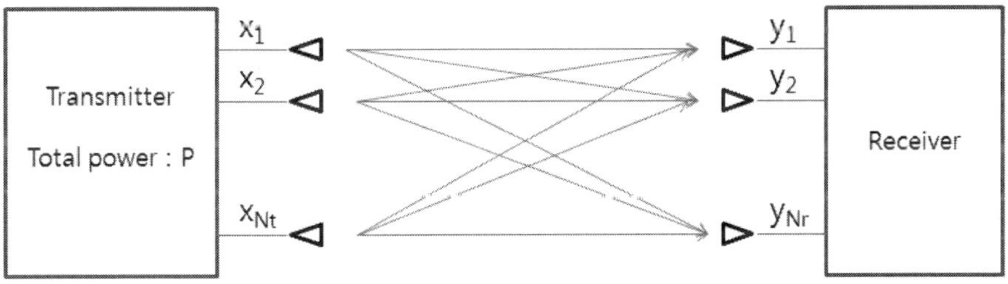

▸▸ 그림 4.10 MIMO 송수신기 신호 모델

식 (4.3)으로부터 송신기의 N_t개의 송신안테나로부터 송신되는 총 신호 전력은 P로 일정한 값을 가진다고 할 수 있기 때문에 특별한 가정을 하지 않는 한 N_t개 송신안테나 각각으로부터 송신되는 송신신호 x_i는 각각 P/N_t의 신호 전력으로 송신된다.

식 (4.3)을 살펴보면 송신기의 송신안테나 1번으로부터 송신된 신호 x_1이 N_r개의 수신안테나에 모두 수신되고 있음을 확인할 수 있다. 이것은 모든 N_t개의 송신안테나로부터 송신된 신호에 대하여 동일하게 관찰되는데, i번째 송신안테나에서 송신되는 x_i가 N_r개의 수신안테나에 모두 수신되고 있음으로 인하여 동일한 신호를 여러 번 송신하여 다이버시티 이득을 얻을 수 있는 효과가 여러 개의 수신안테나를 통하여 동시에 신호를 수신함으로써 얻어질 수 있음을 보이고 있다. 이런 점에서 수신기에서의 신호처리를 통하여 N_r개의 수신안테나로 수신된 신호에서 i번째 송신안테나에서 송신된 신호 x_i를 분리한다면 x_i는 N_r번이 송신된 효과에 의한 다이버시티 이득을 얻게 되는 것이다.

한편 이러한 과정에서 N_t개의 송신안테나에서 송신한 신호 $x_i, i=1,2,...,N_t$ 를 분리할 수 있다면 동일한 시간과 주파수 자원을 이용하여 동시에 N_t 개의 신호를 송신할 수 있어 공간 다중화의 이득까지도 얻을 수 있음을 확인할 수 있다.

식 (3)의 송신신호 $x_i, i=1,2,...,N_t$와 수신신호 $y_j, j=1,2,...,N_r$ 를 벡터로 표현하고 송신기와 수신기 사이의 공간 페이딩 채널 $h_{ji}, i=1,2,...,N_t, j=1,2,...,N_r$를 행렬 형태로 표현하면 다음과 같이 간략히 표현할 수 있다.

$$\vec{Y} = H\vec{X} + \vec{N} \quad \text{식 (4.4)}$$

여기서

$$\vec{Y} = [y_1\ y_2\ .....\ y_{N_r}]^T$$

$$\vec{X} = [x_1\ x_2\ .....\ x_{N_t}]^T$$

$$H = \begin{bmatrix} h_{11} & h_{12} & ..... & h_{1N_t} \\ h_{21} & h_{22} & ..... & h_{2N_t} \\ ..... & ..... & ..... & ..... \\ h_{N_r1} & h_{N_r2} & ..... & h_{N_rN_t} \end{bmatrix}$$

로 주어지며 $[....]^T$는 벡터의 전치화(transpose)를 나타낸다. 식 (3)과 (4)에 의하여, 채널 행렬 $\boldsymbol{H}$에 따라 수신기의 신호 처리 과정 후에 얻을 수 있는 다이버시티 이득의 크기와 공간 다중화 정도가 정해지게 된다.

4.2.2 다중 안테나 송수신기의 구현 방식

4.2.1절에서 살펴본 바와 같이 송신기와 수신기에 여러 개의 안테나를 이용하여 송신과 수신을 할 경우 공간 다이버시티와 함께 공간 다중화 이득도 함께 얻을 수 있다. 4.2.1절은 이러한 공간 다이버시티 및 다중화에 대한 일반화된 관점에서의 기술을 서술하고 있으며 실제 MIMO의 구현에 있어서는 송신안테나의 개수와 수신안테나의 개수의 상관관계에 의하여 별도의 이름으로 구현 구조를 설명하고 있다.

그림 4.11은 이러한 MIMO 구조의 다양한 구현 경우에 대하여 보이고 있다. 그림을 살펴보면 송신기와 수신기가 각각 한 개씩의 안테나로 구현되는 경우를 SISO(Single-Input Single-Output)으로 명명하고 있고 송신기는 한 개의 안테나로 송신하고 수신기는 두 개 이상의 안테나로 수신하는 경우를 SIMO(Single-Input Multi-Output), 송신기에서 두 개 이상의 안테나로 송신하고 수신기는 한 개의 안테나로 수신하는 경우를 MISO(Multi-Input Single-Output) 그리고 송수신기가 모두 두 개 이상의 안테나로 구현될 경우를 MIMO로 구분하고 명명하고 있다.

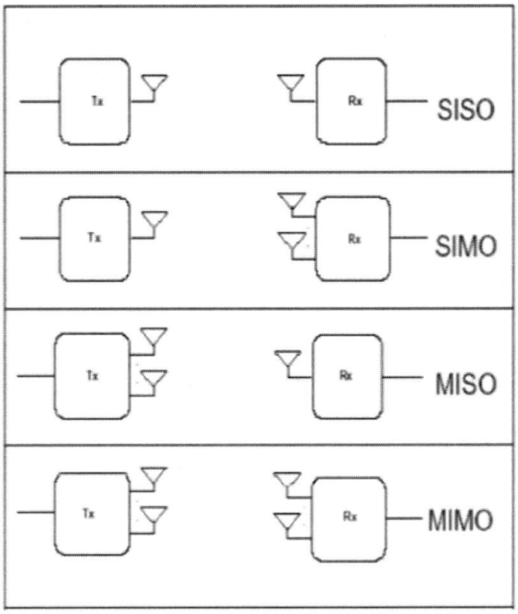

▸▸ 그림 4.11 MIMO 기술의 구현 방식에 따른 구현 구조

4.2.2.1 수신 다이버시티(SIMO)

그림 4.11의 구현구조 중 SIMO는 한 개의 송신안테나에서 송신된 신호가 두 개 이상의 안테나에 수신되는 형태의 구현 구조를 갖고 있다. 따라서 이 구조의 경우 수신안테나로 수신되는 신호들을 다음 식과 같이 모델링할 수 있다.

$$y_1 = h_1 x + n_1 \qquad \text{식 (4.5)}$$

$$y_2 = h_2 x + n_2$$

$$\cdots\cdots$$

$$y_{N_r} = h_{N_r} x + n_{N_r}$$

여기서 y_j는 j번째 수신안테나에 수신되는 신호로서 한 개의 송신안테나에서 송신되는 신호 x가 공간 채널 h_j에 의한 페이딩을 겪고 수신안테나 입력단에서 더해지는 가산성 AWGN n_j와 합쳐져 수신되는 것을 보이고 있다.

식 (4.5)로부터 송신기에서는 한 개의 신호만을 송신하고 있으며 이 신호가 N_r개의 수신안테나로 수신되면서 각각의 안테나에 특징되어 있는 공간 페이딩 채널을 여러 번 거친 것과 같은 다이버시티 효과를 얻게 됨을 확인할 수 있다. 따라서 SIMO 구조에서는 수신기의 여러 안테나에서의 수신 신호들을 결합함으로써 다이버시티 이득을 얻을 수 있게 되고 이러한 구현 구조를 통하여 얻게 되는 다이버시티를 수신 다이버시티라고 한다.

4.2.2.2 송신 다이버시티

그림 4.11의 구현구조 중 MISO는 두 개 이상의 송신안테나에서 송신되는 신호가 한 개의 수신안테나로 수신되는 경우이다. 이러한 구조는 수신기의 물리적인 구조가 여러 개의 안테나를 장착하기에 어려움이 있고 송신기측은 상대적으로 공간에 여유가 있을 때 공간 다이버시티를 얻기 위한 구현 구조이다. MISO 구조에서는 수신안테나가 한 개이므로 여러 개의 송신안테나에서 송신된 신호가 중첩되어 수신된 신호에서 여러 개의 서로 다른 송신신호를 분리하는 것은 가능하지 않다. 따라서 송신기는 여러 송신안테나에서 동일한 신호를 송신하여야 한다. 이러한 관계를 고려하여 수신 신호 y를 모델링 하면 다음 식과 같이 됨을 알 수 있다.

$$y = h_1 x + h_2 x + \ldots + h_{N_t} x + n \qquad \text{식 (4.6)}$$

여기서 h_i는 i번째 송신안테나에서 수신안테나로 신호가 전달되는 공간 페이딩 채널 값이고 x 는 송신신호, n은 가산성 AWGN 이다.

식 (4.6)을 살펴보면 N_t 개의 송신안테나가 모두 동일한 신호를 동시에 송신하기 때문에 수신신호가 $y = (h_1 + h_2 + \ldots + h_{N_t})x + n$과 같이 단순화될 수 있음을 알 수 있다. 여기서 송신신호 x에 곱해진 중첩된 채널값들은 각각 다중 경로 채널에 의하여 중첩된 신호에 의하여 형성된 것이기 때문에 이들을 중첩시킨 채널 값, 즉 $(h_1 + h_2 + \ldots + h_{N_t})$은 그 자체로서 새로운 하나의 공간 채널 값이 되고 각각의 h_i와 동일한 통계적 특성, 즉 평균이 0인 복소 가우시안 분포를 따르는 랜덤 변수가 된다. 따라서 식 (6)과 같이 모델링 되는 MISO 모형, 즉 N_t개의 송신안테나가 모두 동일한 신호를 동시에 송신하는 모형에서는 여러 안테나를 사용함에도 불구하고 다이버시티 이득을 얻을 수 없게 된다.

이런 이유로 송신 다이버시티를 얻기 위한 MISO 구조에서는 각 송신안테나로 송신되는 신호를 생성할 때 부호화 과정을 거쳐 생성하게 된다. 이러한 부호화를 시공간 부호화(space time coding)라고 한다. 시공간 부호화에 의하여 생성된 송신신호는 여러 개의 송신신호를 여러 시간 단위에 송신하고 이를 여러 시간 단위에서 수신하여 신호 처리를 함으로써 송신 다이버시티 이득을 얻게 된다.

4.2.2.3 송신 빔포밍

송신 다이버시티를 얻기 위한 MISO 구조에서 송신기가 각각의 송신안테나에서 수신안테나까지의 채널값 $h_i, i = 1, 2, \ldots, N_t$를 알고 있다면 각각의 안테나로 송신될 신호에 채널값을 역으로 보상하여 송신신호를 생성시킴으로써 송신 다이버시티 효과를 얻을 뿐만 아니라 수신안테나 입력에서의 수신 신호대잡음비도 최대화시킬 수 있다.

각각의 송신안테나에서 송신하는 신호에 채널을 역으로 보상하는 것은 송신신호 x 에 채널의 켤레복소수(complex conjugate)값 h_i^*을 곱함으로써 이루어진다. 이러한 역보상된 신호가 송신되었을 때 수신 신호는 다음 식과 같이 주어진다.

$$\begin{aligned} y &= h_1(h_1^* x) + h_2(h_2^* x) + \ldots + h_{N_t}(h_{N_t}^* x) + n \\ &= (|h_1|^2 + |h_2|^2 + \ldots + |h_{N_t}|^2)x + n \end{aligned} \qquad \text{식 (4.7)}$$

식 (4.7)에서 알 수 있는 바와 같이 i번째 송신안테나에서 송신되는 신호 $h_i^* x$는 공간채널 h_i에 의하여 크기 변화를 겪게 되고 채널의 역보상에 의하여 결과적으로 $|h_i|^2 x$ 의 형태로 수신안테나로 수신되는 것이다. 이러한 과정이 각각의 송신안테나에서 송신하는 신호에 모두 적용되므로 수신안테나에 수신된 신호는 식 (4.7)과 같이 송신 다이버시티 이득을 얻을 수 있게 된다.

이렇게 송신기가 채널 정보를 알고 채널의 역보상을 한 후 신호를 송신하는 기법을 송신 빔포밍이라고 한다. 송신 빔포밍을 구현하기 위해서는 송신기에서 채널의 정보를 알아야 하므로 이를 위하여 수신기로부터 송신기로 전달하는 채널 정보에 대한 피느백이 존재하여야 한다.

4.2.2.4 공간 다중화

그림 4.11의 MIMO 구조에 대한 신호 송수신 모형은 식 (4.3)과 (4.4)로 나타낼 수 있다. N_t개의 송신안테나와 N_r개의 수신안테나에 의해 주어지는 송수신 신호 모형을 통하여 송신안테나들이 각각 다른 신호를 송신할 경우에도 특정 조건을 만족할 경우 수신기에서의 신호 처리 과정을 통하여 서로 다른 송신신호들을 분리할 수 있음을 유추해 볼 수 있다. 식 (4.3)을 살펴보면 N_t개의 서로 다른 송신신호를 검출하는 과정은 연립 방정식의 풀이 과정이 됨을 알 수 있다. 즉, 서로 다른 송신신호들이 미지수가 되고 N_r개의 수신 신호를 나타내는 식들이 연립 방정식을 구성하는 것으로 생각할 수 있다. 이 때 미지수의 개수 N_t가 식의 개수 N_r보다 작거나 같고 연립 방정식을 구성하는 식들이 서로 독립적이라면 연립방정식의 풀이 과정을 통하여 미지수들의 값을 얻을 수 있는 것이다. 따라서 이러한 조건, 즉 연립방정식을 구성하는 식들이 서로 독립이고 송신안테나의 개수가 수신안테나의 개수보다 작거나 같은 조건을 만족하는 MIMO 시스템은 동시에 N_t개의 서로 다른 신호를 동일 시간, 동일 주파수 대역에서 전송할 수 있게 되어 신호 전송 효율을 증가시킬 수 있게 되는 것이다.

이러한 다중 안테나 송수신을 통하여 동시에 서로 다른 신호를 전송하는 것은 가상적으로 공간적 채널을 N_t개만큼 형성하여 각각의 공간 채널로 한 개씩의 신호를 전송하는 것과 같은 효과를 얻을 수 있게 하며, 이 때 얻을 수 있는 이득을 공간 다중화(spatial multiplexing)라고 한다.

공간 다중화 이득을 얻기 위한 MIMO 시스템 구현, 즉 식 (4.3)의 연립방정식 풀이과정은 식 (4.4)로 주어지는 벡터-행렬식의 채널 행렬의 역행렬을 구하는 과정으로도 이해할 수 있다. 즉, 식 (4.4)에서 채널 행렬 $\boldsymbol{H}$의 역행렬을 구할 수 있다면(송수신안테나의 개수가 같고 $\boldsymbol{H}$의 determinant가 0이 아닐 경우) 또는 의사역행렬(Pseudo inverse)을 구할 수 있다면 공간 다중화에 참여하는 송신신호들을 구하게 되는 것이다. 만일 송신안테나의 개수가 수신안테나의 개수보다 많다면 송신기에서 송신할 수 있는 서로 다른 신호의 최대 수는 수신안테나의 개수로 제약이 될 것이다. 그래야만 연립 방정식의 풀이가 가능하며 이 경우 수신안테나의 개수보다 많아지는 송신안테나는 시공간 부호화를 통하여 송신신호의 송신 다이버시티 이득을 얻을 수 있는 방향으로 설정되어야 한다. 예를 들어 송신안테나가 4개이고 수신안테나가 2개일 경우, 동시에 전송 가능한 신호의 개수는 2개가 최대수가 되며 이들 2개의 신호를 각각 시공간 부호화하여 4개의 송신안테나로 송신하게 되면 수신기에서의 신호처리를 통하여 두 개의 송신신호를 송신 다이버시티 이득까지 포함하여 구할 수 있게 된다.

한편 연립 방정식을 구성하는 식들이 서로 독립이기 위해서는 송신안테나 상호 간의 거리가 일정 거리 이상으로 떨어져 있어야 하며 이는 수신안테나도 마찬가지이다. 그 이유는 공간 선택적 페이딩의 특성에 의하여 일정 거리 범위 내에서는 신호 간의 상관도가 일정 값 이상을 나타내게 되기 때문이다. 공간 다중화를 가능하게 하는 안테나 간의 거리는 전파 전송 환경에 따라 달라지며 송수신안테나 주변에 반사체가 무수히 많이 존재하는 환경(rich scattering)의 경우에는 안테나 간의 거리를 반송파 주파수의 반 파장만큼만 이격시키면 되는 것으로 알려져 있다.

4.2.3 다중 안테나 송수신의 성능 이득 - 채널 용량 개선

Shannon의 채널 용량 정리(Channel Capacity Theorem)에 따르면 전송 채널로 보낼 수 있는 최대 정보량은 채널의 신호 대 잡음비에 로그 함수적으로 비례한다고 하며 $C = W\log_2(1+SNR)$과 같이 주어진다고 한다. 여기서 W는 전송 대역폭을 나타내고, SNR은 전송 채널에서의 신호대잡음비를 나타낸다. 페이딩 채널의 경우 매 순간 신호 전력의 크기가 바뀜에 따라 신호 대 잡음비도 같이 바뀌게 되고 이에 따라 C의 값도 매 순간 다른 값을 갖게 된다. 따라서 페이딩 채널의 경우 채널 용량을 나타내는 C는 순간 값으로 나타낼 수 없고 C의 순간 값들을 평균하여 평균채널용량의 개념으로 나타내게 된다.

다중 안테나 송수신의 경우 앞 절들에서 살펴본 바와 같이 다이버시티에 의한 평균 신호 전력 변화폭의 축소는 평균채널용량의 증대로 연결될 수 있다. 세분하여 살펴보면, SIMO 구조의 경우에는 다이버시티 이득과 함께 여러 안테나로 수신되는 신호를 합치는 과정에서 안테나 개수에 비례하여 신호 대 잡음비가 커지는 어레이 이득이 같이 존재한다. 따라서 평균 신호 대 잡음비의 증가와 신호 대 잡음비 변화폭의 축소가 함께 작용하면서 평균채널용량이 증가하게 된다. MISO 방식의 경우에는 송신기의 송신 전력의 크기가 송신안테나 개수와 관계없이 일정하다고 가정하고 있기 때문에 어레이 이득은 얻을 수 없고 다이버시티 이득만을 얻을 수 있다. 따라서 MISO의 경우에도 평균채널용량의 증가효과를 얻을 수는 있지만 SIMO 구조에 비해서는 용량 개선효과가 작게 나타난다. MIMO의 경우는 여러 개의 공간 채널을 형성하여 동시에 신호를 전송하는 구조이기 때문에 기본적으로 공간 채널의 개수에 비례하여 평균채널용량이 증가하게 된다. 즉, 공간 채널이 두 개라면 한 개인 경우에 비하여 약 두 배 정도의 평균채널용량을 얻을 수 있게 되는 것이다.

4.3 수신안테나 다이버시티(Receive Antenna Diversity)

이번 절에서는 4.2.2.1절에서 소개한 SIMO 구조의 수신 다이버시티를 얻기 위한 수신기 구조와 동작, 그리고 성능에 대하여 설명하도록 한다.

4.3.1 수신안테나 다이버시티 구현 방법

식 (4.5)에서 제시된 바와 같이 SIMO 구조에서는 수신기에 N_r개의 안테나가 장착되어 있어 각각의 안테나 별로 독립적인 공간 페이딩 채널을 통과한 신호가 수신된다. 각각의 안테나에 수신된 신호는 페이딩 채널값에 따라 안테나별 신호 대 잡음비가 달라지게 되고 이들에 대한 신호 처리를 통하여 송신된 신호를 검출하게 된다.

그림 4.12는 N_r개의 수신안테나로 수신된 신호를 합성하여 송신신호를 검출하기 위한 SIMO 수신기의 구조를 보이고 있다. 그림에서 알 수 있는 바와 같이 각각의 수신안테나로 수신되는 신호 $y_i, i = 1, 2, \ldots, N_r$는 각 신호에 곱해져 있는 채널값의 켤레 복소수(complex conjugate)에 의하여 곱해지게 된다. 이 후 그 결과값들을 모두 합치면 송신신호 검출을 위한 변수인 R을 얻을 수 있다. 이러한 방식으로 수신안테나별로 수신된 신호를 합성할 경우 각각의 수신안테나별로 수신된 신호의 전력을 최대로 합성하여 R을 생성할 수 있게 되므로 이 방식을 최대비결합(Maximal Ratio Combining, MRC)이라고 부른다.

최대비결합에 의하여 생성된 R은 다음 식과 같이 표현된다.

$$R = h_1^* y_1 + h_2^* y_2 + \ldots.. + h_{N_r}^* y_{N_r}$$ 식 (4.8)

$$= |h_1|^2 x + h_1^* n_1 + \ldots.. + |h_{N_r}|^2 x + h_{N_r}^* n_{N_r}$$

$$= (|h_1|^2 + \ldots.. + |h_{N_r}|^2) x + (h_1^* n_1 + \ldots.. + h_{N_r}^* n_{N_r})$$

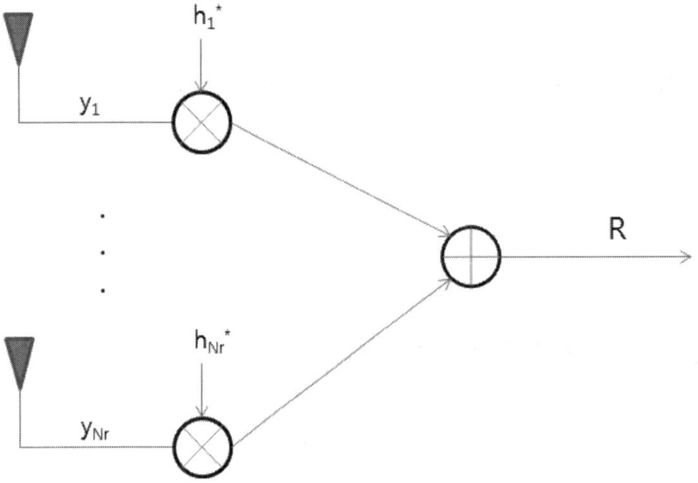

▸▸ 그림 4.12 SIMO 수신기 구조

식 (4.8)을 살펴보면 송신신호 x에 N_r개의 페이딩 채널의 채널 전력이 합쳐진 값이 곱해져 있고 여기에 각 안테나별 페이딩이 곱해진 N_r개의 입력 잡음이 더해진 형태를 살펴 볼 수 있다. 여기서 신호 성분의 전력 크기와 잡음 부분의 전력 크기의 비율을 살펴보면 최대비결합의 결과로 얻을 수 있는 R의 신호 대 잡음비는 한 개의 안테나로 수신하는 경우에 비하여 $(|h_1|^2 + \ldots.. + |h_{N_r}|^2)$배만큼 증가하게 되는 것을 알 수 있다. 여기에 더하여 한 개의 안테나로 수신할 경우에 비하여 다이버시티 이득도 추가로 얻을 수 있다는 것을 확인 할 수 있다. SIMO 수신기에서 관찰할 수 있는 결합 이후의 신호대잡음비 증가를 어레이이득(array gain)이라고 하며 지금까지 설명에서 알 수 있는 바와 같이 SIMO 수신기는 다이버시티 이득과 어레이이득을 동시에 얻을 수 있는 방식이라고 할 수 있다.

4.3.2 수신안테나 다이버시티의 성능 이득

그림 4.13은 두 개의 수신안테나를 사용하는 SIMO 수신기에서 최대비결합을 적용하는 수신 다이버시티에서의 성능 이득이 어떻게 발생하는 지를 보이고 있다. 그림에는 두 개의 실선과 한 개의 점선이 나타나 있는데, 두 개의 실선은 두 개의 수신안테나로 수신되는 신호에 작용하는 페이딩 전력을 주파수별로 나타내고 있고 한 개의 점선은 각각의 수신안테나별 페이딩 전력을 합친 결과를 보이고 있다. 즉, 점선으로 나타난 결과가 최대비결합에 의하여 얻을 수 있는 수신기에서의 이득을 설명한다고 할 수 있다.

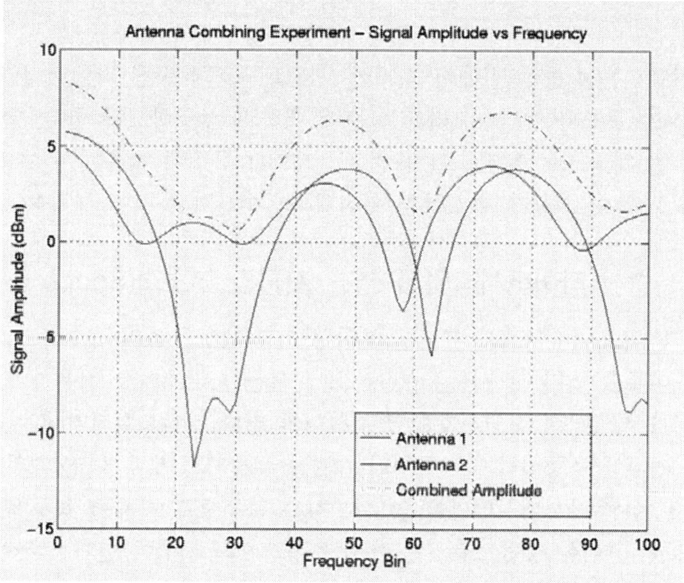

▸▸ 그림 4.13 수신 다이버시티에 의한 성능 이득

먼저 두 실선을 살펴보면 페이딩 전력의 크기 변화가 큰 폭으로 나타나고 있음을 확인할 수 있다. 따라서 페이딩 전력의 크기가 작아지는 구간에서는 해당 주파수 부분의 신호가 크게 훼손될 것임을 예측할 수 있다. 반면에 점선으로 나타난 결과는 합성된 페이딩 전력의 크기 변화가 한 개의 안테나에 대한 것보다 많이 줄어 들어 있는 것을 확인할 수 있다. 즉, 페이딩에 의하여 신호크기가 줄어들더라도 한 개의 안테나로 수신하는 경우에 비하여 신호 훼손의 정도가 크지 않을 것임을 예측할 수 있다. 또한 점선의 경우 두 실선을 합성하여 얻게 되는 결과이기 때문에 합성 전력의 크기는 실선으로 표현된 단일 안테나 수신의 경우보다 항상 크게 나타나게 되어 수신신호 전력의 상승 효과가 있음을 알 수 있다.

이상에서 설명한 바와 같이 점선의 페이딩 전력의 변화폭이 실선의 경우보다 더 작아짐으로써 신호훼손의 가능성이 줄어들게 됨으로써 얻어지는 성능 이득을 다이버시티 이득이라고 하고 점선의 전력크기가 실선의 전력 크기에 비하여 항상 크게 나타남으로써 최대비결합된 수신 신호대잡음비가 개선되어 발생하는 성능이득을 어레이이득이라고 한다.

4.4 송신안테나 다이버시티(Transmit Antenna Diversity)

이번 절에서는 4.2.2.2절에서 소개한 MISO 구조의 송신 다이버시티를 얻기 위한 송신기, 수신기 구조와 동작, 그리고 성능에 대하여 설명하도록 한다. 특히 두 개의 송신안테나와 한 개의 수신안테나로 구성되는 MISO 구조에 적용되는 Alamouti 시공간 부호화를 예로 들어 시공간 부호화의 송신기 및 수신기 동작에 대하여 설명한다.

4.4.1 송신 다이버시티의 구현 - 시공간 부호화(Space time coding)

4.2.2.2절의 식 (4.6)에서 살펴본 바와 같이 MISO 구조의 송수신 시스템에서 송신 다이버시티 이득을 얻기 위해서는 송신신호에 시공간 부호화를 적용하여 송신하고 수신기에서는 이를 복호하여 송신신호를 검출하여야 한다. 이는 수신기에 여러 개의 안테나가 사용되는 경우에도 동일하게 작용한다. 즉, 송수신기가 모두 여러 개의 안테나를 사용하고 송신 및 수신 다이버시티만을 얻고자 하는 목적으로 사용될 경우에는 송신 다이버시티 이득을 얻기 위한 방법으로 시공간 부호화가 적용되어야 한다는 것이다. 그림 4.14는 MIMO 구조에서 송신 다이버시티를 얻기 위한 시공간 부호화의 일반적인 구현 구조를 보이고 있다.

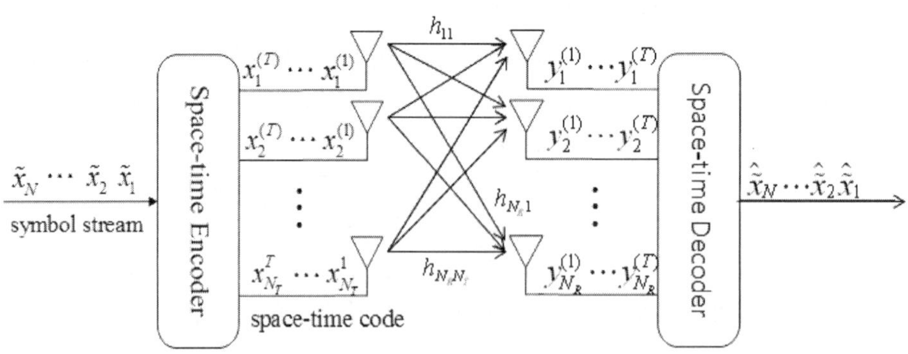

▸▸ 그림 4.14 송신 다이버시티 이득을 얻기 위한 시공간 부호화

그림 4.14에서 송신기는 $\widetilde{x}_i,\ i=1,2,...,N$ 의 N개의 송신신호를 순차적으로 송신하고자 한다. 송신기에서 이들 $\widetilde{x}_i,\ i=1,2,...,N$를 순차적으로 송신한다면, N_t개의 송신 안테나는 매 순간 동일한 신호를 송신하게 되고 식 (4.6)에서와 같이 송신 다이버시티 이득을 얻지 못하는 결과를 얻게 된다. 그렇기 때문에 송신기는 송신 다이버시티 이득을 얻기 위하여 $\widetilde{x}_i,\ i=1,2,...,N$ 의 N 개의 송신신호를 모아 N_t개의 송신안테나 별로 송신하게 될 신호 $x_j^i,\ i=1,2,...,T,\ j=1,2,...,N_t$를 생성한다. 여기서 x_j^i의 위첨자 i는 각각의 송신안테나에서 신호가 송신되는 시간 인덱스를 나타내고 아래첨자 j는 송신안테나의 번호를 나타낸다. 따라서 i번째 시간에 각 안테나에서 송신되는 신호는 $x_1^i, x_2^i, ..., x_{N_t}^i$로서 각 송신안테나로 송신되는 신호들이 모두 구분되는 신호가 되는 것이다. 수신기에서는 i번째 시간에 각각의 수신안테나에 수신되는 신호만으로는 송신 신호의 검출이 불가능하므로 T의 시간 구간동안 수신되는 모든 신호를 수신하여 이들에 대한 시공간 복호화(space time decoding)를 수행하고 그 결과로서 송신신호에 대한 검출을 수행하게 된다.

4.4.1.1 Alamouti Code – an example

시공간 부호화 방식 중에서 일반적으로 가장 많이 사용되는 Alamouti 방식을 예로 들어 시공간 부호화의 동작을 알아보도록 한다. 두 개의 송신안테나로 송신 다이버시티를 구현하고자 할 때 Alamouti 방식은 두 개의 송신신호를 묶어 두 개의 단위 시간 동안 송신할 수 있는 시공간 부호화를 수행한다.

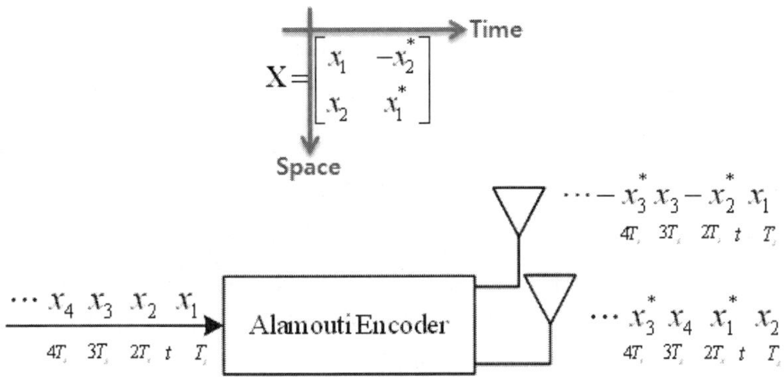

►► 그림 4.15 Alamouti 시공간 부호화기의 동작

그림 4.15는 이러한 Alamouti 시공간 부호화기의 동작을 보이고 있다. 송신하고자 하는 신호가 $x_1, x_2, x_3, \cdots\cdots$ 로 주어질 때, Alamouti 부호화기는 $\{x_1, x_2\}$에 대한 부호화

를 통하여 두 개의 송신안테나로 두 개의 단위 시간동안 송신할 두 개의 신호 쌍$\{x_1, x_2\}$와 $\{-x_2^*, x_1^*\}$를 생성한다. 첫 번째 신호 쌍인 $\{x_1, x_2\}$가 첫 번째 단위 시간에 두 개의 송신안테나로 송신되고 두 번째 신호 쌍인 $\{-x_2^*, x_1^*\}$가 두 번째 단위 시간에 두 개의 송신안테나로 송신된다. 이와 같은 방식으로 $\{x_3, x_4\}$, $\{x_5, x_6\}$, ... 에 대하여 시공간 부호화를 수행하여 송신하는 방식으로 동작하는 것이다.

한편 송신기는 송신안테나의 개수와 관계없이 일정한 신호 전력으로 신호를 송신하여야 하므로 송신안테나의 개수가 두 개이면 각각의 송신안테나로 송신되는 신호전력은 한 개의 안테나로만 송신되는 경우에 비하여 신호 전력의 크기가 1/2로 줄어야 한다. 송신안테나의 개수가 N_t 개라면 각각의 송신안테나로 송신되는 신호의 신호전력은 $1/N_t$로 줄어야 한다.

4.4.1.2 Alamouti code 수신기

Alamouti 방식으로 시공간 부호화되어 송신된 신호를 수신하기 위해서는 수신기에서도 두 개의 단위 시간 동안 신호를 수신하여야 한다. N_r개의 수신안테나를 갖고 있는 수신기의 j번째 수신안테나로 수신되는 신호의 모형은 두 개의 단위 시간 동안 다음과 같이 주어진다.

$$y_j^1 = \frac{1}{\sqrt{2}} h_{j1} x_1 + \frac{1}{\sqrt{2}} h_{j2} x_2 + n_1 \qquad \text{식 (4.9)}$$

$$y_j^2 = -\frac{1}{\sqrt{2}} h_{j1} x_2^* + \frac{1}{\sqrt{2}} h_{j2} x_1^* + n_2$$

식 (4.9)의 첫 번째 식은 첫 번째 단위 시간에 수신된 신호를 나타내고 있으며 두 번째 식은 두 번째 단위 시간에 수신된 신호를 나타내고 있다. 식 (4.9)의 h_{j1}과 h_{j2}는 각각 첫 번째와 두 번째 송신안테나에서 송신한 신호가 j번째 수신안테나로 수신되는 과정에서 겪게 되는 공간 페이딩 채널을 의미하고 있으며 이들은 두 개의 시간 구간에 걸쳐서 값이 변하지 않는다고 가정한다. $1/\sqrt{2}$ 이 곱해진 것은 각각의 송신안테나가 절반의 신호전력만으로 송신되기 때문에 이를 나타내기 위한 정규화값으로서 표현된 것이다.

식 (4.9)에 나타난 두 개의 시간 구간동안 수신된 신호로부터 x_1을 검출하기 위하여 수신기는 다음 식과 같은 동작을 수행한다.

$$R_1 = h_{j1}^* y_j^1 + h_{j2} (y_j^2)^* \qquad \text{식 (4.10)}$$

또한 x_2를 검출하기 위하여 다음 식과 같은 동작을 수행한다.

$$R_2 = h_{j2}^* y_j^1 - h_{j1} (y_j^2)^* \qquad \text{식 (4.11)}$$

식 (4.10), (4.11)의 R_1, R_2 는 각각 송신신호 x_1, x_2 를 검출하기 위한 값으로서 식 (4.9)를 식 (4.10), (4.11)에 대입하면 다음과 같은 결과를 얻을 수 있다.

$$R_1 = \frac{1}{\sqrt{2}}(|h_{j1}|^2 + |h_{j2}|^2)x_1 + h_{j1}^* n_1 + h_{j2} n_2 \qquad \text{식 (4.12)}$$

$$R_2 = \frac{1}{\sqrt{2}}(|h_{j1}|^2 + |h_{j2}|^2)x_2 + h_{j2}^* n_1 - h_{j1} n_2$$

4.4.2 송신안테나 다이버시티의 성능 이득

식 (4.8)에 제시된 SIMO 구조에서의 신호검출식과 식 (4.12)에서 제시된 MISO 구조의 신호검출식을 비교해보면 송신안테나 다이버시티를 통한 성능 이득이 어떤 형태로 나타날지 짐작할 수 있다.

식 (4.12)의 R_1, R_2와 $N_r = 2$인 경우의 식 (4.8)의 R을 비교해 보면 두 식의 차이는 $1/\sqrt{2}$ 값이 식 (4.12)에 나타나고 있는 것 이외에는 없음을 확인할 수 있다. 일단 식 (4.12)의 경우에도 채널의 전력값들이 합쳐짐으로써 합성된 페이딩 전력의 크기 변화가 한 개의 채널에 의한 것보다 줄어들게 됨을 알 수 있다. 즉, 다이버시티 이득이 얻어지는 것이다. 그러나 식 (4.12)에 존재하는 $1/\sqrt{2}$ 의 영향에 의하여 R_1, R_2의 신호 성분의 전력은 식 (4.8)의 경우에 비하여 1/2로 줄어들 것임을 알 수 있다. 따라서 식 (4.8)의 경우에는 존재하던 어레이이득이 식 (4.12)의 경우에는 존재하지 않음을 알 수 있다.

이상의 설명으로부터 송신안테나 다이버시티로부터 얻을 수 있는 것은 송신 다이버시티 이득이며 송신안테나 개수의 증가에 의하여 어레이이득은 얻을 수 없음을 알 수 있다. 즉, 어레이이득을 얻기 위해서는 수신안테나의 개수를 증가시켜야 하며 송신안테나 개수의 증가만으로는 다이버시티 이득을 얻을 수 있음을 알 수 있다.

4.5 공간 다중화(Spatial Multiplexing)

송신기가 N_t개의 송신안테나로 신호를 송신하고 수신기에서는 N_r개의 수신안테나로 신호를 수신할 경우 4.2.1절의 식 (4.3), (4.4)와 같은 송수신 신호 모델링이 가능해 진다. 또한 이 때 4.2.2.4절에서 제시한 바와 같이 송신안테나 간의 공간 상관도가 낮고, 수신안테나 간에도 공간 상관도가 낮을 경우 공간 채널 행렬을 구성하는 공간 페이딩 채널값들이 상호 독립적인 랜덤변수로 주어지게 되어 송신안테나 개수와 수신안테나 개수에 따라 독립적인 공간 채널을 구성할 수 있고 이를 통하여 공간 다중화(spatial multiplexing)를 이룰 수 있음을 살펴보았다.

이번 절은 공간 다중화를 위한 MIMO 구현에 있어서 공간 채널의 채널값을 송신기가 모르는 상태에서 공간 다중화를 수행할 경우(개루프 공간 다중화, Open Loop Spatial Multiplexing)와, 송신기가 채널을 아는 상태에서 공간 다중화를 수행하는 경우(폐루프 공간 다중화, Closed Loop Spatial Multiplexing)의 공간 다중화 방식을 살펴보고 공간 다중화되어 송신되는 신호를 수신기에서 분리하여 수신하기 위한 수신기 구조 및 동작에 대하여 알아본다.

4.5.1 개루프 공간 다중화

그림 4.15는 개루프 공간 다중화 시스템의 송수신 모형을 보이고 있다. 송신 다이버시티 구현의 경우와 마찬가지로 개루프 공간 다중화의 경우에도 송신기가 송신할 수 있는 신호전력의 크기는 한 개의 안테나를 사용하는 경우와 동일하기 때문에 N_t개의 송신안테나 각각으로부터 송신되는 신호전력의 합은 한 개의 송신안테나로 송신하는 경우와 동일하여야 한다. 그런데, 개루프 공간 다중화의 경우 송신기가 전송 채널의 정보를 알지 못하므로 특정 송신안테나의 송신 전력에 가중치를 주어 신호 송신 하는 것이 불가능하다. 따라서 개루프 공간 다중화의 경우 각각의 송신안테나는 전체 송신 전력의 $1/N_t$ 만큼의 신호 전력으로 신호를 송신하여야 하고, 이는 송신신호의 진폭에 $1/\sqrt{N_t}$ 를 곱하여 송신신호전력을 정규화하는 것과 같다.

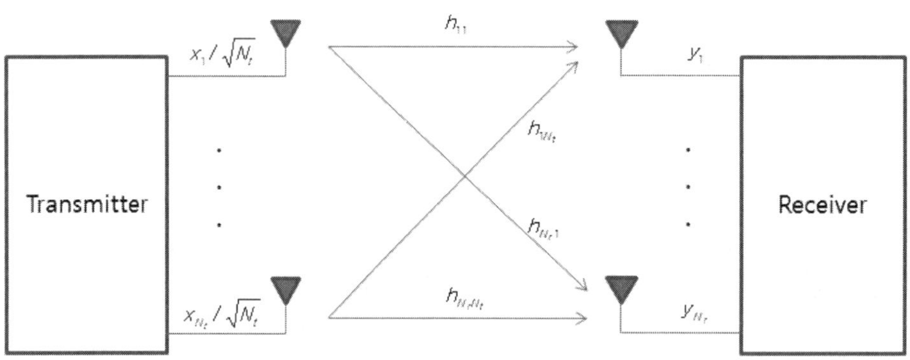

▸▸ 그림 4.16 개루프 공간 다중화 송수신 모형

그림 4.15에 주어진 신호 송수신 모형에 따라 개루프 공간 다중화되어 수신되는 신호는 다음과 같은 식으로 표현된다.

$$y_1 = \frac{1}{\sqrt{N_t}} h_{11} x_1 + ... + \frac{1}{\sqrt{N_t}} h_{1N_t} x_{N_t} + n_1 \qquad \text{식 (4.13)}$$
$$.....$$
$$y_{N_r} = \frac{1}{\sqrt{N_t}} h_{N_r 1} x_1 + ... + \frac{1}{\sqrt{N_t}} h_{N_r N_t} x_{N_t} + n_{N_r}$$

식 (4.12)는 식 (4.3)의 우변 성분들 중 신호 성분에 $1/\sqrt{N_t}$를 곱하여 송신신호전력의 크기를 정규화한 결과임을 알 수 있으며, 이로부터 각 수신안테나별 수신신호와 각 송신안테나별 송신신호를 벡터로 나타내고 전송 채널의 공간 채널값들을 채널 행렬로 나타낸 식 (4.4)를 다음과 같이 수정할 수 있음을 알 수 있다.

$$\vec{Y} = \frac{1}{\sqrt{N_t}} \boldsymbol{H} \vec{X} + \vec{N} \qquad \text{식 (4.14)}$$

식 (4.13), (4.14)를 살펴보면 i번째 송신안테나에서 송신되는 신호 x_i가 N_r개의 모든 수신안테나로 입력되고 있음을 알 수 있다. 이는 모든 송신안테나로부터 송신되는 신호에 대하여 적용되는 것이며, 이러한 사실로부터 수신기에서 송신신호 검출을 위한 적절한 방법을 사용할 경우 N_r개의 공간 채널이 합성되어 얻어지는 수신 다이버시티 이득을 얻을 수 있음을 알 수 있다. 즉, 공간 다중화에 의하여 공간 채널의 개수만큼의 배율로 전송속도를 높일 수 있을 뿐만 아니라 수신 다이버시티 이득도 얻을 수 있게 되는 것이다(다만 이 경우는 한 개의 송신안테나가 송신하는 신호 전력의 크기가 송신안테나 개수에 의하여 정규화 되기 때문에 수신 다이버시티 이득은 얻을 수 있지만 어레이 이득은 수신안테나 개수만큼 얻을 수는 없게 된다). 그러나 공간 다중화는, 특히 개루프 공간 다중화는 다중화 된 공간 채널간의 직교성이 보장되지 않기 때문에 송신신호 간에 간섭이 존재하게 된다. 이는 신호 검출 과정에서 제거하여야 하며 제거하는 방법에 따라 기대하였던 성능 이득이 사라지는 경우도 존재한다.

식 (4.14)에 주어진 수신 신호벡터에서 송신신호벡터를 검출하는 과정을 MIMO 검출기라고 한다. MIMO 검출기는 구현 방식에 따라 가장 단순한 선형 검출기로부터 최적 검출기인 ML 검출기까지 다양한 방식이 존재하며 ML(Maximum likelihood) 검출기의 성능이 가장 좋으나 구현 복잡도가 가장 크기 때문에 실제 구현에는 선형 검출기를 이용한 간섭제거 검출기를 대부분 적용하고 있다. MIMO 검출기에 대해서는 5.3절에서 설명하기로 한다.

4.5.2 폐루프 공간 다중화

식 (4.14)의 개루프 공간 다중화 송수신 신호 모델에서 채널 행렬에 대하여 Singular Value Decomposition(SVD)을 적용하면 다음과 같은 형태로 나타나는 것을 확인할 수 있다.

$$\boldsymbol{H} = \boldsymbol{U}\boldsymbol{D}\boldsymbol{V}^{\boldsymbol{H}} \qquad \text{식 (4.15)}$$

여기서 $\boldsymbol{U}$와 $\boldsymbol{V}$는 각각 $N_r \times N_r$, $N_t \times N_t$ 크기를 갖는 unitary 행렬로서 $\boldsymbol{U}\boldsymbol{U}^{\boldsymbol{H}} = \boldsymbol{U}^{\boldsymbol{H}}\boldsymbol{U} = \boldsymbol{I}_{N_r}$, $\boldsymbol{V}\boldsymbol{V}^{\boldsymbol{H}} = \boldsymbol{V}^{\boldsymbol{H}}\boldsymbol{V} = \boldsymbol{I}_{N_t}$의 관계를 갖는다. $(\ )^{H}$는 행렬의 모든 원소를 켤레 복소수를 취한 후 transpose 행렬로 만드는 Hermitian transpose 연산자다. $\boldsymbol{I}_N$은 $N \times N$ 크기를 갖는 단위행렬이다. 또한 $\boldsymbol{D}$는 $N_r \times N_t$ 크기를 갖는 대각 행렬로서 대각선 부분에만 0이 아닌 singular value를 갖는다. 대각 행렬 $\boldsymbol{D}$는 다음 식과 같은 형태로 주어진다.

$$\boldsymbol{D} = \begin{bmatrix} \sqrt{\lambda_1} & & 0 \\ & \sqrt{\lambda_2} & \\ & & \\ 0 & & \sqrt{\lambda_N} \end{bmatrix} \qquad \text{식 (4.16)}$$

여기서 $\lambda_i, i = 1, 2, ..., r$ 은 채널 행렬 $\boldsymbol{H}$의 singular value로서 공간 다중화로 주어지는 공간 채널의 채널 전력의 크기를 나타낸다. 즉, i번째 공간 채널의 전력이 크면 해당 공간 채널로 송신되는 신호의 수신 신호대잡음비가 좋고 전력이 작으면 수신 신호대잡음비가 나빠지는 것이다.

식 (4.15)를 식 (4.14)에 대입하여 정리하면 다음과 같다.

$$\vec{Y} = \frac{1}{\sqrt{N_t}} \boldsymbol{U}\boldsymbol{D}\boldsymbol{V}^{\boldsymbol{H}} \vec{X} + \vec{N} \qquad \text{식 (4.17)}$$

송신기가 채널 행렬을 알고 있다면 식 (4.17)을 이용하여 송신기에서 채널의 역 보상을 미리 시도할 수 있다. 즉, 알고 있는 채널 행렬로부터 unitary 행렬 $\boldsymbol{V}$를 SVD를 이용하여 구하고 이를 이용하여 송신신호에 대한 전치 보상(pre-coding)을 시도하는 것이다. 실제 송신하고자 하는 신호 벡터를 $\vec{X}'$이라고 하고 프리코딩을 통하여 송신안테나로 송신할 신호 $\vec{X}$ 를 생성한다면 이들 사이의 관계는 다음과 같다.

$$\vec{X} = \boldsymbol{V}\vec{X}' \qquad \text{식 (4.18)}$$

이 식을 식 (4.17)에 대입하면 다음과 같은 결과를 얻는다.

$$\begin{aligned} \vec{Y} &= \frac{1}{\sqrt{N_t}} \boldsymbol{U}\boldsymbol{D}\boldsymbol{V}^{\boldsymbol{H}}(\boldsymbol{V}\vec{X}') + \vec{N} \qquad \text{식 (4.19)} \\ &= \frac{1}{\sqrt{N_t}} \boldsymbol{U}\boldsymbol{D}(\boldsymbol{V}^{\boldsymbol{H}}\boldsymbol{V})\vec{X}' + \vec{N} \\ &= \frac{1}{\sqrt{N_t}} \boldsymbol{U}\boldsymbol{D}\vec{X}' + \vec{N} \end{aligned}$$

위 식의 두 번째 식에서 세 번째 식으로 넘어가는 과정에서 $VV^H = V^H V = I_{N_t}$ 이 적용되고 있음을 알 수 있다. 한편 식 (4.19)의 양변에 U^H 행렬을 왼쪽으로부터 곱해주면 다음과 같은 결과를 얻게 된다.

$$\vec{Y}' = U^H \vec{Y} = U^H \left(\frac{1}{\sqrt{N_t}} UD\vec{X}' + \vec{N}\right) \qquad \text{식 (4.20)}$$

$$= \frac{1}{\sqrt{N_t}} D\vec{X}' + U^H \vec{N}$$

식 (4.20)은 송신기의 송신신호 벡터에 대각행렬이 곱해지고 여기에 unitary 행렬에 의하여 변형된 잡음이 더해진 형태의 신호가 수신기에 얻어짐을 보이고 있다. 그런데 송신신호 벡터와 대각 행렬의 곱은 송신신호벡터의 원소들 간의 간섭을 야기하지 않으므로 식 (4.20)의 결과로부터 바로 송신신호에 대한 신호 검출이 가능할 수 있음을 알 수 있게 한다.

이상에서 설명한 SVD에 의한 채널 행렬의 분해와 분해된 정보를 이용하여 송신기에서 채널의 역보상으로서 프리코딩을 하는 것 등은 송신기가 신호가 지나가는 채널의 정보를 알고 있어야 가능하다. 이를 위해서는 송신기에서 수신기까지의 채널에 대한 정보를 수신기에서 송신기로 피드백하는 것이 필요하며 채널 정보의 피드백에 의하여 송신기와 수신기 사이에 폐루프가 형성된다. 따라서 이러한 형태, 즉 채널 정보의 피드백에 의하여 폐루프가 형성되어 공간 다중화가 이루어지는 형태를 폐루프 공간 다중화라고 한다.

그림 4.17은 폐루프 공간 다중화의 신호 모형을 나타내고 있고 그림 4.18은 폐루프 공간 다중화에 의하여 형성되는 공간 채널을 보이고 있다. 그림 4.17에 나타난 수신기에서 송신기로 전달되는 채널정보 피드백은 일반적으로 양방향 통신링크의 다른 한 쪽 링크를 통하여 이루어진다. 한편 그림 4.18에 나타난 공간 채널을 살펴보면 각각의 공간 채널의 채널 전력이 채널 행렬의 singular value들로 나타나고 있음을 알 수 있다. 이러한 사실로부터 송신기는 각각의 공간 채널로 송신되는 신호의 상대적인 수신 신호대잡음비를 미리 예측할 수 있고, Shannon의 채널 용량에 관한 정리(Channel capacity theorem)로부터 채널 용량이 채널의 수신 신호대잡음비에 따라 로그함수적으로 증가한다는 사실을 이용하여 각각의 공간 채널로 송신되는 신호의 심볼당 비트수를 조절할 수 있다. 이럴 경우, 공간 다중화를 통하여 얻을 수 있는 채널 용량 개선 효과를 극대화할 수도 있게 된다.

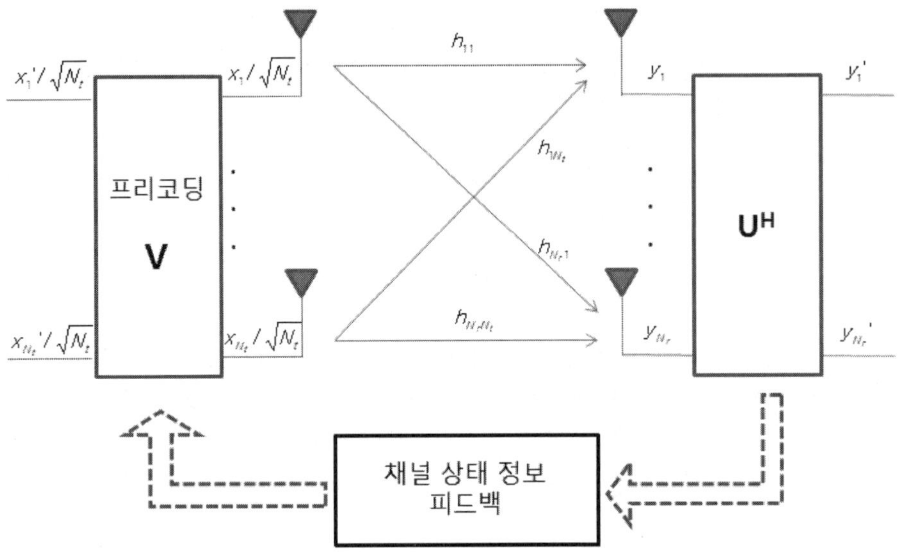

▶▶ 그림 4.17 폐루프 공간 다중화 신호 모형

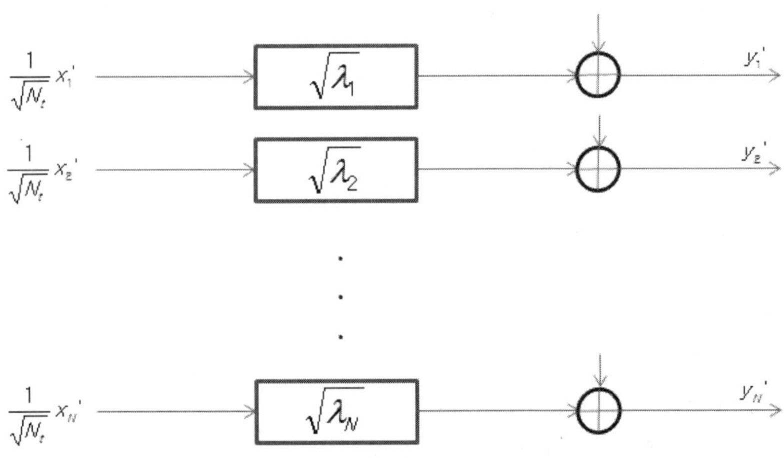

▶▶ 그림 4.18 폐루프 공간 다중화에 의하여 형성되는 공간 채널

4.5.3 공간 다중화 수신기

4.5.1 절에서 서술한 공간 다중화된 신호를 수신기에서 수신하고, 송신된 신호벡터를 검출하는 것을 MIMO 검출기라고 한다. 이번 절은 MIMO 검출기의 동작에 대하여 설명한다.

4.5.3.1 ML 검출기

ML(Maximum Likelihood) 검출기는 송신기가 송신할 수 있는 신호 벡터의 가능한 모든 조합을 수신신호와 비교하여 수신된 신호벡터와 가장 비슷한 송신신호벡터를 결정하는 MIMO 검출기이다. 송신기에서 수신기까지의 공간 채널 행렬을 생성 가능한 송신 신호벡터와 곱하고 이 결과와 수신된 신호 벡터 사이의 Euclidean distance를 계산해보면, 송신기가 송신한 신호 벡터와 일치하는 경우의 distance가 다른 경우에 비하여 더 작은 값으로 나타나게 될 것이다.

이러한 ML 검출기는 아래 식과 같이 모델링할 수 있다.

$$\hat{X} = \underset{\overrightarrow{X_i}}{\arg\min} \| \overrightarrow{Y} - \boldsymbol{H}\overrightarrow{X_i} \|^2 \qquad \text{식 (4.21)}$$

여기서 $\overrightarrow{X_i}$는 송신기에서 생성할 수 있는 가능성 있는 i번째 송신 벡터로서 i의 최대값은 각 송신안테나별 선택 가능 심볼의 수의 곱으로 나타난다. 예를 들어 송신안테나의 개수가 4이고 각각의 송신안테나에서 QPSK 변조로 신호를 송신한다면, 조합할 수 있는 가능성이 있는 송신 벡터의 총 수는 $4 \times 4 \times 4 \times 4 = 256$이 되어 식 (4.21)의 Euclidean distance 계산을 총 256회 실행하고 이들 중 가장 작은 distance를 나타낸 $\overrightarrow{X_i}$를 선택하게 된다.

ML 검출기는 MIMO 검출기 중에서는 가장 좋은 성능을 보이는 수신기이다. 생성 가능한 송신신호 벡터 후보에 공간 채널 행렬을 곱하여 수신 신호벡터와 Euclidean distance를 구함으로써 MIMO 구조에서 얻을 수 있는 공간 다중화 이득과 함께 송신 및 수신 다이버시티 이득을 모두 얻을 수 있는 검출기이기 때문이다. 그러나 송신안테나의 개수가 커지거나 각각의 송신안테나 별로 송신하는 신호의 변조가 복잡해진다면 검출기의 복잡도, 즉 검출 과정의 계산량이 기하급수적으로 증가하게 된다. 앞 단락의 예에서 송신안테나의 개수가 한 개 더 증가하면 송신 벡터의 총 수는 1,024로 4배 증가하게 되고, 안테나의 개수를 동일하게 유지한 상태에서(4개의 송신안테나) 각각의 송신안테나 별로 8-PSK 변조를 한다면 $8^4 = 4096$개의 가능한 송신신호벡터가 존재하게 되어 16배 만큼 복잡도가 증가하게 된다. 이런 이유로 ML 검출기는 MIMO 검출기 동작 성능의 기준을 제공하는 용도로 주로 사용되며 실제 구현에서는 ML 검출기보다는 간단한 검출기를 사용하게 된다.

4.5.3.2 선형 검출기 - ZF 검출기, MMSE 검출기

4.5.1절의 식 (4.14)를 살펴보면 송신신호벡터에 공간 채널 행렬이 왼쪽으로부터 곱해진 신호가 수신 신호벡터로 수신되고 있음을 확인할 수 있다(잡음 벡터는 부가적으로 더해지는 성분으로 생각한다). 이 식으로부터 수신 신호벡터에 어떤 행렬을 곱하여 송신신호벡터를 찾는 것을 생각해 볼 수 있다. 수신 신호벡터에 곱해지는 행렬이 채널의

왜곡을 보상하여 원래의 송신신호벡터를 복원하는 것이다. 이러한 과정으로 송신신호벡터를 검출하는 MIMO 검출기를 선형 검출기라고 한다. 수신 신호벡터에 행렬을 곱하는 과정이 선형적인 연산을 기반으로 이루어지므로 선형 검출기라는 이름을 갖게 되는 것이다.

선형 검출기에는 검출과정에서 독립된 공간 채널 간의 간섭을 0으로 만들어 주는 것을 목적으로 하는 ZF(Zero-Forcing) 검출기와, 검출된 신호벡터와 송신신호벡터 사이의 오차를 최소화하는 것을 목적으로 하는 MMSE(Minimum Mean Squared Error) 검출기가 있다.

ZF 검출기는 간섭을 0으로 하는 것을 목적으로 하기 때문에 다음과 같은 조건식으로부터 출발하여야 한다.

$$\vec{Y} = \boldsymbol{H}\vec{X} \qquad \text{식 (4.22)}$$

$$\boldsymbol{G}\vec{Y} = \boldsymbol{G}\boldsymbol{H}\vec{X} = \vec{X}$$

여기서 $\boldsymbol{G}$가 ZF 선형 검출기의 보상 행렬이 된다. 식 (4.22)의 두 번째 식은 $\boldsymbol{G}\boldsymbol{H} = \boldsymbol{I}$의 관계를 요구하게 되므로 쉽게 생각하면 $\boldsymbol{G}$는 $\boldsymbol{H}$의 역행렬을 구함으로써 얻을 수 있다고도 생각할 수 있다. 그러나 일반적으로 송신안테나와 수신안테나의 개수가 같다는 전제가 없기 때문에 $\boldsymbol{H}$는 정방행렬이 아닐 수가 있으며 이런 관계에서 역행렬을 구하려면 의사 역행렬(Pseudo Inverse)을 구해야만 한다. 의사 역행렬을 구하는 과정은 다음 식과 같이 정리된다.

$$\vec{Y} = \boldsymbol{H}\vec{X} \qquad \text{식 (4.23)}$$

$$\boldsymbol{H}^H\vec{Y} = \boldsymbol{H}^H\boldsymbol{H}\vec{X}$$

$$(\boldsymbol{H}^H\boldsymbol{H})^{-1}\boldsymbol{H}^H\vec{Y} = (\boldsymbol{H}^H\boldsymbol{H})^{-1}\boldsymbol{H}^H\boldsymbol{H}\vec{X} = \vec{X}$$

따라서 이러한 과정을 거쳐 얻게되는 ZF 검출기의 보상 행렬 $\boldsymbol{G}$는 다음과 같이 주어진다.

$$\boldsymbol{G} = (\boldsymbol{H}^H\boldsymbol{H})^{-1}\boldsymbol{H}^H \qquad \text{식 (4.24)}$$

수신 신호벡터를 ZF 검출기의 보상 행렬로 보상한 결과는 다음과 같이 주어진다.

$$\begin{aligned}\hat{X} &= \boldsymbol{G}\vec{Y} \qquad \text{식 (4.25)}\\ &= (\boldsymbol{H}^H\boldsymbol{H})^{-1}\boldsymbol{H}^H\vec{Y}\\ &= (\boldsymbol{H}^H\boldsymbol{H})^{-1}\boldsymbol{H}^H(\boldsymbol{H}\vec{X} + \vec{N})\\ &= \vec{X} + (\boldsymbol{H}^H\boldsymbol{H})^{-1}\boldsymbol{H}^H\vec{N}\end{aligned}$$

이 식을 살펴보면 ZF 검출기의 결과가 송신신호벡터와 보상행렬에 의하여 곱해진 잡음벡터로 구성되어 있음을 알 수 있다. 여기서 보상행렬이 곱해진 잡음벡터는 보상 행렬을 구성하는 성분의 크기에 따라서 잡음 증폭이라는 원치 않는 현상이 발생할 수도 있다. 또한 선형 검출기의 특성에 의하여 ZF 검출기는 공간 채널로 송신되는 신호 사이의 간섭은 제거하지만, 이 과정에서 송신 및 수신 다이버시티 이득이 같이 제거되어 다이버시티 이득을 얻을 수 없는 검출기로 동작하게 된다.

MMSE 검출기는 수신 신호벡터로부터 검출된 신호 벡터와 송신신호벡터의 오차가 최소화되도록 하는 것을 목표로 하는 수신기이기 때문에 다음과 같이 송신신호벡터와 검출된 신호벡터의 오차의 제곱을 정의하는 것으로부터 신호 검출을 위한 보상 행렬을 구하는 과정을 시작한다.

$$J = \| \overrightarrow{X} - \boldsymbol{G}\overrightarrow{Y} \|^2 \qquad \text{식 (4.26)}$$

여기서 J가 오차의 제곱을 나타내는 변수이고, $\boldsymbol{G}$가 MMSE 검출기의 수신 신호벡터에 작용하는 보상 행렬이다. 식 (4.26)에서 J는 송신 벡터와 보상 행렬에 의하여 검출된 신호 벡터 사이의 차의 크기의 제곱을 나타낸 것으로써, $\boldsymbol{G}$에 따라서 값이 달라진다. 즉, J는 $\boldsymbol{G}$에 관한 이차 방정식의 형태를 띠게 되며 특정 $\boldsymbol{G}$에서 최소값을 갖는다. J가 최소가 되도록 하는 $\boldsymbol{G}$는 아래 식과 같이 J를 $\boldsymbol{G}$에 대하여 편미분한 후 그 결과를 0으로 하는 $\boldsymbol{G}$의 값을 찾음으로써 구할 수 있다.

$$\frac{\partial J}{\partial \boldsymbol{G}} = \frac{\partial}{\partial \boldsymbol{G}}[(\overrightarrow{X} - \boldsymbol{G}\overrightarrow{Y})^H(\overrightarrow{X} - \boldsymbol{G}\overrightarrow{Y})] = 0 \qquad \text{식 (4.27)}$$

식 (4.27)을 전개하여 $\boldsymbol{G}$에 관하여 정리하면 아래 식과 같이 MMSE 검출기의 보상 행렬을 얻을 수 있다.

$$\boldsymbol{G} = (\boldsymbol{H}^H\boldsymbol{H} + \frac{N_t}{SNR}\boldsymbol{I})^{-1}\boldsymbol{H}^H \qquad \text{식 (4.28)}$$

식 (4.28)을 살펴보면 MMSE 검출기의 보상 행렬은 공간 채널의 상관 행렬을 구하는 과정에 수신 신호대잡음비의 영향이 반영되는 것을 알 수 있다. 또한 반영되는 정도는 신호대잡음비의 크기가 작을수록 더 크게 나타나는 것을 확인할 수 있다. 그런데, 이 부분이 보상 행렬을 구하는 과정에서 역행렬 계산 부분이기 때문에 신호대잡음비가 공간 채널의 상관 행렬 구하는 과정에 관여하게 됨으로써 역행렬의 결과가 지나치게 커지는 경우를 방지하는 효과를 얻을 수 있게 되었다. 즉, ZF 검출기의 보상행렬에서 잡음 증폭 현상이 일어나던 것이 MMSE 검출기에서는 상당부분 완화될 수 있게 되는 것이다.

MMSE 검출기는 ZF 검출기와 같은 선형 검출기이기 때문에 ZF 검출기와 마찬가지로 신호 검출과정에서 송신 및 수신 다이버시티 이득도 같이 상쇄되어 이 부분의 이득을 기대하기는 어렵다. 다만, ZF 검출기와 마찬가지로 구현 상의 장점이 존재하며 ZF 방식에 비하여 잡음 증폭 효과가 줄어들어 성능 상의 이점 또한 존재하는 방식으로서 실제 구현에서 많이 사용되고 있다.

4.5.3.3 간섭제거 검출기

앞 절에서 설명한 선형 검출기는 구현 상의 편의성은 존재하지만 검출과정에서 다이버시티 이득을 모두 상실하기 때문에, 공간 다이버시티 이득을 얻는 것을 목표로 시작된 MIMO 기술에 있어서 선형 검출기만으로는 목표 달성을 할 수 없게 된다.

공간 다중화 된 MIMO 신호를 생각해 보면, 수신 신호 벡터는 송신신호 벡터를 구성하는 구성 원소 신호들이 서로 간섭하면서 수신되는 것을 알 수 있다. 따라서 MIMO 검출기란 결과적으로 서로 간섭하는 신호들을 구분하여 검출한다는 의미에 다름 아니며, 이런 관점에서 간섭을 제거하는 과정의 연속으로 구성되는 MIMO 검출기, 즉 연속 간섭 제거 검출기(Successive Interference Cancellation Detector)를 생각할 수 있다.

간섭제거 검출기의 동작을 송신안테나와 수신안테나가 각각 두 개인 경우를 예로 들어 살펴본다. 송신과 수신안테나가 각각 2 개인 경우에 수신 신호는 다음과 같이 모델링 할 수 있다.

$$\begin{bmatrix} y_1 \\ y_2 \end{bmatrix} = \begin{bmatrix} h_{11} & h_{12} \\ h_{21} & h_{22} \end{bmatrix} \begin{bmatrix} x_1 \\ x_2 \end{bmatrix} + \begin{bmatrix} n_1 \\ n_2 \end{bmatrix} \qquad \text{식 (4.29)}$$

식 (4.29)로 표현되는 수신 신호 벡터를 선형 검출기(ZF 또는 MMSE 검출기)를 이용하여 검출하면 x_1, x_2를 얻을 수 있다. 이렇게 얻어진 x_1, x_2 중에서 잡음의 영향을 덜 받은 신호를 먼저 검출하고 (x_1을 먼저 검출하였다고 하자) 이를 이용하여 간섭을 제거해 보면 다음과 같은 식을 얻을 수 있다.

$$\begin{aligned} \begin{bmatrix} y_1 \\ y_2 \end{bmatrix} &= \begin{bmatrix} h_{11} & h_{12} \\ h_{21} & h_{22} \end{bmatrix} \begin{bmatrix} x_1 \\ x_2 \end{bmatrix} + \begin{bmatrix} n_1 \\ n_2 \end{bmatrix} - \begin{bmatrix} h_{11} & h_{12} \\ h_{21} & h_{22} \end{bmatrix} \begin{bmatrix} x_1 \\ 0 \end{bmatrix} \qquad \text{식 (4.30)} \\ &= \begin{bmatrix} h_{11} & h_{12} \\ h_{21} & h_{22} \end{bmatrix} \begin{bmatrix} 0 \\ x_2 \end{bmatrix} + \begin{bmatrix} n_1 \\ n_2 \end{bmatrix} \end{aligned}$$

식 (4.30)에는 두 번째 송신안테나에서 송신된 x_2 가 첫 번째 송신안테나로부터 송신된 x_1의 간섭없이 두 개의 수신안테나에 수신된 신호의 형태로 나타나 있음을 확인할 수 있다. 즉, 식 (4.30)은 SIMO 수신 신호의 형태를 나타내고 있음을 알 수 있다. 식 (4.30)에 대하여 최대비결합(MRC) 수신기를 적용하여 얻게 되는 결과는 x_2 검출에서 수신 다이버시티를 얻게되는 것을 보여주고 있다. 이러한 과정에서 x_1의 검출에서는 다이버시티 이득을 얻을 수 없지만, x_2의 검출에서는 수신 다이버시티를 얻을 수 있게 되므로 간섭 제거 검출기는 선형검출기에 비하여 더 나은 성능을 얻을 수 있을 것임을 알 수 있다. 다만, 이 과정에서 반복적인 선형 검출기, 간섭 제거, MRC의 과정을 거치게 되므로 구현 복잡도 측면에서는 선형 검출기에 비하여 더 복잡해진다는 단점도 존재하게 된다.

앞 단락에서 예로 든 두 개씩의 송수신안테나의 경우의 간섭 제거 검출기에서 첫 번째 동작인 선형검출 후 첫 번째 검출 신호의 선택은 두 개의 신호 중 잡음의 영향을 덜 받은 신호로 한다고 하였다. 이것의 판단은 채널 행렬을 구성하는 네 개의 채널값들로부터 이루어지게 된다. 수신기로 신호가 수신 되는 과정에서 x_1 신호가 두 개의 수신안테나로 입력되는데 작용하는 채널은 h_{11}, h_{21}이고 x_2 신호가 두 개의 수신안테나로 입력되는데 작용하는 채널은 h_{12}, h_{22}이다. 따라서 두 개의 수신안테나의 신호를 선형 검출기로 처리하는 과정에서 x_1신호의 신호 전력의 크기는 $|h_{11}|^2+|h_{21}|^2$에 비례하게 되고 x_2 신호의 신호 전력의 크기는 $|h_{12}|^2+|h_{22}|^2$에 비례하게 된다. 각각의 수신안테나에 더해지는 잡음 전력의 크기가 일정하다고 일반적으로 가정하므로 x_1, x_2의 신호대잡음비의 비교는 각각의 신호전력의 비교로 충분히 가능하다. 이런 관점에서 $|h_{11}|^2+|h_{21}|^2$과 $|h_{12}|^2+|h_{22}|^2$의 비교를 통하여 크기가 더 큰 쪽의 신호를 먼저 검출하는 것으로 선택하면 된다. 여기서 $|h_{11}|^2+|h_{21}|^2$은 채널 행렬의 첫 번째 열의 크기를 나타내고 있으며 $|h_{12}|^2+|h_{22}|^2$은 두 번째 열의 크기를 나타낸다. 따라서 첫 번째 열의 크기가 크면 x_1을 먼저 검출하고 두 번째 열의 크기가 크면 x_2를 먼저 검출하는 것이다.

이러한 간섭 제거 검출기의 동작은 송수신안테나의 개수가 증가하더라도 동일한 방법으로 확장할 수 있다. 이 때, 간섭 제거 검출기의 동작 순서는 선형 검출기, 1차 검출 신호 선택, 간섭 제거, 선형 검출기, 2차 검출 신호 선택, 간섭 제거, ... 의 순서로 진행된다. 송수신안테나의 개수가 증가하는 경우 간섭제거가 거듭될수록 남아 있는 검출 대상 신호의 다이버시티 이득은 점차 증가하게 된다.

이상에서 설명한 바와 같이 간섭제거 검출기가 일부이지만 다이버시티 이득을 얻을 수 있기 때문에 선형 검출기에 비하여 성능 개선 효과가 더 크게 나타날 수 있다. 그러나 간섭 제거를 위한 1차 검출에서 에러가 발생할 경우 간섭 제거에 의하여 추가적인 에러를 만들 수 있는 문제점 또한 존재한다. 이러한 문제점을 줄이기 위하여 실제 간섭 제거를 위한 검출 신호 선택에서 에러 교정을 하고 간섭 제거를 하는 기법들이 많이 연구되었으며 실제 구현에도 많이 적용되고 있다. 그림 4.19는 이러한 에러 교정과 접목된 간섭제거 검출기의 구조와 동작을 보이고 있다.

그림 4.19의 수신기 부분에서 수신기 첫 부분에는 MMSE 검출기가 동작하며 매 수신 심볼별로 MMSE 검출을 수행한다. 그리고 그 결과가 채널 부호화 블록의 길이만큼 되면, 채널 행렬의 각 열의 크기를 비교하여 디코딩을 위한 시퀀스를 선택하고 디코딩을 수행한다. 채널 디코딩에 의하여 심볼 단위에서 발생하던 에러가 정정된 신호 검출이 이루어지면 검출된 신호에 대하여 다시 인코딩을 수행하고 심볼로 변환한 후 간섭 제거 과

정을 거치게 된다. 이러한 오류정정 디코딩과 재 인코딩 과정을 통하여, MMSE 검출기로 심볼 단위 검출을 하면서 발생할 수 있는 심볼 검출 에러의 발생 가능성을 획기적으로 낮추게 되는 것이다. 따라서 간섭 제거 과정에서도 오류가 제거된 심볼에 의한 간섭 제거가 가능하므로 많은 성능 개선을 얻을 수 있게 된다.

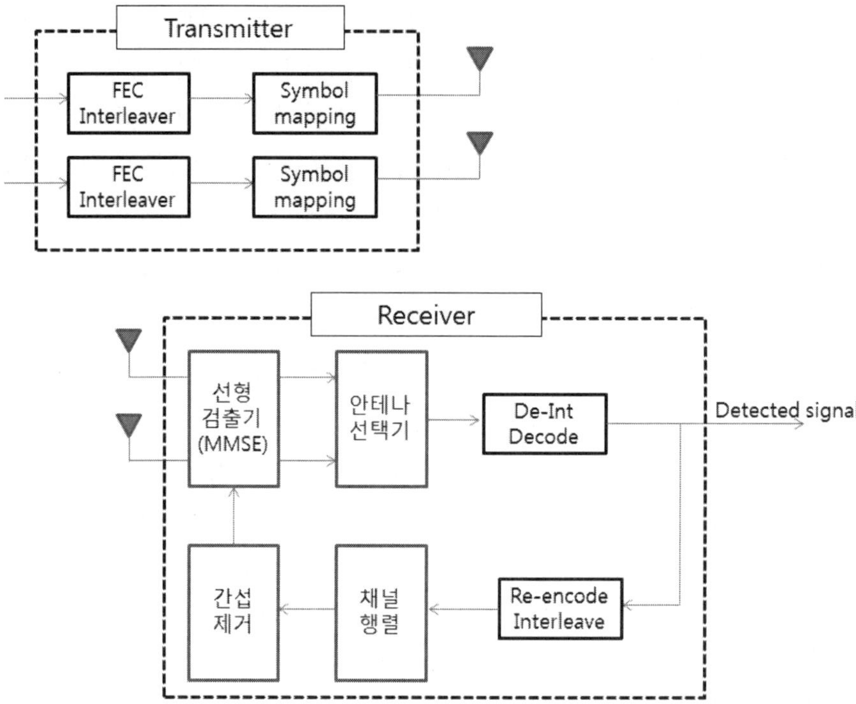

▸▸ 그림 4.19 에러 정정 기능과 결합된 간섭제거 검출기(MMSE-SIC 검출기)

공간 다중화를 채용하고 있는 많은 MIMO 수신기에서 일반적으로 채용하고 있는 수신기 구조가 지금 설명한 MMSE-SIC 검출기 기반의 수신기이다. 이 방식에 비하여 더욱 좋은 성능을 제시할 수 있는 수신기들도 있으나 성능과 구현 복잡도의 관계에서 적절한 타협이 이루어지는 점이 이 구조의 수신기라고 할 수 있다.

4.5.3.4 준 최적 검출기(Sub-optimal detector)

구현 복잡도 측면에서 가장 간단한 선형 검출기와 선형 검출기보다는 복잡하지만 선형 검출기보다는 성능을 개선시킬 수 있는 간섭 제거 검출기는 두 검출기 모두 최적 검출기라고 할 수 있는 ML 검출기의 성능에 미치지 못한다. 그러나 ML 검출기는 구현 복잡도가 심볼 차수와 안테나 개수에 비례하여 기하급수적으로 증가하기 때문에 실제 수신기 구현에는 사용할 수가 없는 방법이다. 이런 점에서 ML 검출기에 근접하는 성능을 보이면서도 구현 복잡도를 ML 검출기에 비하여 획기적으로 줄일 수 있는 준최적검출기에 대한 많은 연구들이 진행되어 왔다. 이러한 연구들의 대부분은 ML 검출기의 기반이 되는 후보 송신신호 벡터의 개수를 줄여서 ML 검출기보다는 더 적은 Euclidean distance 연산을 하도록 함으로써 복잡도를 줄이고자 하였다. 이 때 후보 송신신호 벡터의 개수를 줄이는 방법으로써 채널 행렬에 대한 분해를 통하여 간섭 제거와 결합하는 QRD(Q-R Decomposition) 기반의 후보 송신신호 벡터 선정 방식(QRD-m detector)과 수신 신호 벡터로부터 일정 Euclidean distance 이내의 신호 벡터를 생성할 수 있는 송신신호 벡터들을 후보 송신신호 벡터로 선정하는 Sphere detector 방식이 가장 대표적인 방식들이다. 이들 방식 이외에도 많은 준 최적 검출기에 대한 연구가 진행되었으나 실제 구현에 있어서의 복잡도는 앞 절에서 설명한 MMSE-SIC 검출기에 비하여 상당히 높은 편이어서 실제 송수신기의 하드웨어 및 소프트웨어 구현의 복잡도를 줄이기 위한 연구가 활발히 이루어지고 있다.

4.6 LTE에 적용된 MIMO 기술 (Rel. 8 기준)

이전 절까지 시공간 채널의 특징과 다중 안테나를 이용한 송수신 기술의 일반적인 이론에 대하여 살펴보았다. 지금까지 설명된 이론적 기반을 바탕으로 이번 절에서는 3GPP(3rd Generation Partnership Project) 표준화 위원회에서 세정된 이동통신 표준 무선접속 기술인 LTE(Long Term Evolution)에서 다루고 있는 MIMO 기술에 대하여 표준 권고안을 중심으로 살펴본다. LTE 무선접속 기술은 2008년 release 8으로 표준화가 완료되었으며, IMT-Advanced 표준 요구사항을 만족하는 LTE-Advanced 규격으로 2011년 진화하여 현재 Rel. 10 규격의 표준 권고안이 완성 되어 있으며 이후의 진화 규격에 대한 표준화 작업이 진행 중이다. 이번 절에서 살펴볼 LTE 규격은 2008년에 표준화가 완료된 Rel. 8 규격을 기준으로 한다.

3GPP Rel. 8 무선접속 기술인 LTE는 OFDMA 기반 하향 링크(기지국에서 단말로 신호가 전송되는 전송 링크, downlink, DL)와 SC-FDMA 기반의 상향 링크(단말에서 기지국으로 신호가 전송되는 전송 링크, uplink, UL)로 구성되어 있으며 LTE에 적용되어 있는 MIMO 기술은 하향 링크의 대용량 신호 전송 및 성능 개선을 위한 기술로 채택되어 있다. 상향 링크의 경우, Rel. 10 이후의 규격에서 MIMO 기술이 적용된 표준화가 이루어 졌으며 Rel. 8에서는 상향 링크의 MIMO는 규격화 작업이 이루어지지 않았다. 따라서 이번 절에서 다루게 될 LTE MIMO 기술은 하향 링크에 적용되어 있는 MIMO 기술만을 대상으로 한다.

4.6.1 Code word, Layer, Antenna port

우선 설명을 시작하기 전에 3GPP 규격에서 MIMO 기술을 서술하기 위하여 사용하는 용어에 대하여 간단히 서술하고자 한다. 무선접속 규격은 일반적으로 송신신호의 형식을 명확히하기 위하여 작성되는 문서이므로 수신기보다는 주로 송신기 관점에서 신호 생성 방법과 생성된 신호의 규격에 대한 것을 기록하기 마련이다. 따라서 MIMO 기술도 수신기 관점의 기술은 거의 없으며 송신기 관점에서 신호가 어떻게 생성되는지를 기술하고 있다.

먼저 code word는 기지국에서 정보를 송신하려고 할 때 여러 레벨의 프로토콜 처리를 거쳐 물리적인 신호로 생성하기 위하여 만들어진 비트 정보들을 말한다. 따라서 code word는 물리적인 신호가 채널로 전송될 때 수신 과정에서 발생할 수 있는 에러를 정정하기 위한 오류정정부호화 및 인터리빙까지 이루어진 비트열을 말한다. 이러한 code word를 구성하는 비트열들을 채널로 송신하기 위한 물리적인 신호 심볼로 변환하고 OFDM 변조과정을 거쳐 송신신호를 만들어 내는 과정을 정의하는 것이 물리계층이라고 할 수 있다. LTE에서는 MIMO 구현을 위하여 최대 2 개까지의 code word를 동시에 송신할 수 있도록 하고 있다. 즉 경우에 따라서 한 개 또는 두 개의 code word가 여러 개의 송신안테나로 송신되는 것이다.

다음으로 layer는 앞 단락에서 서술한 code word가 채널로 송신되기 위한 통로를 의미하며 일반적으로 송신안테나의 개수와 같은 개수의 layer가 존재할 수 있다. 즉 네 개의 송신안테나로 신호를 송신할 경우, layer는 네 개가 존재하게 되는 것이다. 그런데, code word의 개수와 layer의 개수가 서로 일치하지 않는 경우가 있기 때문에 code word 비트열에서 심볼로 변환한 이후에 이들 심볼을 layer에 할당해 주기 위한 과정이 필요하게 되며 이러한 과정을 layer mapping이라고 한다.

일반적으로 layer의 개수와 송신안테나의 개수가 같다고 하여 layer와 송신안테나가 항상 일 대 일로 대응관계를 갖는 것은 아니다. 따라서 layer들의 송신신호를 송신안테나로 대응 시켜 주기 위한 규칙이 필요하며, 이 과정에서 프리코딩 행렬을 통한 대응 규칙이 적용된다. 즉, 각각의 layer에서 특정 순간에 송신할 심볼들로 구성되는 벡터에 대하여 프리코딩 행렬을 곱해주어 얻어지는 결과 벡터가 송신안테나로 송신될 신호가 되는 것이다. 이 결과 벡터들이 송신되는 안테나들을 antenna port라고 한다. Antenna port 번호는 송신안테나의 번호를 나타낸다고 생각해도 무방하다. 그러나 표준 규격에서 정의하고 있는 antenna port의 의미는 다중 안테나 송신에서 공간 채널의 추정을 위한 기준 신호가 송신되는 안테나라고 하는 것이 더 정확한 의미에 가깝다. 즉, MIMO 동작을 위해서는 수신기(또는 송신기까지 포함하여)가 공간 채널을 알아야 하며 이를 위하여 송신기와 수신기가 미리 약속한 알고 있는 기준 신호(reference signal)가 송신기에서 수신기로 전송되어야 하며 이 기준 신호는 송신안테나 별로 구분이 가능하여야 한다.

이러한 구분을 위하여 기준 신호가 송신되는 것을 antenna port 별로 구분하여 정의하게 된다. 일반적으로는 antenna port 번호와 송신안테나의 번호가 같다고 생각하여도 관계없으나, MIMO 동작 모드에 따라서 여러 종류의 기준 신호가 사용될 수 있기 때문에 이들을 구분하기 위하여 antenna port라는 정의를 별도로 하게 되었다고 생각할 수 있다.

이상에서 정의한 code word, layer, antenna port 등을 기준으로 LTE에서의 MIMO 송신신호가 생성되는 과정을 블록도로 나타낸 것이 그림 4.20이다.

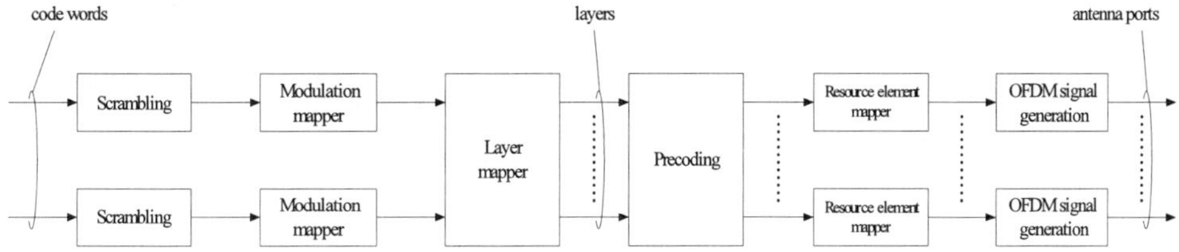

▶▶ 그림 4.20 LTE MIMO 송신신호 생성 블록도

그림 4.20에서 각각의 code word는 연속되어 입력되는 '1' 또는 '0'의 발생을 방지하기 위한 스크램블링의 과정을 거친 후 물리적인 신호 심볼로 변환하기 위한 modulation mapping의 과정을 거친다. 그런 후 layer mapper를 통하여 여러 안테나로 송신되기 위한 layer 별로 분산되고 프리코딩의 과정을 거쳐 실제 안테나로 송신되기 위한 신호 심볼로 생성된다. 이들 심볼은 OFDM 신호로의 변환을 거친 후 각각의 송신안테나로 송신되는 것이다.

그림 4.20의 블록도는 LTE 표준규격에서 정의하고 있는 MIMO 송신신호 처리의 일반화된 구성도를 보이고 있다. 즉, 이 그림에서 layer mapper와 프리코딩의 규칙을 어떻게 적용하느냐에 따라서 MIMO 모드가 송신 다이버시티 모드, 개루프 공간 다중화 모드, 폐루프 공간 다중화 모드 등으로 바뀔 수 있는 것이다.

4.6.2 LTE의 MIMO 동작 모드

3GPP 무선접속 표준화 규격 중 LTE 신호의 물리적인 규격과 동작에 대하여 정의하고 있는 문서는 TS36.211과 TS36.213이다. 이 중 TS36.211 규격이 물리적인 신호 생성 규격을 정의하고 있고 TS36.213 규격이 신호의 생성 절차에 대하여 기술하고 있다. 이들 중 물리적인 신호의 생성 절차를 기술하고 있는 TS36.213에서 정의하고 있는 LTE에서의 MIMO 관련 전송 모드는 7가지이다.

LTE 규격이 대용량 신호 전송 및 성능 개선을 목표로 규격화 작업이 이루어지는 가운데, 대용량 신호 전송을 위하여 신호 전송을 위한 물리채널과 이 채널로 전송되는 신호에 대한 제어 정보 전달을 위한 채널을 별도로 정의하고 있는데, 앞 단락에서 언급한 MIMO 관련 전송 모드란 이 두 채널을 어떻게 사용할 것인가를 정의하는 것이라고도 이해할 수 있다. 신호 전송을 위한 물리적인 채널을 PDSCH(Physical Downlink Shared CHannel), 제어정보 전달을 위한 채널을 PDCCH(Physical Downlink Control CHannel) 이라고 한다.

LTE 규격에서 정의하는 첫 번째 MIMO 전송모드는 한 개의 안테나 포트를 이용하여 신호를 전송하는 것이다. 단 이 때의 안테나 포트는 포트번호 0번을 사용하는 것으로서, 포트번호 0번은 기지국 영역 내의 모든 단말들이 공동으로 사용하게 될 기준 신호인 cell-specific reference signal(CRS)가 송신되는 안테나 포트이다. 이 모드는 한 개의 송신안테나로 신호를 송신하기 때문에 MIMO 기술이 일반적으로 사용되기 이전의 무선 통신에서 일반적으로 사용하던 SISO(Single Input Single Output) 또는 두 개 이상의 수신안테나와 같이 사용되는 SIMO 방식의 송수신 구조라고 할 수 있다. 송신안테나가 한 개이므로 code word 와 layer의 개수는 한 개씩이 사용된다.

두 번째 전송 모드는 송신 다이버시티 모드로서 여러 개의 송신안테나에 동일한 정보를 시공간 부호화를 이용하여 송신함으로써 다이버시티 이득을 얻기 위한 방식이다. LTE 규격에서는 두 개 또는 4개의 송신안테나를 이용하여 신호를 송신할 수 있으며 어느 경우이던지 동일한 정보가 송신되기 때문에 이 모드를 이용할 때의 code word의 개수는 한 개로 고정된다. 송신 다이버시티를 얻기 위하여 사용되는 시공간 부호화 방식은 Alamouti 방식과 Frequency Switched Transmit Diversity(FSTD)라는 방식이 사용되는데, Alamouti 방식의 경우 공간과 시간방향으로 부호화하는 것이 아니라 공간과 주파수 방향으로 부호화를 수행하는 space frequence block coding(SFBC) 방식으로 변형되어 사용된다. 두 개의 송신안테나를 사용할 경우는 SFBC 방식만이 적용되며, 네 개의 송신안테나일 경우에는 SFBC 방식과 FSTD 방식을 조합한 방식이 사용된다.

세 번째 전송 모드는 개루프 공간 다중화 모드이다. 두 개까지의 code word가 두 개 이상의 송신안테나 (최대 4개)를 통하여 전송되는 방식으로써 공간 다중화 차원을 나타내는 정보 이외에는 단말에서 기지국으로의 피드백이 필요하지 않은 방식이다. 공간 다중화를 통하여 다이버시티 이득보다는 전송 속도의 증가를 얻을 수 있는 방식이다. LTE 규격에서는 순환지연다이버시티(Cyclic Delay Diversity, CDD)와 공간 DFT 행렬을 프리코딩 행렬로 사용함으로써 공간 채널간의 품질 격차를 줄여 보다 신뢰성 있는 공간 다중화를 이룰 수 있도록 하였다.

네 번째 전송 모드는 폐루프 공간 다중화 모드이다. 세 번째 모드와 동일하게 최대 두 개까지의 code word가 최대 4개까지의 송신안테나를 통하여 전송되는 방식이며 프리코딩 행렬의 정보를 단말이 기지국으로 피드백 함으로써 공간 채널을 통한 다중화 된 전송 효율을 최대한 높일 수 있도록 한 방식이다.

다섯 번째 전송 모드는 다중 사용자 MIMO 모드이다. 이 모드는 네 번째인 폐루프 공간 다중화와 유사한 방식이라고 할 수 있다. 다만, 네 번째 방식의 경우, 두 개의 code word가 모두 한 사용자 단말에 서비스되었으나 다중 사용자 MIMO에서는 한 개의 code word 당 한 개씩의 단말로 서비스를 한다는 차이가 존재한다. 즉, 최대 두 개까지의 code word가 동시에 전송될 수 있으므로 다중 사용자 MIMO 모드에서는 최대 두 명의 사용자가 동시에 전송을 받을 수가 있는 것이다. 따라서 이 경우 두 사용자 단말별로 별도의 공간 채널을 통하여 전송이 이루어진다는 점에서 일종의 빔포밍으로 간주할 수 있으며 사용자 단말들의 공간 상의 위치가 서로 떨어져 있을 경우에 전송 용량 증대 효과를 기대할 수 있다.

여섯 번째 전송 모드는 전송 layer의 개수가 한 개일 경우의 폐루프 공간 다중화 모드이다. 이 모드는 한 개의 code word를 여러 송신안테나로 전송하는 폐루프 공간 다중화 모드이기 때문에 송신 빔포밍의 일종으로 간주할 수 있다.

일곱 번째 전송 모드는 한 개의 안테나 포트를 이용하여 신호를 전송하는 것이다. 단 이 때의 안테나 포트는 포트번호 5 번을 사용하는 것으로서 1-4번까지의 안테나 포트는 기지국 내의 모든 단말이 공유하는 공통 기준 신호를 전송하고 5번 포트로는 특정 단말만 사용하게 되는 UE specific reference signal를 전송함으로써 4개를 초과하는 전송 안테나를 사용하는 빔포밍을 가능하게 하는 모드이다. 이 모드는 송신안테나의 형태로 선형 어레이 안테나 구조를 사용하는 것을 가정한다.

4.6.3 LTE MIMO 송신신호 생성과정

4.6.2절에서 LTE MIMO의 동작 모드에 대하여 살펴보았다. 다양한 전송 모드가 존재하지만 결국 이들은 송신 다이버시티와 개루프 및 폐루프 공간 다중화의 세 가지 모드가 중심이 되고 있으며 이들 세 가지 모드를 그림 4.20에 나타나 있는 layer mapper, 프리코딩 블록에서의 처리 규칙을 달리 함으로써 한 프레임에서 나타내고 있음을 알 수 있다. 이번 절에서는 그림 4.20에 나타나 있는 layer mapper와 precoding이 각각의 동작 모드 별로 어떻게 동작하는지를 LTE 표준 규격을 기준으로 알아보도록 한다.

4.6.3.1 Modulation mapping

LTE MIMO에서 code word 비트열을 심볼로 변환할 때, 변환 대상이 되는 심볼의 형태는 QPSK, 16QAM, 64QAM이며 복소수 형태의 심볼로 표현된다.

4.6.3.2 Layer mapping

각각의 code word 비트열에서 변환된 심볼들은 한 개 이상의 layer로 mapping 된다. q번째 code word 비트열에서 심볼 변환된 복소 변조 심볼들을 $d^{(q)}(0), \dots, d^{(q)}(M_{symb}^{(q)}-1)$ 라고 할 때, 이들은 LTE MIMO의 전송 모드에 따라서 각각의 layer로 mapping 된다.

4.6.3.2.1 단일 안테나 포트로 mapping

6.2절의 첫 번째와 일곱 번째 전송 모드는 한 개의 안테나 포트를 통하여 전송하는 경우를 나타내고 있으며 이 경우 layer mapping의 규칙은 일대일 대응으로 일어나며 다음 식과 같다.

$$x^{(0)}(i) = d^{(0)}(i), \quad i = 0, \ldots, M_{symb}^{0} - 1 \qquad \text{식 (4.31)}$$

여기서 $x^{(0)}(i)$, $i = 0, \ldots, M_{symb}^{0} - 1$은 layer mapping 된 복소 심볼들이다.

4.6.3.2.2 공간 다중화에서의 layer mapping

공간 다중화의 경우에 layer mapping 규칙은 표 4.1에 나타난 바와 같다. 표 4.1에서 M_{symb}^{layer} 는 한 개의 layer에 전송되는 복소 심볼의 개수를 나타내고 있으며 $M_{symb}^{(0)}$ 과 $M_{symb}^{(1)}$ 은 각각 0번과 1번 code word의 비트열로부터 생성된 복소 심볼들의 개수를 나타낸다. 또 $x^{(j)}(i), j = 0, 1, 2, 3$은 각각 0번에서 3번까지의 layer 번호를 나타내고 있다.

표 4.1을 살펴보면 가능한 최대 layer의 개수는 4개이며 codeword의 최대 개수는 2개임을 알 수 있다. 또한 layer의 개수와 code word 의 개수가 같을 경우 mapping 관계는 일대일 대응으로 주어짐을 알 수 있다. 표 4.1에 나타난 code word와 layer의 mapping 관계를 그림으로 나타내 보면 그림 4.21과 같이 됨을 알 수 있다.

▶▶ 표 4.1 공간 다중화 경우의 layer mapping 규칙

Number of layers	Number of code words	Codeword-to-layer mapping $i = 0,1,\ldots,M_{symb}^{layer} - 1$	
1	1	$x^{(0)}(i) = d^{(0)}(i)$	$M_{symb}^{layer} = M_{symb}^{(0)}$
2	2	$x^{(0)}(i) = d^{(0)}(i)$ $x^{(1)}(i) = d^{(1)}(i)$	$M_{symb}^{layer} = M_{symb}^{(0)} = M_{symb}^{(1)}$
2	1	$x^{(0)}(i) = d^{(0)}(2i)$ $x^{(1)}(i) = d^{(0)}(2i+1)$	$M_{symb}^{layer} = M_{symb}^{(0)}/2$
3	2	$x^{(0)}(i) = d^{(0)}(i)$ $x^{(1)}(i) = d^{(1)}(2i)$ $x^{(2)}(i) = d^{(1)}(2i+1)$	$M_{symb}^{layer} = M_{symb}^{(0)} = M_{symb}^{(1)}/2$
4	2	$x^{(0)}(i) = d^{(0)}(2i)$ $x^{(1)}(i) = d^{(0)}(2i+1)$ $x^{(2)}(i) = d^{(1)}(2i)$ $x^{(3)}(i) = d^{(1)}(2i+1)$	$M_{symb}^{layer} = M_{symb}^{(0)}/2 = M_{symb}^{(1)}/2$

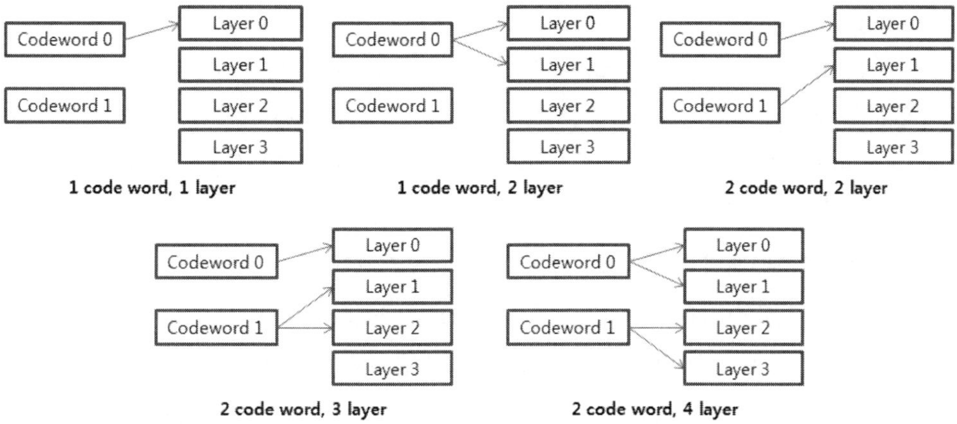

▸▸ 그림 4.21 code word와 layer 개수에 따라 mapping 관계도

표 4.1과 그림 4.21로부터 한 개의 code word 비트열로부터 변환된 복소 심볼들이 최대 2개까지의 layer에 mapping 될 수 있으며 두 개의 layer로 mapping 될 경우 홀수 번째와 짝수 번째 심볼들로 나뉘어 layer mapping 되는 관계를 확인할 수 있다.

4 6.3.2.3 송신 다이버시티에서의 layer mapping

표 4.2는 송신 다이버시티 전송모드에서의 code word와 layer 간의 mapping 규칙을 보이고 있다. 가능한 송신안테나의 개수가 두 개 또는 네 개로 주어질 때 한 개의 code word 비트열로부터 변환된 복소 심볼들이 두 개 또는 네 개의 layer에 순차적으로 mapping되고 있는 관계를 보이고 있음을 알 수 있다.

▸▸ 표 4.2 송신 다이버시티 경우의 layer mapping 규칙

Number of layers	Number of code words	Codeword-to-layer mapping $i=0,1,\ldots,M_{\text{symb}}^{\text{layer}}-1$	
2	1	$x^{(0)}(i)=d^{(0)}(2i)$ $x^{(1)}(i)=d^{(0)}(2i+1)$	$M_{\text{symb}}^{\text{layer}}=M_{\text{symb}}^{(0)}/2$
4	1	$x^{(0)}(i)=d^{(0)}(4i)$ $x^{(1)}(i)=d^{(0)}(4i+1)$ $x^{(2)}(i)=d^{(0)}(4i+2)$ $x^{(3)}(i)=d^{(0)}(4i+3)$	$M_{\text{symb}}^{\text{layer}}=\begin{cases} M_{\text{symb}}^{(0)}/4 & \text{if } M_{\text{symb}}^{(0)} \bmod 4=0 \\ \left(M_{\text{symb}}^{(0)}+2\right)/4 & \text{if } M_{\text{symb}}^{(0)} \bmod 4\neq 0 \end{cases}$ If $M_{\text{symb}}^{(0)} \bmod 4 \neq 0$ two null symbols shall be appended to $d^{(0)}(M_{\text{symb}}^{(0)}-1)$

4.6.3.3 Precoding

프리코딩은 code word로부터 layer로 mapping 한 후 각각의 layer에 mapping 되어 있는 복소 심볼들을 실제 전송될 안테나의 송신 심볼로 변환하는 과정이다. 프리코딩은 LTE MIMO의 전송 모드에 따라 변환 규칙이 다르며 각각의 경우에 대하여 변환 규칙을 알아본다.

4.6.3.3.1 한 개의 안테나로 전송할 때의 프리코딩

한 개의 송신안테나로 송신할 경우, 프리코딩은 layer에 mapping 되어 있는 심볼을 그대로 통과시키는 것이 규칙이다. 즉, 안테나로 송신하는 신호를 $y(i), i=0,1,\dots,M_{symb}^{ap}-1$ 이라 할 때 이 신호는 다음과 같이 주어진다. 여기서 M_{symb}^{ap}는 안테나 포트로 송신될 복소 심볼의 개수를 나타내며 한 개 layer의 심볼들이 한 개의 안테나 포트로 송신되기 때문에 한 layer의 심볼 개수인 M_{symb}^{layer}와 같은 값을 갖는다.

$$y(i)=x^{(0)}(i) \qquad \text{식 (4.32)}$$

여기서 $x^{(0)}(i)$는 식 (4.31)에 주어진 layer mapping 된 복소 심볼을 나타낸다.

4.6.3.3.2 공간 다중화에서의 프리코딩 : 개루프 공간 다중화

4.5.1절에서 살펴본 바와 같이 개루프 공간 다중화는 송신기가 채널의 정보를 모르는 상태에서 공간 채널을 다중화 하여 송신하는 방식이다. LTE MIMO에서는 이러한 개루프 공간 다중화의 특성을 살리기 위하여 프리코딩을 통하여 공간 채널들이 평균화 될 수 있도록 하는 방식을 택하고 있다. 즉, 각각의 공간 채널로 송신할 복소 심볼들 하나하나가 모든 공간 채널을 거쳐 송신될 수 있도록 각각의 layer에 mapping 된 복소 심볼들에 대한 변환을 우선 실행하고 그 결과 얻어진 신호들을 일종의 가상 layer 신호로 만든다. 그 이후 공간 채널의 상호 독립성을 높이기 위하여 순환지연다이버시티(Cyclic Delay Diversity, CDD) 기법을 적용한 다음 신호를 송신하는 형식을 취하고 있다. 이러한 송신신호 생성과정에서의 프리코딩 절차는 아래의 식과 같이 나타낼 수 있다.

$$\begin{bmatrix} y^{(0)}(i) \\ \vdots \\ y^{(P-1)}(i) \end{bmatrix} = W(i)D(i)U \begin{bmatrix} x^{(0)}(i) \\ \vdots \\ x^{(\upsilon-1)}(i) \end{bmatrix} \qquad \text{식 (4.33)}$$

여기서 $x^{(j)}(i),\ j=0,1,\dots,\upsilon-1$는 layer mapping을 통하여 얻어진 layer 별 송신 심볼들이고 υ는 layer의 개수를 나타낸다. $\boldsymbol{U}$는 layer 별 심볼들이 모든 공간 채널을 거칠 수 있도록 심볼 분산을 시키기 위한 행렬이고 $\boldsymbol{D}(i)$는 CDD 구현을 위한 프리코딩 행렬이다. $\boldsymbol{W}(i)$는 프리코딩 행렬로서 CDD까지를 거친 layer 별 송신 심볼들이 안테나 포트로 mapping되도록 하기 위한 변환 과정을 제공하며 개루프 공간 다중화의 경우 단말로부터 채널 정보에 대한 피드백이 없기 때문에 CDD까지를 통과한 신호들이 안테나 포트로 거의 transparent하게 mapping될 수 있도록 설정된다. Layer 개수에 따른 $\boldsymbol{U}$와 $\boldsymbol{D}(i)$ 행렬이 표 3에 나타나 있다. 표에서 살펴보면 $\boldsymbol{U}$ 행렬은 layer 개수를 차수로 하는 DFT 행렬로 나타나 있음을 알 수 있으며 layer mapping 된 심볼들을 DFT를 이용하여 가상 layer에 다시 mapping시키고 있음을 확인할 수 있다. CDD를 위한 행렬 $\boldsymbol{D}(i)$는 i가 증가함에 따라 가상 layer에 mapping 된 신호에 선형적으로 증가하는 위상을 발생시키며 이는 공간 채널의 상호 독립성을 증가시키는 역할을 하게 된다. 이렇게 i에 따라 증가하는 선형위상은 OFDM 송신신호 생성 과정인 IFFT 과정을 거치면서 순환 지연의 형태로 나타나게 되어 CDD 라는 명칭으로 불리게 되었다.

▶▶ 표 4.3 Layer 개수에 따른 CDD 행렬과 가상 layer mapping 행렬

Number of layers υ	U	$D(i)$
2	$\frac{1}{\sqrt{2}}\begin{bmatrix}1 & 1\\1 & e^{-j2\pi/2}\end{bmatrix}$	$\begin{bmatrix}1 & 0\\0 & e^{-j2\pi i/2}\end{bmatrix}$
3	$\frac{1}{\sqrt{3}}\begin{bmatrix}1 & 1 & 1\\1 & e^{-j2\pi/3} & e^{-j4\pi/3}\\1 & e^{-j4\pi/3} & e^{-j8\pi/3}\end{bmatrix}$	$\begin{bmatrix}1 & 0 & 0\\0 & e^{-j2\pi i/3} & 0\\0 & 0 & e^{-j4\pi i/3}\end{bmatrix}$
4	$\frac{1}{2}\begin{bmatrix}1 & 1 & 1 & 1\\1 & e^{-j2\pi/4} & e^{-j4\pi/4} & e^{-j6\pi/4}\\1 & e^{-j4\pi/4} & e^{-j8\pi/4} & e^{-j12\pi/4}\\1 & e^{-j6\pi/4} & e^{-j12\pi/4} & e^{-j18\pi/4}\end{bmatrix}$	$\begin{bmatrix}1 & 0 & 0 & 0\\0 & e^{-j2\pi i/4} & 0 & 0\\0 & 0 & e^{-j4\pi i/4} & 0\\0 & 0 & 0 & e^{-j6\pi i/4}\end{bmatrix}$

$\boldsymbol{W}(i)$ 행렬은 안테나 포트의 개수에 따라 달라지게 된다. 안테나 포트의 개수가 두 개인 경우 다음과 같이 $\boldsymbol{W}(i)$가 정해 진다.

$$\text{for } v=1: \ \boldsymbol{W}(i)=\frac{1}{\sqrt{2}}\begin{bmatrix}1\\1\end{bmatrix} \qquad \text{식 (4.34)}$$

$$\text{for } v=2: \ \boldsymbol{W}(i)=\frac{1}{\sqrt{2}}\begin{bmatrix}1 & 0\\0 & 1\end{bmatrix}$$

안테나의 개수가 네 개인 경우는 i와 v에 따라 서로 다른 $\boldsymbol{W}(i)$가 적용된다. i와 v에 따른 $\boldsymbol{W}(i)$는 다음 식과 같이 주어진다.

$$\boldsymbol{W}(i)=C_k,\ k=\left(\left\lfloor \frac{i}{v}\right\rfloor \bmod 4\right)+1 \qquad \text{식 (4.35)}$$

식 (4.35)의 C_k 에서 k는 1, 2, 3, 4의 값을 가질 수 있으며 이에 따른 C_k는 표 4.4와 같이 주어진다.

▶▶ 표 4.4 Layer 개수에 따른 프리코딩 행렬 C_k

C_k	$v=1$	$v=2$	$v=3$	$v=4$
C_1	$\begin{bmatrix} 0.5 \\ 0.5 \\ 0.5 \\ -0.5 \end{bmatrix}$	$\frac{1}{\sqrt{2}}\begin{bmatrix} 0.5 & 0.5 \\ 0.5 & 0.5 \\ 0.5 & -0.5 \\ -0.5 & 0.5 \end{bmatrix}$	$\frac{1}{\sqrt{3}}\begin{bmatrix} 0.5 & 0.5 & 0.5 \\ 0.5 & 0.5 & -0.5 \\ 0.5 & -0.5 & 0.5 \\ -0.5 & 0.5 & 0.5 \end{bmatrix}$	$\frac{1}{2}\begin{bmatrix} 0.5 & 0.5 & 0.5 & -0.5 \\ 0.5 & 0.5 & -0.5 & 0.5 \\ 0.5 & -0.5 & 0.5 & 0.5 \\ -0.5 & 0.5 & 0.5 & 0.5 \end{bmatrix}$
C_2	$\begin{bmatrix} 0.5 \\ 0.5 \\ -0.5 \\ 0.5 \end{bmatrix}$	$\frac{1}{\sqrt{2}}\begin{bmatrix} 0.5 & -0.5 \\ 0.5 & 0.5 \\ -0.5 & 0.5 \\ 0.5 & 0.5 \end{bmatrix}$	$\frac{1}{\sqrt{3}}\begin{bmatrix} 0.5 & 0.5 & -0.5 \\ 0.5 & 0.5 & 0.5 \\ -0.5 & 0.5 & 0.5 \\ 0.5 & -0.5 & 0.5 \end{bmatrix}$	$\frac{1}{2}\begin{bmatrix} 0.5 & -0.5 & 0.5 & 0.5 \\ 0.5 & 0.5 & 0.5 & -0.5 \\ -0.5 & 0.5 & 0.5 & 0.5 \\ 0.5 & 0.5 & -0.5 & 0.5 \end{bmatrix}$
C_3	$\begin{bmatrix} 0.5 \\ -0.5 \\ 0.5 \\ 0.5 \end{bmatrix}$	$\frac{1}{\sqrt{2}}\begin{bmatrix} 0.5 & 0.5 \\ -0.5 & 0.5 \\ 0.5 & 0.5 \\ 0.5 & -0.5 \end{bmatrix}$	$\frac{1}{\sqrt{3}}\begin{bmatrix} 0.5 & -0.5 & 0.5 \\ -0.5 & 0.5 & 0.5 \\ 0.5 & 0.5 & 0.5 \\ 0.5 & 0.5 & -0.5 \end{bmatrix}$	$\frac{1}{2}\begin{bmatrix} 0.5 & -0.5 & 0.5 & 0.5 \\ 0.5 & 0.5 & -0.5 & 0.5 \\ 0.5 & 0.5 & 0.5 & -0.5 \\ -0.5 & 0.5 & 0.5 & 0.5 \end{bmatrix}$
C_4	$\begin{bmatrix} 0.5 \\ -0.5 \\ -0.5 \\ -0.5 \end{bmatrix}$	$\frac{1}{\sqrt{2}}\begin{bmatrix} 0.5 & -0.5 \\ -0.5 & 0.5 \\ -0.5 & -0.5 \\ -0.5 & -0.5 \end{bmatrix}$	$\frac{1}{\sqrt{3}}\begin{bmatrix} 0.5 & -0.5 & -0.5 \\ -0.5 & 0.5 & -0.5 \\ -0.5 & -0.5 & 0.5 \\ -0.5 & -0.5 & -0.5 \end{bmatrix}$	$\frac{1}{2}\begin{bmatrix} 0.5 & -0.5 & -0.5 & -0.5 \\ -0.5 & 0.5 & -0.5 & -0.5 \\ -0.5 & -0.5 & 0.5 & -0.5 \\ -0.5 & -0.5 & -0.5 & 0.5 \end{bmatrix}$

4.6.3.3.3 공간 다중화에서의 프리코딩 : 폐루프 공간 다중화

4.5.2절에서 살펴본 바와 같이 폐루프 공간 다중화는 단말로부터 채널 정보를 기지국으로 피드백하여 이를 바탕으로 공간 채널이 직교할 수 있도록 프리코딩을 수행하는 것이다. LTE MIMO의 경우 공간 채널의 모든 정보를 피드백하는 것은 상향 링크의 자원을 많이 소모하는 것이 되므로 가능한 공간 채널 정보를 미리 양자화하여 코드북을 생성해 놓고 단말기는 채널 정보가 코드북의 어떤 인덱스에 해당하는 지를 피드백 하는 것으로 하고 있다. LTE 기지국은 단말로부터의 피드백에 따라 해당되는 코드북으로부터 프리코딩을 위한 행렬을 생성하고 다음 식과 같은 방식으로 프리코딩을 수행한다.

$$\begin{bmatrix} y^{(0)}(i) \\ \vdots \\ y^{(P-1)}(i) \end{bmatrix} = W(i) \begin{bmatrix} x^{(0)}(i) \\ \vdots \\ x^{(\upsilon-1)}(i) \end{bmatrix} \qquad \text{식 (4.36)}$$

여기서 $\boldsymbol{W}(i)$가 코드북으로부터 생성한 프리코딩 행렬이 되며 송신안테나 포트의 개수와 layer의 개수에 따라 아래의 표 4.5, 표 4.6과 같이 주어지게 된다. 송신안테나 포트의 개수가 두 개인 경우는 표 4.5의 행렬을 바로 적용할 수 있으며, 송신안테나 포트가 네 개인 경우는 표 4.6의 두 번째 열에 주어진 u_n 벡터에 따라 프리코딩 행렬을 생성한다.

▶▶ 표 4.5 안테나 포트 개수 두 개일 때의 프리코딩 행렬

Codebook index	Number of layers υ	
	1	2
0	$\frac{1}{\sqrt{2}}\begin{bmatrix}1\\1\end{bmatrix}$	$\frac{1}{\sqrt{2}}\begin{bmatrix}1 & 0\\0 & 1\end{bmatrix}$
1	$\frac{1}{\sqrt{2}}\begin{bmatrix}1\\-1\end{bmatrix}$	$\frac{1}{2}\begin{bmatrix}1 & 1\\1 & -1\end{bmatrix}$
2	$\frac{1}{\sqrt{2}}\begin{bmatrix}1\\j\end{bmatrix}$	$\frac{1}{2}\begin{bmatrix}1 & 1\\j & -j\end{bmatrix}$
3	$\frac{1}{\sqrt{2}}\begin{bmatrix}1\\-j\end{bmatrix}$	-

▶▶ 표 4.6 안테나 포트 네 개일 때의 프리코딩 행렬

Code book index	u_n	Number of layers υ			
		1	2	3	4
0	$u_0=[1\ -1\ -1\ -1]^T$	$W_0^{\{1\}}$	$W_0^{\{14\}}/\sqrt{2}$	$W_0^{\{124\}}/\sqrt{3}$	$W_0^{\{1234\}}/2$
1	$u_1=[1\ -j\ -1\ j]^T$	$W_1^{\{1\}}$	$W_1^{\{12\}}/\sqrt{2}$	$W_1^{\{123\}}/\sqrt{3}$	$W_1^{\{1234\}}/2$
2	$u_2=[1\ 1\ -1\ 1]^T$	$W_2^{\{1\}}$	$W_2^{\{12\}}/\sqrt{2}$	$W_2^{\{123\}}/\sqrt{3}$	$W_2^{\{3214\}}/2$
3	$u_3=[1\ j\ 1\ -j]^T$	$W_3^{\{1\}}$	$W_3^{\{12\}}/\sqrt{2}$	$W_3^{\{123\}}/\sqrt{3}$	$W_3^{\{3214\}}/2$
4	$u_4=[1\ (-1-j)/\sqrt{2}\ -j\ (1-j)/\sqrt{2}]^T$	$W_4^{\{1\}}$	$W_4^{\{14\}}/\sqrt{2}$	$W_4^{\{124\}}/\sqrt{3}$	$W_4^{\{1234\}}/2$
5	$u_5=[1\ (1-j)/\sqrt{2}\ j\ (-1-j)/\sqrt{2}]^T$	$W_5^{\{1\}}$	$W_5^{\{14\}}/\sqrt{2}$	$W_5^{\{124\}}/\sqrt{3}$	$W_5^{\{1234\}}/2$
6	$u_6=[1\ (1+j)/\sqrt{2}\ -j\ (-1+j)/\sqrt{2}]^T$	$W_6^{\{1\}}$	$W_6^{\{13\}}/\sqrt{2}$	$W_6^{\{134\}}/\sqrt{3}$	$W_6^{\{1324\}}/2$
7	$u_7=[1\ (-1+j)/\sqrt{2}\ j\ (1+j)/\sqrt{2}]^T$	$W_7^{\{1\}}$	$W_7^{\{13\}}/\sqrt{2}$	$W_7^{\{134\}}/\sqrt{3}$	$W_7^{\{1324\}}/2$
8	$u_8=[1\ -1\ 1\ 1]^T$	$W_8^{\{1\}}$	$W_8^{\{12\}}/\sqrt{2}$	$W_8^{\{124\}}/\sqrt{3}$	$W_8^{\{1234\}}/2$
9	$u_9=[1\ -j\ -1\ -j]^T$	$W_9^{\{1\}}$	$W_9^{\{14\}}/\sqrt{2}$	$W_9^{\{134\}}/\sqrt{3}$	$W_9^{\{1234\}}/2$
10	$u_{10}=[1\ 1\ 1\ -1]^T$	$W_{10}^{\{1\}}$	$W_{10}^{\{13\}}/\sqrt{2}$	$W_{10}^{\{123\}}/\sqrt{3}$	$W_{10}^{\{1324\}}/2$
11	$u_{11}=[1\ j\ -1\ j]^T$	$W_{11}^{\{1\}}$	$W_{11}^{\{13\}}/\sqrt{2}$	$W_{11}^{\{134\}}/\sqrt{3}$	$W_{11}^{\{1324\}}/2$
12	$u_{12}=[1\ -1\ -1\ 1]^T$	$W_{12}^{\{1\}}$	$W_{12}^{\{12\}}/\sqrt{2}$	$W_{12}^{\{123\}}/\sqrt{3}$	$W_{12}^{\{1234\}}/2$
13	$u_{13}=[1\ -1\ 1\ -1]^T$	$W_{13}^{\{1\}}$	$W_{13}^{\{13\}}/\sqrt{2}$	$W_{13}^{\{123\}}/\sqrt{3}$	$W_{13}^{\{1324\}}/2$
14	$u_{14}=[1\ 1\ -1\ -1]^T$	$W_{14}^{\{1\}}$	$W_{14}^{\{13\}}/\sqrt{2}$	$W_{14}^{\{123\}}/\sqrt{3}$	$W_{14}^{\{3214\}}/2$
15	$u_{15}=[1\ 1\ 1\ 1]^T$	$W_{15}^{\{1\}}$	$W_{15}^{\{12\}}/\sqrt{2}$	$W_{15}^{\{123\}}/\sqrt{3}$	$W_{15}^{\{1234\}}/2$

표 4.6의 $W_n^{\{s_1 s_2 s_3 s_4\}}$는 다음과 같은 식으로 주어지는 W_n 행렬에서 s_1, s_2, s_3, s_4 열의 순서로 열을 구성하여 형성된 행렬을 의미한다.

$$W_n = I - 2u_n u_n^H / u_n^H u_n \qquad \text{식 (4.37)}$$

4.6.3.3.4 송신 다이버시티에서의 프리코딩

송신안테나 포트의 개수가 두 개일 경우의 프리코딩은 아래의 식과 같이 주어진다.

$$\begin{bmatrix} y^{(0)}(2i) \\ y^{(1)}(2i) \\ y^{(0)}(2i+1) \\ y^{(1)}(2i+1) \end{bmatrix} = \frac{1}{\sqrt{2}} \begin{bmatrix} 1 & 0 & j & 0 \\ 0 & -1 & 0 & j \\ 0 & 1 & 0 & j \\ 1 & 0 & -j & 0 \end{bmatrix} \begin{bmatrix} \mathrm{Re}\left(x^{(0)}(i)\right) \\ \mathrm{Re}\left(x^{(1)}(i)\right) \\ \mathrm{Im}\left(x^{(0)}(i)\right) \\ \mathrm{Im}\left(x^{(1)}(i)\right) \end{bmatrix} \qquad \text{식 (4.38)}$$

여기서 $y^{(j)}(i)$, $j = 0, 1$는 j번 안테나 포트로 송신되는 i번째 심볼을 나타내고 있다. 따라서 식 (4.38)을 통하여 두 개의 안테나 포트로 송신되는 안테나 포트별 두 개씩의 심볼이 생성되는 것을 알 수 있으며 각각의 안테나 포트로 송신될 두 개의 심볼은 연속적인 인덱스를 갖고 있어 OFDM 변조 과정에서 서로 인접한 부반송파에 위치하게 됨을 알 수 있다. 또한 layer mapping 된 두 개의 심볼이 Alamouti 방식으로 시공간 부호화되고 있기 때문에 결국 LTE MIMO의 송신 다이버시티 모드에 적용되고 있는 시공간 부호화 방식은 SFBC임을 알 수 있다. 이 관계는 아래의 그림 22에 잘 나타나 있다.

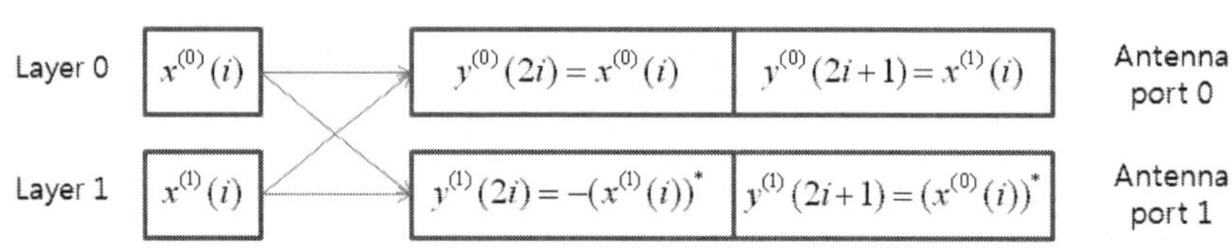

▸▸ 그림 4.22 안테나 포트 두 개일 때의 송신 다이버시티 mapping 관계

송신안테나 포트의 개수가 네 개일 경우에는 Alamouti 방식 기반으로만 시공간 부호화를 하는데 한계가 존재한다. 따라서 이 경우에는 Alamouti 방식과 스위칭 방식을 결합한 송신 다이버시티 mapping 기법을 사용한다. 다음 식은 네 개의 layer로 mapping 된 심볼들이 네 개의 안테나 포트로 mapping 되는 관계를 보이고 있다.

$$\begin{bmatrix} y^{(0)}(4i) \\ y^{(1)}(4i) \\ y^{(2)}(4i) \\ y^{(3)}(4i) \\ y^{(0)}(4i+1) \\ y^{(1)}(4i+1) \\ y^{(2)}(4i+1) \\ y^{(3)}(4i+1) \\ y^{(0)}(4i+2) \\ y^{(1)}(4i+2) \\ y^{(2)}(4i+2) \\ y^{(3)}(4i+2) \\ y^{(0)}(4i+3) \\ y^{(1)}(4i+3) \\ y^{(2)}(4i+3) \\ y^{(3)}(4i+3) \end{bmatrix} = \frac{1}{\sqrt{2}} \begin{bmatrix} 1 & 0 & 0 & 0 & j & 0 & 0 & 0 \\ 0 & 0 & 0 & 0 & 0 & 0 & 0 & 0 \\ 0 & -1 & 0 & 0 & 0 & j & 0 & 0 \\ 0 & 0 & 0 & 0 & 0 & 0 & 0 & 0 \\ 0 & 1 & 0 & 0 & 0 & j & 0 & 0 \\ 0 & 0 & 0 & 0 & 0 & 0 & 0 & 0 \\ 1 & 0 & 0 & 0 & -j & 0 & 0 & 0 \\ 0 & 0 & 0 & 0 & 0 & 0 & 0 & 0 \\ 0 & 0 & 0 & 0 & 0 & 0 & 0 & 0 \\ 0 & 0 & 1 & 0 & 0 & 0 & j & 0 \\ 0 & 0 & 0 & 0 & 0 & 0 & 0 & 0 \\ 0 & 0 & 0 & -1 & 0 & 0 & 0 & j \\ 0 & 0 & 0 & 0 & 0 & 0 & 0 & 0 \\ 0 & 0 & 0 & 1 & 0 & 0 & 0 & j \\ 0 & 0 & 0 & 0 & 0 & 0 & 0 & 0 \\ 0 & 0 & 1 & 0 & 0 & 0 & -j & 0 \end{bmatrix} \begin{bmatrix} \mathrm{Re}\left(x^{(0)}(i)\right) \\ \mathrm{Re}\left(x^{(1)}(i)\right) \\ \mathrm{Re}\left(x^{(2)}(i)\right) \\ \mathrm{Re}\left(x^{(3)}(i)\right) \\ \mathrm{Im}\left(x^{(0)}(i)\right) \\ \mathrm{Im}\left(x^{(1)}(i)\right) \\ \mathrm{Im}\left(x^{(2)}(i)\right) \\ \mathrm{Im}\left(x^{(3)}(i)\right) \end{bmatrix} \qquad \text{식 (4.39)}$$

식 (4.39)의 mapping 관계를 그림 4.23에 나타내어 보았다.

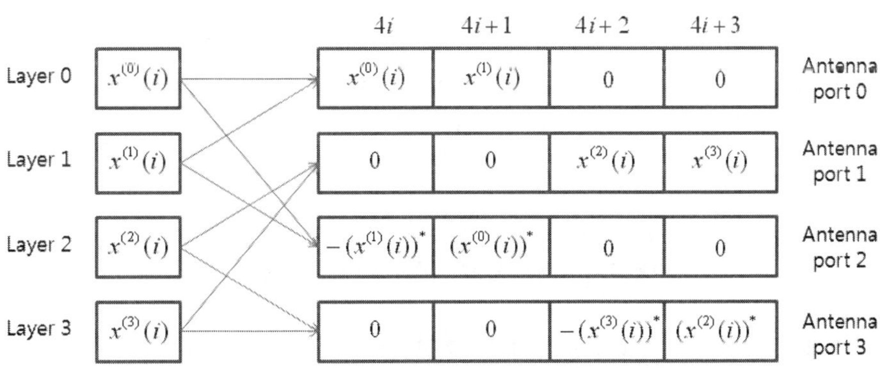

▸▸ 그림 4.23 안테나 포트 네 개일 때의 송신 다이버시티 mapping 관계

그림 4.23으로부터 layer 0과 layer 1은 안테나 포트 0과 2번, layer 2, 3은 안테나 포트 1, 3번으로 mapping 관계가 형성되고 있음을 알 수 있으며 안테나 포트 0, 2번이 송신되는 동안 안테나 포트 1, 3번은 송신되지 않고 있음을 알 수 있다. 또한 서로 mapping 관계에 있는 layer들과 안테나 포트들 사이에서의 송신 다이버시티 프리코딩은 Alamouti 방식을 기반으로 이루어지고 있음도 알 수 있다. 안테나 포트 쌍 간의 스

위칭은 주파수 영역에서의 부반송파들이 서로 교대로 송신되는 형태로 나타나므로 FSTD(Frequency Switched Transmit Diversity) 형태라고 생각할 수 있다. 따라서 이러한 특성을 살펴보고 수신기에서는 송신 다이버시티 결합을 시도하여야 한다.

4.6.4 구현 예 : 송신 다이버시티, 안테나 포트의 개수 2개

지금까지 살펴본 LTE MIMO의 송신 블록별 동작을 기반으로 두 개의 안테나 포트로 신호를 송신하는 경우의 송신 다이버시티 모드에서 LTE MIMO 송신기의 구성과 동작이 어떻게 되는지를 알아본다.

송신 다이버시티 전송 모드에서 LTE는 한 개의 code word를 전송하게 된다. 이 code word는 심볼 변환을 거쳐 layer mapping의 과정을 거치는데, 두 개의 안테나 포트를 사용하는 경우, 표 4.2에서 제시되고 있는 mapping 규칙에 따라 두 개의 layer로 mapping 된다. 이 때 심볼 변환된 심볼들 중에서 짝수 번째 심볼들은 0번 layer로 홀수 번째 심볼들은 1번 layer로 mapping 된다. 두 개의 layer로 mapping 된 심볼들은 한 개의 2차원 열벡터를 형성하게 되고 이들에 대하여 SFBC 방식의 시공간 부호화가 이루어진 후 전송을 위하여 할당된 부반송파에 실려 안테나 포트로 송신된다. 이러한 송신 다이버시티 전송모드에서의 처리 절차가 그림 4.24에 나타나 있다.

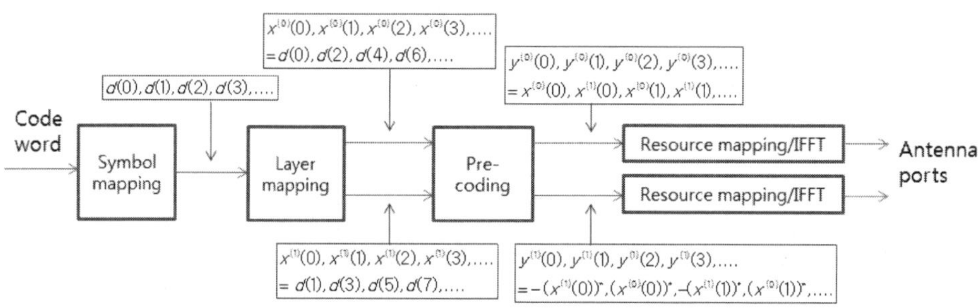

▶▶ 그림 4.24 송신 다이버시티 전송 모드 구현 예

수신기가 한 개의 안테나로 신호를 수신한다고 가정하고 송신 다이버시티 전송모드의 수신 신호를 모델링 해 보면 다음과 같이 나타난다.

$$r_{2k} = h_0 y^{(0)}(2k) + h_1 y^{(1)}(2k) + n_{2k} \qquad \text{식 (4.40)}$$

$$r_{2k+1} = h_0 y^{(0)}(2k+1) + h_1 y^{(1)}(2k+1) + n_{2k+1}$$

여기서 r_{2k}, r_{2k+1}은 $2k$, $2k+1$번째 부반송파로 수신된 주파수 영역의 수신 신호를 나타내고 있고, h_0, h_1은 각각 송신안테나 포트 0과 1에서 수신안테나로 전송되는 과정에서의 채널값을 나타내고 있다. $y^{(i)}(2k)$, $y^{(i)}(2k+1)$은 i번째 안테나 포트로 송신된 송신신호로서 그림 4.24에 나타난 예에서는 $y^{(0)}(2k)=x^{(0)}(k)$, $y^{(0)}(2k+1)=x^{(1)}(k)$, $y^{(1)}(2k)=-(x^{(1)}(k))^*$, $y^{(1)}(2k+1)=(x^{(0)}(k))^*$와 같이 layer mapping 된 송신 심볼들과 연관된다. 이들 관계를 식 (40)에 대입하면 다음 식과 같은 관계를 얻을 수 있다.

$$r_{2k}=h_0x^{(0)}(k)-h_1(x^{(1)}(k))^*+n_{2k} \qquad \text{식 (4.41)}$$

$$r_{2k+1}=h_0x^{(1)}(k)+h_1(x^{(0)}(k))^*+n_{2k+1}$$

식 (4.41)에 주어진 송신 다이버시티 전송모드에서의 수신 신호 모형은 4.1.2절에서 제시된 송신 다이버시티 신호 모형의 변형된 형태로서 4.1.2절에서 제시된 방식에 의하여 $x^{(0)}(k), x^{(1)}(k)$에 대한 검출이 가능하며 송신 다이버시티 이득을 얻게 된다.

4.6.5 구현 예: 개루프 공간 다중화, 안테나 포트의 수 2개, code word 2개

이번 절은 두 개의 code word를 두 개의 송신안테나 포트를 갖는 송신기로 개루프 공간 다중화 전송모드로 송신하는 경우의 LTE MIMO 송신기의 구성과 동작을 알아본다.

두 개의 code word를 공간 다중화를 이용하여 송신할 경우 각각의 code word 비트열에 대한 심볼 변환이 이루어지고 나면 이 심볼들에 대한 layer mapping이 이루어진다. 송신안테나 포트가 두 개일 경우, layer의 개수는 두 개로 되며 두 개의 code word들로부터 만들어진 심볼들은 두 개의 layer에 일대일 대응으로 mapping 된다. 이러한 layer mapping 관계가 그림 4.25에 점선의 형태로 나타나 있다. 개루프 공간 다중화의 경우, 공간 채널의 평균화를 위하여 LTE에서는 두 layer의 심볼들이 두 개의 공간 채널을 같이 거칠 수 있도록 하고 있으며 이를 위하여 두 layer의 심볼들에 대한 DFT를 통하여 새로운 가상 layer를 형성한다. 이 과정이 그림 4.25에 나타나 있는 $\boldsymbol{U}$ 행렬에서 이루어진다. 한편 개루프 공간 다중화에서 두 개의 공간 채널간의 독립성을 키우기 위하여 LTE에서는 두 번째 가상 layer에 순환지연다이버시티(CDD) 효과를 부여하기 위한 동작을 수행해주는데, 이 과정은 그림 4.25와 같이 부반송파 인덱스가 증가하면서 선형적으로 증가하는 위상을 갖도록 하는 대각 행렬을 곱해 줌으로써 이루어지게 된다. 이러한 과정까지를 거친 신호는 마지막으로 프리코딩 행렬을 통하여 두 개의 안테나 포트로 송신될 신호로 변환되는데, 현재 설명하고 있는 예에서는 프리코딩 행렬로 단위행렬을 사용함으로써 CDD를 거친 신호가 바로 전송을 위하여 할당된 부반송파에 실려 두 개의 안테나 포트에서 송신될 수 있도록 하고 있다.

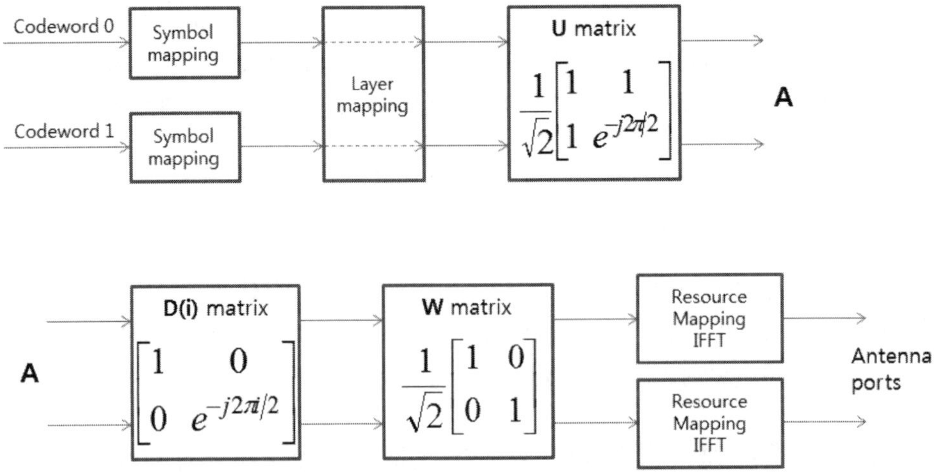

▸▸ 그림 4.25 개루프 공간 다중화 전송모드 구현 예

그림 4.25에서 제시된 개루프 공간 다중화 된 신호를 두 개의 수신안테나를 갖고 있는 수신기에서 수신하였다고 할 때 수신 신호는 다음과 같이 나타낼 수 있다.

$$r^{(0)}(k) = h_{00}y^{(0)}(k) + h_{01}y^{(1)}(k) + n_0 \qquad \text{식 (4.42)}$$

$$r^{(1)}(k) = h_{10}y^{(0)}(k) + h_{11}y^{(1)}(k) + n_1$$

여기서 $r^{(i)}(k), i=0,1$ 은 각각 수신안테나 0, 1번으로 수신된 k번째 부반송파 신호이고, $y^{(i)}(k), i=0,1$은 송신안테나 포트 0, 1번으로 송신된 k번째 부반송파 신호이다. 송신안테나 포트들과 수신안테나들 사이의 공간 채널은 h_{ij}, $i=0,\ 1,\ j=0,1$로 나타나 있다.

식 (4.42)의 $y^{(i)}(k),\ i=0,1$은 송신기의 0, 1번 안테나 포트에서 송신되는 신호로서 layer mapping 된 신호 $x^{(i)}(k),\ i=0,1$과 다음과 같은 관계식으로 연결되어 있다.

$$y^{(0)}(k) = \frac{1}{2}(x^{(0)}(k) + x^{(1)}(k)) \qquad \text{식 (4.43)}$$

$$y^{(1)}(k) = \frac{1}{2}e^{-j2\pi k/2}(x^{(0)}(k) + e^{-j2\pi/2}x^{(1)}(k))$$

식 (4.43)을 (4.42)에 대입하고 정리하면 다음과 같은 결과를 얻을 수 있다.

$$r^{(0)}(k) = \widetilde{h_{00}}x^{(0)}(k) + \widetilde{h_{01}}x^{(1)}(k) + n_0 \qquad \text{식 (4.44)}$$

$$r^{(1)}(k) = \widetilde{h_{10}}x^{(0)}(k) + \widetilde{h_{11}}x^{(1)}(k) + n_1$$

여기서 $\widetilde{h_{00}} = (h_{00} + h_{01}e^{-j2\pi k/2})/2$, $\widetilde{h_{01}} = (h_{00} + h_{01}e^{-j2\pi(k+1)/2})/2$로서 각각 h_{00}와 h_{01}을 서로 다른 위상으로 합성하여 얻어진 새로운 공간 채널 계수이고 $\widetilde{h_{10}} = (h_{10} + h_{11}e^{-j2\pi k/2})/2$, $\widetilde{h_{11}} = (h_{10} + h_{11}e^{-j2\pi(k+1)/2})/2$은 h_{10}와 h_{11}을 서로 다른 위상으로 합성하여 얻어진 새로운 공간 채널 계수이다. 서로 다른 두 개의 채널값을 서로 다른 위상으로 합성하기 때문에 새로 생성된 네 개의 채널값들은 상호 독립적이 되며 채널 전력 측면에서 볼 때 서로 평균화 효과를 갖게 된다.

식 (4.44)의 모형으로 주어진 개루프 공간 다중화 된 수신 신호는 4.5.3절에서 제시하고 있는 다양한 MIMO 검출기를 이용하여 송신신호를 검출할 수 있다.

4.6.6 구현 예: 폐루프 공간 다중화, 안테나 포트의 수 2개, code word 2개

이번 절은 두 개의 code word를 두 개의 송신안테나 포트를 갖는 송신기로 폐루프 공간 다중화 전송모드로 송신하는 경우의 LTE MIMO 송신기의 구성과 동작을 알아본다. 폐루프 공간 다중화의 경우 단말로부터 기지국으로 채널 정보에 대한 피드백(프리코딩 코드북 인덱스)이 제공되며 이번 절에서는 피드백 되는 코드북 인덱스의 값이 2라고 가정한다.

폐루프 공간 다중화의 경우에도 layer mapping까지의 과정은 개루프 공간 다중화와 동일하게 이루어진다. 따라서 그림 4.26에 나타난 바와 같이 두 개의 code word의 비트열에 대한 심볼 변환 및 layer mapping의 과정은 그림 4.25와 동일하게 이루어지고 있음을 알 수 있다. 개루프 공간 다중화와 달리 폐루프 공간 다중화는 layer로부터 송신안테나 포트로의 mapping 과정이 코드북으로부터 읽어온 프리코딩 행렬을 곱하는 것으로 끝나기 때문에 개루프 공간 다중화보다는 송신기에서의 안테나 포트 mapping 과정이 단순화되어 있는 것으로 보인다. 다만 실제 구현의 경우, 폐루프 공간 다중화를 위한 프리코딩 행렬의 선택 과정에서의 연산이 복잡하게 이루어질 수 있고, 또한 단말에서 코드북 인덱스를 생성하는 과정의 연산이 더 들어가기 때문에 전체적인 구현 관점에서의 복잡도는 폐루프 공간 다중화가 더 복잡하다고 할 수 있다.

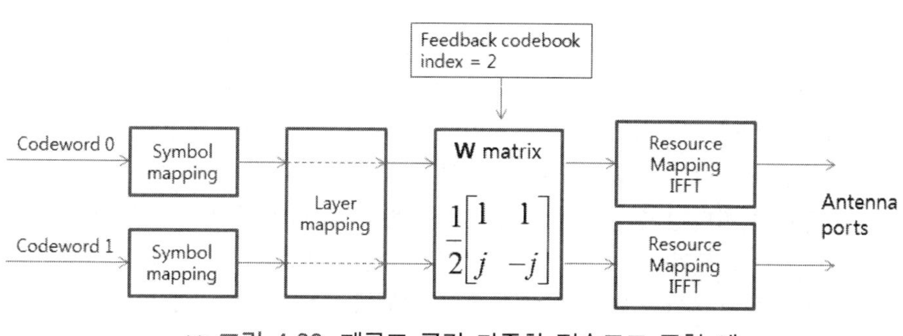

▸▸ 그림 4.26 폐루프 공간 다중화 전송모드 구현 예

그림 4.26의 프리코딩 행렬은 두 개의 안테나 포트, 두 개의 layer를 기준으로 하기 때문에 프리코딩 행렬이 2차원 정방행렬의 형태로 주어지며 코드북 인덱스의 값을 2로 가정하였으므로 표 4.5에 제시된 해당 프리코딩 행렬이 적용되는 것으로 하였다.

두 개의 수신안테나를 갖는 수신기가 그림 4.26의 구조를 갖는 송신기에서 송신한 신호를 수신한다고 할 때, 수신 신호는 개루프 공간 다중화에서의 수신 신호 관계식 (4.42)와 동일하게 주어진다. 이 때 두 개의 송신안테나 포트로 송신되는 신호 $y^{(i)}(k), i=0,1$와 layer mapping 된 신호 $x^{(i)}(k),\ i=0,1$은 프리코딩 행렬을 반영하여 다음과 같은 관계로 표현된다.

$$y^{(0)}(k)=\frac{1}{2}(x^{(0)}(k)+x^{(1)}(k)) \qquad \text{식 (4.45)}$$
$$y^{(1)}(k)=\frac{1}{2}j(x^{(0)}(k)-x^{(1)}(k))$$

식 (4.45)를 식 (4.42)에 대입하여 정리하면 폐루프 공간 다중화 모드에서의 수신신호는 다음과 같이 나타낼 수 있다.

$$r^{(0)}(k)=\frac{1}{2}(h_{00}+jh_{01})x^{(0)}(k)+\frac{1}{2}(h_{00}-jh_{01})x^{(1)}(k)+n_0 \qquad \text{식 (4.46)}$$

$$r^{(1)}(k)=\frac{1}{2}(h_{10}+jh_{11})x^{(0)}(k)+\frac{1}{2}(h_{10}-jh_{11})x^{(1)}(k)+n_1$$

식 (4.46)의 결과는 식 (4.44)에 주어진 개루프 공간 다중화의 결과와 유사한 형태임을 알 수 있다. 다만, 식 (4.46)의 경우, 프리코딩 행렬의 선택과정에서 채널 행렬의 분해를 통하여 프리코딩 행렬을 선택하기 때문에 식 (4.46)으로 표현되는 수신 신호 식에서의 채널값들은 공간 채널의 독립성이 향상된 채널 값들이 될 것이다.

식 (4.46)과 같이 주어진 수신 신호로부터 송신신호 심볼을 검출하는 MIMO 검출기는 4.5.3절에서 제시된 검출기들을 이용할 수 있다.

4.6.7 LTE MIMO 전송 모드의 선택

LTE에서 제시되고 있는 다양한 MIMO 전송모드들은 모든 이동통신 환경에서 적용 가능한 것은 아니다. 예를 들어 폐루프 공간 다이버시티의 경우, 단말에서 기지국으로의 채널 정보에 대한 피드백(코드북 인덱스)을 하게 되는데, 피드백되어 온 코드북 인덱스로 프리코딩하여 신호를 송신하는 동안 채널이 변한다고 한다면, 즉 채널의 coherence time이 짧다고 한다면 수신기에서 데이터 신호를 수신하였을 때, 공간 채널의 독립성이 훼손되는 결과를 불러올 수 있다. 한편, 공간 다중화에 의한 전송 용량 증대효과는 폐루프 공간 다중화가 개루프의 경우보다 크기 때문에 coherence time이 긴 경우에는 폐루프 공간 다중화를 사용하는 것이 더 유리할 수 있다.

앞 단락에서 서술한 채널의 다양성으로 인하여 LTE의 MIMO 전송모드 중 어느 모드를 선택할 것인가하는 것은 이동통신 시스템의 용량을 결정짓는 중요한 요인이 된다고 할 수 있으며 단말과 기지국 사이의 채널 환경에 따라 단말별로 적용해 주는 MIMO 전송모드가 달라져야 한다.

일반적으로 단말의 이동성이 높은 경우에는 폐루프 공간 다중화보다는 개루프 공간 다중화가 평균적으로 더 안정적인 서비스를 제공할 수 있으며 신호대잡음비가 낮아질수록 공간 다중화보다는 송신 다이버시티 모드의 사용이 더 안정적인 서비스를 제공할 수 있게 된다. 반면 신호대잡음비가 높아질수록 다이버시티에 의한 이득보다는 공간 다중화에 의한 전송 용량의 증대가 더 큰 성능 이득으로 나타날 수 있으며 단말의 이동성이 낮아질수록 폐루프 공간 다중화에 의한 용량 이득이 더 커지게 된다.

MIMO 전송모드의 선택은 단말과 기지국 사이의 약속에 의하여 정해지며 바뀔 수 있다. 또한 전송모드 선택에 있어서 표준 권고안에서 제시하고 있는 절대적인 기준은 없으며 시스템 제조사의 구현 방식에 따라 성능이 달라질 수 있으므로 각 회사별로 최선의 방식을 선택하여 전송 모드를 선택하도록 하고 있다. 다만, 시스템 용량의 극대화도 중요하지만 안정적인 시스템 운영도 중요하므로 이들 사이에서의 합리적인 타협점을 찾으려는 노력 및 연구는 지속적으로 이루어질 것이다.

4.7 맺음말

이번 장에서는 다중 안테나를 이용한 송수신 기술인 MIMO 기술에 대하여 살펴보았다. 무선 전송 채널의 특징으로부터 시작하여 다중 안테나 송수신 기술의 구현 방식을 알아보았고, 이를 바탕으로 4세대 이동통신 기술이라고 불리고 있는 LTE에 적용되어 있는 MIMO 기술에 대해서도 표준 권고안을 중심으로 알아보았다.

이번 장에서 살펴본 MIMO 기술들은 무선통신의 용량 증대 및 무선채널에서의 성능향상 기술로서 이미 그 가치를 인정받고 있으며 더 넓은 범위에서 활용을 위한 연구가 현재에도 진행되고 있다. LTE 표준의 경우에도 이번 장에서 살펴본 Rel. 8에 이어 Rel. 10, Rel. 12 등에서 MIMO의 범위를 더 넓히는 표준 권고안이 작성되었거나 작성되고 있으며 이는 4세대 이후의 이동통신 기술인 B4G 이동통신 기술 분야까지도 확대되고 있다.

이번 장에서 제시한 MIMO 기술에 대한 설명이 향후 더 발전된 MIMO 기술을 공부하고 연구하는데 기초가 되기를 바란다.

4장 참고문헌

[1] A. Paulraj et. al., *Introduction to Space–Time Wireless Communications,* Cambridge, 2003

[2] 3GPP TSG RAN, TS36.211–860

[3] 3GPP TSG RAN, TS36.213–860

[4] G. Strang, *Introduction to Linear Algebra, 4th ed.*

[5] S. M. Alamouti, "A Simple Transmit Diversity Technique for Wireless Communications," IEEE JSAC, Vol.16, No.8, pp.1451–1458, Oct. 1998

[6] Erik G. Larsson, "MIMO Detection Methods: How They Work," IEEE signal processing magazine, Vol.26, No.3, pp.91–95, 2009

[7] Yong Soo Cho et al., *MIMO–OFDM Wireless Communications with MATLAB,* Wiley, 2010

[8] J. G. Proakis, *Digital Communications*

05 LTE 동기화 방식

대부분의 무선통신 시스템에서 그러하듯이 Long Term Evolution(LTE)에서도 무선 데이터를 전송하기 전에 먼저 동기화 과정을 거쳐야한다. 이 장에서는 3GPP LTE의 동기화 과정에 대하여 설명한다.

LTE에서 동기신호는 PSS(Primary Synchronization Signal)와 SSS(Secondary Synchronization Signal)로 구성되어 있다. PSS는 초기 동기과정에서 시간 타이밍과 주파수 오프셋을 추정 및 보상하고 SSS의 위치를 찾는데 이용된다. SSS는 프레임 타이밍과 CP 종류를 찾는데 사용된다. 또한 셀룰러 시스템에서는 각 단말기가 서빙 기지국을 찾아야 하는데 기지국을 구분하는 셀 ID를 PSS와 SSS를 이용하여 찾을 수 있다. PSS와 SSS로 찾은 셀 ID는 CRS(Cell-specific Reference Signal)를 이용하여 RSRP (Reference Signal Received Power)를 측정한 후 최종 셀 선택 과정을 거친다. 그림 5.1은 이러한 LTE 시스템의 동기화 과정에 대한 블록도를 보여준다.

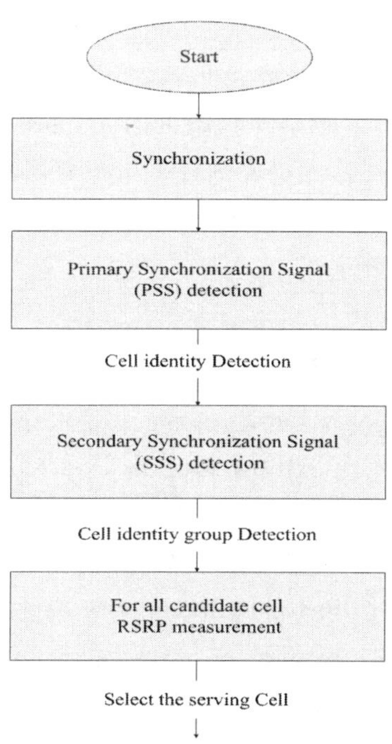

▸▸ 그림 5.1 동기화 과정에 대한 블록도

5.1 하향 링크 프레임 구조

LTE 시스템에서는 기본 시간 단위인 T_s=1/30,720,000sec로 시간 간격을 구분한다. 기준이 되는 한 프레임의 주기는 T_{frame}=307,200*T_s=10ms이고, 이 프레임은 T_{sf}=30,720*T_s=1ms의 주기를 가진 10개의 서브프레임으로 구성된다. OFDM 부반송파의 간격은 Δf=15kHz로 주어지고, 샘플링율은 $f_s=\Delta f * N_{fft}$로 주어진다. 여기서의 T_s는 FFT 크기가 2,048인 넓은 주파수 대역의 경우의 샘플링율에 해당하고, 이보다 좁은 주파수 대역에서는 작은 FFT 크기와 낮은 샘플링율을 사용한다. LTE 하향 링크에서는 10ms의 주기를 가진 프레임을 FDD(Frequency Division Duplex)와 TDD(Time Division Duplex) 방식에 따라 구분할 수 있다.[1]

5.1.1 FDD 프레임 구조

한 프레임은 1ms의 주기를 가진 10개의 서브프레임으로 구성되고, 한 서브프레임은 0.5ms의 두 슬롯으로 구성된다. 그림 5.2에서와 같이 한 프레임은 총 20개의 슬롯으로 구성된다. 한 슬롯은 CP 길이에 따라 Normal CP 또는 Extended CP를 갖는 OFDM 심볼로 구성되는데, Normal CP에서는 7개의 OFDM 심볼, Extended CP에서는 6개의 OFDM 심볼로 구성된다.

FDD에서는 두 개의 반송파 주파수가 존재하여 각각 하향과 상향 전송에 사용되는데, 단말의 동시 송·수신 가능 여부에 따라 Full-duplex FDD와 Half-duplex FDD로 구분된다. Full-duplex FDD는 상향과 하향에 각각 10개의 서브프레임으로 구성되며 동시에 송·수신이 가능하다. Half-duplex FDD는 동시에 송·수신하지 못하고 한 번에 한 방향으로만 전송이 가능하다.

5.1.2 TDD 프레임 구조

FDD와 동일하게 10ms의 프레임을 가지고 1ms인 10개의 서브프레임 또는 20개의 슬롯으로 구성된다. TDD도 CP 길이에 따라 한 슬롯 내 OFDM 심볼의 수가 달라지는데 FDD와 동일하게 달라진다.

TDD가 FDD와 다른 점은 FDD에서는 두 반송파 주파수로 동시에 상향과 하향 전송이 가능하나, TDD에는 하나의 반송파 주파수만 있어 상향과 하향 링크 신호를 동시에 전송할 수 없고 이를 시간으로 구분하여 전송한다. 또한 TDD가 FDD와 크게 다른 점은 보호주기(guard period)의 존재이다. 보호 주기는 상향과 하향 링크 사이의 간섭을 막고 TDD에서 특수 서브프레임(special subframe)을 구분하는데 이용한다. 특수 서브프레임은 서브프레임 1, 6번에만 있고 하향 링크 부분(DwPTS), 보호 주기(GP), 상향 링크 부분(UpPTS)으로 구성된다.

TDD에서 5ms 주기의 하향-상향 링크의 조합일 경우에는 특수 서브프레임이 서브프레임 1, 6번에 모두 존재하고, 10ms 주기의 하향-상향 링크의 조합일 경우에는 특수 서브프레임이 서브프레임 1번에만 존재한다. 서브프레임 0, 5번은 항상 다운링크로 사용되고 특수 서브프레임 다음 서브프레임은 항상 업링크로 사용된다. 하향-상향 링크의 조합은 총 7개로 구성되며 그 조합은 표 1.5에 주어져 있다.[2]

▸▸ 표 5.1 TDD의 하향-상향 링크 조합

Uplink-downlink configuration	Downlink-to-Uplink switch-point periodicity	Subframe number									
		0	1	2	3	4	5	6	7	8	9
0	5 ms	D	S	U	U	U	D	S	U	U	U
1	5 ms	D	S	U	U	D	D	S	U	U	D
2	5 ms	D	S	U	D	D	D	S	U	D	D
3	10 ms	D	S	U	U	U	D	D	D	D	D
4	10 ms	D	S	U	U	D	D	D	D	D	D
5	10 ms	D	S	U	D	D	D	D	D	D	D
6	5 ms	D	S	U	U	U	D	S	U	U	D

5.1.3 프레임 내 동기 신호의 위치

동기 신호인 PSS(Primary Synchronization Signal)와 SSS(Secondary Synchronization Signal)는 LTE의 듀플렉스 방식에 따라 점유하는 위치만 다르고 동기 신호는 동일하다.

FDD에서는 0번과 5번 서브프레임에 동기 신호가 존재한다. 각 서브프레임에 두 슬롯이 존재하는데 앞 슬롯에 마지막 OFDM 심볼에는 PSS가 위치하고, PSS 앞 OFDM 심볼에 SSS가 위치한다.

TDD에서는 1번과 6번 서브프레임의 3번째 OFDM 심볼에 PSS가 위치하고 SSS는 PSS보다 3개의 OFDM 심볼만큼 앞인 0번과 5번 서브프레임의 마지막 OFDM 심볼에 위치한다. 주파수 영역에서 PSS와 SSS는 그림 5.2에서와 같이 DC를 제외한 62개의 부반송파를 점유하고 양 쪽에 이를 보호하기 위한 5개의 가드 부반송파를 사용하여 총 72개의 부반송파를 사용한다.

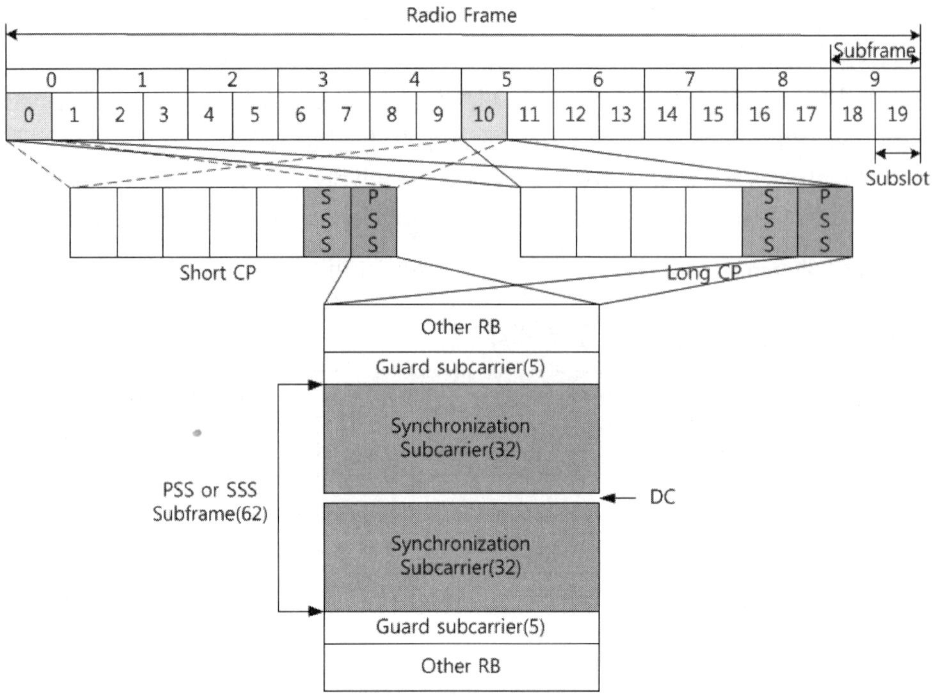

▶▶ 그림 5.2 LTE FDD 하향 링크 프레임 구조와 동기 신호

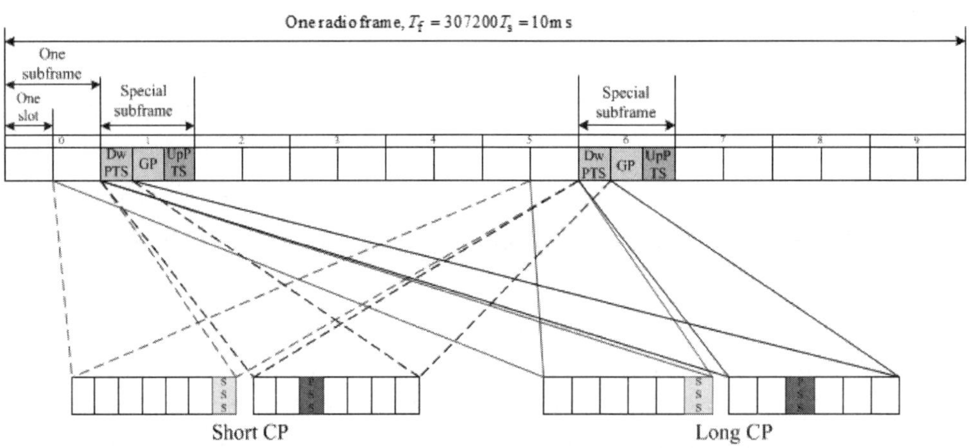

▶▶ 그림 5.3 LTE TDD 하향 링크 프레임 구조와 동기 신호

5.2 Primary Synchronization Signal

PSS(Primary Synchronization Signal)는 ZC 시퀀스(Zadoff-Chu sequence)로 생성하고 루트 인덱스에 따라 3개로 구분된다. 표 5.2는 각 PSS에 대한 루트 인덱스를 나타낸다. 한 프레임 내에서 반복되는 두 PSS는 동일한 셀 ID 섹터의 정보를 가지고 서로 동일한 값을 갖는다. 따라서 PSS는 한 프레임 내에서 5ms의 주기로 반복하고 이 특성을 이용하여 5ms 심볼 타이밍을 찾을 수 있다. SSS는 PSS에서 일정한 오프셋만큼 떨어져 있기 때문에 PSS를 검출함으로서 SSS의 위치를 알 수 있다. LTE 시스템에서 셀 ID는 총 504개로 구성되는데, 168개의 그룹이 존재하고 각 그룹 내에는 3개의 셀 ID 섹터가 존재한다. 그렇기 때문에 PSS를 검출한다면 504개의 셀 ID 중 가능한 셀 ID의 수를 168개로 줄일 수 있다. 그림 5.4는 물리 계층에서의 셀 ID 구성 방법을 보여준다.

▶▶ 표 5.2 PSS에 사용하는 루트 인덱스

$N_{\mathrm{ID}}^{(2)}$	Root index u
0	25
1	29
2	34

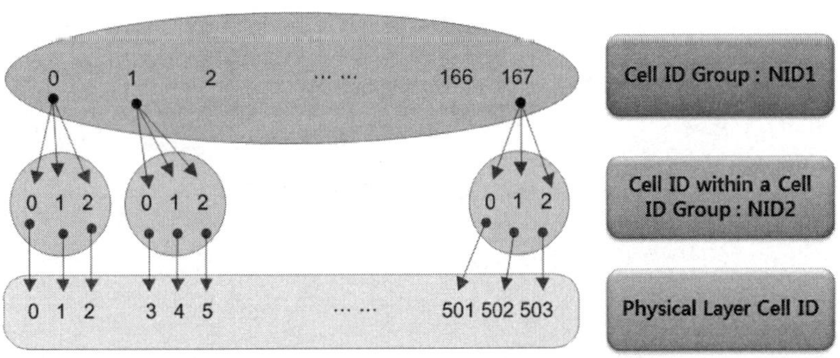

▶▶ 그림 5.4 물리 계층 셀 ID 구성

5.2.1 Zadoff-Chu 시퀀스

LTE 시스템에서 ZC(Zadoff-Chu)시퀀스는 PSS를 생성하는데 사용되고 CAZAC (Constant Amplitude Zero Autocorrelation) 특성을 만족하는 크기가 1인 복소수로 구성된다. ZC 시퀀스의 길이 N_{ZC}에 따라 ZC 시퀀스는 다음과 같이 구성된다.

$$d_u(n)=\begin{cases}\exp\left[-j2\pi u\dfrac{n^2/2}{N_{ZC}}\right] & N_{ZC}\text{가 짝수인 경우}\\ \exp\left[-j2\pi u\dfrac{n(n+1)/2}{N_{ZC}}\right] & N_{ZC}\text{가 홀수인 경우}\end{cases} \qquad \text{식 (5.1)}$$

LTE 시스템에서는 N_{ZC}의 값으로 홀수를 사용한다. 루트 인덱스 u는 $u \in \{1,2\ldots, N_{ZC}-1\}$이고, $n=\{0,1,\ldots,N_{ZC}-1\}$이다. ZC 시퀀스의 주요한 3가지 특성은 다음과 같으며, 그림 5.5는 ZC 시퀀스의 특성을 보여준다.[3]

- 특성 1: ZC 시퀀스는 일정한 크기를 가지고, N_{ZC} 크기로 DFT한 시퀀스 또한 일정한 크기를 갖는다.
- 특성 2: ZC 시퀀스는 이상적인 순환 자기상관 특성을 갖는다. 즉, 자기상관의 지연(sample)이 0인 경우에만 크기 1을 갖고 다른 경우에는 0의 값을 갖는다.
- 특성 3: 길이가 같은 두 ZC 시퀀스의 순환 상호상관의 절대값의 크기는 두 루트 인덱스 차의 절대값이 소수라면 그 크기는 일정하고 $1/\sqrt{N_{ZC}}$의 값을 갖는다.

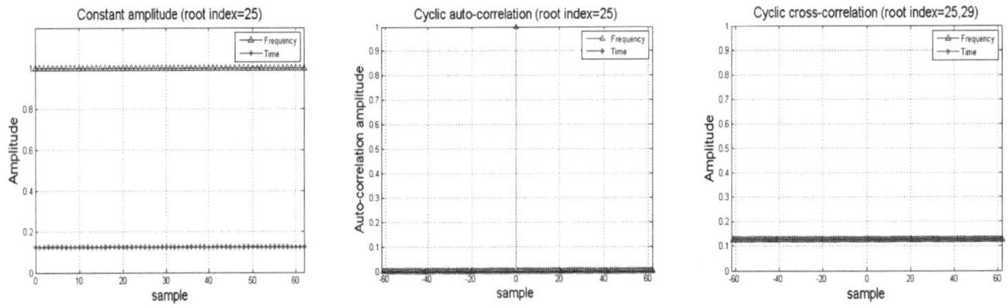

(a) 특성 1 (b) 특성 2 (c) 특성 3

▸▸ 그림 5.5 ZC 시퀀스 특성

5.2.2 PSS 구조

PSS는 N_{ZC}=63인 ZC 시퀀스로 구성된다. PSS 시퀀스는 루트 인덱스 u = 25, 29, 34로 생성하여 총 3개로 구분된다. 각각의 PSS는 루트 인덱스에 따라 $N_{ID}^{(2)}$=0, 1, 2에 대응되고 다음 식으로 생성한다.

$$X_u^{PSS}(n)=\exp\left[-j2\pi u\frac{n(n+1)/2}{63}\right],\ n=0,1,\ldots,62 \qquad \text{식 (5.2)}$$

동기 신호의 가드 부반송파는 양쪽에 0을 5개씩 사용하기 때문에 PSS는 그림 5.6에 나타난 바와 같이 주파수 영역에서 총 73개 부판송파에 맵핑된다. 그러나 63개의 ZC 시퀀스 중에 DC에 해당하는 32번째 값($X_u(31)$)은 전송되지 않는다. 다음 식은 PSS의 맵핑 위치와 리저브(reserved) 영역을 나타낸다.

$$k = n - 31 + \frac{N_{RB}^{DL} N_{sc}^{RB}}{2} \qquad \text{식 (5.3)}$$
$$n = 0, \cdots 61; PSS$$
$$n = -5, \cdots, -1, 62, \cdots 66; reserved$$

여기서 N_{RB}^{DL}는 주파수 영역에서 RB(resource block)의 개수를 의미하고, N_{sc}^{RB}는 한 RB 내의 부반송파 개수를 의미한다.

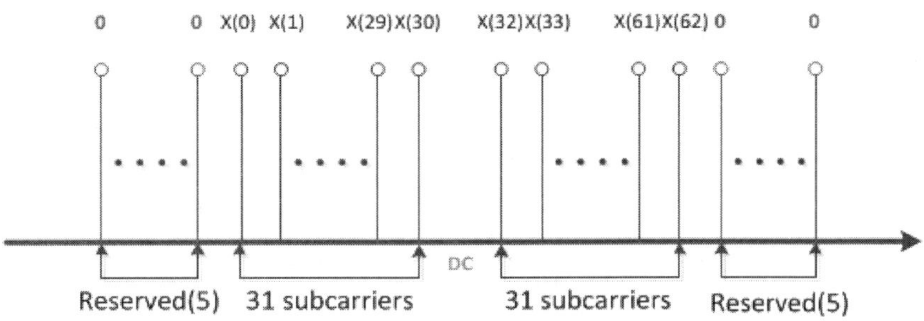

▸▸ 그림 5.6 PSS 맵핑 구조

5.2.3 PSS 특성

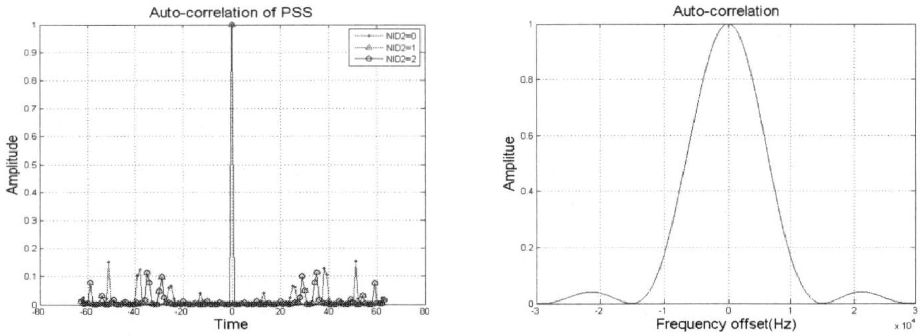

(a) PSS의 자기상관 특성 (b) 주파수 오프셋에 따른 자기상관 특성

▸▸ 그림 5.7 PSS의 자기상관 특성

PSS는 ZC 시퀀스로 생성하기 때문에 좋은 자기상관 특성과 상호상관 특성을 가진다. 그림 5.7에 나타난 바와 같이 주파수 오프셋에 영향을 적게 받기 때문에 PSS는 초기 동기에서 사용된다.

5.2.4 PSS를 이용한 동기화 방식

LTE 하향 링크 시스템에서는 초기 동기에 PSS를 이용하여 5ms 프레임 및 주파수 오프셋을 추정하고 이와 동시에 셀 ID 섹터를 찾는다. PSS 검출은 초기 동기화 과정에서 이루어지기 때문에 채널의 정보를 이용할 수 없어 non-coherent한 방식을 이용한다. 다음 식에 주어진 바와 같이 ML 방식을 사용하여 시간 동기와 셀 탐색을 동시에 수행한다.[4]

여기서 m은 타이밍 오프셋, N은 시간영역에서 FFT 크기, M은 셀 ID 섹터를 나타낸다. 식 (5.4)에 주어진 바와 같이 셀 탐색을 동시에 하기 위해서 받은 신호를 세 개의 correlator에 동시에 입력을 한다. 다음 그림은 타이밍 오프셋과 셀 탐색을 동시에 추정하는 과정을 나타낸다.[5]

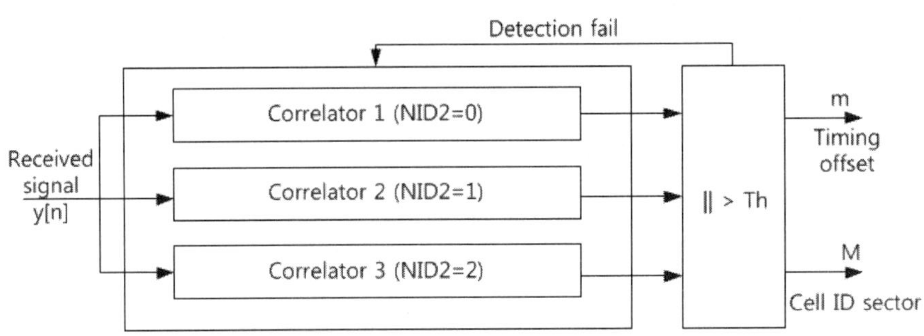

▸▸ 그림 5.8 PSS 탐색 블록도

PSS의 경우에는 주파수 오프셋에 민감하지 않기 때문에 주파수 오프셋을 보상해주지 않고 동기화를 진행했지만 다음 과정인 SSS의 경우에는 주파수 오프셋 보상이 필요하다. 그렇기 때문에 PSS를 사용하여 주파수 추정과 보상을 해야 한다. 주파수 오프셋을 추정하는 방법으로 CP를 이용하는 방법을 사용할 수 있다. 그런데 LTE 시스템에서는 Extended CP와 Normal CP인 두 가지의 CP가 존재하기 때문에 주파수 오프셋을 추정하기 위해서는 CP의 종류를 고려해야 한다. 그러나 PSS 특성을 이용하여 CP를 구별할 수 없기 때문에 Blind CFO 추정 방식을 이용한다. Blind CFO 추정방식에서는 두 가지 CP를 모두 고려하여 CFO를 추정한다. 즉, 두 가지 경우에 대하여 주파수 오프셋 추정과 보상한 후, SSS 탐색 과정에서 CP의 종류를 찾는다. 다음 식은 CP를 이용한 주파수 오프셋 추정 방식을 나타낸다.[6]

$$\hat{\epsilon} = \frac{1}{2\pi} arg \sum_{n=\delta_{PSS}-N}^{\delta_{PSS}-1} y_l^*[n] y_l[n+N],\ N = \begin{cases} N_{short} : Short\ CP \\ N_{long} \ : Long\ CP \end{cases} \qquad \text{식 (5.5)}$$

5.3 Secondary Synchronization Signal

LTE 시스템에서 SSS(Secondary Synchronization Signal)는 길이가 31인 두 개의 m-시퀀스를 인터리빙함으로서 생성된다. FDD 구조에서는 PSS 바로 앞 OFDM 심볼에 위치하고 TDD 구조에서는 세 OFDM 심볼 앞에 위치한다. PSS와 동일하게 5ms 간격으로 한 프레임 내에서 두 SSS가 존재하지만 하나의 SSS만 검출하여도 프레임 타이밍을 알 수 있도록 동일한 SSS는 10ms 간격으로 반복된다. SSS도 PSS에서와 유사하게 프레임 타이밍 동기뿐만 아니라 셀 ID 검출에도 이용된다. PSS 검출 단계에서 셀 ID 섹터를 찾음으로서 총 504개 셀 ID 중에서 가능한 셀 ID를 168개로 줄일 수 있는데, 여기서 168개의 ID를 셀 ID 그룹이라 한다. SSS를 검출함으로서 168개 셀 ID 그룹 중에서 단말기가 속해 있는 셀 ID 그룹을 찾고 최종적으로 이에 해당하는 셀 ID를 찾는다.

5.3.1 Maximal length 시퀀스

Maximal length 시퀀스 또는 m-시퀀스는 LFSR(Linear Feedback Shift Register)를 이용하여 생성한다. LFSR을 이용하기 때문에 레지스터 길이가 n이라면 발생하는 시퀀스의 주기는 $p=2^n-1$이다. m-시퀀스의 특성은 순환 자기상관 특성으로 지연이 주기와 배수일 때는 1, 지연이 주기값이 아닐 때는 거의 0에 가까운 상관값을 갖는다. 다음 식은 m-시퀀스의 순환 자기상관을 나타낸다.

$$R(k)=\frac{1}{p}\sum_{n=0}^{p-1}x(n)x(n+k) \qquad \text{식 (5.6)}$$

위의 순환 자기상관 $R(k)$값은 다음과 같이 주어진다.

$$R(k)=\begin{cases}1 & k=mp,\ m\text{은 정수}\\ -\dfrac{1}{p} & k\neq mp\end{cases} \qquad \text{식 (5.7)}$$

Maximal length 시퀀스의 특성은 아래와 같다.[8]

- 특성 1 : 한 주기 내에서 '1'의 개수와 '-1'의 개수의 차이가 하나 이하만 차이가 나는 균형 특성(balanced property)을 갖는다.
- 특성 2 : 순환 자기상관값은 지연이 주기의 배수일 경우 거의 0에 가까운 값을 갖는다.
- 특성 3 : 런(run)의 길이가 1인 것이 전체 런의 개수 중 1/2이고, 길이가 2인 것이 1/4, 길이가 r인 것이 $1/2^r$이 되는 런 특성(run property)을 갖는다.

5.3.2 SSS 구조

SSS는 PSS와 동일하게 DC 부분을 제외한 72개의 부반송파를 점유한다. 맵핑 위치 또한 식 (5.3)에서와 같이 동일하게 적용된다. 이 때 다른 점은 길이가 31이고 이진수인 두 개의 m-시퀀스를 인터리빙하여 생성된다는 것이다. FDD에서는 서브프레임 0과 서브프레임 5에, TDD에서는 서브프레임 1과 서브프레임 6에 존재하는 SSS 시퀀스는 하나만 수신하여도 10ms 프레임 타이밍을 알아낼 수 있도록 같은 셀 ID 그룹에 대응되나 서로 다른 값을 가지도록 생성한다. 서로 다른 m-시퀀스의 조합이 유효한 168개가 되게 하고, SSS 시퀀스는 다음 식을 사용하여 생성한다.

$$SSS1 = d(2n) = \begin{cases} s_0^{(m_0)}\ c_0(n) & ;frame\,0 \\ s_1^{(m_1)}\ c_0(n) & ;frame\ 5 \end{cases} \qquad \text{식 (5.8)}$$
$$SSS2 = d(2n+1) = \begin{cases} s_1^{(m_1)}\ c_1(n) z_1^{(m_0)} & ;frame\,0 \\ s_0^{(m_0)}\ c_1(n) z_1^{(m_1)} & ;frame\,5 \end{cases}$$

위 식에서 m_0와 m_1은 셀 ID 그룹($N_{ID}^{(1)}$)에 의해 생성된다. 표 5.4는 $N_{ID}^{(1)}$에 따른 m_0와 m_1을 보여준다. 여기서 m_0와 m_1은 다음 식을 사용하여 생성된다.

$$m_0 = m^{'}\mathrm{mod}31 \qquad \text{식 (5.9)}$$
$$m_1 = (m_0 + \lfloor m^{'}/31 \rfloor + 1)\mathrm{mod}31$$
$$m^{'} = N^{(1)}{}_{ID} + q(q+1)/2,\ q = \left\lfloor \frac{N^{(1)}{}_{ID} + q^{'}(q^{'}+1)/2}{30} \right\rfloor,\ q^{'} = \lfloor N^{(1)}{}_{ID}/30 \rfloor$$

또한 $s_0^{(m_0)}(n)$와 $s_1^{(m_1)}(n)$는 두 m-시퀀스 $\tilde{s}(n)$를 사용하여 다음과 같이 생성된다.

$$s_0^{(m_0)}(n) = \tilde{s}((n+m_0)\mathrm{mod}31) \qquad \text{식 (5.10)}$$
$$s_1^{(m_1)}(n) = \tilde{s}((n+m_1)\mathrm{mod}31)$$

여기서 $\tilde{s}(i) = 1 - 2x(i), 0 \le i \le 30$이고 다음 식으로 정의된다.

$$x(\tilde{i}+5) = (x(\tilde{i}+2) + x(\tilde{i}))\mathrm{mod}2,\ \ 0 \le \tilde{i} \le 25 \qquad \text{식 (5.11)}$$

초기값은 x(0)=1, x(1)=0, x(2)=0, x(3)=0, x(4)=1이다. 스크램블링 시퀀스 $c_0(n)$와 $c_1(n)$에는 PSS의 정보도 포함된다. $c_0(n)$와 $c_1(n)$은 다음 식을 사용하여 생성된다.

$$c_0(n) = \tilde{c}((n+N_{ID}^{(2)})\mathrm{mod}31) \qquad \text{식 (5.12)}$$
$$c_1(n) = \tilde{c}((n+N_{ID}^{(2)}+3)\mathrm{mod}31)$$

위 식에서 $N_{ID}^{(2)} \in 0,1,2$이고, $\tilde{c}(i) = 1 - 2x(i), 0 \le i \le 30$은 다음 식으로 정의된다.

$$x(\tilde{i}+5) = (x(\tilde{i}+3) + x(\tilde{i}))\mathrm{mod}2,\ \ \ 0 \le \tilde{i} \le 25 \qquad \text{식 (5.13)}$$

위 식에서 초기값은 x(0)=0, x(1)=0, x(2)=0, x(3)=0, x(4)=1이다. 스크램블링 시퀀스 $z_0(n)$와 $z_1(n)$는 m_0과 m_1의 정보를 포함하여 다음 식으로 생성된다.

$$z_1^{(m_0)}(n) = \tilde{z}((n + (m_0 \mathrm{mod} 8))\mathrm{mod} 31)$$
$$z^{(m_1)_1}(n) = \tilde{z}((n + (m_1 \mathrm{mod} 8))\mathrm{mod} 31) \quad \text{식 (5.14)}$$

위 식에서 $\tilde{z}(i) = 1 - 2x(i), 0 \le i \le 30$은 다음 식으로 주어진다.

$$x(\tilde{i}+5) = (x(\tilde{i}+4) + x(\tilde{i}+2) + x(\tilde{i}+1) + x(\tilde{i}))\mathrm{mod} 2, \quad 0 \le i \le 25 \quad \text{식 (5.15)}$$

여기서 초기값은 x(0)=1, x(1)=0, x(2)=0, x(3)=0, x(4)=1이다. m-시퀀스 $\tilde{s}(n)$, $\tilde{c}(n)$, $\tilde{z}(n)$의 값은 표 5.3과 같다.

▸▸ 표 5.3 m-시퀀스 $\tilde{s}(n)$, $\tilde{c}(n)$, $\tilde{z}(n)$

n	$\tilde{s}(n)$	$\tilde{c}(n)$	$\tilde{z}(n)$	n	$\tilde{s}(n)$	$\tilde{c}(n)$	$\tilde{z}(n)$
0	1	1	1	16	−1	1	−1
1	1	1	1	17	−1	−1	1
2	1	1	1	18	1	−1	−1
3	1	1	1	19	1	−1	1
4	−1	−1	−1	20	1	−1	1
5	1	1	−1	21	−1	−1	1
6	1	−1	−1	22	−1	1	−1
7	−1	1	1	23	1	1	1
8	1	−1	1	24	−1	−1	1
9	−1	−1	−1	25	−1	−1	−1
10	−1	−1	−1	26	−1	1	1
11	1	1	1	27	1	−1	−1
12	1	−1	−1	28	−1	1	1
13	−1	−1	−1	29	1	1	−1
14	−1	1	−1	30	−1	−1	−1
15	−1	1	−1				

▸▸ 표 5.4 $N_{ID}^{(1)}$에 대응하는 m_0와 m_1의 조합

$N_{\mathrm{ID}}^{(1)}$	m_0	m_1	$N_{\mathrm{ID}}^{(1)}$	m_0	m_1	$N_{\mathrm{ID}}^{(1)}$	m_0	m_1	$N_{\mathrm{ID}}^{(1)}$	m_0	m_1	$N_{\mathrm{ID}}^{(1)}$	m_0	m_1
0	0	1	34	4	6	68	9	12	102	15	19	136	22	27
1	1	2	35	5	7	69	10	13	103	16	20	137	23	28
2	2	3	36	6	8	70	11	14	104	17	21	138	24	29
3	3	4	37	7	9	71	12	15	105	18	22	139	25	30
4	4	5	38	8	10	72	13	16	106	19	23	140	0	6
5	5	6	39	9	11	73	14	17	107	20	24	141	1	7
6	6	7	40	10	12	74	15	18	108	21	25	142	2	8
7	7	8	41	11	13	75	16	19	109	22	26	143	3	9
8	8	9	42	12	14	76	17	20	110	23	27	144	4	10
9	9	10	43	13	15	77	18	21	111	24	28	145	5	11
10	10	11	44	14	16	78	19	22	112	25	29	146	6	12
11	11	12	45	15	17	79	20	23	113	26	30	147	7	13
12	12	13	46	16	18	80	21	24	114	0	5	148	8	14
13	13	14	47	17	19	81	22	25	115	1	6	149	9	15
14	14	15	48	18	20	82	23	26	116	2	7	150	10	16
15	15	16	49	19	21	83	24	27	117	3	8	151	11	17
16	16	17	50	20	22	84	25	28	118	4	9	152	12	18
17	17	18	51	21	23	85	26	29	119	5	10	153	13	19
18	18	19	52	22	24	86	27	30	120	6	11	154	14	20
19	19	20	53	23	25	87	0	4	121	7	12	155	15	21
20	20	21	54	24	26	88	1	5	122	8	13	156	16	22
21	21	22	55	25	27	89	2	6	123	9	14	157	17	23
22	22	23	56	26	28	90	3	7	124	10	15	158	18	24
23	23	24	57	27	29	91	4	8	125	11	16	159	19	25
24	24	25	58	28	30	92	5	9	126	12	17	160	20	26
25	25	26	59	0	3	93	6	10	127	13	18	161	21	27
26	26	27	60	1	4	94	7	11	128	14	19	162	22	28
27	27	28	61	2	5	95	8	12	129	15	20	163	23	29
28	28	29	62	3	6	96	9	13	130	16	21	164	24	30
29	29	30	63	4	7	97	10	14	131	17	22	165	0	7
30	0	2	64	5	8	98	11	15	132	18	23	166	1	8
31	1	3	65	6	9	99	12	16	133	19	24	167	2	9
32	2	4	66	7	10	100	13	17	134	20	25	–	–	–
33	3	5	67	8	11	101	14	18	135	21	26	–	–	–

앞에서 만든 시퀀스를 식 (5.8)을 사용하여 인터리브 방식으로 맵핑시킨다. 이러한 방식으로 인해 SSS는 주파수 다이버시티 효과를 얻을 수 있다.[1]

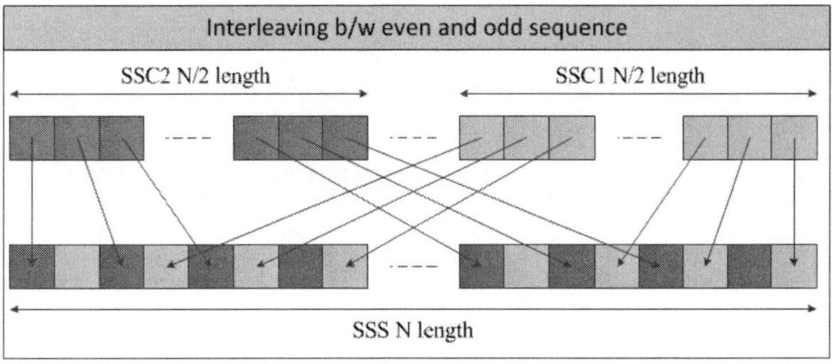

▶▶ 그림 5.9 Synchronization Secondary Signal 구조

5.3.3 SSS 특성

SSS는 길이가 31인 두 m-시퀀스를 이용하여 식 (5.8)로 인터리브하여 생성하기 때문에 주파수 영역에서 m-시퀀스의 자기상관 특성을 가진다. 다음 식은 m-시퀀스의 자기상관 특성을 보여준다.

$$R_{s_0^{(m_0)}} = \frac{1}{N}\sum_{n=1}^{N} s_0^{(m_0)}(n) s_0^{(m)}(n) = \begin{cases} 1 & , m = m_0 \\ -\frac{1}{N} & , otherwise \end{cases} \quad \text{식 (5.16)}$$

다음 그림은 $N_{ID}^{(1)}$=16인 m_0=15, m_1=16의 경우에 자기상관 특성을 모의실험한 결과이다. 시뮬레이션 결과에서 주어진 바와 같이 m_0와 m_1을 찾아 조합을 맞추어 168개의 셀 ID 그룹을 구분하여 셀 ID를 찾을 수 있다.

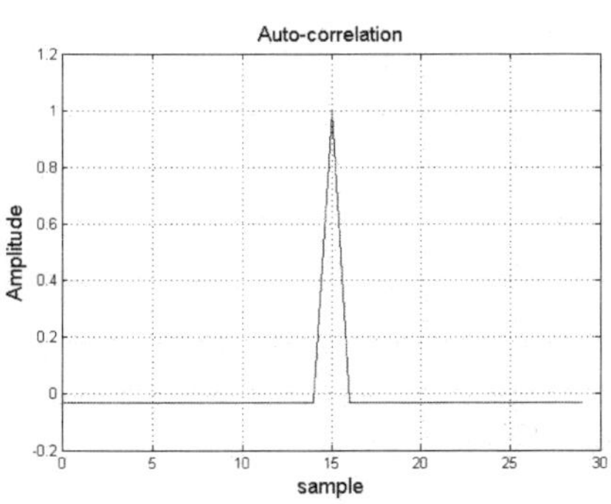

(a) m_0=15인 경우의 자기상관 특성

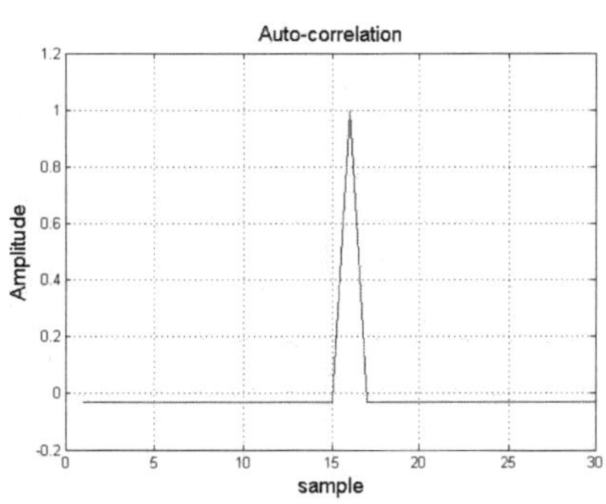

(b) m_1=16인 경우의 자기상관 특성

▶▶ 그림 5.10 SSS의 자기상관 특성

SSS는 PSS와 동일하게 주파수 영역에서 주파수 오프셋에 강한 상관특성을 가지고 있다. 그러나 시간 영역에서는 신호를 생성할 때 스크램블링을 하기 때문에 m-시퀀스의 상관 특성을 보여주지 못한다. 다음 그림은 주파수 영역에서 주파수 오프셋에 따른 SSS의 특성을 보여 준다. 이 그림으로부터 SSS는 주파수 영역에서 주파수 오프셋 존재시에도 우수한 자기상관 특성을 갖게 됨을 알 수 있다.

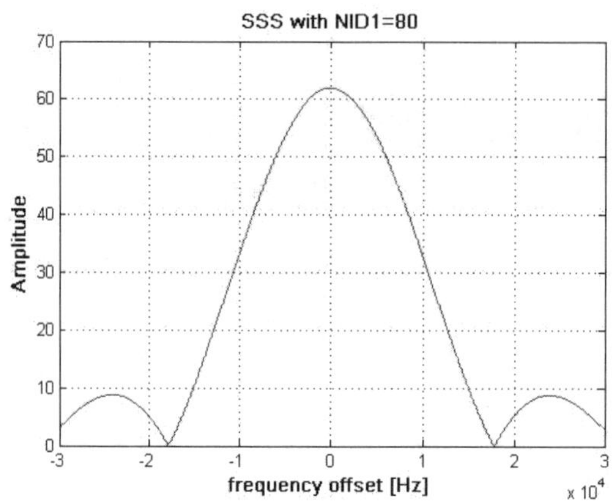

▸▸ 그림 5.11 주파수영역에서의 주파수 오프셋에 따른 SSS 자기상관 특성

SSS는 셀 ID 검출을 목적으로 생성된 신호로 다음 그림은 셀 ID 섹터가 하나만 존재할 경우와 세 개가 존재할 경우의 상호상관값을 각각 보여준다.

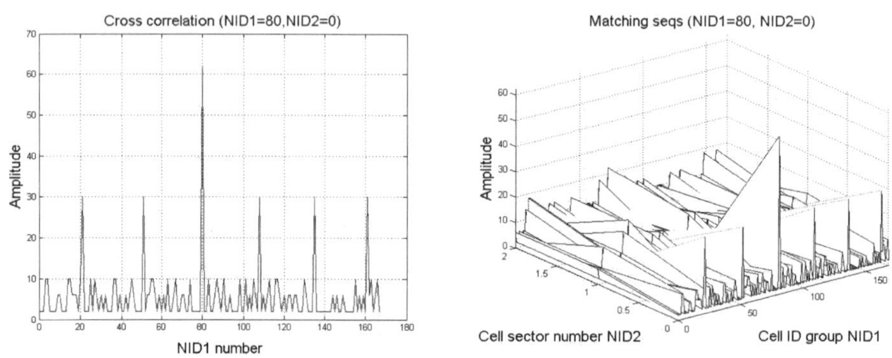

(a) 한 셀 ID 섹터 존재시 상호상관값 (b) 세 개의 섹터 존재시 상호상관값

▸▸ 그림 5.12 SSS의 상호상관 결과값

SSS 시퀀스는 단일 셀 환경에서 좋은 상호상관 특성을 보여주지만 m-시퀀스이기 때문에 다중 셀 환경에서는 좋은 상관 특성을 가지지 못한다.

5.3.4 SSS를 이용한 동기화 방식

SSS의 동기화 방식은 PSS와 달리 coherent 방식과 non-coherent 방식으로 구분할 수 있다. Coherent 방식이란 PSS와 SSS의 위치가 근접해 있다는 점을 이용하여 PSS에서의 채널이 SSS의 채널과 동일하다는 가정 하에 앞에서 찾은 PSS를 이용하여 채널의 정보를 얻고 SSS의 채널을 보상하여 검출하는 방법이다. Coherent 방식은 채널을 보상해주기 때문에 다중채널 환경에서의 검출 확률이 높지만 계산량이 많아지고 PSS에 의해 추정된 채널의 정확도에 따라 성능이 크게 좌우된다. Non-coherent 방식은 coherent 방식과 달리 PSS를 이용한 채널의 정보를 사용하지 않아 급격히 변하는 채널의 경우에 검출 확률이 저하될 수 있지만 채널 추정에 의해 성능이 좌우되지 않고 구조가 간단하다는 장점이 있다. 단말기에서 수신된 신호는 다음 식과 같이 주어진다.

$$R_{sss}[k] = D_{sss}[k]H_{sss}[k] + W[k] \qquad \text{식 (5.17)}$$

여기서 D[k]는 주파수 영역에서 SSS 시퀀스이고, $H_{SSS}[k]$는 SSS의 CFR(Channel Frequency Response)이며, W[k]는 AWGN이다.

Coherent 방식에서는 PSS를 이용한 채널을 사용하므로 우선 채널 추정을 해야 한다. 여기서 PSS와 SSS는 인접해 있기때문에 SSS의 CFR는 PSS의 CFR과 같다고 가정할 수 있다. 채널 추정 방식으로 가장 간단한 LS(Least Square) 방식을 이용하여 PSS의 CFR을 추정할 수 있다. 다음 식은 LS 방식을 사용한 경우의 채널 추정 방법을 보여준다.

$$\widehat{H_{pss}}[k] = R_{pss}(k)/D_{pss}[k], k = -31, -30, \ldots, 30, 31 \qquad \text{식 (5.18)}$$

$$\widehat{H_{sss}}[k] \cong \widehat{H_{pss}}[k] \qquad \text{식 (5.19)}$$

식 (5.19)에서와 같이 LS 방식으로 추정한 PSS의 CFR를 SSS의 CFR과 같다고 가정하고 수신된 신호를 다음 식을 사용하여 채널 보상을 해준다.

$$Y_{sss}[k] = R_{sss}[k]/\widehat{H_{sss}}[k] \qquad \text{식 (5.20)}$$

Non-coherent 방식의 경우에는 채널 보상을 해주지 않으므로 다음 식을 사용하여 진행한다.

$$Y_{sss}[k] = R_{sss}[k] \qquad \text{식 (5.21)}$$

여기까지는 coherent, non-coherent 방식과 SSS에서의 채널 보상 방법을 설명하였다. 그 이후에는 셀 ID 그룹과 프레임 타이밍을 검출하게 된다. SSS는 총 168개의 그룹으로 구성되어 있고, 10ms의 프레임 타이밍 동기를 맞추기 위해 한 프레임 내의 두 SSS는 서로 다르게 주어진다. 그렇기 때문에 수신한 신호를 두 SSS에 대해 각각 검출하도록 진행한다. 여기서는 ML(Maximum Likelihood) 방식으로 셀 ID 그룹과 프레임 타이밍을 동시에 검출하는 방법을 설명한다.

다음 식은 SSS 검출에 사용되는 ML 식과, 이 식에서 구한 값들을 비교하여 셀 ID 그룹과 프레임 타이밍을 찾는 식을 나타낸다[3].

$$s_j(i) = |\sum_{k=0}^{61} y_{sss}(k) s_i(k)|^2 \qquad \text{식 (5.22)}$$

$$\left[N\hat{I}D1, \text{Subframe} \right] = \underset{j \in \{0,5\}}{\arg\max} \left\{ \underset{i \in \{0,1,\ldots,167\}}{\arg\max} \left\{ S_j(i) \right\} \right\} \qquad \text{식 (5.23)}$$

Coherent 방식일 경우에는 식 (5.20)을 적용하고 non-coherent 방식일 경우에는 식 (5.21)를 적용한다. 그림 5.13은 셀 ID 그룹과 프레임 타이밍을 찾는 블록도를 보여준다.

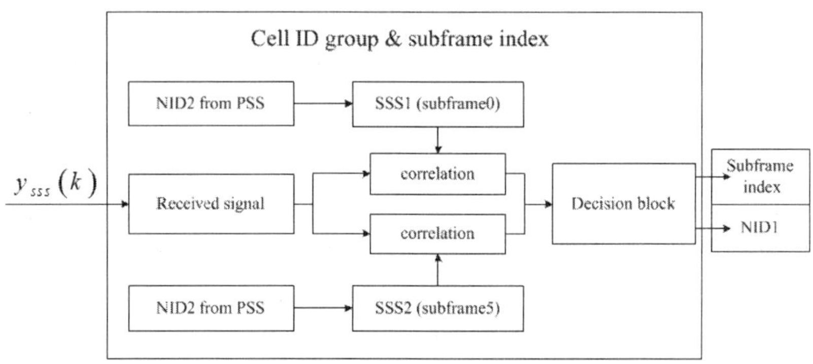

▸▸ 그림 5.13 SSS 검출 블록도

LTE 시스템에서는 두 가지 종류의 CP가 사용된다. CP의 종류에 따라 OFDM 심볼의 수와 CP 길이가 변하게 되므로 셀 탐색과 동기화 과정에서 CP의 종류를 고려해야 한다. 예를 들어 SSS의 위치를 찾을 때 PSS을 검출한 후에 일정한 오프셋만큼 떨어진 위치를 찾는데 CP 길이에 따라 오프셋의 범위가 달라지기 때문에 CP의 종류를 찾는 것이 중요하다. 그러나 PSS와 SSS의 시퀀스 특성만으로는 CP의 종류를 구분할 수 없다. 따라서 PSS 동기화 과정에서 Blind CFO 추정을 한 것과 같이 SSS 동기화 과정에서는 Blind CP 검출을 한다.

여기서는 CP의 종류를 PSS와 SSS의 시퀀스 특성만으로는 알 수 없기 때문에 Blind CP 검출 방법이라고 부르기로 한다. Blind CP 검출 방법은 PSS 단계에서 두 CP를 모두 고려하여 CFO를 보상한 신호를 다음 단계로 넘기고 그 신호를 Normal, Extended CP라고 가정하여 각각에 대해 SSS 검출 과정을 진행한다. 검출 방법은 ML 방식을 적용하여 다음과 같이 주어진다.

$$S_{Normal\,cp}(\hat{i}) = \left|\sum_{k=-31,k\neq 0}^{31} Y_{sss}^{Normal\,CP}(k)s_i(k)\right| \quad \text{식 (5.24)}$$

$$S_{Extended\,cp}(\hat{j}) = \left|\sum_{k=-31,k\neq 0}^{31} Y_{sss}^{Extended\,CP}(k)s_j(k)\right|, i,j\in 0,1,2...167$$

여기서 $Y_{sss}^{Normal\,CP}(i)$는 PSS 위치에서 FFT 크기와 Normal CP 길이만큼 떨어진 위치에서 FFT한 결과이고 $Y_{sss}^{Extended\,CP}(i)$는 FFT 크기와 Extended CP 길이만큼 떨어진 위치에서 FFT한 결과이다. 이와 같은 방법으로 구한 상관값을 다음 식을 사용하여 비교한 후 CP 길이를 검출한다.[9]

$$Decision = \begin{cases} S_{Normal\,CP}(i) > S_{Extended\,CP}(j)\,, Normal\,CP \\ S_{Normal\,CP}(i) < S_{Extended\,CP}(j)\,, Extended\,CP \end{cases} \quad \text{식 (5.25)}$$

PSS와 SSS를 사용하여 구한 셀 ID 섹터와 셀 ID 그룹을 이용하여 셀 ID를 찾을 수 있다. 다음 식은 셀 ID를 찾는 수식이다.

$$N_{ID}^{cell}=3N_{ID}^{(1)}+N_{ID}^{(2)} \text{ where } N_{ID}^{(1)}=0,1,.....167 \text{ and } N_{ID}^{(2)}=0,1,2 \quad \text{식 (5.26)}$$

다음 표는 식 (5.26)을 사용하여 구한 결과이다.

▸▸ 표 5.5 셀 ID 섹터와 셀 ID 그룹에 따른 셀 ID 값

PHY layer cell identity group $N_{\mathrm{ID}}^{(1)}$	PHY layer identity $N_{\mathrm{ID}}^{(2)}$	PHY layer cell identity $N_{\mathrm{ID}}^{\mathrm{cell}} = 3N_{\mathrm{ID}}^{(1)} + N_{\mathrm{ID}}^{(2)}$
0	0	0
	1	1
	2	2
1	0	3
	1	4
	2	5
⋮	⋮	⋮
167	0	501
	1	502
	2	503

그림 5.14는 위에서 설명한 동기화 방법을 통해 구한 Cell ID, 서브프레임 번호, CP 검출 성능을 보여준다.

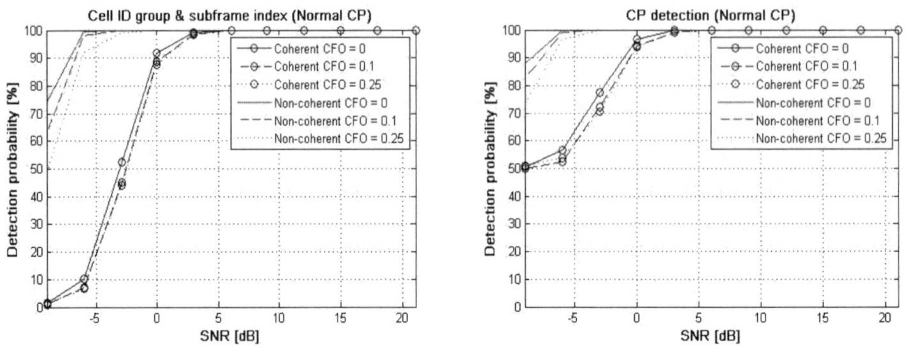

(a) 셀 ID 검출 성능 (b) CP 검출 성능

►► 그림 5.14 모의실험을 통한 셀 ID, 서브프레임, CP 검출 성능

3GPP LTE에서는 이와 같은 방법으로 총 504개의 셀 ID를 탐색하게 된다.[10]

5장 참고문헌

[1] 3GPP TS 36.211, "Physical channels and modulation," Tech. Rep., Dec. 2012, Release 10

[2] E. Dahlman, S. Parkvall, and J. Skold, *4G LTE / LTE–Advanced for Mobile Broadband, Elsevier,* 2011

[3] S. Sesia, I. Toufik, and M. Baker, *LTE–The UMTS Long Term Evolution : From Theory to Practice 2/E.,* Wiley, 2011

[4] E. M. Silva, G. J. Dolecek, and F. j. Harris, "Cell search in long term evolution system: Primary and Secondary Synchronization" *LASCAS*, Playa Del Carmen, 2012

[5] K. C. Shin, S. B. Im, K. M. Ok, and H, J. Choi, "A design of initial cell searcher for 3GPP LTE downlink system," *KICS Journal*, vol. 33, no. 7, pp. 733–742, 2008.

[6] Y. S. Cho, J. W. Kim, W. Y. Yang, and C. G. Kang, *MIMO–OFDM Wireless Communications with MATLAB*, Wiley, 2010

[7] F. Khan, *LTE for 4G Mobile Broadband*, Cambridge University Press, 2009

[8] B. Sklar, *Digital Communications: Fundamentals and Applications 2/E* , Prentice Hall, 2002

[9] J. I. Kim, J. S. Han, H. J. Roh, and H. J. Choi, "SSS detection method for initial cell search in 3GPP LTE FDD/TDD dual mode receiver," *ISCIT*, pp. 199–203, Sept. 2009

[10] K. Manolakis, D. M. Gutierrez Estevez, X. wen, and C. Drewes, "A closed concept for synchronization and cell search in 3GPP LTE systems" *WCNC*, Budapest, 2009

06 LTE Testing Solution

모든 통신망은 망을 구성하는 시스템과 가입자 단말기가 필수 구성요소이며, 시스템과 가입자 단말기가 통신망에 적용되기 위해서는 여러 단계를 거친다. 이는 LTE 뿐만 아니라 이전의 통신망 및 향후의 통신망들에 공통적으로 적용이 가능한 단계들이다.

- Design Stage: 시스템이 가져야 하는 기능 및 성능을 정의하는 단계이다. 통상 ETSI와 같은 단체에서 개발하는 무선규격표준에 근거하여 정의된다. 상위설계 및 상세설계 단계로 세분화되며, 필요에 따라 시뮬레이션을 통해 설계검증이 수행되는 단계이다.
- Module Development Stage: 상세설계에 근거하여 모듈을 개발하는 단계로서, RF 모듈 및 기저대역 모듈들에 대한 개별적인 개발이 진행된다. RF 모듈의 경우, 설계를 만족하는 상용 모듈을 사용할 수도 있으나, 향후 성능개선을 고려한다면 자체개발이 바람직하다. 기저대역 모듈은 FPGA 및 DSP와 같은 processing 소자 및 ASIC을 이용하여 구성하며, 처리해야 하는 기능 및 설계된 throughput 성능 등이 회로 구성에 고려되는 사항이다.
- Protocol Development Stage: 프로토콜 개발은 HW 모듈개발과 동시에 진행될 수 있는 과정으로써, Phy., L2, L3 개발을 위해 해당 프로토콜계층을 수행할 수 있는 시뮬레이터가 구성된다. 그러나, 최종적인 개발은 HW 구성이 이루어진 상태에서 이루어진다.
- Module Integration Stage: 별도로 개발된 모듈을 통합하는 단계이다. 기본적인 프로토콜 동작을 함께 검증하는 단계이다.
- System Design Verification Stage: HW와 SW가 통합된 상태에서 진행되는 단계로서, 기능 및 성능이 설계단계에서 목표한 수준을 만족하는지 검증하는 단계이다.
- Pre-conformance Test Stage: 개발된 시스템 및 가입자 단말기는 통신표준규격에서 정의하는 기능 및 성능을 만족하는지 확인하기 위해 공인기관에 의한 시험검증의 과정을 거친다. 해당 과정은 많은 시간과 시험검증과정을 필요로 한다. 그래서, 사전에 시스템 및 가입자 단말기 제조사가 자체적으로 시험을 수행할 수 있는 간이 시스템을 이용하여 진행되는 단계가 Pre-conformance 단계이다.
- Conformance Test Stage: 개발된 시스템 및 가입자 단말기는 통신표준규격에서 정의하는 기능 및 성능을 만족하는지 확인하기 위해 공인기관에 의한 시험검증의

과정을 거치는 단계이다. Pre-conformance 단계를 거칠 경우, 시간과 노력을 줄일 수 있는 과정이다.

- Manufacturing Stage: Conformance 검증과정을 거친 시스템 및 가입자 단말기는 본격적인 생산단계를 거치게 된다.
- Network Deployment Stage: 생산된 시스템은 망운용사업자를 통해 통신망 구축에 활용되고, 가입자 단말기는 일반 사용자에게 공급되어 이용되게 된다.

시스템 및 가입자 단말기에 대한 이상과 같은 일련의 과정을 도식화하면 그림 6.1과 같다.

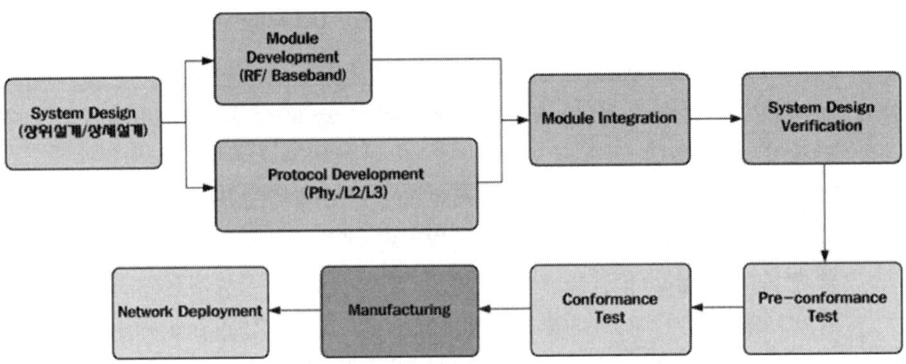

▸▸ 그림 6.1 Network Element Life cycle

그림 6.1과 같은 과정에서 각 단계에 적합한 방법의 시험 및 검증과정이 요구된다. 설계 단계 또는 프로토콜 개발단계에서는 개발회사에서 자체적으로 개발하는 시뮬레이터가 이용된다. 시뮬레이터를 이용할 경우, HW 개발과 별도로 프로토콜 개발을 진행할 수 있다. Module을 개발하는 단계와 Module integration 단계부터 본격적인 계측장비가 이용되며, 망구축이 이루어지는 단계에서는 계측장비뿐 만 아니라, 무선망최적화를 위한 최적화 장비가 필요하다. 본고에서는 LTE 시스템 및 가입자 단말기의 life cycle의 각 단계에서 필요로 하는 계측장비 및 무선망 최적화장비들에 대해서 현재 상용화되어 있는 제품들을 위주로 기능 및 특징을 살펴보기로 한다.

6.1 Development test equipments

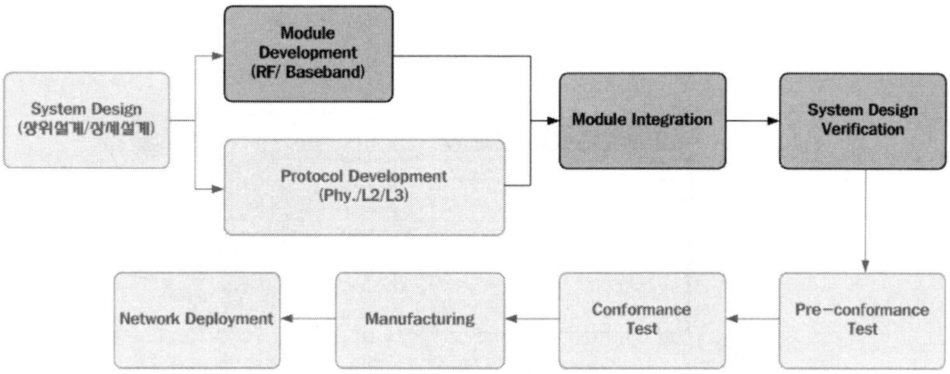

▶▶ 그림 6.1 기지국 시스템 및 단말기의 개발단계 시험과정

기지국 시스템 및 단말기의 개발단계에서 필요한 기저대역 및 RF 단의 품질측정은 스펙트럼분석기 및 오실로스코우프와 같은 범용계측장비를 통해서 이루어진다. 한편, 프로토콜 동작 및 호처리와 같은 핵심기능은 대응하는 노드를 시뮬레이션할 수 있는 장비를 필요로 한다. 가입자 단말기를 시험하기 위해서는 기지국역할을 수행하는 장치인 BSE (Base Station Emulator)가 필요하며, 기지국 시스템을 시험하기 위해 MSE(Mobile Station Emulator)가 사용된다. LTE 기지국을 시험하기 위해 필요한 MSE를 상용화한 계측장비 공급사는 많지 않으며, Aeroflex사의 TM500 모델이 대표적이다. MSE에 대한 시장에서의 수요가 많지 않은 탓에 수익성을 이유로 다수의 공급사들이 제품을 개발하지 않고 있다. LTE 단말기를 시험하기 위한 BSE(Base Station Emulator)는 대부분의 계측장비공급사들에서 솔루션을 제공하고 있으며, 국내회사인 이노와이어리스는 이를 독자개발하여 Agilent와 더불어 상용화를 달성하였다. 상용화된 해당 제품은 Agilent에서 생산 및 마케팅 활동을 수행하고 있는 중이다. 해당 장비는 일반적인 BSE가 제공해야 하는 기능과 더불어 RF 성능시험 기능도 함께 지원한다. 사용자는 LTE 단말기와 BSE가 호처리를 진행하는 중에 단말기로부터 전송되는 신호의 품질을 측정할 수 있다. BSE가 제공하는 최대의 장점은 사용자 임의대로 변형 및 제어가 가능한 시험환경을 구축할 수 있다는 것이다. 예를 들면, 상용망은 대부분 성능과 밀접한 관계를 갖는 파라메타들을 고정하여 운용하지만, BSE는 그러한 파라메타값들을 사용자가 임의로 설정하여 시험할 수 있다는 장점이 있다. 따라서, BSE는 단말기의 다양한 기능들에 대한 개발 및 디버깅을 손쉽게 수행할 수 있는 방편을 제공한다. BSE는 적합성 시험을 위한 인증시스템 구성에서 핵심적인 역할을 수행하는 장치로서, 단말기 개발의 전체 life cycle에서 광범위하게 사용되는 장비이다. 그림 6.2에는 이노와이어리스가 개발하여 Agilent에서

생산 및 마케팅활동을 하고 있는 LTE BSE를 보여주고 있으며, 제품모델명은 E6621A 이다.

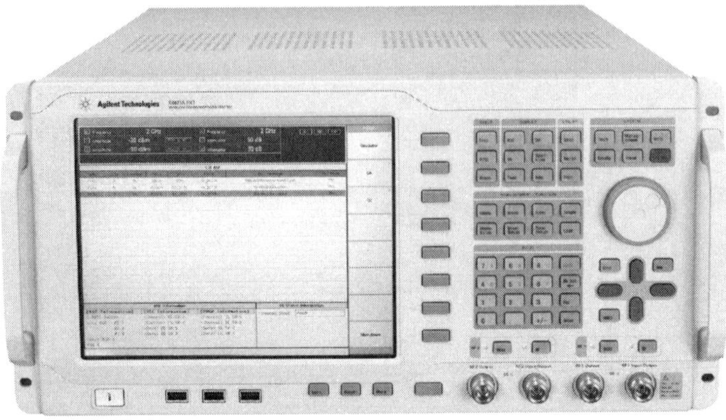

▸▸ 그림 6.2 LTE BSE(E6621A)

LTE BSE를 이용하여 시험할 수 있는 항목들은 다음과 같다.

- 3GPP LTE FDD 및 TDD 규격 시험
- 파라메터 제어: 주파수, 전력, MCS(Modulation and Coding Scheme), BW 등
- 호처리 기능 시험: Attach, Connection, Reconfiguration, Authentication, NAS 및 RRC security 등
- Data throughput 시험: 외부서버와 연동하여 E2E application throughput 및 DTCH throughput 시험
- 다양한 TM(Transmission Mode) 지원: SISO, Tx Diversity, open-loop MIMO 및 closed-loop MIMO 동작
- 다양한 단말기 Reporting 기능 시험: 패킷손실정보를 제공하는 Ack/Nack, CQI, PMI, RI, UCI 및 measurement reporting
- LTE 기지국간 핸드오버
  이종 RAT을 지원하는 BSE와 연동하여 2G/3G/CDMA2000과의 Inter-RAT(Radio Access Technology) 핸드오버 시험
- 실시간 LTE 프로토콜 수집 및 분석
  사용자 임의의 message flow 수정 기능(외부 message editor와 연동필요)

LTE BSE는 LTE 단말기의 기능 및 성능을 시험하기 위한 장비로서, 단말기의 성능 및 기능을 시험할 수 있도록 필요한 동작을 수행해야 한다. 다음은 단말기의 수신부 시험을 위해 LTE BSE가 지원하는 기능들이다.

- LTE 단말기에 대한 무선시험 규격인 3GPP TS36.521 시험 항목들에서 단말기 수신부 시험을 위해 요구되는 측정기능
- 단말기가 송신만 수행하는 상태에서 특정 test mode 및 E2E 데이터 수신 시험을 진행하는 경우에 요구되는 측정기능
- Data throughput 시험: 외부서버와 연동하여 E2E application throughput 및 DTCH throughput 시험
- 파라메터 제어: 주파수, 전력, MCS(Modulation and Coding Scheme), BW 등
- 단말기에서 보고되는 품질 항목을 디스플레이: CQI, PMI, RI, UCI 및 power headroom, buffer reporting 정보 등
- 2x2 DL MIMO 지원(Wideband 및 sub-band CQI 지원)
- 단말기 수신시험을 위한 트래픽 데이터 발생기능
- Ack/Nack 처리 및 디스플레이
- 트래픽 송수신 시험시, DL 에러율 표시기능
- DL 순시 throughput 표시기능
- 채널 시뮬레이션을 위한 OCNG와 AWGN 신호 발생기능

다음은 단말기의 송신부 시험을 위해 LTE BSE가 지원하는 기능들이다.

- LTE 단말기에 대한 무선시험 규격인 3GPP TS36.521 시험 항목들에서 단말기 송신부 시험을 위해 요구되는 측정기능
- 단말기가 수신만 수행하는 상태에서 특정 test mode 및 E2E 데이터 송신 시험을 진행하는 경우에 요구되는 측정기능
- 파라메터 제어: 주파수, 전력, MCS(Modulation and Coding Scheme), BW 등
- Occupied BW 측정기능
- SEM(Spectrum Emission Mask) 측정기능
- Adjacent channel power 측정기능
- Constellation 및 EVM 측정기능
- Frequency error 및 timing error 측정기능
- Receive I/Q data 측정기능
- UL throughput 측정기능

BSE는 단말기와 직접연결하여 추가적인 장비없이 다양한 시험을 수행할 수 있으며, 개발단계에서는 일반적으로 사용되는 방법이다. BSE 자체적으로는 replay 기능이나 halt 기능이 없기때문에 외부에서 message만 디스플레이 및 처리할 수 있는 장비와 연동하는 방법이 사용되기도 한다.

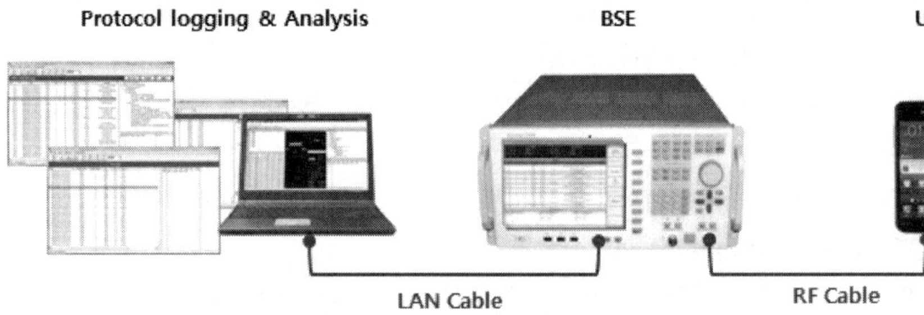

▶▶ 그림 6.3 BSE를 이용한 개발단계의 전형적인 시험구성

그림 6.3에서 보여지는 Protocol logging & Analysis 장비는 SW에 기반한 제품으로서, BSE와 LTE 단말기 사이에서 송수신되는 메시지들에 대한 실시간 디스플레이 및 저장기능을 제공하며, 저장된 메시지의 parsing 등의 다양한 편집기능을 이용하여 문제점 발생 시, 효율적인 디버깅 수단을 제공해 준다. 단말기의 품질지표 중 가장 중요시되는 것 중의 하나인 throughput을 시험하는 경우, Application 서버와 연동하여 E2E throughput을 시험하게 되는데, 이 때는 외부의 Application 서버가 별도로 요구된다.

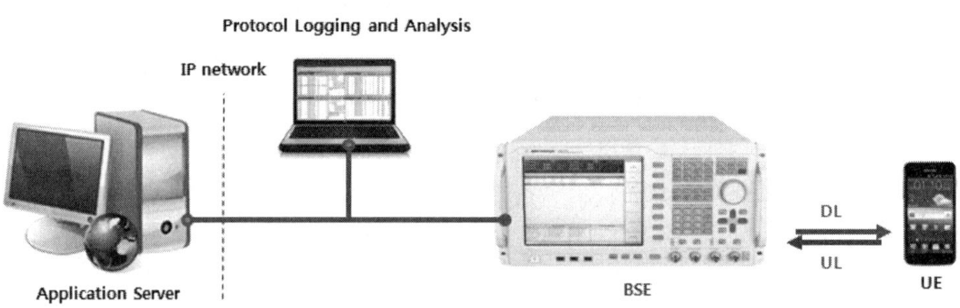

▶▶ 그림 6.4 E2E Application throughput 측정 시험구성

이상에서 언급한 시험방법들은 단말기의 RF 부와 기저대역부가 완전히 통합되고, SW가 탑재된 상태에서 진행이 가능한 시험들이다. 그러나, 단말기 초기 개발단계에서는 RF 부와 기저대역부를 분리하여 개발하게 되며, RF 부가 정합되지 않은 상태에서 기저대역부의 신호분석과 프로토콜 탑재가 가능한 경우 프로토콜 시험을 위해 BSE는 기저대역 정합기능을 제공하게 된다. 기저대역 정합기능은 이외에도 기저대역 채널시뮬레이터와의 연동에도 사용되어 질 수 있다. 이럴 경우, DL 측면에서는 IQ 출력이 기저대역 채널시뮬레이터로 전송되고, 채널시뮬레이터를 거친 신호가 IQ return 경로로 입력되어 BSE의 RF 부를 거쳐 전송되게 된다. 수신 측면에서는 채널시뮬레이터를 거치지 않고 RF 신호로 정합하도록 구성된다. 이를 제공하기 위한 LTE BSE에서의 기저대역 단자

구성은 그림 6.5와 같다. 기저대역 채널시뮬레이터는 고가의 RF 채널시뮬레이터를 대체할 수 있는 저가의 솔루션으로서, 이미 외산제품이 상용화되어 제공 중이다.

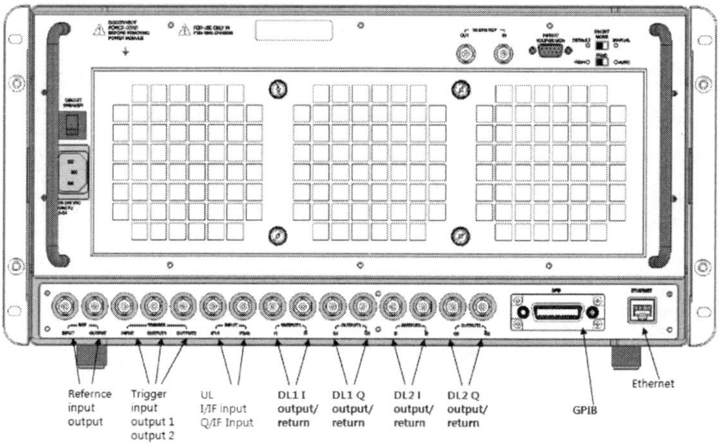

►► 그림 6.5 LTE BSE의 후면 정합단자 구성

기저대역 채널 시뮬레이터와 연동하는 경우 시험구성은 그림 6.6과 같이 된다. 즉, DL 측면에서 신호는 기저대역 채널시뮬레이터를 거쳐 단말기로 전송되며, UL 측면에서는 일반적인 시험구성과 동일하게 된다.

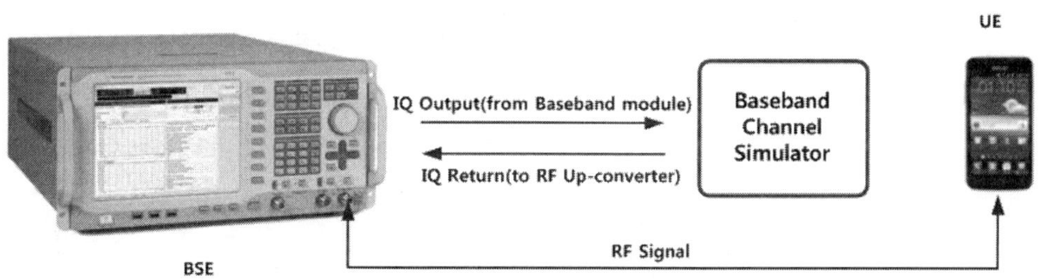

►► 그림 6.6 외부 기저대역 채널시뮬레이터를 이용한 시험구성

LTE BSE는 일반 LTE 기지국이 제공하는 호처리 기능을 동일하게 제공하면서, 단말기에서 전송되는 신호에 대한 RF 품질측정기능을 함께 제공한다. 또한, LTE 단말기가 특수한 동작모드에서 동작할 경우, waveform 신호를 제공하기 위한 신호발생기 모드도 함께 제공될 수 있다.

BSE의 사용목적은 개발단계의 단말기에 대한 기능 및 성능을 안정화시키는데 있다. 안정성을 확보하기 위해서는 여러 가지 시험들이 진행된다. 그 중에 장시간 동작으로 인한 문제점 발생여부를 확인하는 과정이 있으며, 해당 시험은 통상 운용자의 조작없이 야

간시간대에 진행하는 것이 일반적이다. 이를 위해서 BSE와 외부의 controller와의 연동이 필요한데, 물리적인 인터페이스는 LAN이나 GPIB가 이용되며, 일련의 시험과정이 controller를 통해 BSE에 일련의 명령들을 전송함으로서 이루어진다. 해당 명령어들의 집합인 command set이 API(Application Platform Interface) 명령어에 의해 정의된다. API 명령어를 이용하여 사용자는 필요한 시험시나리오를 작성하여 BSE를 이용한 자동화 시험을 진행할 수 있다. LTE 단말기에 대한 제어도 함께 필요한데, 단말기를 제어하기 위해서는 DM(Diagnostic Monitor)와 연동하는 것이 일반적인 방법이나, 단말기 제조업체 또는 칩셋 제조업체에서 특화된 명령어를 구현하여 제공할 수도 있다.

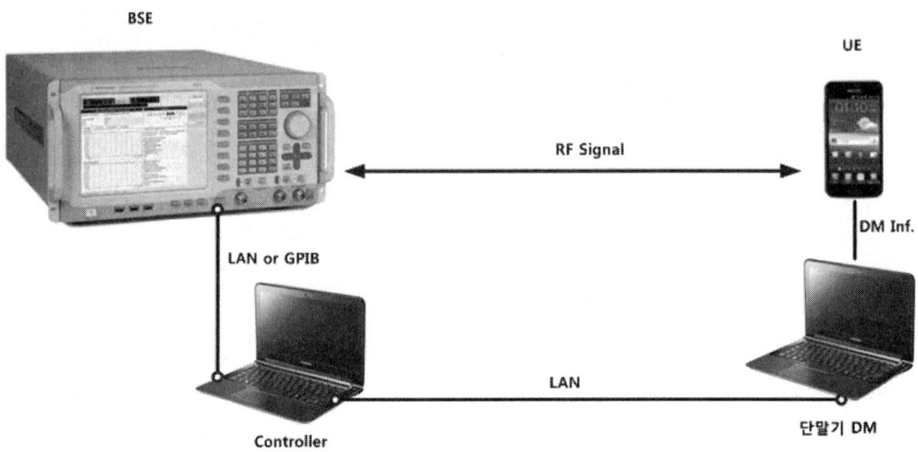

▸▸ 그림 6.7 외부 controller를 이용한 자동화 시험구성

6.2 Conformance test system

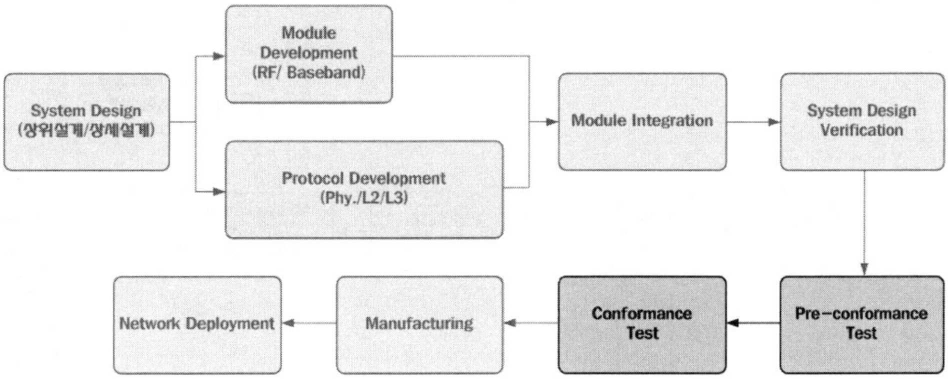

▸▸ 그림 6.8 기지국 시스템 및 단말기의 적합성 시험과정

LTE 기지국 시스템 및 단말기에 대한 제조사의 자체적인 개발과정이 종료되면, 공인기관에서 수행하는 적합성 시험 과정을 거치게 된다. LTE 적합성 시험에는 크게 세가지가 있는데, RF(Radio Frequency), RRM(Radio Resource Management) 및 프로토콜 시험이 그것들이다. LTE 적합성 시험을 수행하는 목적은 기지국 시스템 및 단말기가 최소한의 성능요구조건을 만족하는지를 확인하는 과정이다. LTE 적합성 시험과 관련된 단체는 두 개 기관이 있는데, GCF(Global Certification Forum)과 PTCRB(PCS Type Certification Review Board)가 해당 기관들이다. GCF는 유럽의 여러 제조사들의 연합기관으로서, 전체 인증시험과정을 관리한다. 실질적인 인증시험은 GCF로부터 인정받은 개별시험소(Test Lab.)에서 실시하게 된다. PTCRB는 북미사업자들을 위한 LTE 단말기 인증서비스를 제공한다. 이러한 적합성 시험은 규제사항이라고 하기 보다는 권고에 가깝다. 그러나, 제품을 상용화하여 판매하기 위해서는 전자파적합성 및 전기적안정성에 대한 시험과정을 거쳐야 하는데, 이것은 기지국 시스템 및 단말기제조사가 신제품 출시 이전에 꼭 통과해야 하는 강제조항이다. CE, UL, FCC 인증 등이 이해 속하며, 우리나라의 경우 MIC에서 실시하는 형식승인절차가 있다. 이런 인증의 경우 제품을 공급받는 운용사업자가 요구할 수도 있고, 제품이 사용되는 나라에서 요구할 수도 있다. 해당시험은 대부분 공인받은 인증대행기관에서 수행된다. 이 장에서는 산업체 위주의 자체적인 권고사항에 대한 적합성을 시험하는 RCT 및 PCT 위주로 살펴보고자 한다. 3GPP는 광범위하게 단말기 적합성 시험에 대한 규격을 제정하였다. 그 중 전체 LTE 단말기에 공통적으로 적용될 수 있는 규격 두 가지가 있다. 3GPP TS36.508과 TS36.509가 그것들이다. TS36.508은 적합성 시험을 위한 망의 동작조건을 정의하고 있으며, TS36.509는 LTE 서비스 제공을 위한 규격 외에 적합성 시험 수행을 위해 망에서 제공해야 하는 특

별한 기능들을 정의하고 있다. 단말기의 loopback 기능과 같은 것이 그 예이다. 적합성 시험을 수행하는 시험시스템은 규격에서 정의하는 시험항목들을 시험할 수 있는 기능을 구현하고 이에 대한 validation 과정을 거쳐야 한다.

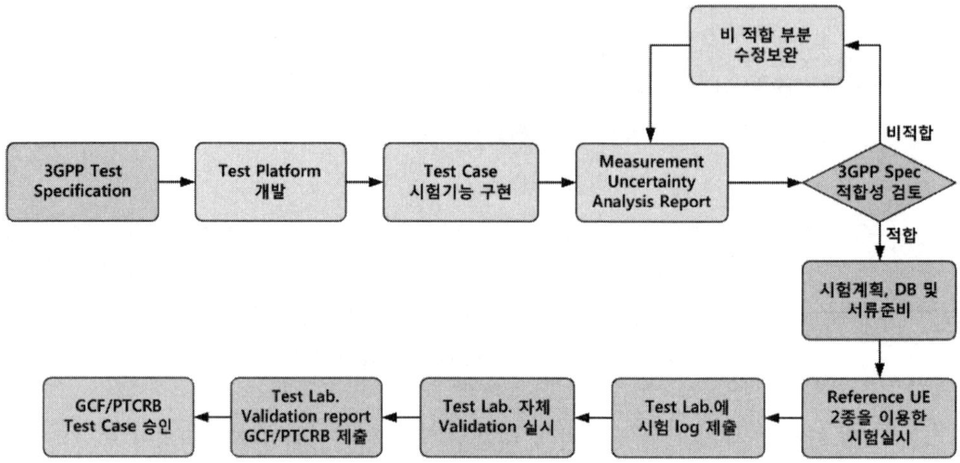

▸▸ 그림 6.9 Conformance Test System Test Case validation 절차

그림 6.9는 적합성 시험장비 제조업체에서 자체 시험플랫폼을 개발하고, 해당 플랫폼에 적합성 시험규격에서 정의하는 Test Case를 구현하고 해당 Test Case에 대한 validation을 진행하는 과정이다. 최종적인 validation 승인은 인증기관에서 진행하며, 2 종류의 reference 단말기를 이용한 시험진행과 시험 log 준비 및 validation report를 인증기관에 제출하는 것은 통상 인증기관의 허가를 받은 개별시험소에서 수행한다.

6.2.1 RCT test solution

LTE RCT 적합성 시험 규격은 기지국 시스템과 단말기에 대해 각각 분리된 표준이 정의되어 있다. 적합성 시험 규격을 정의하고 시험을 진행하는 목적은 기지국 시스템 및 단말기가 가장 어려운 운용조건에서 동작하도록 하는 파라메타의 조합들에 대해 운용상의 문제가 없는지 확인하기 위한 것이다. 그래서, 적합성 시험 규격은 가능한 파라메타 조합에 대해 모두 정의하고 있다. LTE RCT 적합성 시험 규격들은 표 6.1에 보여지는 바와 같다.

▸▸ 표 6.1 LTE RCT 적합성 시험 규격

분야	규격번호	제 목	목 적
UE	TS36.124	Electromagnetic compatibility (EMC) requirements for mobile terminals and ancillary equipment	Tests for EMC emission and immunity
	TS36.521-1	User Equipment (UE) conformance specification; Radio transmission and reception; Part 1: Conformance Testing(FDD/TDD)	RF conformance tests based on 36.101
	TS36.521-2	User Equipment (UE) conformance specification; Radio transmission and reception; Part 2:Implementation Conformance Statement(ICS)	Definition of applicability of tests for different UE capabilities
	TS36.521-3	User Equipment (UE) conformance specification; Radio transmission and reception; Part 3:RRM Conformance Testing	RRM conformance tests based on 36.133
eNB	TS36.113	Base Station (BS) and repeater ElectroMagnctic Compatibility(EMC)	Tests for EMC emission and immunity
	TS36.141	Base Station (BS) conformance testing.	RF conformance tests based on 36.104
	TS36.143	FDD repeater conformance testing	Repeater conformance tests based on 36.106

TS36.124와 TS36.113 규격은 기지국과 단말기의 EMC 시험 규격에 대한 것으로서, 전자파 인증시험을 통해 확인가능한 부분이다. 적합성인증시스템인 RCT 시험 시스템에서는 지원하지 않는 분야이다.

기지국 시스템에 대한 적합성 시험 시스템은 현장수요가 많지 않은 편이다. 그래서, 기지국 적합성 시험 시스템이나 이의 구성에 필요한 MSE(Mobile Station Emulator)를 상용화하여 제공하는 업체가 흔치 않다. RCT 시스템을 구성하기 위해서는 많은 장비들이 필요하다. 이 중 가장 중요한 장비는 BSE인데, 규격에서 정의된 대부분의 Test Case들이 정상적인 호처리 서비스가 진행 중인 상태에서 수행되기 때문이다. 또한, 일반적인 기지국 시스템에서는 필요하지 않는 동작들이 필요하기 때문에 RCT 시스템을 구성하는데 BSE의 도입은 필수적이다. LTE 단말기용 RCT 시스템을 구성하는 장비내역을 살펴보면 다음과 같다.

- BSE: LTE 단말기와 호처리 시그널링 및 트래픽 데이터 송수신
- Signal Analyzer: LTE 단말기의 송신신호 분석

- Signal Generator: 간섭신호 발생
- Power Meter: LTE 단말기의 송신전력세기 측정
- Channel Simulator: 시험규격에서 정의한 fading 인가
- RF Switching box: Test Case에 맞게 RF 신호경로를 제어
- RCT Controller: Test Case에 정의된 절차에 맞게 RCT 구성장비를 제어하며, 시험 결과의 디스플레이 및 저장 수행

LTE용 BSE인 E6621A를 이용하여 구성한 RCT 시스템구성이 그림 6.10에 보여지고 있다.

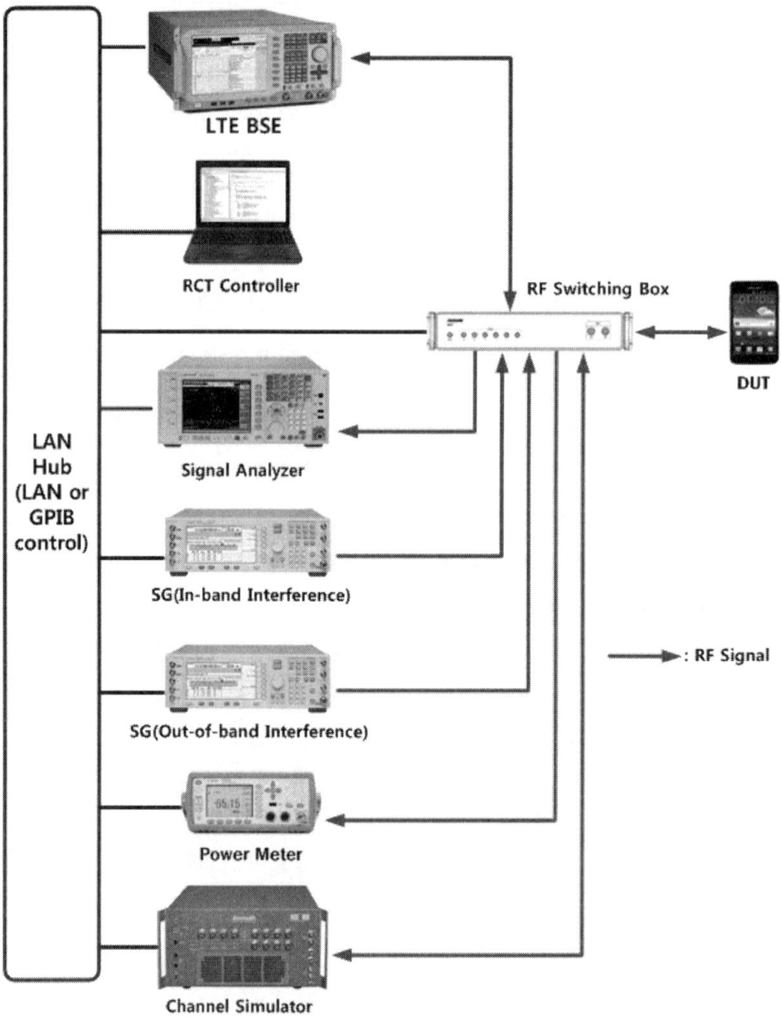

▸▸ 그림 6.10 LTE 단말기용 RCT 인증시스템 구성

RF 관련한 적합성 시험을 위한 그림 6.10은 LTE 단말기의 송신특성 및 수신특성, 그리고 RF 성능을 측정하기 위한 Test Case들이 구현된 시스템을 보여주고 있다. 송신특성 및 수신특성을 시험하는 경우에는 채널시뮬레이터와 연동이 필요하지 않지만, RF 성능 시험의 경우 해당하는 Test Case들이 다양한 안테나 구성과 채널환경을 정의하고 있어서 채널시뮬레이터와의 연동이 필수적이다. LTE 단말기의 수신성능 시험결과를 판정하기 위한 지표는 시험에 사용된 RMC(Reference Measurement Channel)의 throughput인데, 정의된 RMC가 제공할 수 있는 최대 throughput의 95% 이상으로 정의하고 있다. Throughput 성능과 BLER은 동일한 지표로 볼 수 있다. 일반적으로 throughput 측정기능은 BSE에 구현되며, RMC 설정기능도 함께 구현된다. RCT에서 규정한 Test Case들은 RCT controller에 연결된 각 장비들을 규정된 API 명령어를 이용하여 제어시퀀스를 정의함으로서 구현된다.

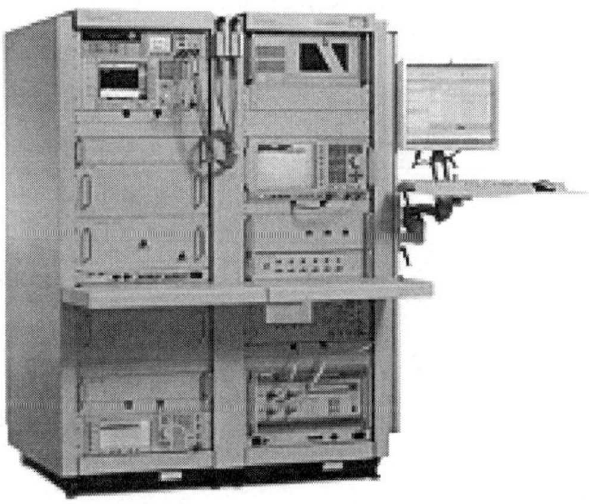

▸▸ 그림 6.11 LTE RCT 적합성 시험 시스템(Agilent GS8800)

상용화되어 제공되고 있는 LTE 단말기 RCT 적합성 시험 시스템이 그림 6.11에 보여지고 있다. 적합성 시험규격에서 정의된 Test Case들을 모두 구현하기 위해서는 언급한 바와 같이 다양한 장비들이 필요하며, 일부 Test Case들만 지원하거나, Test Case 자체 시험 진행에 있어서도 부분적으로 지원함으로서 구성되는 장비의 수를 줄여 제공되는 시스템들도 있는데, 이와 같은 시스템을 Pre-RCT 시스템이라고 하며, 고가의 RCT 시스템 도입이 부담스러운 단말기 제조업체들이 확보하여 사용하는 솔루션이다.

6.2.2 PCT test solution

LTE 단말기의 프로토콜동작의 적합성을 시험하기 위한 시스템이 PCT 시스템이다. 유사한 용어로 SCT(Signaling Conformance Tester)라고 부르기도 한다. 프로토콜 적합성을 시험하기 위한 표준 규격은 표 6.2에 보여지는 바와 같으며, PCT 시스템의 구성은 RCT 시스템과 비교하여 비교적 단순하게 구성된다.

▶▶ 표 6.2 프로토콜 적합성 시험규격

규격 번호	제 목	목 적
36.523-1	User Equipment (UE) conformance specification; Part 1: Protocol Conformance Test	Defines the overall test structure, the test configurations, the conformance requirements and reference to the core specification, the test purposes and a brief description of the test procedure, the specific test requirements and short message exchange table.
36.523-2	User Equipment (UE) conformance specification; Part 2: Implemen-tation Conformance Statement (ICS) Proforma Specification	Based on UE implemented features, provides the ICS proforma in compliance with the relevant EPS requirements and a recommanded applicability state-ment for the 36.532-1 test cases.
36.523-3	User Equipment (UE) conformance specification; Part 3: Test suites	Provide a detailed and executable description of the test cases written in the test language TTCN-3.

LTE PCT는 프로토콜 규격에서 정의하는 다양한 프로토콜 계층들의 기능을 시험하기 위한 시스템이다. LTE PCT 시스템이 지원하는 프로토콜 시험 대상은 다음과 같다.

- Idle mode 시험
- Layer 2(MAC/ RLC/ PDCP) 시험
- RRC 시험
- EMM(EPS Mobility Management) 시험
- ESM(EPS Session Management) 시험
- Radio Bearer 시험
- Combined Procedure 시험: call setup 및 I-RAT 핸드오버 등
- ETWS(Earthquake and Tsunami Warning System) 기능 시험
- Non-3GPP 시험
- 일반 기능 시험

PCT 시스템을 구현하기 위해서는 프로토콜 시험규격에 근거하여 TTCN-3(Testing and Test Control Notation version 3) 기반으로 작성된 스크립트를 이용하게 되는데, 해당 스크립트는 ETSI(European Telecommunication Standards Institute)에서 배포

하게 된다. 일반적으로 PCT 시스템은 TTCN 프레임워크를 제공하는 업체로부터 프레임워크를 제공받아 계측장비 제조사에서 PCT controller를 개발하는 과정을 거치게 된다. 그림 6.12에 PCT controller 개발에 필요한 요소가 설명되고 있다.

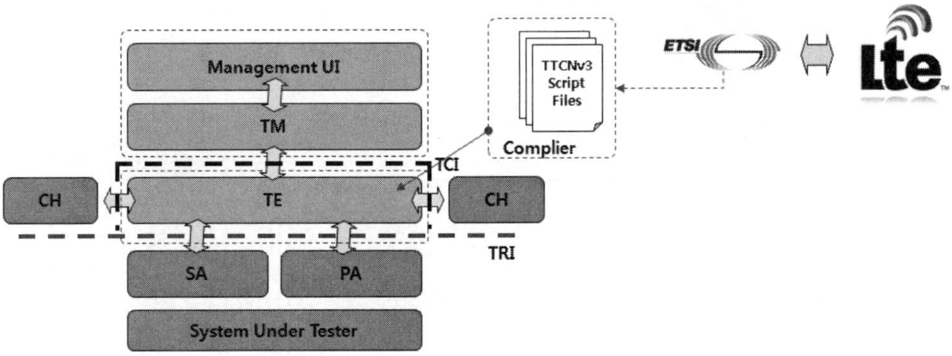

▸▸ 그림 6.12 TTCN 프레임워크를 이용한 PCT 시스템 구성

그림 6.12에서 보여지는 각 요소들에 대한 설명은 다음과 같다.

- TE(Test Executable): 프로토콜 Test Case를 분석 및 실행하며, TTCN-3 language로 만들어진 ATS(Abstract Test Suites)가 사용된다.
- TM(Test Management): Test component를 분산하여 TE를 실행한다. Test data의 인코딩, 디코딩 및 Test component들의 실행과정에서 log 데이터를 관리한다.
- CH(Component Handler): TE의 처리를 관리한다.
- SA(System Adaptor)
- PA(Platform Adaptor)
- TRI(TTCN-3 Runtime Interface): TTCN-3를 다른 도메인에 연결하는 어댑터
- TCI(TTCN-3 Control Interface): 코덱 및 TTCN-3에 사용자 인터페이스를 통합한다.

그림 6.12에서 TE, TM, Management UI는 TTCN 프레임워크에서 지원하는 것으로서 TTCN-3를 제품화하여 제공하는 업체에서 구현한 것이며, 이외의 부분은 PCT 시스템을 개발하여 공급하는 업체에서 구현한다.

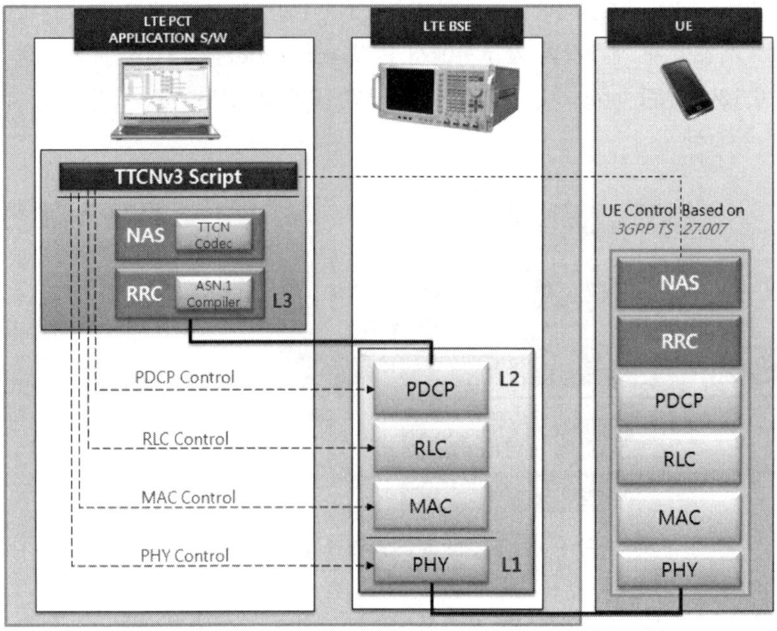

▸▸ 그림 6.13 LTE PCT 시스템 구성

언급한 바와 같이, LTE PCT 시스템은 그림 6.13에서 보여지는 바와 같이 LTE BSE와 Test Case를 수행하기 위한 외부의 PCT controller로 단순한 구성을 하고 있다. 그리고, Test Case 수행 결과가 양호할 경우에는 문제가 없겠지만, Fail 결과가 나타나서 추가적인 디버깅과정이 필요한 경우를 대비하여 LTE 단말기와 BSE 간에 송수신되는 메시지를 수집 및 디스플레이하는 장비인 메시지 수집 및 분석장비를 별도로 연동할 수 있다.

6.3 Manufacturing test solution

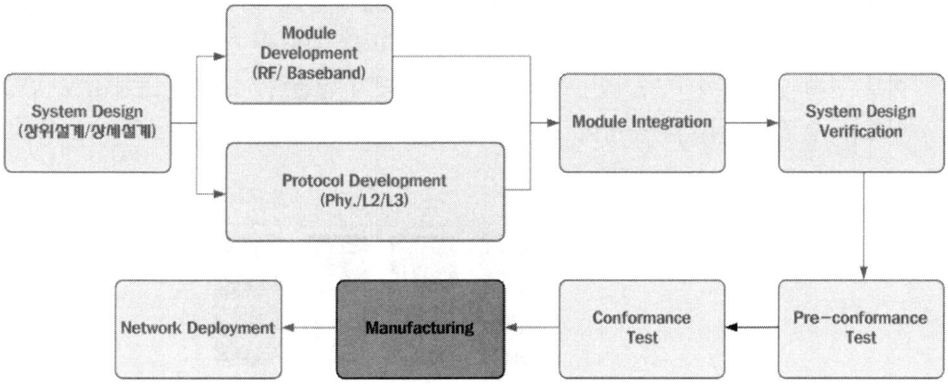

▸▸ 그림 6.14 기지국 시스템 및 단말기의 제조단계 시험과정

LTE 기지국 및 단말기의 적합성 시험까지 성공적으로 종료하게 되면, 기지국 및 단말기가 상용화에 문제가 없는 단계라고 할 수 있으며, 본격적인 양산의 과정을 거치게 된다. 최근 기지국의 경향은 Macro Cell뿐만 아니라, 옥 내의 소형기지국인 Femto Cell도 망운용서비스에 적극 도입되는 경향을 보이고 있다. Femto 기지국(Femto AP) 및 단말기는 대량생산을 수반하며, 가장 중요한 요소는 시험시간을 줄이면서 정확성을 높이는 것이다. 그래서, 개발 및 인증단계에서 수행되는 광범위하고 복잡한 시험과정이 아니라, RF 성능을 확인하는 시험이 일반적으로 수행된다. 또한, 개발과정에서 수행되는 온·습도와 같은 환경 시험도 생산품들 중 일부 샘플링을 진행하여 수행되는데, 이는 생산 Lot 별로 발생할 수 있는 품질의 차이를 줄여주는 역할을 한다. 양산 시험 장비는 LTE 기지국 및 단말기에 대한 RF 보정기능 및 성능 시험 기능을 제공하도록 구성된다. 시험시간을 줄이기 위해 대부분의 과정은 자동화진행이 가능토록 개발된다.

6.3.1 단말기 Manufacturing solution

LTE 단말기 Manufacturing 장비는 LTE 단말기를 생산·공급하는 제조업체에서 필요한 솔루션이다. 해당 솔루션은 LTE 단말기의 생산에 있어서 가장 중요한 과정인 보정(Calibration) 기능을 제공하며, 보정단계에서는 출력신호의 신뢰성을 확보하고, Regulatory 규정에 적합하도록 조정하는 과정이 이루어진다. 생산용 장비는 생산시간의 단축을 위해 운용자의 개입을 최소화하도록 구성되어져야 한다. 이를 위해서 다수의 단말기를 동시에 연결하고, 단말기와 계측장비 사이에 RF 신호 및 제어신호를 스위칭할 수 있는 장비를 별도로 구현하게 된다. 또한, LTE 단말기의 경우에도 외부 controller의 제어를 받을 수 있는 기능이 구현되어야 하는데, 이는 계측장비 제조사와 단말기 공급업체 간에 협의를 통해 결정되어야 한다. 따라서, Manufacturing 장비를 개발하기 위해서는 반드시 사용자 환경에 맞는 customization 과정이 필수적으로 요구된다. Manufacturing 장비에서 단말기로 내보내는 신호에 대한 정의도 필요한데, 통상은 RCT 시험 규격에서 정의하는 내용을 위주로 구현하기 때문에 LTE 단말기가 RCT 시험을 정상적으로 통과한 후라면, 이로 인해 단말기에 추가적인 구현작업은 요구되지 않는다. 그림 6.15에 LTE 단말기를 시험할 수 있는 시스템 구성이 보여지고 있다.

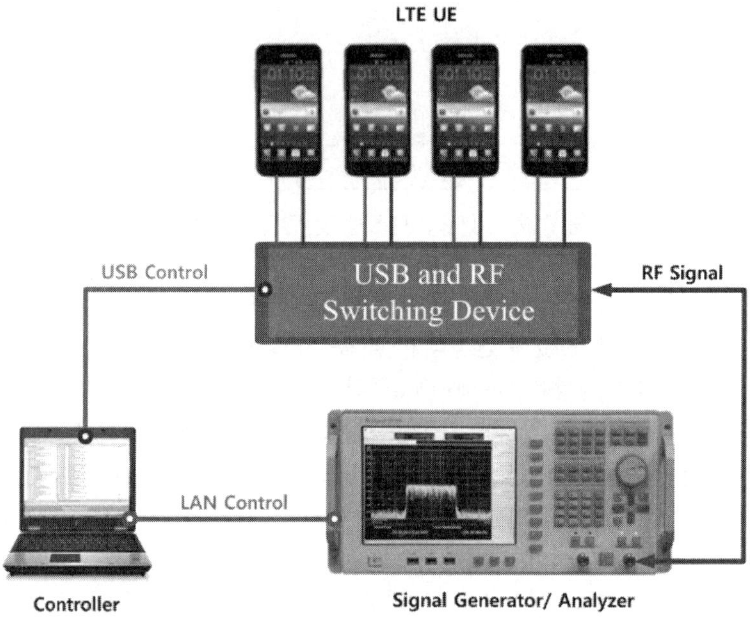

▸▸ 그림 6.15 LTE 단말기 생산용 시스템 구성

Manufacturing 시스템에 적용된 계측장비는 신호발생기능 및 신호분석기능을 갖고 있다. BSE와 같은 시그널링기능은 제공되지 않는다. 따라서, 통상 LTE 단말기는 생산 단계에서 필요한 특수 동작모드를 제공한다. 그림 6.15에서 LTE 단말기와 계측장비는 RF 케이블을 이용하여 연결되며, 단말기는 USB 연결을 통해 Controller로부터 제어를 받는다.

Manufacturing 시스템이 제공하는 LTE 단말기 보정기능은 다음과 같다.

- IQ Imbalance 보정기능
- DC Offset 보정기능
- Tx power 정확도 보정기능
- Rx power 측정정확도 보정기능

I/Q Imbalance 보정기능이 필요한 이유는 대부분의 단말기 Tx의 신호는 내부의 Digital I/Q 신호 간의 Imbalance가 존재하기 때문이다. 이로 인해서 신호의 품질에 악영향을 초래하여 EVM 등이 커지는 등의 결과가 나타난다. 해당 부분에 대한 보정을 수행함으로서 Uplink 신호의 특성을 효과적으로 높일 수 있다. IQ Imbalance를 수행한 다음, 계측기를 이용한 IQ 다이어그램을 비교해보면 그림 6.16과 같은 결과를 볼 수 있다.

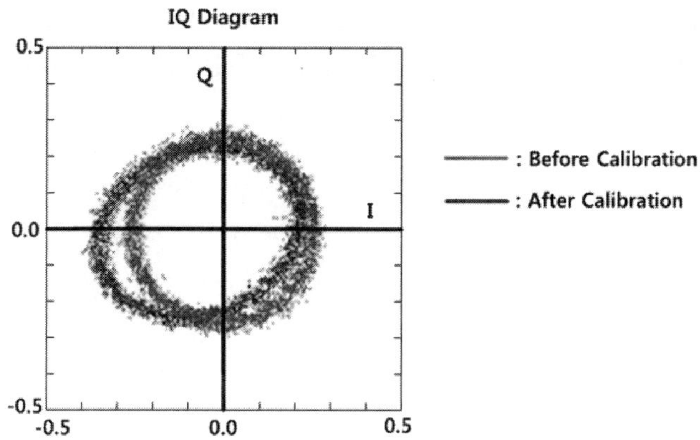

▸▸ 그림 6.16 IQ Imbalance 보정 전·후 IQ 다이어그램 비교

대부분의 단말기의 Tx 신호에서는 Modulation되어 RF로 상향될 때 전송주파수에서 DC 성분이 존재하게 된다. 이 DC 성분은 신호에 왜곡성분으로 작용하여 EVM 특성을 나쁘게하는 등의 문제를 일으키는데, 이러한 DC 성분을 줄이기 위한 과정이 DC Offset 보정기능이다. Tx power 정확도 보정이 필요한 이유는 이동통신망 내에서의 다른 단말기들의 간섭영향을 줄이고 Regulatory 법규에서 규정하는 한도 이상의 출력을 내지 않기 위해서 출력의 정확도를 확보하는 것이 필요하기 때문이다. Rx power 정확도 보정기능도 함께 제공되는데, 전력제어동작이 필요할 경우 단말기의 수신신호에 대한 정확한 수치를 이동전화망 측으로 알려주기 위해서 해당과정을 수행하며, 수신신호세기를 정확히 측정함으로서, 전력제어의 정확성을 확보하는 결과를 가져온다. 이러한 보정과정이 종료되면, 가장 필수적인 RF 성능에 대한 측정과정이 이루어진다. 측정되는 품질지표는 다음과 같다.

- 단말기 출력전력의 정확성
- 출력신호의 주파수 오차
- 출력신호의 EVM 성능
- 출력신호의 OBW(Occupied Bandwidth)
- 출력신호의 ACLR(Adjacent Channel Leakage power Ratio)

- 출력신호의 SEM(Spectrum Emission Mask)
- 수신신호의 RSSI 정확성 시험

생산장비에서 측정하는 품질지표는 RCT 시험 규격에서 정의한 항목들 중 필수적인 항목들을 위주로 측정하게 된다. 또한, RCT 인증시험처럼 많은 항목을 복잡하게 구성할 수 없으므로 시험구성을 축약하여 구성하고 Pass/Fail을 판정하는 품질지표의 경우에도 단말기 제조사와 협의하여 정하게 된다. 따라서, LTE 단말기 양산에 수동시험이 아닌 자동화시험을 도입하는 경우에는 반드시 사용자를 위한 특화된 customization 과정이 요구된다. 그림 6.17에는 LTE 단말기 생산을 위한 controller 화면을 보여주고 있다.

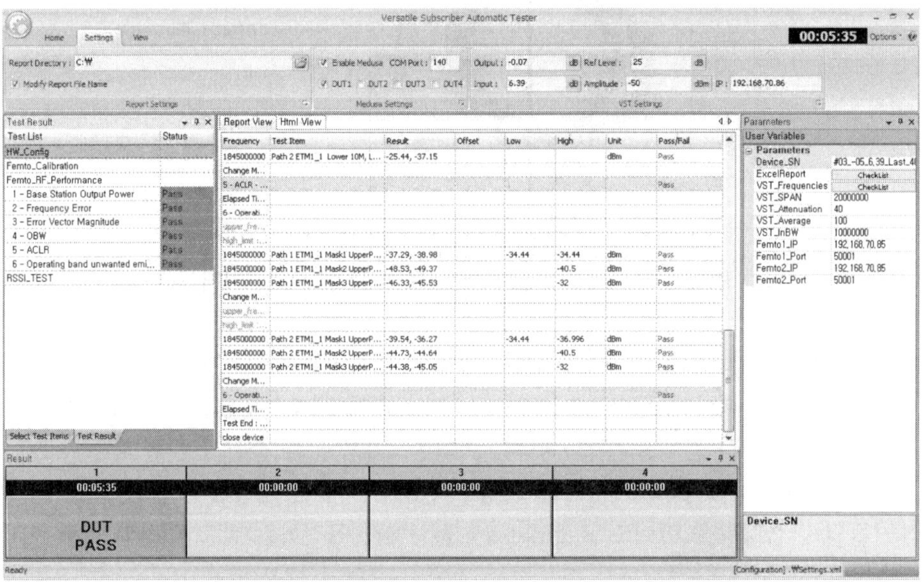

▸▸ 그림 6.17 LTE 단말기 양산장비 Controller 화면구성

Customization이 반드시 요구되는 양산장비의 customization 과정은 단말기 제조사에서 자체 수행할 수도 있다. 일반적으로 계측장비의 제어 인터페이스에 대한 정보는 계측장비의 공급과 함께 제공되는 정보이기 때문이다.

6.3.2 기지국 Manufacturing solution

LTE 기지국 Manufacturing 솔루션은 LTE 단말기 Manufacturing 솔루션과 개념적으로 동일하다. 단지, 시험대상 장비가 단말기인가 기지국인가의 차이이다.

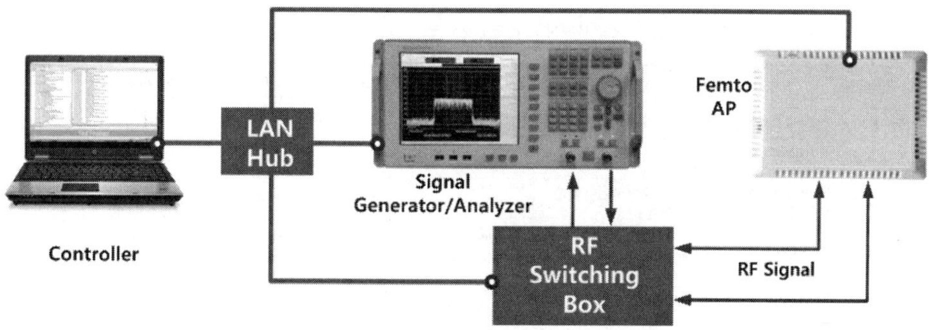

▸▸ 그림 6.18 Femto AP Manufacturing 시스템

그림 6.18의 시스템은 Femto AP의 양산에 사용되는 시스템이다. 기본적인 기능은 LTE 단말기 양산장비와 마찬가지로 Femto AP의 RF 보정과 RF 성능 시험을 수행하는 기능을 제공한다. Signal Generator/Analyzer 장비는 Femto AP의 수신기 시험을 위해 필요한 신호를 발생하거나, Femto AP에서 전송되는 신호의 품질을 분석하여 결과를 외부 controller에 제공하는 장비이다. RF Switching box는 보정 및 RF 성능 시험에서 요구되는 다양한 RF 경로를 자동적으로 구성하기 위해 도입된 장치이다. 모든 동작은 보정, 측정 및 판정을 하기 위한 각 시험 항목별 알고리즘 동작에 의해 controller에 프로그램된 자동화 프로그램에 의해 이루어진다. 이상에 의해 기본적인 동작은 다음과 같이 이루어진다.

- Controller는 Femto AP, SG/SA 및 RF Switching Box를 LAN 연결을 통해 제어한다.
- SG/SA는 Femto AP의 수신 시험에 필요한 신호를 발생시키고, Femto AP로부터 전송된 신호를 분석한다.
- SG/SA 또는 Femto AP에서 측정된 결과값은 각 Test Case의 Pass/Fail 판정을 위해 controller로 보고된다.
- Femto AP의 수신성능 시험을 위해 미리 정의된 FRC(Fixed Reference Channel) 신호에 대한 Femto AP의 ER(Error Rate) 보고기능을 필요로 한다.
- RF Switching Box는 controller의 제어에 의해 각 Test Case에서 요구되는 RF 경로를 구성한다.

특히, Femto AP의 경우는 RF 적합성 시험을 지원하기 위해 호처리 및 O&M 기능 외의 특별한 기능의 지원이 필요한데, 해당 기능은 3GPP 규격을 통해 정의된다. Femto AP 양산장비에서도 해당기능이 사용된다. Femto AP 양산장비에서 제공하는 RF 성능 시험항목들은 Femto AP의 RF 적합성 시험 규격인 TS36.141을 근간으로 하며, 지원되는 RF 성능 시험 항목은 표 6.3에 나타낸 바와 같다.

▶▶ 표 6.3 Femto AP 양산장비 RF 성능 시험 지원항목

Clause	Test Case (Transmitter)	Status	Clause	Test Case (Receiver)	Status
6.2	Base Station Output Power	Support	7.2	Reference sensitivity level	Under Development
6.2.6	Home BS output power for adjacent UTRA channel protection	N/A	7.3	Dynamic range	Under Development
6.2.7	Home BS output power for adjacent E-UTRA channel protection	N/A	7.4	In-channel selectivity	N/A
6.3.1	RE Power control dynamic range	Under Development	7.5	Adjacent Channel Selectivity (ACS) and narrow-band blocking	N/A
6.3.2	Total power dynamic range	Under Development	7.6	Blocking	N/A
6.4.1	Transmit OFF Power	N/A	7.7	Receiver spurious emissions	N/A
6.3.2	Transmitter transient power	N/A	7.8	Receiver inter-modulation	N/A
6.5.1	Frequency Error	Support			
6.5.2	Error Vector Magnitude	Partially Support			
6.5.3	Time alignment between transmitter branches	Under Development			
6.5.4	DL RS Power	Under Development			
6.6.1	Occupied Bandwidth	Support			
6.6.2	Adjacent Channel Leakage power Ratio (ACLR)	Support			
6.6.3	Operating band unwanted emissions (Spectrum Emission Mask)	Support			
6.6.4	Transmitter spurious emissions	N/A			

Femto AP 양산용 시험장비는 표 6.3에서 보여지는 바와 같이, RF 성능 확인에 필수적인 항목들을 대상으로 구현되었다. 이외에 장비가 제공하는 보정기능 내역은 표 6.4에 나타난 바와 같다. 보정 기능 외에 Femto AP 양산용 시험장비는 Loopback 시험기능을 제공한다. 해당 기능의 간략한 동작과정은 다음과 같다. 해당 시험기능은 Femto AP의 수신부 성능을 시험하기 위한 것이다.

- SG/SA 계측장비에서 정해진 패턴의 waveform 신호가 발생되어 Femto AP로 제공된다.
- Femto AP는 해당 신호를 수신하여 해당 신호를 SG/SA로 loopback 시킨다.
- SG/SA에서 loopback된 신호의 EVM을 측정한다.

위와 같은 과정을 거치게 되면, 신호는 Femto AP의 송신부와 수신부를 모두 거친 다음 SG/SA로 신호가 제공되게 된다. 따라서, 수신부 만의 성능을 측정하는 것이 아니지만, Femto AP의 송신부 성능지표인 Downlink EVM 값을 이미 알고 있는 경우, 측정된 EVM과 Downlink EVM을 바탕으로 Femto AP 수신부의 EVM 성능을 간접적으로 추정할 수 있는 수단을 제공한다.

그림 6.19에는 SG/SA 장비의 대표적인 측정화면인 IQ Constellation 화면이 있다. 해당 화면을 통하여 EVM 지표를 함께 측정할 수 있다.

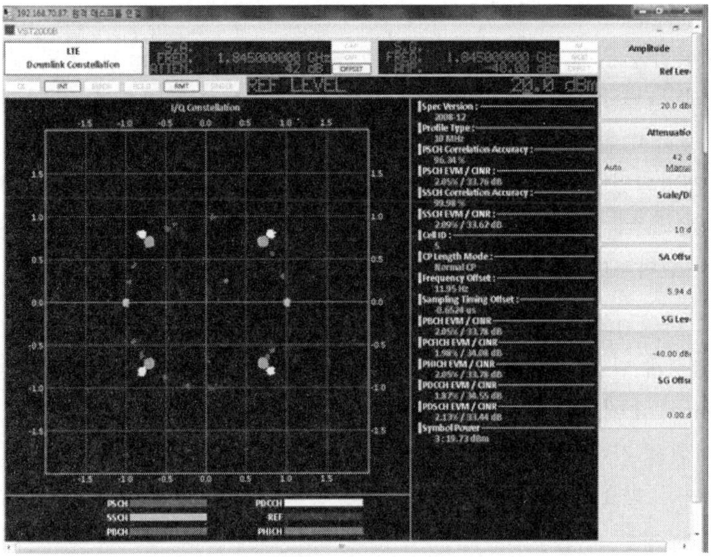

▶▶ 그림 6.19 Signal Analyzer IQ Constellation 측정화면

아래의 표 6.4는 앞서 언급한 Femto AP 양산용 시험장비가 지원하는 Femto AP에 대한 보정시험 항목을 보여주고 있다.

▶▶ 표 6.4 Femto AP 양산장비 보정시험 항목

	Items	Status
Calibration	Frequency	Automated
	Tx Amplitude	Automated
	Rx Level	Automated
Etc.	Loopback test	Manual

Femto AP의 양산용 시험장비를 구현하기 위해서는 Femto AP가 지원해야 하는 기능들이 있으며, 다음과 같다.

- 제어 API 지원: Femto AP를 관리하기 위한 시스템인 HeMS와 연동하기 위해 필요한 API 지원(출력전력 제어 등)
- TS36.141에 정의된 Tx ETM 신호발생 기능
- TS36.141에 정의된 FRC 신호에 대한 ER 측정기능

일반적으로 단말기 및 기지국의 양산에 있어서 가장 중요한 기능시험은 호시험이다. LTE 단말기의 경우, BSE를 이용하면 간편하게 진행할 수 있다. 그러나, 기지국의 경우 MSE가 보편적이지 않기 때문에 어려운 측면이 있다. LTE Femto AP의 호시험 솔루션을

제공하기 위해 개발된 장비가 그림 6.20에서 보여지고 있다. 해당 장비는 LTE Femto AP의 호시험을 위해 세계최초로 개발된 장비이다. LTE Femto AP의 양산활용에 초점을 맞추어 개발되었기 때문에 사용의 용이성 및 편의성을 제공한다. 일반적인 Femto AP는 WiFi 기능까지 함께 제공하기 때문에 해당 장비는 WiFi throughput 시험 기능을 제공하도록 개발되었다. 또한, LTE 단말기와 DM(Diagnostic Monitor)을 연동하여 Femto AP에서 보내주는 신호의 품질을 파악할 수 있는 기능을 제공한다. 해당 장비의 기능을 간략하게 요약하면 다음과 같다.

- LTE 단말기와 자동호 시험 실시: 최대 4개 단말기까지 연동하여 시험 가능하며, 현재는 2개 단말기까지 연동 가능토록 구성
- Femto AP에 내장된 WiFi AP와 연동하여 throughput 시험 진행
- 호시험을 진행하는 중에 Femto AP의 송신부 RF 성능시험 진행가능(외부 측정장비와 연동 필요)

LTE Femto AP 호시험 장비의 구성은 그림 6.20과 같다.

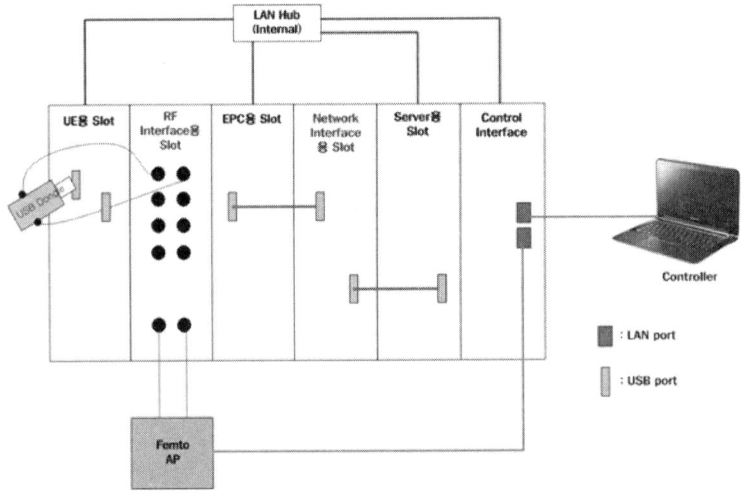

▸▸ 그림 6.20 LTE Femto AP 호시험 장비구성

장비는 슬롯형태이다. LTE 상용단말기를 연동하는 슬롯, 망측의 EPCE 슬롯, 그리고 어플리케이션서버를 두어 E2E 호시험을 진행할 수 있다. LTE Femto AP와 LTE 단말기는 RF 케이블로 연결되도록 구성하고, EPCE와 어플리케이션서버는 LAN을 이용하여 연결되도록 구성되었다. 제어는 외부의 controller에 의해 이루어진다. 시험을 위한 설정 및 결과 확인은 controller 화면을 통해 이루어진다. WiFi의 경우, Femto AP 내부에 안테나까지 내장된 형상이어서 WiFi 단말기와의 RF 케이블 연결은 불가능하다. 유선연결

기능을 제공하려면, WiFi 단말기 및 내장된 WiFi AP 모듈이 RF 케이블을 연결할 수 있는 단자를 제공해야 한다. 특히, Femto AP를 연결하는 RF 단자와 LTE 단말기를 연결하는 RF 단자를 역으로 사용하여 최대 4개까지의 Femto AP를 연결할 수 있으며, 연결된 Femto AP를 외부 LAN Hub를 두어 제어함으로서, 순차적으로 개별 AP들에 대한 호시험을 진행할 수 있다. 그림 6.20의 호시험 장비를 이용하여 실제 Femto AP 호시험을 진행하는 운용장면이 그림 6.21에 보여지고 있다. 해당 장비는 양산단계에서의 호시험이 주목적이지만, LTE Femto AP의 개발단계에서도 유용하게 활용될 수 있는 솔루션이다.

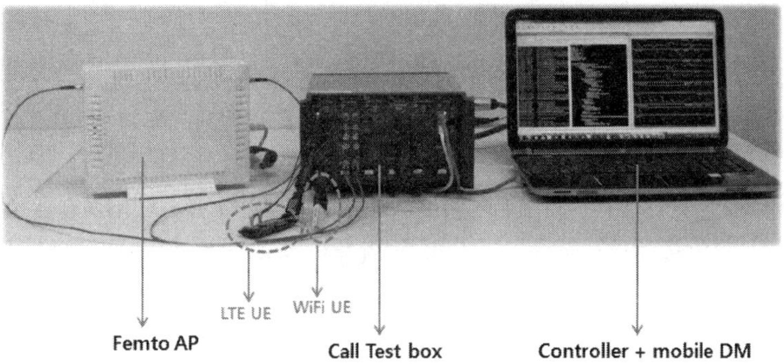

▸▸ 그림 6.21 LTE Femto AP의 호시험 장비 운용장면

6.4 Field test solution

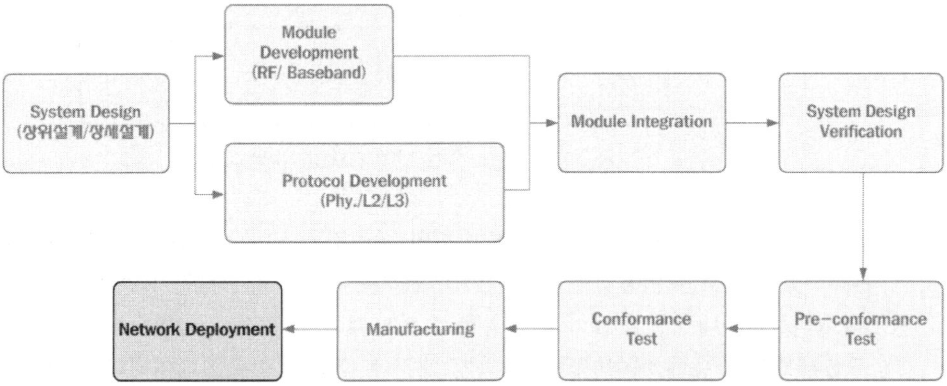

▸▸ 그림 6.22 기지국 시스템 및 단말기의 현장 시험과정

LTE 망을 구축하고 난 다음 필요한 과정은 유선 및 무선망의 최적화이다. 최적화 단계에서 요구되는 장비는 개발 및 양산 단계에서 필요한 장비와 상이하다. 유선망의 경우, 문제점 발생시 유선망을 구성하는 각 망노드 및 단말기 단에서 데이터를 수집하여 데이터의 흐름단절 및 왜곡이 발생한 구간을 파악하여 문제구간을 분석하는 방법이 일반적인 방법이다. 무선망의 경우, 최적화를 위해 필드테스트가 필수적인데, 이는 차량에 단말기와 연결된 장비를 탑재하고 장비에서 단말기를 제어하여 지속적으로 호를 유지하게 하면서 망품질을 측정하는 데이터를 수집 및 디스플레이하는 것이다. 해당 장비를 DM(Diagnostic Monitor)이라고 일반적으로 부르며, 현장에서 실시간 정밀 분석이 어렵기 때문에 DM을 이용하여 수집된 데이터를 사무실 환경에서 정밀분석하는 장비를 후처리분석장비(Analyzer)라고 부른다. DM 및 Analyzer는 망을 운용하는 운용사업자가 무선망의 최적화를 위해 일반적으로 확보하여 사용하지만, 단말기 제조업체의 경우에도 상용 망에서 단말기의 운용성능을 확인하기 위해 사용하기도 한다. DM의 경우, 단말기에서 제공하는 데이터를 이용하기 때문에 정밀 전파측정이 어렵다. 그래서 서비스 영역의 정밀한 파악을 위해 Scanner 장비가 활용되기도 하는데, 이는 기지국 서비스 영역을 정밀하게 파악하기 위한 목적의 장비이다.

6.4.1 DM(Diagnostic Monitor) solution

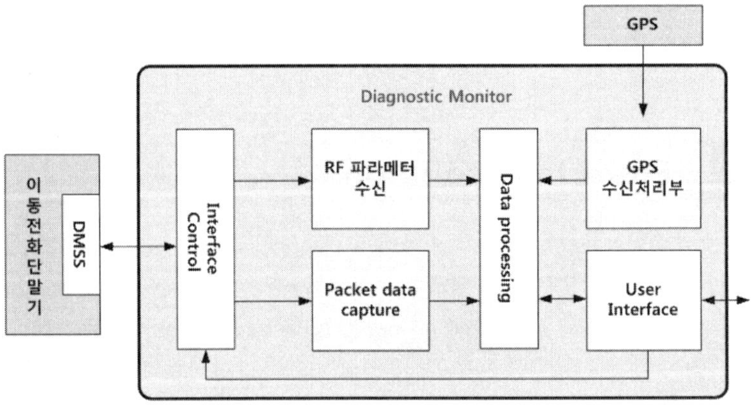

▸▸ 그림 6.23 일반적인 DM의 구성

그림 6.23에는 LTE 뿐 만 아니라 일반적인 이동전화 망에서 이용되는 DM의 구성을 나타내고 있다. DM은 이동전화 단말기와의 인터페이스가 필수적인 요소이기 때문에 이동전화 단말기에 내장된 칩셋에서 제공하는 인터페이스 규격을 기반으로 개발된다. 또한, 필드테스트를 통해 데이터를 수집하기 때문에 수집된 망품질데이터와 위치데이터를 연동하기 위해 외부의 GPS와 연동하여 위치데이터를 수집한다. DM의 가장 일반적인

형태는 단일 Laptop PC에 DM SW를 탑재한 형식이며, 본 장에서는 국내공급사인 이노와이어리스 제품인 XCAL을 기반으로 고찰한다. XCAL은 LTE 단말기로부터 제공되는 정보를 수집하고 사용자가 보기 쉬운 형태로 해당 정보를 PC의 화면에 디스플레이한다. 수집되는 데이터의 형식은 바이너리 형식 또는 CSV(Common Seperated Values)로 변환된 형식으로 저장되는데, 이는 후처리 분석장비인 Analyzer에의 사용의 편리성을 확보하기 위한 것이다. XCAL이 제공하는 기능을 간략하게 설명하면, 다음과 같다.

- L1, L2, L3 정보의 모니터 및 데이터수집
- RRC/ NAS/ RLC 및 디버깅과 관련된 메시지의 모니터 및 수집
- 서비스 QoS 측정을 위한 자동호 시험

▸▸ 그림 6.24 LTE용 DM의 구성

그림 6.24에 LTE 단말기 1대를 연동한 가장 단순한 형태의 DM이 보여지고 있다. DM을 사용하는 목적은 망의 품질을 측정하는 것이 주요 용도이나, 망의 용량을 시험하거나 사업자간 벤치마킹의 목적으로도 활용이 가능한데, 이런 경우 1개의 단말기를 연결한 솔루션은 적합하지 않다. 또한, 사업자가 운용하는 주파수가 다수 개이기 때문에 다수의 주파수에 대한 품질을 동시에 측정하기 위한 목적의 장비도 필요하다. 이러한 요구사항을 수용하기 위해 별도의 HW를 구성하고 외부 controller를 이용하여 제어하며, 다수의 단말기를 연동하는 솔루션이 개발되었으며, 그림 6.25에는 최대 20개의 단말기까지 연동할 수 있는 제품이 보여지고 있다.

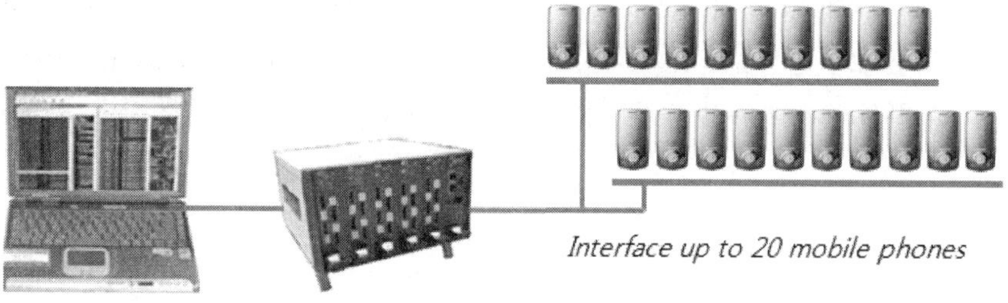

▸▸ 그림 6.25 LTE용 Multi_DM

그림 6.25에 보여지고 있는 DM은 통상 Multi_DM이라 부르는 솔루션이다. HW는 슬롯형태로 구성되어 있으며, 단말기를 정합할 수 있는 슬롯이 5개이며, controller와 연동하여 명령을 받고 데이터를 송·수신할 수 있는 슬롯이 추가된다. 단말기 정합 슬롯은 최대 4개까지의 단말기를 정합할 수 있기 때문에 해당 솔루션은 최대 20개까지의 단말기를 정합할 수 있게 된다. 단일 단말기를 정합하는 Single_DM과 마찬가지로 데이터의 수집과 디스플레이는 controller에서 수행한다. 이동전화망의 발전과 더불어 다양한 형태의 호설정이 가능하다. 2G 이동전화망의 경우에는 이동전화간의 통화, 이동전화와 PSTN 망에 연결된 전화기와의 통화가 거의 대부분이었다. 데이터 서비스가 활성화되면서, 망과 연동된 각종 서버로부터 데이터서비스를 제공받거나, 패킷데이터 솔루션을 이용한 음성서비스의 제공이 이루어지고 있는 실정이다. 그림 6.26은 이동전화 단말기와 PSTN에 연결된 전화기와의 자동호를 가능케 하는 구성이다.

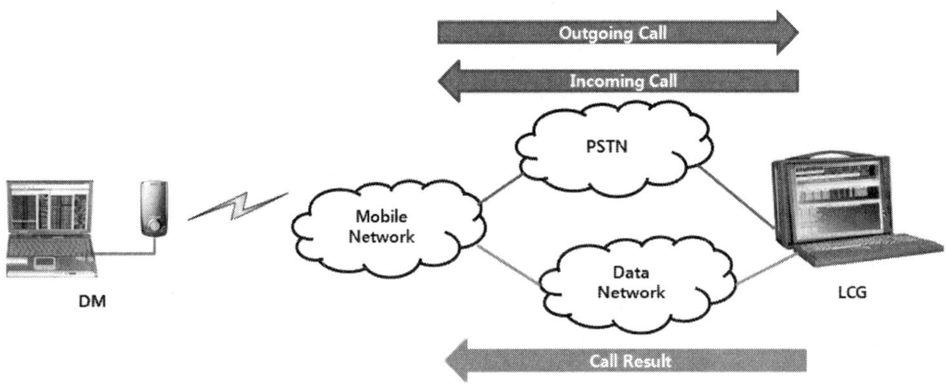

▸▸ 그림 6.26 이동전화단말기와 PSTN 간의 자동호 연결구성

그림 6.26은 LCG(Land Call Generator)라는 솔루션을 이용하여 가능하다. 해당 장비가 없을 경우, 이동전화 단말기와 PSTN에 연결된 전화기와의 자동호 진행은 불가능하다. 착발신호는 PSTN 망과 이동전화망의 연동을 통해 이루어지며, LCG에 저장된 호 시험 결과는 일반 데이터망을 이용하여 DM 장비로 전송되어진다. 이외에 mVoIP(mobile Voice over IP) 시험솔루션을 제공하기 위한 ICG(Internet Call Generator), 패킷에러 측정 및 화상서비스 측정 솔루션을 포함한 시험망은 그림 6.27과 같이 구성된다.

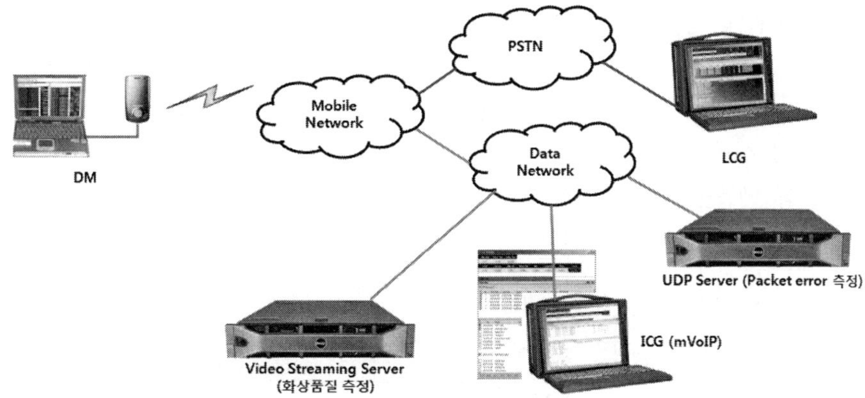

▸▸ 그림 6.27 다양한 솔루션제공을 위한 시험망 구성

이동전화기술 규격의 진화와 함께 다양한 기능의 도입은 필연적으로 DM의 진화·발전을 요구해 왔다. 필드테스트에 사용되는 DM은 차량에 장비를 탑재하여 정해진 경로를 운행하면서, 데이터를 수집한다. 무선망 최적화를 위해서는 반복적인 필드테스트가 필요하며, 이를 위해서는 많은 인력과 비용의 투입이 요구된다. 이러한 문제점을 극복하기 위해 버스나 택시와 같은 차량에 DM 장비를 설치하고 원격지에 서버를 설치하여 DM 장비에서 측정된 무선망 품질데이터를 원격지 서버에 자동으로 전송하여 분석된 결과를 축적하고 필요시 운용자가 서버에 접속하여 분석된 결과를 확인할 수 있게 해주는 솔루션이 있다. 해당 솔루션은 XCAL_Auto라 부르며, 그림 6.28에는 운용개념도를 도식하고 있다. 최근에는 스마트폰 등에 DM 솔루션을 탑재하여 원격지로 전송하는 방법이 도입되어 활용되고 있는 추세이다. 운용사업자의 직원들의 휴대기기에 어플리케이션을 탑재하여 운용하는 것이 일반적이며, 일반가입자의 휴대기기는 활용하지 않는다.

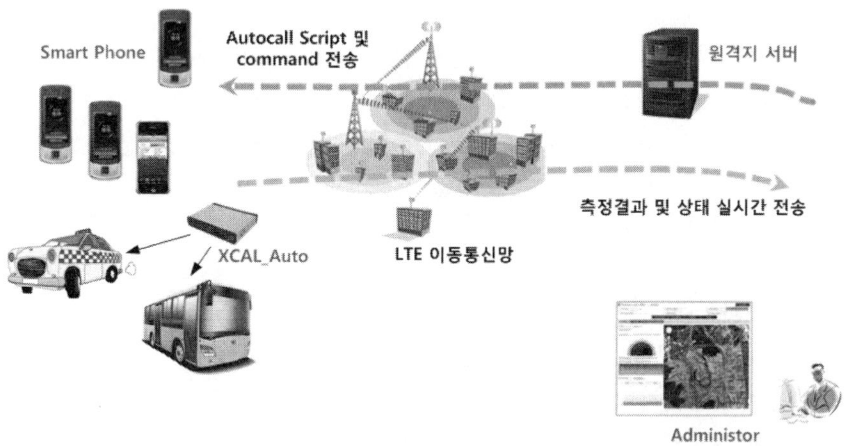

▸▸ 그림 6.28 XCAL_Auto 솔루션의 운용

현재, LTE용 XCAL이 지원하는 LTE 단말기는 삼성, LG, 퀄컴, GCT, NTT Docomo, Sequans, Altair 및 HiSilicon 등에서 출시한 단말기이며, 삼성단말기의 경우 지원가능한 DM으로서 XCAL이 유일하다. 해당 장비는 기지국서비스영역의 정밀측정을 위한 장비인 LTE 스캐너와의 정합도 지원하며, 정합가능한 LTE용 스캐너는 PCTEL, DRT 및 R&S 사의 제품들이다. LTE용 DM인 XCAL에서 단말기 및 스캐너로부터 수집하는 품질정보는 표 6.5에 나타낸 바와 같다.

▸▸ 표 6.5 XCAL에서 수집되는 LTE 망 품질지표

Source	Category	제공 정보
단말기	L1	Cell Info, Channel Info, CQI, Serving Cell RSRP, RSRQ, UE Tx power, RACH Info, PDSCH throughput, PDSCH BLER, PBCH BLER, PDCCH Detecting rate 등
	L2,L3	PDCP Info(PDU, throughput, configuration, security), RLC Info(status, throughput), MAC Info, RRC Message, NAS Message, Neighbor Cell Info.
스캐너	LTE specific	E-UTRA Carrier RSSI, RSRP, RSRQ, PSCH RP, SSCH RP
	스펙트럼	CW measurement, Spectrum Analysis measurement

LTE 망의 무선망 최적화 목적으로 사용되는 XCAL_LTE 장비의 특징을 살펴보면 다음과 같다.

- 다양한 LTE 단말기 및 LTE 스캐너와의 정합지원 및 데이터수집
- 사용자트래픽(TCP/UDP) 분석을 용이하게 하기 위한 Embedded Wireshark 기능 지원
- 다양한 호시험 기능지원
  - Ping/ Trace RT
  - FTP 다운로드 및 업로드, HTTP 웹엑세스 및 파일 다운로드
  - Iperf UDP 다운로드 및 업로드
  - VoLTE, VoIP(SIP) 호, 비디오 스트리밍호, E-mail 송.수신
  - 음성 MOS 및 비디오 MOS 지원
- 편리한 실시간 Map plot 지원
- 실내 측정기능 지원
- 일반적인 CSV 파일 형태로 Log 파일을 변환하는 기능
- 가청 Event 및 Alarm 기능 지원
- 분석을 단순화하기 위한 Replay 기능 지원
- 편리한 메시지 분석기능 지원: 실시간 메시지필터링 등

XCAL_LTE가 지원하는 편리한 기능 중 Map plot 기능은 사용자로 하여금 측정지점과 품질지표를 가장 잘 연동하게 할 수 있는 기능을 제공해 준다. 측정데이터를 Map 상에 가시적인 형태로 나타내 줌으로서 문제점이 발생한 지점에 대한 정보를 효율적으로 획득할 수 있다. 기본적으로 모든 데이터에 대한 plot을 지원하므로 인해, 망 성능 및 문제점을 시각적으로 분석할 수 있다. 그림 6.29는 대표적인 측정화면인 Real-Time Mapping 기능이 동작하는 화면을 나타내고 있다. 해당 기능은 특히 XCAL_LTE가 제공하는 Replay 기능과 연동하여 이용할 경우, 필드테스트 후에 효과적인 품질확인 방편을 제공한다.

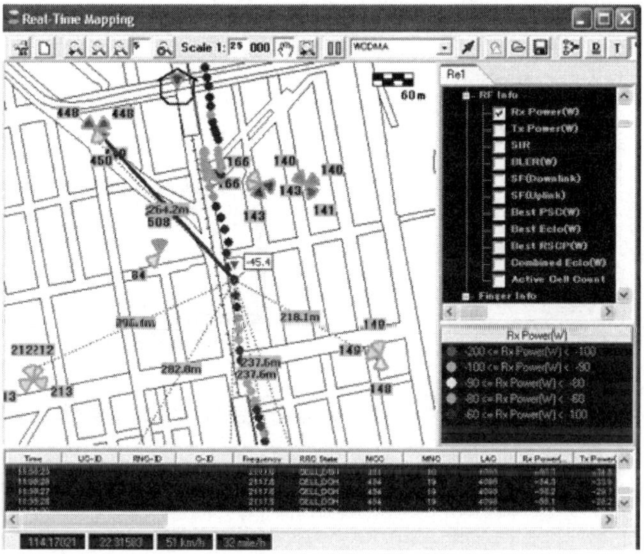

▸▸ 그림 6.29 XCAL_LTE의 Real-time Mapping 기능

6.4.2 Analyzer(Post Processing) solution

DM은 필드테스트에서 사용되는 장비이며, 실시간 처리 특성이 있기 때문에 복잡한 알고리즘을 실행하거나 화면이 정지한 상태에서의 분석 등에는 맞지 않다. 따라서, DM을 이용하여 현장에서 수집된 데이터는 정밀 후처리 분석을 위한 별도의 장비를 필요로 하는데, 이것을 Analyzer라고 부른다. 이 장에서는 이노와이어리스에서 개발한 XCAP 솔루션을 기반으로 설명을 진행한다. Analyzer는 DM에서 수집된 데이터에 대한 분석 및 후처리를 지원하는 장비이며, 기본적으로 PC 기반에서 구동되는 SW 기반의 장비이다. Analyzer는 단독 PC에서 구동되는 버전도 있고 클라이언트-서버 형식으로 구동되는 버전도 있다. 해당장비는 망에서 문제점 발생시 troubleshooting 작업을 효율적으로 진행

할 수 있는 수단을 제공함으로서 운용사업자로 하여금 OPEX를 절감하게 해 주는 솔루션이다. LTE용 Analyzer가 제공하는 분석방법은 여러 가지가 존재하며 다음과 같다.

- 차트 및 그래프 형식 디스플레이: 수치데이터에 대한 차트 및 그래프 형식 디스플레이 지원
- Map plot 지원: 각종 데이터를 지도 상에 표시
- 스프레드 시트지원: 수치데이터를 스프레드 시트 상에 표시
- 통계 표시: 각종 수치데이터에 대한 통계 지원
- Message View 지원: L1, L2, L3 메시지에 대한 디스플레이 지원
- Report 발생기능 지원: 측정데이터에 대한 자동 Report 생성 및 제공

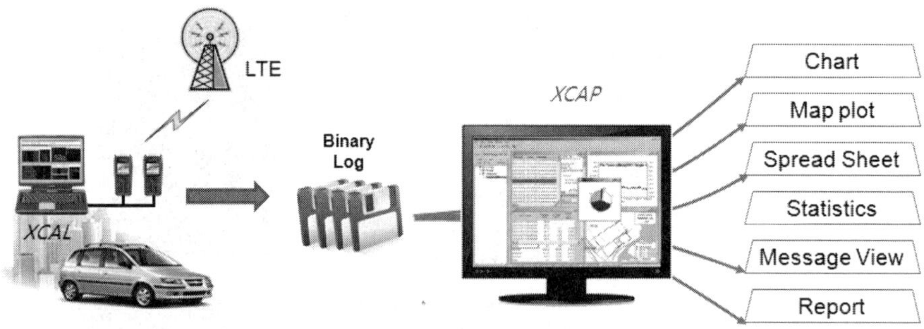

▸▸ 그림 6.30 Analyzer(후처리분석 장비) 솔루션의 운용

Analyzer가 제공하는 6가지 분석방법 각각에는 분석을 용이하게 하기 위한 세부적인 기능들이 있다.

- 차트 및 그래프 형식 디스플레이
  - Zoom 기능
  - 다수 그래프 Overlap 기능
  - PDF/CDF/CCDF 표시기능
  - Correlation 분석기능: 데이터간 상관관계 분석 기능
- Map plot 지원
  - Zoom/ Panning 기능
  - BMP 또는 JPG 파일 형태로 exporting
  - 데이터간 Sync 기능: 여러 가지 형태의 분석화면들에서 동일데이터를 확인
  - Cell(Base Station) 디스플레이 기능
  - Coverage(서비스영역) 디스플레이 기능
  - Multi Layer 분석기능: 여러 종류의 정보데이터를 동시에 디스플레이

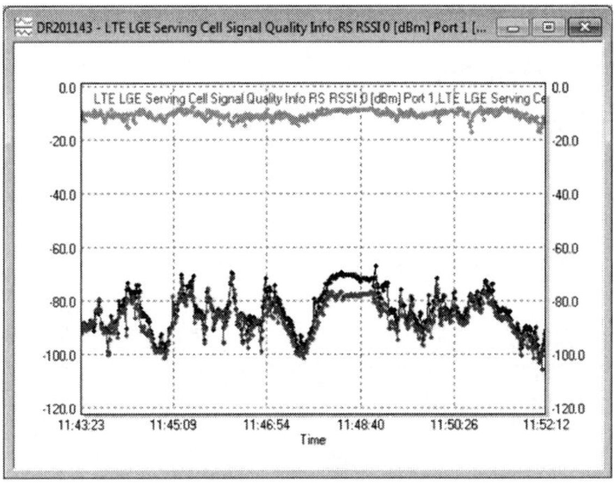

▸▸ 그림 6.31 차트 및 그래프형식 디스플레이

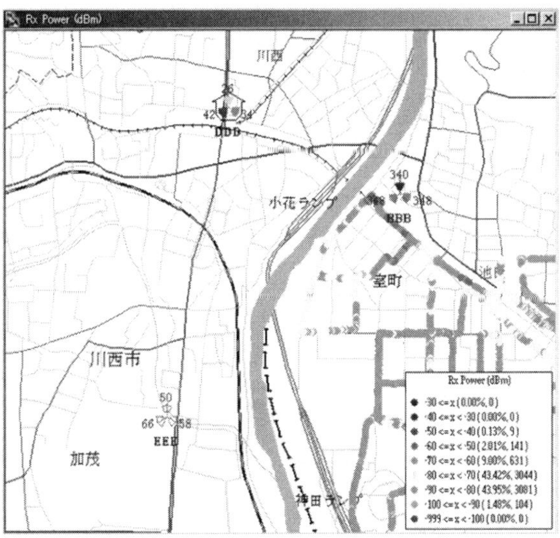

▸▸ 그림 6.32 Map plot 분석

- 스프레드 시트 지원
  - 엑셀 파일 형태로 Exporting 기능
  - Column Variable 기능: 새로운 데이터 항목을 컬럼에 추가하는 기능
- 통계기능 지원
  - PDF/ CDF 분석 기능
  - Pie/ Bar 형태 분석 기능
  - Correlation 분석 기능

- Message Viewer 기능
  - Filter 및 Search 기능
  - 북마크 기능
  - Window 분할 기능
  - 사용자 정의 column 생성 기능
  - 다양한 형태의 Exporting 기능

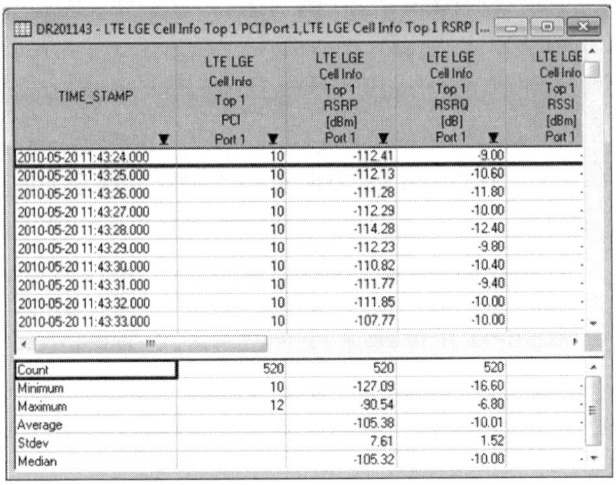

DR201143 - LTE LGE Cell Info Top 1 PCI Port 1,LTE LGE Cell Info Top 1 RSRP [...

TIME_STAMP	LTE LGE Cell Info Top 1 PCI Port 1	LTE LGE Cell Info Top 1 RSRP [dBm] Port 1	LTE LGE Cell Info Top 1 RSRQ [dB] Port 1	LTE LGE Cell Info Top 1 RSSI [dBm] Port 1
2010-05-20 11:43:24.000	10	-112.41	-9.00	-
2010-05-20 11:43:25.000	10	-112.13	-10.60	-
2010-05-20 11:43:26.000	10	-111.28	-11.80	-
2010-05-20 11:43:27.000	10	-112.29	-10.00	-
2010-05-20 11:43:28.000	10	-114.28	-12.40	-
2010-05-20 11:43:29.000	10	-112.23	-9.80	-
2010-05-20 11:43:30.000	10	-110.82	-10.40	-
2010-05-20 11:43:31.000	10	-111.77	-9.40	-
2010-05-20 11:43:32.000	10	-111.85	-10.00	-
2010-05-20 11:43:33.000	10	-107.77	-10.00	-

Count	520	520	520	
Minimum	10	-127.09	-16.60	-
Maximum	12	-90.54	-6.80	-
Average		-105.38	-10.01	-
Stdev		7.61	1.52	
Median		-105.32	-10.00	-

▶▶ 그림 6.33 스프레드 시트 분석

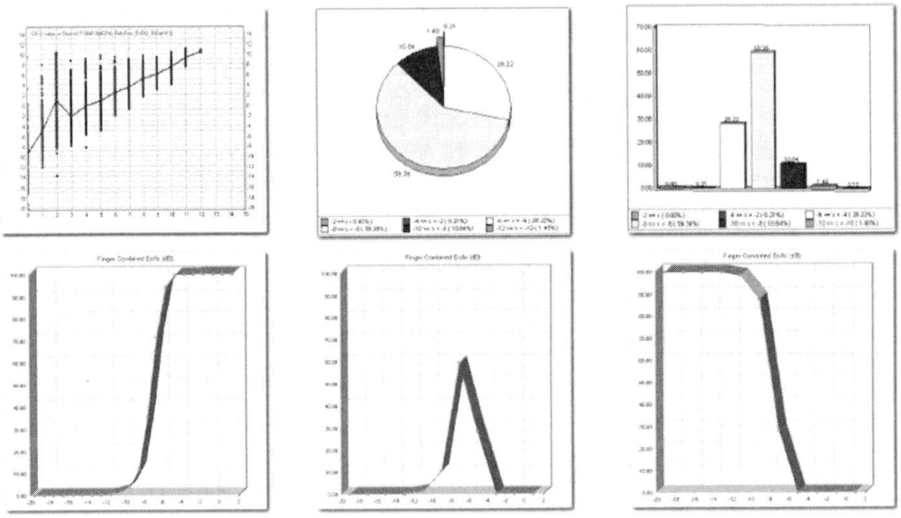

▶▶ 그림 6.34 통계 기능

- Report 생성 기능
  - 자동 Report 생성 기능
  - 비교 기능
  - 필터링 기능
  - Merge/ Cutting 기능
  - 통계 표시 기능

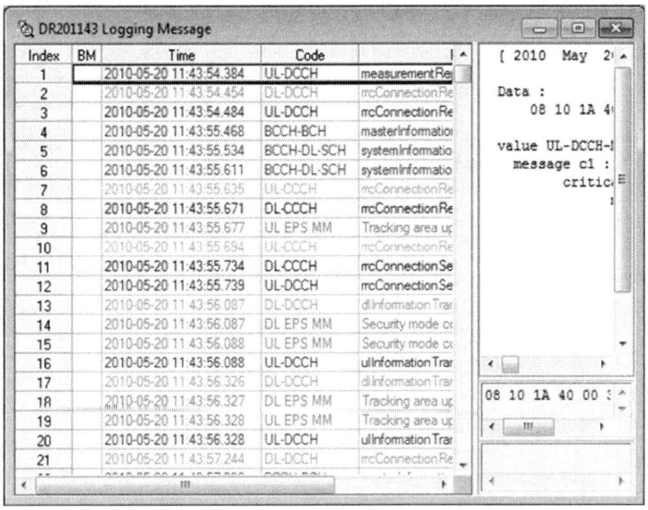

►► 그림 6.35 Message Viewer 기능

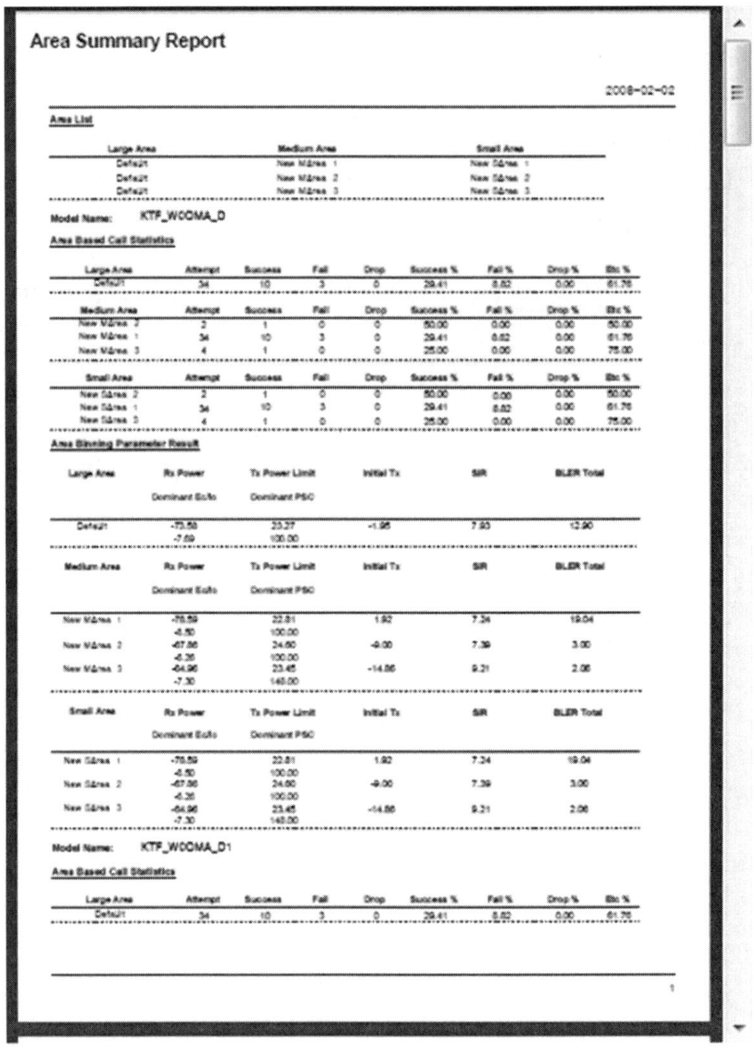

Area Summary Report

2008-02-02

Area List

Large Area	Medium Area	Small Area
Default	New MArea 1	New SArea 1
Default	New MArea 2	New SArea 2
Default	New MArea 3	New SArea 3

Model Name: KTF_WCDMA_D

Area Based Call Statistics

Large Area	Attempt	Success	Fail	Drop	Success %	Fail %	Drop %	Etc %
Default	34	10	3	0	29.41	8.82	0.00	61.76

Medium Area	Attempt	Success	Fail	Drop	Success %	Fail %	Drop %	Etc %
New MArea 2	2	1	0	0	50.00	0.00	0.00	50.00
New MArea 1	34	10	3	0	29.41	8.82	0.00	61.76
New MArea 3	4	1	0	0	25.00	0.00	0.00	75.00

Small Area	Attempt	Success	Fail	Drop	Success %	Fail %	Drop %	Etc %
New SArea 2	2	1	0	0	50.00	0.00	0.00	50.00
New SArea 1	34	10	3	0	29.41	8.82	0.00	61.76
New SArea 3	4	1	0	0	25.00	0.00	0.00	75.00

Area Binning Parameter Result

Large Area	Rx Power Dominant Ec/Io	Tx Power Limit Dominant PSC	Initial Tx	SIR	BLER Total
Default	-73.58 -7.69	23.27 100.00	-1.95	7.93	12.90

Medium Area	Rx Power Dominant Ec/Io	Tx Power Limit Dominant PSC	Initial Tx	SIR	BLER Total
New MArea 1	-75.59 -6.50	22.81 100.00	1.92	7.24	19.04
New MArea 2	-67.86 -6.35	24.60 100.00	-9.00	7.39	3.00
New MArea 3	-64.96 -7.30	23.45 140.00	-14.86	9.21	2.06

Small Area	Rx Power Dominant Ec/Io	Tx Power Limit Dominant PSC	Initial Tx	SIR	BLER Total
New SArea 1	-75.59 -6.50	22.81 100.00	1.92	7.24	19.04
New SArea 2	-67.86 -6.35	24.60 100.00	-9.00	7.39	3.00
New SArea 3	-64.96 -7.30	23.45 140.00	-14.86	9.21	2.06

Model Name: KTF_WCDMA_D1

Area Based Call Statistics

Large Area	Attempt	Success	Fail	Drop	Success %	Fail %	Drop %	Etc %
Default	34	10	3	0	29.41	8.82	0.00	61.76

1

▸▸ 그림 6.36 생성된 자동 Report

LTE 망의 무선망 최적화 목적으로 사용되는 SW 기반 제품인 XCAP 장비의 특징을 살펴보면 다음과 같다.

- Stand-alone 형태나 클라이언트-서버 형태의 분석장비 운용지원
- 대용량 데이터에 대한 쉽고 빠른 관리를 지원하기 위한 강력한 데이터관리 시스템 채용
- LTE 외에 다양한 이동통신 기술규격 지원: GSM, GPRS, EDGE, WCDMA, HSDPA, HSUPA, CDMA2000, EVDO Rev.0, Rev.A, Rev.B, TD-SCDMA, DVB-H, WiMAX
- 프로세스 자동화를 통한 OPEX 최소화

- 사용, 설치 및 운용의 편리성 확보
- Customization에 유연하게 대처할 수 있는 구조
- 다양한 데이터 Importing 및 Exporting 기능
  - Importing 기능: XCAL/MDM 형식, CSV 형식, Ethereal Log, TEMS, Nemo
  - Exporting 기능: 파워포인트, 엑셀, CSV, MIF, Google 맵 또는 텍스트 형식
- 차트, Map, Message, 테이블 등의 분석창 간의 Sync 기능 제공
- 기지국간 간섭분석 및 Neighbor list 후처리 분석 기능
- 데이터 필터링(Query) 기능

6.5 Miscellaneous test solutions

6.5.1 Battery drain test system

스마트폰으로 표현되는 최근의 이동전화 단말기의 추세는 단순한 음성통화 기능 외에 데이터서비스 기능 및 강력한 프로세싱능력의 도입으로 인해 다양한 기능을 제공하고 있다. 게임, 웹서핑, 메신저서비스, Video Player, MP3 Player, 네비게이션 기능 등은 스마트폰이 제공하는 일부 기능이며, 사용자는 앱스토어(App store)로부터 엄청나게 다양한 어플리케이션 프로그램을 다운로드받아 사용할 수 있다. 이는 음성통화만 사용하던 이전의 사용형태를 넘어서 단말기에 탑재된 AP의 프로세싱 능력 및 다양한 어플리케이션으로 인해 사용량이 폭발적으로 증가하게 되었다. 이러한 다양한 서비스 및 어플리케이션으로 인한 사용량의 증가는 스마트폰과 같은 휴대기기의 전력소모량을 증대시키게 되었고, 이제 밧데리 사용시간에 대한 사용자의 관심은 그 어느 때보다 높아졌고, 이로 인해 사용시간에 대한 가입자의 불만이 가장 빈번하게 발생하는 불만사항 중의 하나가 되었다. 따라서, 스마트폰이 주축인 현재의 이동전화단말기 및 휴대기기들은 전력소모를 최소화시키는 방향으로 설계할 필요가 있다. 그리고 이를 시험해야 하는데, 다양한 조건에서 시험할 필요가 있으며, 한 가지 조건에서만 시험하더라도 수천 번의 측정이 필요하다. 따라서, 밧데리소모 성능을 제대로 수동으로 시험하기 위해서는 수 주가 걸리는 작업이 될 수 있다. 이로 인해 밧데리용량을 정확하고 효율적으로 측정하기 위한 자동화 시스템이 필요하다.

▸▸ 그림 6.37 스마트 휴대기기의 다양한 사용

그림 6.38에는 휴대기기의 밧데리 용량 시험을 위한 국산솔루션을 보여주고 있다. 해당 시스템은 휴대기기에 내장된 밧데리를 분리하여 별도의 전원모니터링 장치에 연결하게 구성된다. 휴대기기와 밧데리는 전원모니터링 장치를 통해 연결되는데, 휴대기기의 USB 단자는 전원도 공급받고 제어를 위해 연결된 외부의 DM 장치인 XCAL의 제어를 받는다. XCAL을 통해 휴대기기의 어플리케이션을 구동하고 제어하며, 전원모니터링 장치로부터 실시간으로 밧데리 잔여용량을 추출하게 된다.

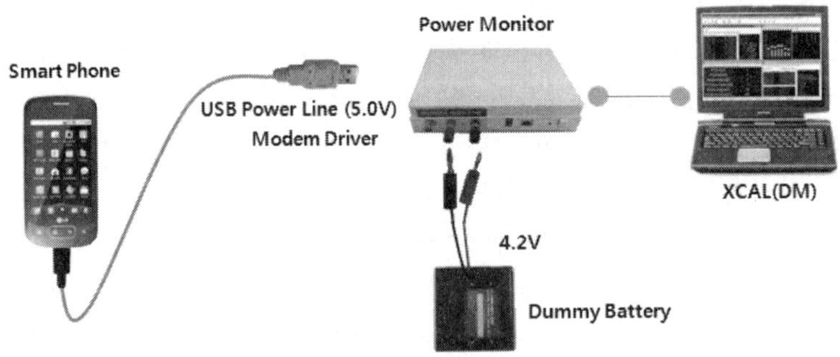

▸▸ 그림 6.38 Battery drain test system 구성

전원모니터링 장치는 상용제품을 사용하게 되며, XCAL은 상용 DM과 동일한 기능에 전원모니터링 기능을 별도의 옵션으로 갖고 있다. 전원모니터링은 연결된 밧데리의 전압과 전류를 측정하여 기록하게 되는데, 해당 이벤트에 간략한 전파환경 정보가 함께 기

록되게 구성되었다. 휴대기기의 Rx power, Tx power 그리고 수신된 신호의 품질이 그 내용이다. 언급된 솔루션은 상용망 이용이 가능한 단계에서 활용이 가능한 시스템이다. 그러나 상용망이 없는 개발단계에서는 그림 6.39와 같이 BSE와 연동한 솔루션이 이용될 수 있다.

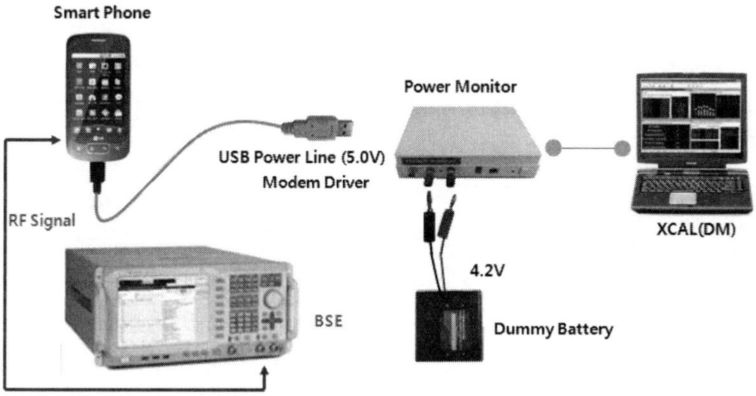

▸▸ 그림 6.39 개발단계 휴대기기의 Battery drain test system 구성

표 6.6에는 XCAL에서 수집된 전원모니터링 결과를 보여주고 있으며, 수집된 결과는 테이블 형태로 제공된다.

▸▸ 표 6.6 Battery drain test system의 전원모니터링 예

Time	Rx Power(W)	Tx Power(W)	Best Eclo(W)	Call Event	Voltage(V)	Current(A)
11/18/2011 16:27:03.932					5	0.17
11/18/2011 16:27:04.178	-55.67		-6.13		5	0.17
11/18/2011 16:27:05.192	-58.17		-7.19			
11/18/2011 16:27:06.179	-54.25		-6.6		5	0.2
11/18/2011 16:27:07.220	-54.25		-8.06			
11/18/2011 16:27:08.103	-57.25		-5.7		5	0.24
11/18/2011 16:27:09.248	-55.08		-5.43	Attempt		
11/18/2011 16:27:10.002	-51.75	-18.27	-5.59		5	0.28
11/18/2011 16:27:11.011	-52.08	-19.81	-5.83		5	0.34
11/18/2011 16:27:12.011	-57.25	-23.92	-6.03		5	0.34
11/18/2011 16:27:13.009	-55.5	-21.19	-7.4		5	0.38
11/18/2011 16:27:14.010	-53.75	-23.03	-7.12		5	0.32
11/18/2011 16:27:15.010	-52.08	-24.06	-5.92		5	0.32
11/18/2011 16:27:16.031	-49.92	-20.05	-5.45		5	0.31
11/18/2011 16:27:17.009	-50	-21.59	-6.73		5	0.31
11/18/2011 16:27:18.009	-47.75	-24.29	-7.58		5	0.32
11/18/2011 16:27:19.010	-50.08	-22.15	-7.11		5	0.32
11/18/2011 16:27:20.010	-44.08	-25.75	-6.11		5	0.32
11/18/2011 16:27:21.011	-42.17	-32.03	-8.01		5	0.31
11/18/2011 16:27:22.009	-61.42	-29.91	-6.39	Success	5	0.31

6.5.2 Audio Quality test

주요 서비스가 음성이었던 2G 이동전화망뿐 만 아니라, 데이터서비스가 본격적으로 도입된 3G 및 4G LTE 이동전화 서비스에서도 음성통화품질은 여전히 가입자가 서비스를 선택할 때 고려하는 주요 사항이며, 운용사업자가 관리하는 여러 가지 지표 중 중요한 품질지표이다. 음성 품질은 1~5까지 수치로 음성의 명료도를 표시하는 MOS(Mean Opinion Score) 측정방법이 사용된다. 통상의 방법은 음원을 여러사람에게 동시에 들려주어 rating을 하게 하고 이를 평균하여 값을 구하는 방식이나 현실적으로 시간과 비용이 많이 소요되는 방법이기 때문에, 샘플링된 음원에 MOS 값을 구하기 위한 알고리즘을 적용하여 추출해 내는 방법이 측정장비에 탑재되어 사용되고 있다. 일반적으로 송·수신 단에서 표준 음원을 사용하며, 수신측에서 표준음원과 수신음원을 비교하는 알고리즘을 구동하여 MOS값을 추출하게 된다. MOS를 추출하는 알고리즘에는 PESQ(Perceptual Evaluation of Speech Quality) 또는 POLQA(Perceptual Objective Listening Quality Assessment)가 사용되는데, 이들은 ITU-T 규격으로 표준화되어 있다. POLQA 알고리즘이 최근에 개발된 알고리즘이다.

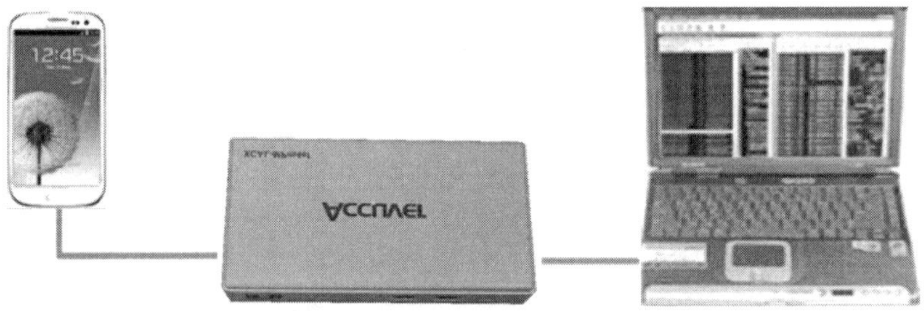

▸▸ 그림 6.40 Audio Quality 측정 장비

그림 6.40에 보여지는 비와같이 음성품질 측정장비는 간단한 구성을 하고 있다. LTE 이동전화 단말기로부터 음원을 추출하는 장비와 추출된 음원을 전송받아 MOS 계산 알고리즘을 구동하는 XCAL로 구성되어 있다. MOS 계산에는 표준화된 음원이 사용되며, 그림 6.41과 같이 동일 음원이 연속적으로 반복재생되며, 매 음원의 사이에 음원시작점을 알려주기 위한 톤 신호가 삽입된다. 추출된 음성신호를 받은 XCAL에서는 톤 신호가 발생한 시점부터 일정시간동안 음원을 녹음하여 MOS를 계산하며, 이러한 과정을 정해진 시험시간동안 지속적으로 반복한다. 해당과정은 그림 6.41에 보여지는 바와 같다.

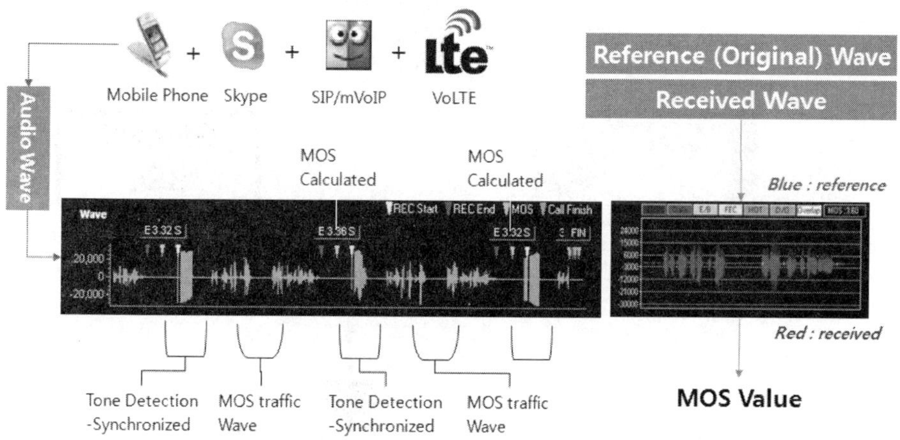

▸▸ 그림 6.41 MOS 값의 계산과정

XCAL에 전송된 음원은 미리 XCAL에 저장되어 있는 표준음원과 비교하는 과정을 거친다음 최종적인 MOS 값을 제공해 주게 된다. 최근에는 VoLTE(Voice over LTE) 기능이 LTE 망에 구현되어 서비스가 제공되어 지고 있으며, VoLTE 호에 대한 측정기능도 XCAL에 함께 구현되어 제공된다. VoLTE RTP 패킷을 분석하기 위해서는 여러 가지 품질지표들이 추출되어 져야 하며, 다양한 품질지표들이 장비에서 제공되어 지고 있는데, 패킷손실, RTP throughput, Delay 정보, Jitter 정보, RTP Packet Count, Round Trip time, R-factor, R-factor를 이용하여 계산된 MOS값 등이 그것들이다.

6.5.3 Functional test

LTE 단말기에 구현된 다양한 기능들은 LTE BSE와의 연동을 통해 시험할 수 있다. 특히, 전국적인 LTE 망이 구현되지 않은 상태에서 단말기는 기존에 운용중인 이동통신망과의 연동이 필수적이다. LTE 망과 기존 통신망과의 핸드오버 기능이 요구되는 이유이다. 해당 기능은 상용망 연동이 이루어지기 전에 반드시 기능시험 및 검증이 이루어져야 한다. 이를 위해 LTE용 BSE는 기존 통신망을 시뮬레이션하는 BSE와의 연동이 필수적이다. 그림 6.42는 Inter-RAT(Radio Access Technology) 핸드오버를 시험하기 위한 일반적인 구성을 나타내고 있다. 그림에서 나타낸 GERAN은 GSM/Edge Radio Access Network을 의미한다.

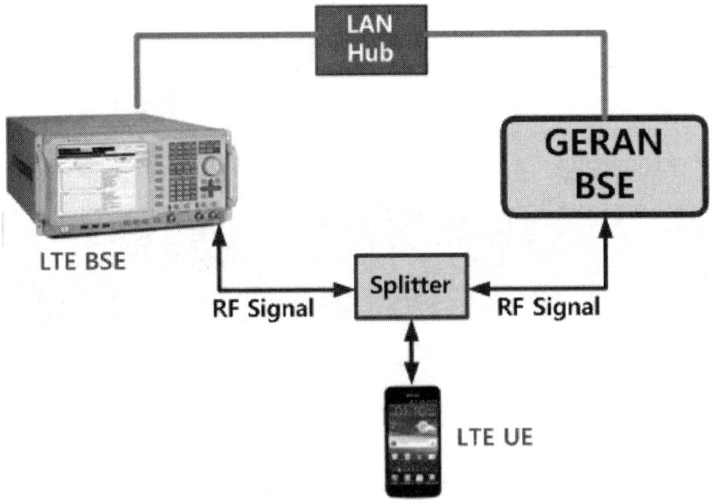

▶▶ 그림 6.42 LTE-GERAN 핸드오버 시험구성

그림 6.42의 구성을 통해 시험가능한 내용들은 다음과 같다.

- Cell Reselection 동작
- PS(Packet Switched) 핸드오버 동작
- RRC Redirection 동작
- CS(Circuit Switched) Fallback 동작

전력제어(Power Control)은 모든 이동전화 시스템의 주요기능이다. 이노와이어리스가 개발한 LTE BSE는 LTE 단말기에 대한 전력제어 시험기능을 제공한다. 전력제어 방법은 Downlink 상으로 전송되는 DCI(Downlink Control Information) 정보에 실려서 단말기로 보내진다. 지원되는 전력제어 옵션은 0, 1A, 3 및 3A이다. 이외에 지원되는 다양한 전력제어 기능들은 다음과 같다.

- Power Adjust(Accumulated): DCI 3A 형식의 메시지에 설정된 전력제어 명령이 전송되며, -1, 0, 1, 3의 4가지가 설정이 가능하다. 단말기는 설정된 값만큼 송신전력을 조정하여 보내게 된다.
- Power Adjust(Absolute): −4, −1, 1, 4의 4가지 설정이 가능하며, 조정된 값만큼 단말기는 명령받은 시점의 바로 다음 1 서브프레임(1ms)동안 전력을 조정하고 이전의 값으로 송신전력을 복원한다.
- Power Adjust(DCI3A): DCI Format이 3A로 선택되었을 때, 단말기의 송신전력을 조정토록 전력제어 필드에 지정된 값을 전송하며, 1 또는 −1의 값을 가지게 된다.

- Power Adjust(All Up): 해당기능은 RF 적합성 시험을 할 때, 유용한 기능으로서, 단말기가 보낼 수 있는 최대전력에 도달할 때까지 지속적으로 DCI 0 메시지를 보내는 기능이다. 신속하게 단말기를 최대전력 전송모드로 전환할 때 유용한 기능이다.
- Power Adjust(All Down): 해당기능은 RF 적합성 시험을 할 때, 유용한 기능으로서, 단말기가 송신가능한 최소전력에 도달할 때까지 지속적으로 DCI 0 메시지를 보내는 기능이다. 신속하게 단말기를 최소전력 전송모드로 전환할 때 유용한 기능이다.

6장 참고문헌

[1] ITU-R M. [IMT-TECH] "Requirements related to technical performance for IMT-Advanced radio interface(s)," August 2008

[2] 3GPP TR 36.913 V8.0.0 (2008-6) Requirements for Further Advancements of E-UTRA (LTE Advanced)

[3] 3GPP TSG RAN Tdoc RP-070466

[4] 3GPP TR 25.913 V8.0.0 (2008-12) Requirements for E-UTRA and E-UTRAN

[5] 3GPP TR 814 V0.3.1 Further Advancements for E-UTRA Physical Layer Aspects

[6] 3GPP 36.902 V1.0.1 (2008-09) Self-configuration and self-optimizing network use cases and solutions

찾아보기

숫자

A

B

C

D

E

F

G

H

I

K

L

M

N

O

P

Q

R

S

T

저자 소개

임명섭

전북대학교 전자공학부 교수

[전공분야] 이동통신

[주요경력]

연세대학교 전자공학과 학사

연세대학교 대학원 전자공학과 석사

연세대학교 대학원 전자공학과 박사

대우통신 종합연구소 연구원

한국전자통신연구원 책임연구원(실장)

(현) 전북대학교 전자공학부 교수

조용수

중앙대학교 전자전기공학부 교수

[전공분야] 이동통신

[주요경력]

중앙대 전자공학과 공학학사

연세대 전자공학과 공학석사

텍사스대(Austin) 공학박사

금성전자

Texas Austin, Research Assistant ETRI 초빙연구원

(현) 중앙대학교 전자전기공학부 교수

정진섭

㈜이노와이어리스 연구소 소장/부사장

[전공분야] Mobile Communications

[주요경력]

연세대학교 전자공학과 공학학사

연세대학교 전자공학과 공학석사

Georgia Institute of Technology , ECE, Ph.D.

한국전자통신연구원

Georgia Institute of Technology , ECE, GRA

(현) ㈜이노와이어리스 소장

오정열

ETRI 차세대이동통신연구부/선임연구원

[주요경력]

전북대학교 컴퓨터공학과 공학박사

전북대학교 정보통신공학과 석사

동신대학교 정보통신공학과 학사

전북대학교 반도체 설계 교육센터 연구원

(현) 한국전자통신연구원 차세대이동통신연구부 선임연구원

안재민

충남대학교 정보통신공학과, 교수

[전공분야] 이동통신, 무선통신, 통신신호처리

[주요경력]

KAIST 전기및전자공학과 공학박사

KAIST 전기및전자공학과 공학석사

서울대학교 전자공학과 공학사

한국통신학회 이동통신연구회 운영위원장

정보통신부 차세대이동통신 PM

(현) 충남대학교 정보통신공학과 조교수/부교수/교수

(현) 한국통신학회 학술대회 담당 상임이사

(현) (주)쏠리드 사외이사

정가 25,000원

차세대 이동통신 변복조 LTE

2014년 9월 30일 초판 인쇄
2014년 10월 10일 초판 발행
저 자 : 임명섭 · 오정열 · 조용수
안재민 · 정진섭
발행자 : 우명찬 · 송 준
발행처 : 홍릉과학출판사
주 소 : 서울시 강북구 인수봉로 50길 10
142-885
등 록 : 1976년 10월 21일 제5-66호
전 화 : (02) 999-2274~5, 903-7037
팩 스 : (02) 905-6729
e-mail: hongpub@hongpub.co.kr
http://www.hongpub.co.kr
ISBN : 979-11-5600-327-4

저자와의 협의하에 인지생략

본 교재는 2012년~2014년 산업통상자원부 시스템 반도체 설계인력 양성사업의 지원으로 IDEC Platform Center(경북대학교)에서 수행된 결과물 입니다